科学技术学术著作丛书

U0652549

新体制天线设计
理论、方法与应用

李娜　张逸群　刘国　宋立伟　著

西安电子科技大学出版社

内 容 简 介

　　本书所述内容为新体制极端尺寸天线设计关键技术，属于天线设计学科前沿和国际热门研究领域之一。全书采用理论分析、全波仿真与测试相结合的方法，主要介绍五种极端尺寸天线，分别为极端小尺寸的磁电天线(微米级别声谐振磁电薄膜天线)、纳米天线(太赫兹纳米光学整流天线)、机械天线(基于旋转永磁体的低频机械天线)、赋形天线(大型星载可展开柔性赋形天线)与极端大尺寸的天文天线(百米口径高频射电天文望远镜天线)。其中磁电天线、纳米天线、机械天线和赋形天线这四种天线均属于典型的新体制天线，其辐射机理、材料选择、制备工艺、测试技术与评价标准均与传统天线有较大区别。上述五种新体制天线属于多尺度、多学科、多领域集成的典型高精度电子装备，具有重要的学术研究意义与广阔的工程应用前景。

　　全书内容新颖，循序渐进，理论性和应用性较强，可供机械电子工程、电子科学与技术、材料科学与工程相结合的前沿交叉领域的科研人员与相关企业人员等阅读参考。

图书在版编目（CIP）数据

　　新体制天线设计理论、方法与应用 / 李娜等著. -- 西安：西安电子科技大学出版社，2025. 5. -- ISBN 978-7-5606-7482-7

　　Ⅰ. TN82

　　中国国家版本馆 CIP 数据核字第 20254WA511 号

策　　划	刘小莉
责任编辑	于文平

出版发行　西安电子科技大学出版社（西安市太白南路 2 号）

电　　话　(029) 88202421　88201467　　　邮　　编　710071

网　　址　www. xduph. com　　　　　电子邮箱　xdupfxb001@163. com

经　　销　新华书店

印刷单位　咸阳华盛印务有限责任公司

版　　次　2025 年 5 月第 1 版　　　　2025 年 5 月第 1 次印刷

开　　本　787 毫米×1092 毫米　1/16　　　印张　16

字　　数　377 千字

定　　价　47.00 元

ISBN 978-7-5606-7482-7

XDUP 7783001-1

＊＊＊如有印装问题可调换＊＊＊

我国微型抵近式侦察载荷系统、多站深空探测系统、百米口径射电天文望远镜、空间太阳能电站等逐步进入建设日程。这些重大科学装置拥有诸多优异性能,但也对天线的设计提出了愈来愈苛刻的极端要求。远距离、高精度探测需要超大口径天线以实现高增益,而微小型载荷平台则要求天线朝向更小尺度发展,以实现具备更优的机动性与隐蔽性。基于传统天线设计理论,大尺寸与小型化天线设计虽然均有一定的解决方案,但天线性能始终未能突破 Chu-Harrington 极限限制:超大口径天线虽可利用折展结构实现,但不断增大的口径需求与我国现有的空间运载能力之间存在着根本性的矛盾;小型化天线技术虽有曲流法、终端加载、分形设计等手段,但这些方法均基于电磁辐射工作原理,天线的结构尺寸需与工作波长相匹配才能达到最佳的辐射效率。由此可见,若进行极大、极小等极端尺寸天线设计,则需从工作原理上摆脱电磁辐射这一单一路径,突破传统天线设计的原理性桎梏,探索全新的激励模式,借助跨学科、跨领域多源信息融合技术,进行原创性设计。针对上述多项国家重大工程中面临的极端尺寸天线设计技术瓶颈问题,本书作者在电子装备机电耦合基础理论的指导下,借助多学科融合设计技术,致力于具有颠覆性的新体制极端尺寸天线应用基础与前沿技术研究,在国内率先开展了极大、极小两类新体制极端尺寸天线的原创性设计工作。

本书所述内容是当前学科前沿和国际热门研究领域之一,其原创性的设计原理打破了传统天线设计理论下天线结构尺寸与性能的物理极限,具有科学性和创新性。目前,我国大多数种类的天线设计技术仍处于跟踪模仿阶段,原始创新严重欠缺。据美国公开报道,2016 年其 NROL-37 侦察卫星所携带的天线口径已突破百米,而我国现有在轨服役的"天通一号"卫星天线口径不足 10 m,与美国相比存在着数量级的差距。一方面,面向未来更高的卫星通信速率要求与质量要求,以及国防天基广域目标侦察与监视能力的需求,百米口径天线研发亟待开展。另一方面,随着微型无人机、智能穿戴设备、单兵作战系统等微小型载荷平台的不断发展,现有的光学传感、GPS 定位与 WiFi 通信等技术不再能满足平台对电磁感知能力的更高要求,急需小型化射频天线的有效集成。本书针对上述新体制天线的应用需求,探索全新的设计理论与方法,具有重要的科学研究意义与工程应用价值。

无论是 5G 通信、泛在智能物联网、深空探测工程的逐步推进,还是半导体工艺与智能复合材料的迭代升级,均间接或直接地促进了天线设计技术的快速发展。然而,目前国内有关新体制天线的原创性基础设计理论与关键设计技术研究的内容几乎没有,大多新体制天线采用传统设计理论进行近似、简化、模拟设计,导致其性能并未达到预期,甚至无法满足工程需求。以极端尺寸天线为代表的新体制天线设计技术的研究关乎国计民生众多关键问题的解决。本书的研究内容将助力我国具有自主知识产权的新体制天线研究水平与研制能力的提升,有效支撑我国的天基探测预警、陆战抵近侦察、微波无线传能等国家重点项目,最终服务于隐身目标探测、星载电子侦察、空间能源系统等国家战略性任务,并助力我国通信、探测、导航、对抗等武器装备自主创新能力的提升。

本书由李娜、张逸群、刘国和宋立伟负责编写。其中李娜负责全书内容整体框架设计与章节结构规划，并负责第1、3、4、7章的编写与全书的理论分析工作，统筹全书数据收集与实验验证环节；刘国负责第2章内容的编写；张逸群负责第5章内容的编写；宋立伟负责第6章内容的编写。

由于受作者水平、时间和全书篇幅的限制，书中难免存在欠妥之处，恳请广大读者批评指正。同时欢迎全国读者以及机械电子工程、电子科学与技术、材料科学与工程相结合的前沿交叉领域的广大有识之士对我们的工作提出宝贵的意见和建议。

作　者
2024 年 11 月

CONTENTS

目 录

01

第 1 章　新体制极端尺寸天线概述

天线广泛应用于无线通信、卫星通信、雷达系统、无线电广播、电视、导航系统等领域。在无线通信中，天线是移动通信、无线局域网等系统的重要组成部分，直接影响着通信质量和距离；在卫星通信中，天线用于卫星地球站的发射和接收信号；在雷达系统中，天线用于发射和接收雷达信号；在无线电广播和电视中，天线用于接收和辐射广播与电视信号；在导航系统中，天线用于接收和辐射导航信号。

现代化作战环境中，战场态势变化急剧，作战样式转换迅速，人们对信息获取的时效性、准确性及连续性要求越来越高，对电子装备的性能也提出了频带宽、灵敏度高、动态范围大、测频测向精度高、响应速度快、分辨力高及定位精度高等极端要求。作为电子装备的眼睛与耳朵，天线的设计工作同样应在尺寸、增益、带宽、频段等方面提高要求。远距离、高精度探测需要超大口径天线以实现高增益，而微小型载荷平台则要求天线朝向更小尺度发展，以实现具备更优的机动性与隐蔽性。基于传统天线设计理论，大尺寸与小型化天线设计虽然均有一定的解决方案，但天线性能始终未能突破 Chu-Harrington 极限限制：超大口径天线虽可利用折展结构实现，但不断增大的口径需求与我国现有的空间运载能力之间存在着根本性的矛盾；小型化天线技术虽有曲流法、终端加载、分形设计等手段，但这些方法均基于电磁辐射工作原理，天线的结构尺寸需与工作波长相匹配才能达到最佳的辐射效率。

因此，极端尺寸天线设计的关键技术需通过开展新体制天线的设计引入具有创新性的激励模式，突破现有理论极限对天线尺寸与辐射效能的制约，充分挖掘天线系统的多源承载潜力（如机、电、力、热、磁、流、声等），综合考虑天线的材料、工艺与成本，合理匹配天线的多参数、多工况、多目标、多学科要求，实现天线系统的材料-结构-工艺-性能-控制等一体化精益设计。通过极端尺寸天线的创新性设计可以挖掘传统天线设计的物理尺寸极限，在满足极端尺寸要求的同时实现传统设计无法实现的天线性能。

1.1　极端尺寸天线的基本概念

极端尺寸天线是本书提出的一个相对定义，此处的极端是相比于传统常见尺寸的天线所定义的，其中极端小尺寸和极端大尺寸的定义又有所不同，而本书采用新体制天线设计来满足极端尺寸的需求。极端小尺寸指的是极端电小尺寸，天线的结构尺寸与工作波长比要比常规天线低两到三个数量级，这类天线在本书中称为极端小尺寸天线；而极端大尺寸天线是指天线的辐射口径在百米量级的天线。因此,"新体制极端尺寸天线"是一个相对宽泛的概念,它既涵盖了天线能够在尺寸上达到某种极端程度、具有特殊设计要求特性,又包含了天线的体制不同于传统天线。由于这一概念目前仍没有具体的定义或标准,因此在实际应用中需要根据具体情况进行判断和分类。

本书所论述的新体制极端尺寸天线具体包括以下五种类型:

(1) 磁电天线。随着微型无人机、智能穿戴设备、单兵作战系统等微小型载荷平台的不断发展,现有的光学传感、GPS 定位与 WiFi 通信等技术不再能满足平台对电磁感知能力的更高要求,急需小型化射频天线的有效集成。目前,小型化天线设计主要面临三个原理性难题:尺寸微缩难(大于工作波长/10)、阻抗匹配难(镜像电流反射)、辐射效率低(电流欧姆损耗)。其根源在于传统小型化天线基于电磁辐射的原理,天线性能受到 Chu-Harrington 极限限制。因此,针对目前国内外厘米级微型无人机等微小型载荷平台电磁感知能力实现的技术需求,本书提出了一种基于声激励的磁电薄膜小型化天线设计方案。

(2) 纳米天线。当前所用光电转换装置均为光伏电池,其工作原理为光生伏特效应。由于光伏电池的核心材料为半导体化合物,受到半导体禁带宽度的限制,故其转换效率(单结电池 30%,多结电池 42%)存在理论极限,且其对红外光的吸收效率极低,对太阳全光谱段的利用严重不足。本书摒弃基于光的粒子性的传统技术路线,利用光的波动性原理,设计并制备了纳米尺度光学整流天线。此种天线可对太阳光予以接收并整流,突破了其效率极限,且可捕捉超过 90% 的红外光与可见光能量,基本可覆盖整个太阳光频段,具有显著的宽频带特性。

(3) 机械天线。低频电磁波具有超强的抗干扰与穿透能力,广泛应用于水下对潜通信、地下探测预警、空间远距离传输等国防领域。但传统低频天线基于电磁辐射原理,结构尺寸需与波长相当,造成低频发射系统动辄数千米,战时极易暴露及遭受攻击。此外,低频天线虽然结构庞大,但仍属于电小天线,存在带宽窄、辐射效率低等问题,因此通信系统数据传输容量有限,传输距离较短。针对上述问题,本书提出了一种具有创新性的机械天线,不再依靠电子电路振荡电流来产生辐射,通过机械能驱动电荷或磁偶极子运动,进而转化为电磁能,产生辐射场。与传统天线相比,该机械天线不再受电磁辐射原理限制,结构尺寸可呈指数级下降,同时其利用近场能量,无需阻抗匹配网络,可显著提升辐射效率。

(4) 赋形天线。现代航天领域为了满足空间通信与电子侦察等应用需求,要求星载天线需具有高增益与高能量利用率等特点。若想对重点区域辐射源实现 3~4 km 的高精度定位,则需要 50 m 以上的大口径星载天线作为技术支撑。卫星系统的功率有限,为了在相同辐射功率条件下实现更好的覆盖效果,需使用波束赋形技术,同时保证星载天线在地面期望覆盖区域内满足有效全向辐射功率的要求。然而,当前我国大口径星载天线的运输与升空均受制于火箭的有效运载容积。针对这一技术问题,本书提出了一种柔性馈源阵匹配赋形反射面的设计方案。

(5) 天文天线。由中国科学院新疆天文台负责筹建的 110 m 口径超大型射电望远镜(QTT),将超越美国 GBT、德国 Effelsberg 成为世界上口径最大的全可动高频段观测射电望远镜,其建成将直接促进由我国引领的国际射电天文合作。如此高频大口径的反射面天线极易受到环境载荷影响,主面很难始终保持逼近最佳吻合面,加之副面形面与位姿变化会引起严重偏焦与光程误差,最终会导致天线效率降低、指向精度变差。而传统保形设计中单纯提高主面精度的方法对此类双反系统的性能提升作用已趋近极限。若要满足 150 MHz～115 GHz 频段内重复指向精度优于 1.5 arcsec 的严苛要求,必须采用全新的保形设计方案与调整方法。为满足上述百米级口径大型射电望远镜天线所提出的高指向精度要求,本书提出了一种全新的大型反射面设计及分析方法。

1.2　极端尺寸天线的发展历程

1.2.1　磁电天线的发展历程

2014 年,加州大学洛杉矶分校的 Yao 等人[1]首次提出了一种基于体声波的多铁磁电天线结构,以克服低剖面天线带来的地平面效应。多铁磁电天线结构如图 1.1 所示,天线整体结构由体声波谐振器与薄铁磁层形成,其辐射时变场通过磁化振荡产生。研究者采用一维时域有限差分(FDTD)法对天线模型进行了数值和解析分析,模拟了谐振腔内的动态应力分布和辐射质量因子,通过数值解与解析解的一致性验证了该天线设计方法的正确性。

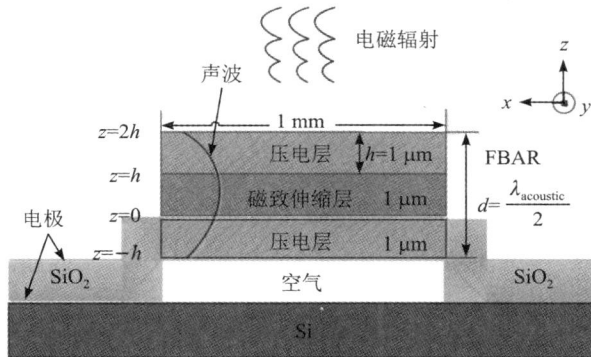

图 1.1　多铁磁电天线结构[1]

随后 Yao 等人[2]在 2015 年通过解析推导得出利用体声波磁电天线辐射质量因子的下限可评估其有效辐射电磁波的潜力,并用 FDTD 算法预测了声波和电磁波之间的双向动态耦合。他们的研究结果表明,可通过高磁机耦合系数和磁致伸缩材料的高磁导率来降低辐射品质因数,使所提出的基于体声波的多铁磁电天线获得较高的辐射效率。磁电天线与传统偶极子天线的对比验证了多铁磁电天线的性能优势。Yao 等人从理论上证明了磁电天线设计方案的可行性,但没有通过仿真软件进行仿真验证或加工实物进行实验验证。

2017 年,美国东北大学的 Nan 等人[3-4]通过 MEMS 技术制造并测试了第一个具备实用性能的集成体声波磁电天线。基于悬置的 MEMS 谐振器,在不降低天线性能的前提下,可实现磁电天线的尺寸比传统天线低两个数量级。基于振动模式,Nan 等人所设计制备的磁电天线可归类为纳米平板谐振(NPR)式和薄膜体声波谐振(FBAR)式。NPR 磁电天线具有横向振动模式,FBAR 磁电天线具有垂直振动模式。如图 1.2(a)与图 1.2(b)所示,对于磁电天线,通过使用 RF 线圈在谐振器的谐振频率处产生 RF 磁场来驱动天线。如图 1.2(c)

所示,通过测量导纳并将天线拟合到 BVD 模型中,可以看到其品质因数 Q 为 930,机电耦合系数为 1.35%。对于如图 1.2(e)所示的 NPR 磁电天线,在谐振处观察到 $180~\mu\mathrm{V}$ 的感应电压峰值,由此计算出 $6~\mathrm{kV}\cdot\mathrm{cm}^{-1}\cdot\mathrm{Oe}^{-1}$ 的大磁电耦合系数。对于 FBAR 磁电天线,在 $2.53~\mathrm{GHz}$ 处检测到清晰的谐振峰,峰值回波损耗 S_{22} 为 $-10.3~\mathrm{dB}$,如图 1.2(d)所示。磁电天线的辐射信号和接收信号由图 1.2(f)中的 S_{12} 和 S_{21} 表示。实验测得天线的最大增益为 $-18~\mathrm{dBi}$。为了确认感应输出电压和辐射信号是基于 NPR 和 FBAR 磁电天线的磁电耦合,Nan 等人测试了使用非磁性材料代替磁致伸缩层的谐振结构。如图 1.2(g)、图 1.2(h)所示,非磁谐振器的耦合效率和辐射效率比磁谐振器低两个数量级。Nan 等人仿真分析了天线的谐振特性,并实验验证了所提出体声波磁电天线的新型辐射机理。通过实验计算得到的 FBAR 磁电天线的实际增益达到了 $-18~\mathrm{dBi}$。虽在相同频率下,FBAR 磁电天线的增益远高于同尺寸的金属小环天线的增益,但其仍存在增益低和带宽窄的问题。

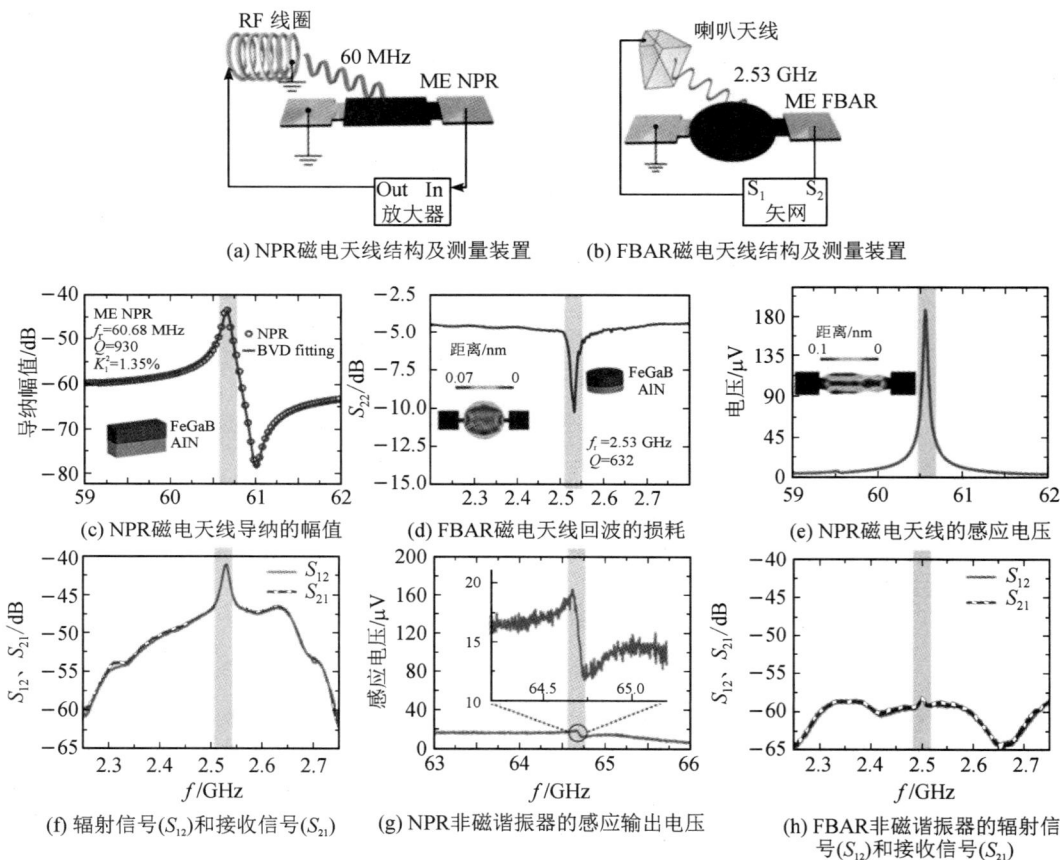

(a) NPR磁电天线结构及测量装置　　(b) FBAR磁电天线结构及测量装置

(c) NPR磁电天线导纳的幅值　(d) FBAR磁电天线回波的损耗　(e) NPR磁电天线的感应电压

(f) 辐射信号(S_{12})和接收信号(S_{21})　(g) NPR非磁谐振器的感应输出电压　(h) FBAR非磁谐振器的辐射信号(S_{12})和接收信号(S_{21})

图 1.2　NPR 与 FBAR 磁电天线[3-4]

2018,台湾大学的 Xu[5] 等人制备了一种由压电层、磁致伸缩层和声学缓冲层构成的圆极化体声波磁电天线,其结构如图 1.3 所示。将两组电极放置在器件的底部,并给电极施加 $90°$ 相位差的交流电压,压电层产生沿 z 轴传播的圆极化横波。圆极化横波迫使磁致伸缩材料内部产生圆极化磁流,从而实现圆极化辐射。Xu 等人仿真验证了这种结构辐射的可能性,但是在实物测试中并没有检测出明显的辐射信号。

(a) 天线结构示意图　　　(b) 天线侧向电极的分布[5]

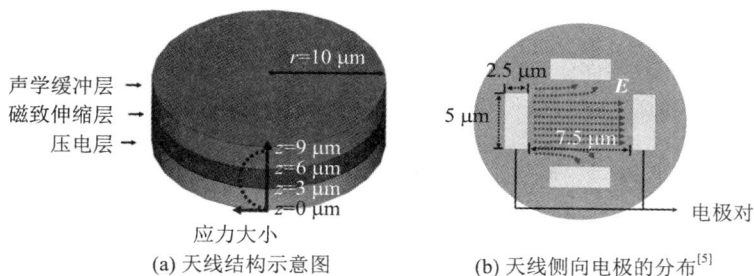

图 1.3　圆极化体声波磁电天线

2019 年，UCLA 的 Schneider 等人[6]演示了一种用于近场通信的体声波磁电天线，实验论证了近场磁电天线的工作原理，其结构如图 1.4 所示，其中 r 为传感器到线圈的距离。该天线使用 PZT-5H 对 FeGa 磁致伸缩棒施加时变应力，使 FeGa 产生动态磁化。他们的实验证明，磁化强度的变化表现出对偏置磁场的强度和电压的明显依赖性；对磁电天线进行优化后，可在超过 1 km 处产生明显的动态磁场。此外，Schneider 等人通过分析实验装置中的能量流动发现了选用适当几何形状的重要性；通过实验测试证明了辐射信号源自 FeGa 棒中不断变化的磁化强度，从而验证了体声波磁电天线的辐射机理，并通过实验分析对天线的几何参数进行了优化。

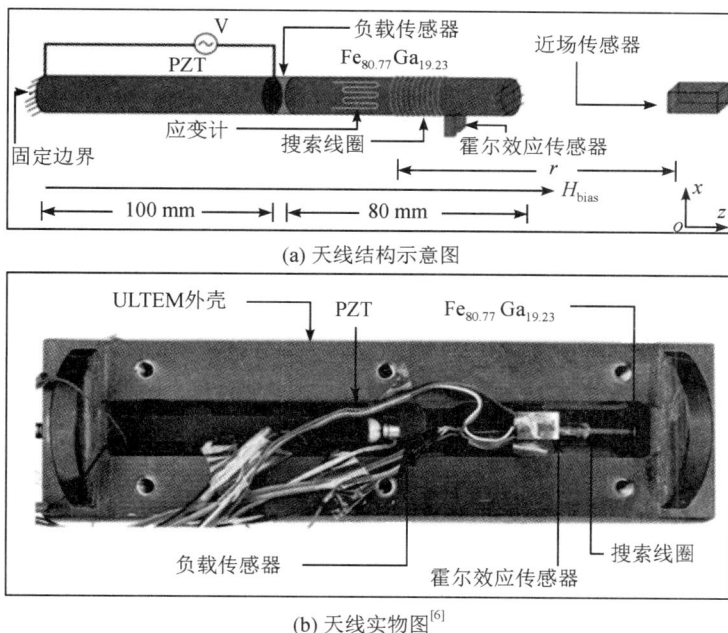

(a) 天线结构示意图

(b) 天线实物图[6]

图 1.4　用于近场通信的体声波磁电天线

2019 年，美国东北大学的 Mohsen 等人[7]提出了一种基于体声波磁电天线串联阵列的无线可植入纳米神经射频识别（RFID）系统，系统原理如图 1.5 所示。系统中的磁电天线串联阵列可以收集电磁能量来为纳米神经 RFID 系统供电，且不与脑组织接触便可感应微弱的脑神经磁场，从而实现长寿命和可靠的神经记录。文献[7]对磁电天线串联阵列进行了谐振特性仿真，仿真结果表明通过天线单元的串联可显著提高天线的输出性能。

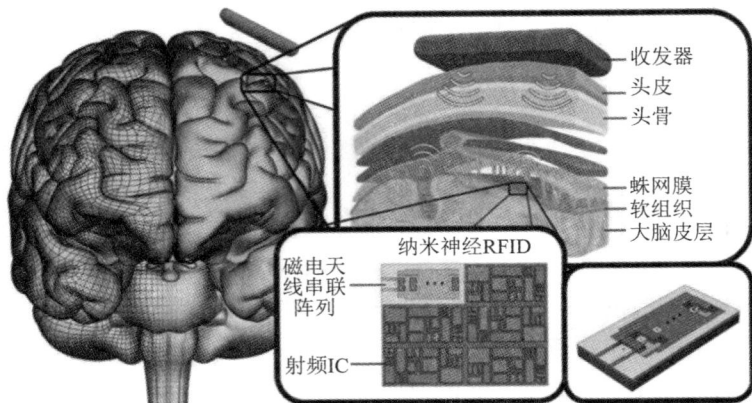

图 1.5　无线可植入纳米神经 RFID 系统原理图[7]

2020 年，UCLA 的 Hu 等人[8]提出并制备了一种基于剪切波谐振的磁电天线。该剪切波磁电天线的阵列结构如图 1.6(a)所示，每个单独的谐振器以及其旁边的电极都是一个单独的小天线，可以通过周期性布局组成天线阵列以增加信号强度。天线工作原理如图 1.6(b)所示。Hu 等人采用蒙特卡罗优化方法对谐振器的长度和宽度、电极的宽度、电极与谐振器的距离以及谐振器之间的距离等几何参数进行了优化，提高了输出信号强度。测试结果显示回波损耗达到了 -3 dB，表明即使经过几何优化，天线效率也没有大幅提高。其原因是声阻抗的匹配不佳，部分能量从天线的两侧和底部耗散了。

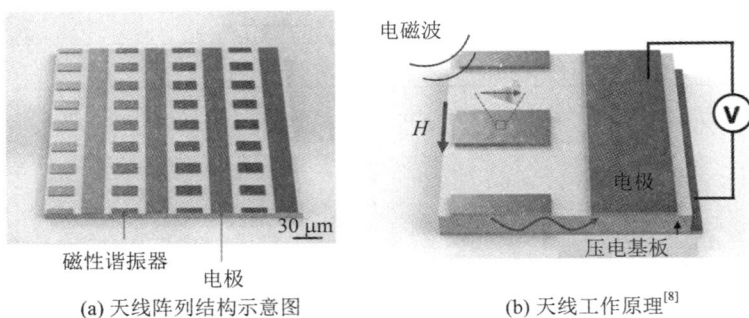

(a) 天线阵列结构示意图　　　　　　　(b) 天线工作原理[8]

图 1.6　剪切波磁电天线

为了提高天线的效率，Hu 等人[8]进一步提出并制备了带能量反射元件的兰姆波磁电天线(其结构如图 1.7 所示)，采用声布拉格反射层与声反射栅解决了剪切波磁电天线能量耗散的问题。研究表明，在 -20 dBm 的输入功率下，采用声布拉格反射层和声反射栅作为能量反射部件，镍谐振器的应变可以达到 700 ppm(1 ppm$=10^{-6}$)左右。受声布拉格反射层制作工艺的限制，Hu 等人采用空气腔和刻蚀孔作为折中方案，并实验测试了兰姆波磁电天线的性能。测试结果表明，兰姆波磁电天线存在机械共振，回波损耗约为 -36 dB，显示了兰姆波磁电天线方案的巨大性能优势。

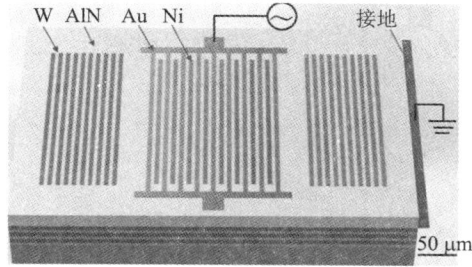

图 1.7　兰姆波磁电天线结构示意图[8]

2020 年，美国东北大学的 Liang 等人[9] 提出了一种基于固体安装谐振器（SMR）的 MEMS 磁电天线。如图 1.8 所示，这种 SMR 天线结构采用布拉格反射层而不是空气腔来反射声波，很好地解决了空气腔型磁电天线在高温、高输入功率或受到物理冲击下易断裂的问题。在 COMSOL 中对 SMR 磁电天线进行了建模，仿真结果表明此 SMR 磁电天线具有 20 MHz 的带宽，较前人制备测试的磁电天线带宽性能得到了显著提升。制备测试了 SMR 磁电天线，测试结果表明天线在 1.75 GHz 下发生机电谐振，且 S_{11} 参数可达 10 dB，并进一步测试了天线的方向图。基于 SMR 设计的体声波磁电天线更坚固，但是 S_{11} 的性能不如空气反射的 FBAR 结构，品质因数较低。

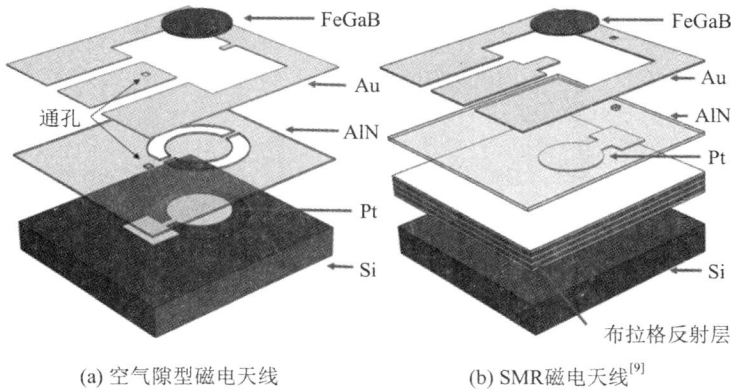

(a) 空气隙型磁电天线　　　　　　(b) SMR磁电天线[9]

图 1.8　SMR 磁电天线结构图

2021 年，美国东北大学的 Mohsen 等人[10] 提出并制备了一种可用于生物医学应用，特别是可植入医疗设备的超小型智能磁电天线，如图 1.9 所示。该天线可以有效地进行无线能量采集，并感知神经活动产生的微弱磁场。所提出的天线尺寸为 $250 \times 174 \ \mu m^2$，具有 2.51 GHz 和 63.6 MHz 两个声共振频率，前者用于无线射频能量采集，后者用于低频磁场传感，可用于神经记录。智能磁电天线的无线功率传输效率比迄今为止所有其他已报道的小型化微线圈都要高 1～2 个数量级。实验还表明，该磁电天线可使用外部线圈进行有效供电。此外，这种智能磁电天线的磁感应模式表现出低于 470 pT 的超低检测下限，可用于神经元磁场感应。

2021 年，美国东北大学的 Mohsen 等人[11] 提出并制备了一种用于片上植入式能量收集的体声波磁电天线。因为其与硅兼容并且在较低的 GHz 频率下比最新的微线圈尺寸更小

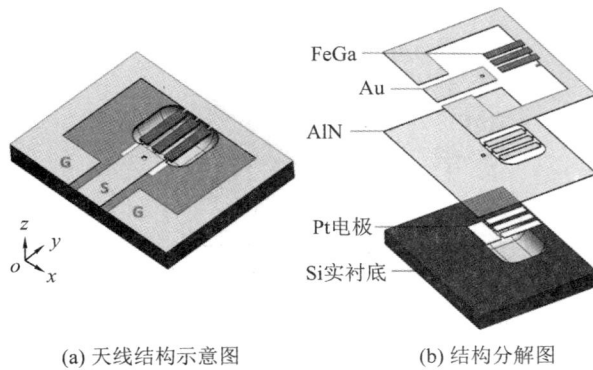

(a) 天线结构示意图　　　　　　(b) 结构分解图

图 1.9　用于生物医学的磁电天线结构示意图和结构分解图

（如图 1.10 所示），故该天线适用于植入设备中的功率收集应用。文献[11]详细介绍了天线制备过程，并对天线的功率传输效率进行了测试。天线在 2.57 GHz 的频率下发生谐振，其尺寸为 $100 \times 200\ \mu m^2$，带宽为 3.37 MHz，功率传输效率为 0.304%，远高于以前报道的微线圈的性能。

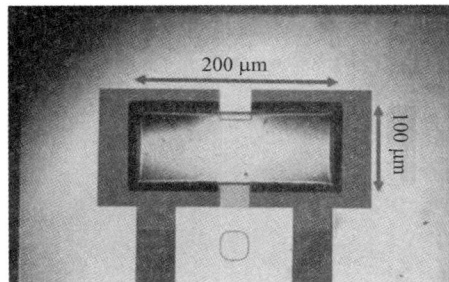

图 1.10　用于片上植入式能量收集的体声波磁电天线的光学图像

2019 年，西安电子科技大学团队提出并制备了一种基于 FeGaB-AlN 的小型化接收磁电天线。根据所设计的天线中心频率确定了天线的结构和几何尺寸，并分析了天线的材料以及制作工艺的选取，所设计的天线结构如图 1.11 所示。在此基础上，他们制备了天线样品，搭建了测试系统，实验测试了天线的频率特性。其在设计磁电天线时，根据天线中心频率确定了天线的结构和几何尺寸，但没有将天线的辐射性能等因素考虑进去。

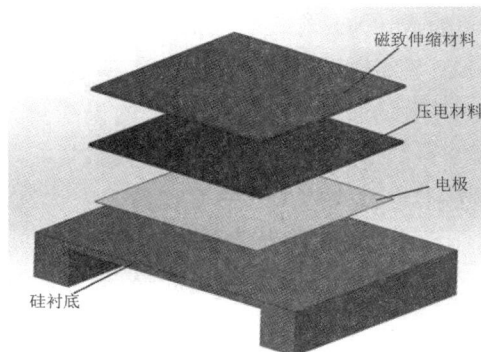

图 1.11　小型化接收磁电天线结构示意图

2020 年，电子科技大学团队[12]采用 FDTD 算法对如图 1.12 所示的空气隙型磁电天线结构进行了一维结构分析，对所提出的天线结构进行了理论验证，并对天线结构中声波谐振部分进行了仿真，仿真结果表明 FBAR 结构可产生在纵向具有较大应变的纵波。接着他们在 FBAR 谐振结构的基础上进一步添加了磁层从而构成了完整的磁电天线结构，并对其进行了谐振仿真分析，仿真分析了天线的电磁辐射特性，提出了对给定几何参数的天线结构进行谐振特性和磁电特性仿真分析的方法，但并未对天线的设计方法进行研究。

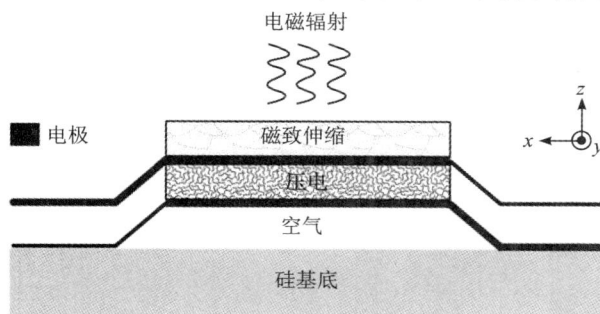

图 1.12　空气隙型磁电天线结构示意图[12]

2021 年，电子科技大学团队[13]以磁电天线的一维解析模型为基础，将压电层与磁致伸缩层的厚度设置为固定且相同的值，在特定的材料参数下分析了不同层数下磁电堆叠结构的辐射 Q 值，并通过有限元软件对不同层数天线结构的内部应力场进行了仿真，得出了三层磁电结构最优的结论；然后建立了考虑电学损耗的天线解析模型，研究分析了天线磁致伸缩层中的涡流损耗，仿真验证了将绝缘层插入磁致伸缩层中以抑制磁致伸缩涡流损耗的方法；最后基于压电效应与磁致伸缩效应对磁电天线的辐射特性进行了建模分析，并利用 COMSOL 仿真分析了天线各层的应力场，代入理论模型对其进行了验证。

2021 年，西安电子科技大学团队[14]设计并制备了工作于 2.45 GHz 的体声波磁电天线，图 1.13 所示为天线的结构示意图与光学图像。根据天线的等效电路模型，在保证天线阻抗匹配下，他们对天线的尺寸进行了设计，仿真分析了天线的谐振特性、电磁特性和磁电特性，成功制备了磁电天线样件并搭建了测试平台，在暗室中测试了天线的增益为 −15.8 dBi；然后将天线样件金丝键合到 PCB 上对天线进行了辐射方向图的测试；最后仿真分析了串并联对天线带宽的影响规律，发现串并联可拓宽天线的带宽。文献[14]在设计天线时考虑了天线的阻抗匹配，但未将辐射性能等因素考虑进去。

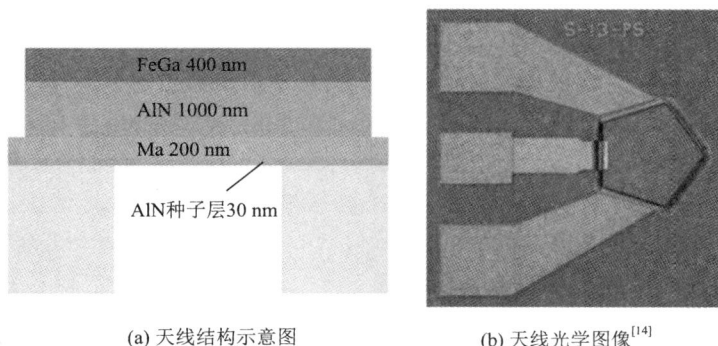

(a) 天线结构示意图　　　　　　　(b) 天线光学图像[14]

图 1.13　体声波磁电天线

2021 年，上海科技大学的 Niu 等人[15]提出了一种集成直流偏磁的低频磁电天线。如图 1.14 所示，该天线是通过在磁电天线上安装 4 个 Rb 磁体来实现直流偏磁的。与现有技术中没有直流偏磁的磁电天线相比，通过集成小型化直流偏磁可以获得更高的性能。与现有的大体积直流偏磁磁电天线相比，集成直流偏磁磁电天线显著减小了结构尺寸。实验测得当集成的直流磁体提供 320 Oe 的偏磁时，天线的最大工作距离可提高到 9 m，是无直流偏磁的磁电天线最大工作距离的 2.27 倍，显示了偏磁对天线性能的积极作用。

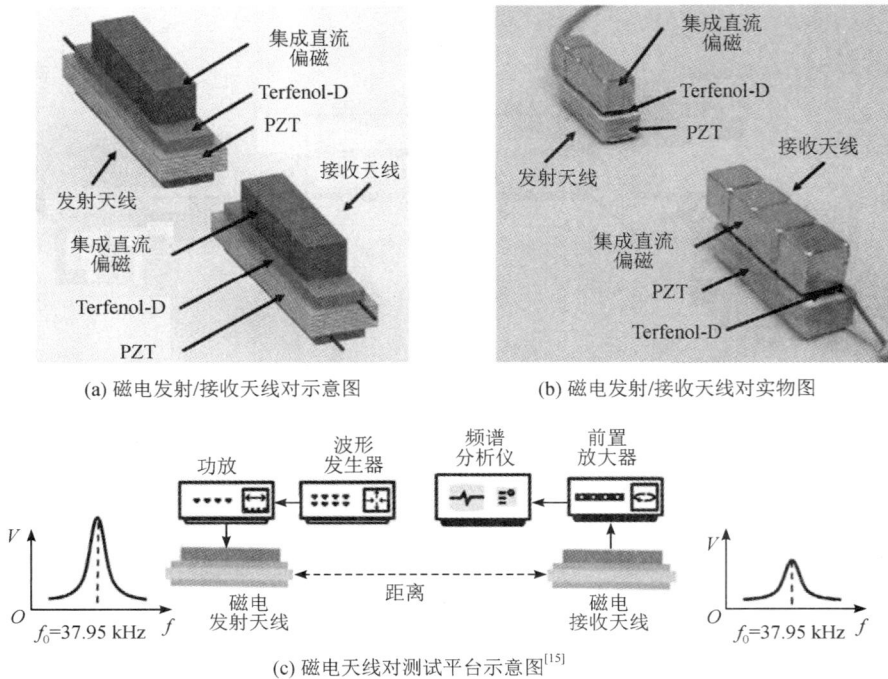

(a) 磁电发射/接收天线对示意图 　　(b) 磁电发射/接收天线对实物图

(c) 磁电天线对测试平台示意图[15]

图 1.14　集成直流偏磁的低频磁电天线

2022 年，华东师范大学的 Hu[16]等人提出了一种基于弯曲结构的磁电复合多层板的 VLF 机械通信天线。他们首先通过仿真证明了弯曲结构的磁电复合多层板能将谐振频率从 18 kHz 降低到 7.5 kHz，通过实验证明了夹紧磁电天线一端可进一步降低谐振频率至 6.3 kHz，此时，ME 层压板的反向 ME 系数为 6 Oe·cm·V^{-1}，相同尺寸下这种工作模式的磁电天线的谐振频率是最低的。实测直流磁偏置对弯曲谐振驱动的低频磁电天线辐射的影响如图 1.15 所示。

2022 年，Yun[17]等人设计了一种以 ALN/FeGa 为基础的 BAW 复合天线，如图 1.16 所示。这一天线的中心频率为 800 MHz，他们将 FBAR 和 HBAR 集成到一个谐振器中，通过对不同区域的材料、层数和厚度进行控制，在一个谐振器上激发了多个谐振点，并通过等效并联这些谐振区域，提高了天线带宽。整个谐振器分为三个主要区域，三个区域的区别在于 Si 衬底和 Al$_2$O$_3$ 的有无，如图 1.16 所示，R2 和 R3 区域相比 R1 区域多了 Al$_2$O$_3$ 层，R3 比 R2 区域少了 Si 衬底。通过控制不同区域的材料分布，将谐振器分为 FBAR 和 HBAR。三个区域的谐振频率不完全相同，但都在 800 MHz 附近，分别为 792.1 MHz、790.7 MHz 和 807.5 MHz。经过仿真和测量，−3 dB 带宽的天线达到了 21 MHz 的频率。这一结构设计为磁电天线的小型化和宽带化提供了重要思路。

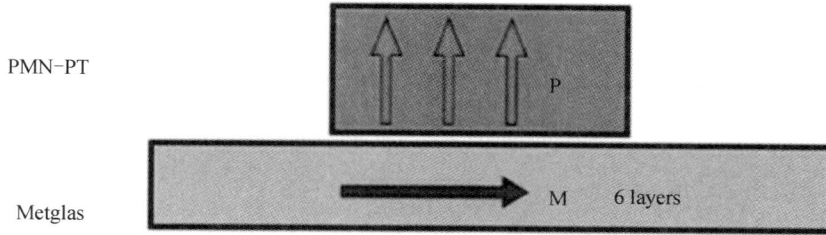

(a) ME 天线结构示意图

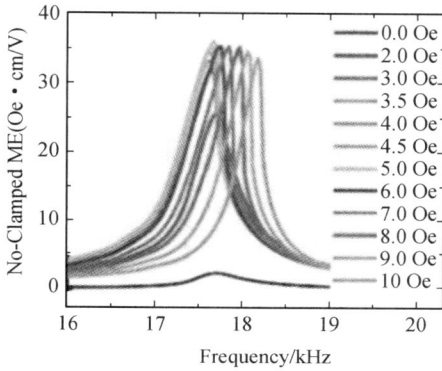

(b) 无夹紧 ME 天线的谐振频率

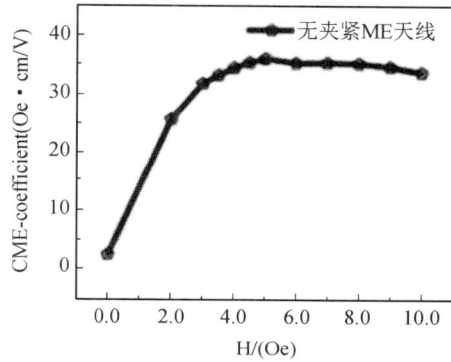

(c) 无夹紧ME天线的谐振模态逆ME系数

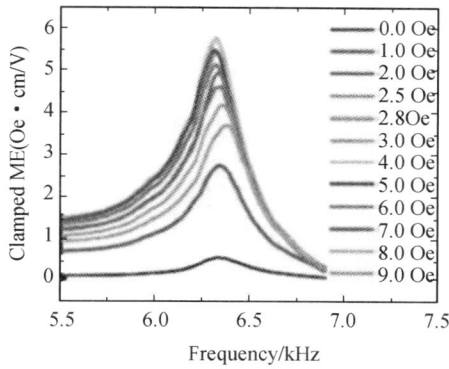

(d)夹紧ME天线的谐振频率

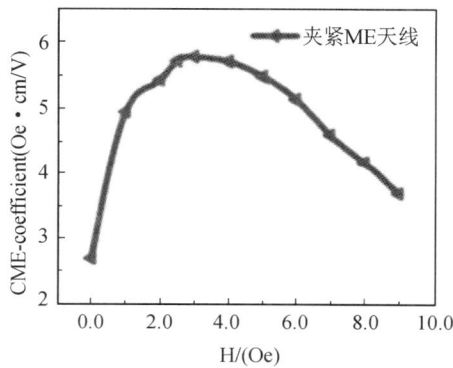

(e) 夹紧ME天线的谐振模态逆ME系数

图 1.15　实测直流磁偏置对弯曲谐振驱动的低频磁电天线辐射的影响[16]

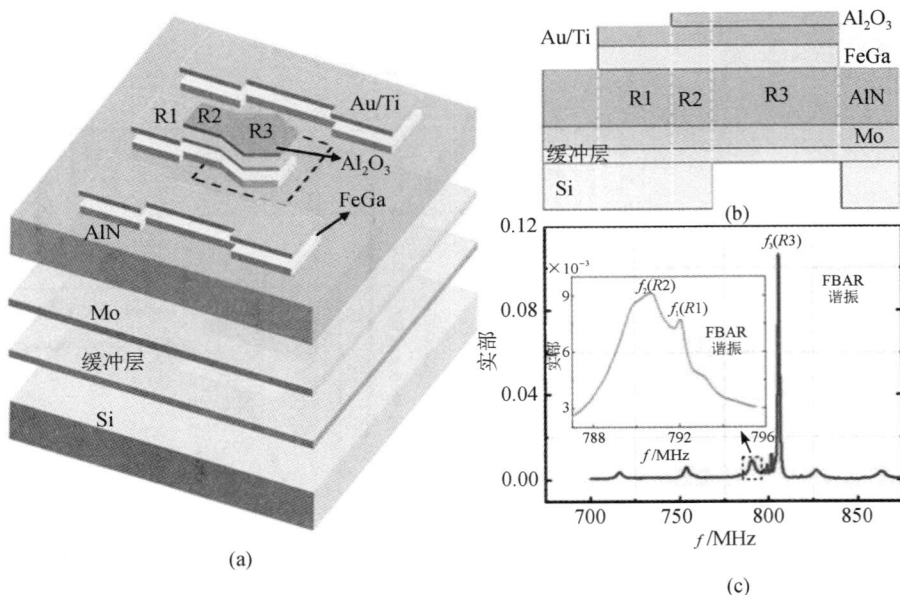

图 1.16 Yun 设计的 BAW 复合天线

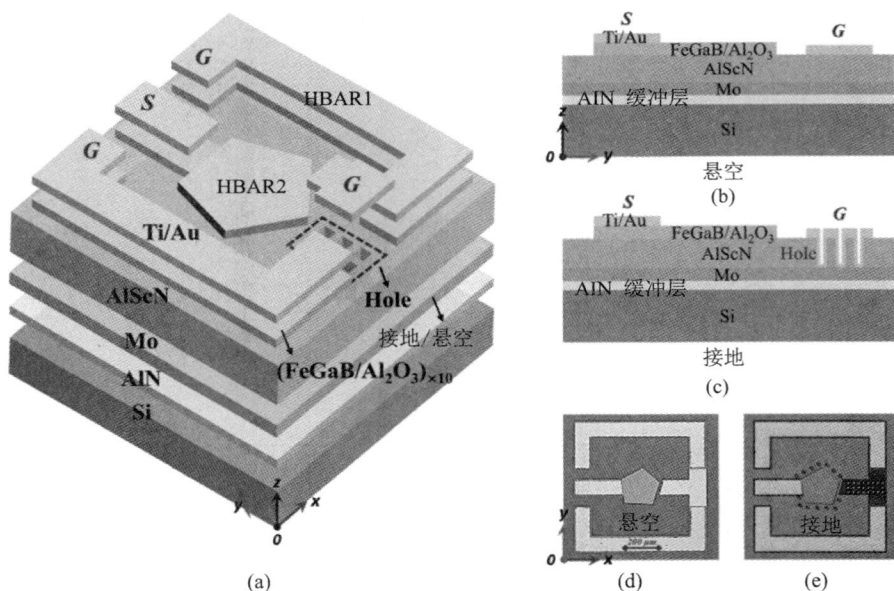

图 1.17 Yun 等人设计的 HBAR

同年，Yun 等人[18]还提出了一款基于复合磁膜（FeGaB/Al₂O₃）和掺钪氮化铝（AlScN）的 FHBAR 和 GHBAR。这两种结构的主要区别在于电势分布的不同。这两种 HBAR 均包括 FPA（浮动电势结构），相对于接地装置，FPA 可提高 10 dB 的天线辐射效率。仿真分析发现，FPA 结构能够激发额外的纵波谐振，实现纵波和剪切波的耦合，提高磁致伸缩层中的总应变传递效率，从而增强天线的辐射性能。这些 HBAR 天线具有更大的带宽和功率容量，并具备一定的制作工艺优势。

2023 年，Zheng 等人[19]设计了一种兰姆波磁电天线，分析了兰姆波天线的辐射、压电效应、Q 因子等。兰姆波磁电天线如图 1.18 所示，这种天线背部采用空腔，而顶部采用周期结构，由等厚的 Pt 电极、AlN、20 个 Al 顶部电极以及 20 个 500 nm 厚的 FeGaB 组成。为了使天线在预期的工作频率下产生谐振，FeGaB 和 Al 的宽度均为 5.42 μm。仿真与实测结果表明，天线的谐振频率在 400 MHz 附近，在天线的内部产生了兰姆波，并呈现出类似偶极子的辐射模式；叉指电极能够产生更大的机电耦合效应，同时降低了加工难度，易于实现集成化。

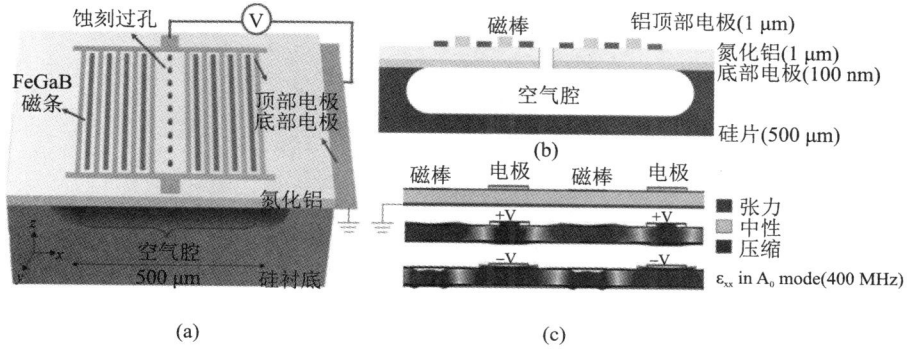

图 1.18　兰姆波磁电天线

2023 年，Du 等人[20]在等效电路模型和有限元模型的基础上，使用 Metglas 与 PZT 材料制成了发射与接收的磁电天线，分别将天线置入有固定散热器以及能够提供偏置磁场的防水尼龙盒中，将其用于水下通信，如图 1.19 所示。Du 等人将天线放在水池中，利用基于磁电天线的 VLFEM 信号传输系统，测试出了信号强度随传输距离衰减的图像，进行了水下数字调试，分析了基于 ASK 调制的误码率和信噪比等。他们发现，可实现的比特率为 2 kb/s，在 100 b/s 的比特率下，实现了约 0.26 m 的有效通信距离，验证了磁电天线用于水下 VLF 通信的可行性。

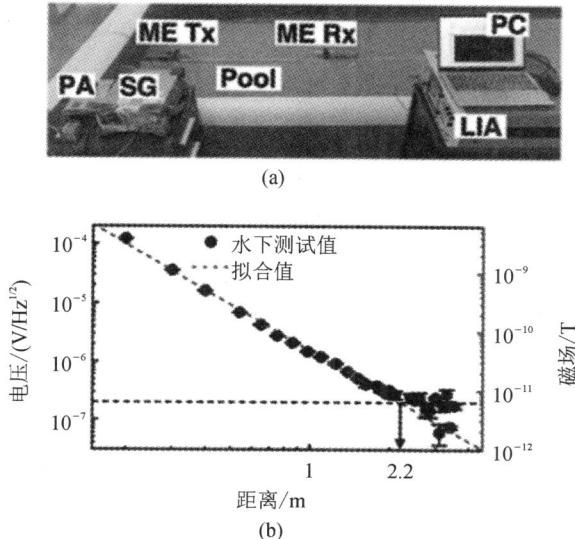

图 1.19　磁电天线水下通信

1.2.2　纳米天线的发展历程

1972 年，美国科学家贝利首次提出了一种新型的太阳能天线转换装置[21]，并完成了实验验证。他制备了锥形整流天线样件，并在 200～700 MHz 的范围内完成了测试。之后，他对其设计理论进行了初步的检验，得到了天线具有宽频特性的结论，奠定了后来整流天线的设计思想基础。锥形整流天线太阳能结构如图 1.20 所示。

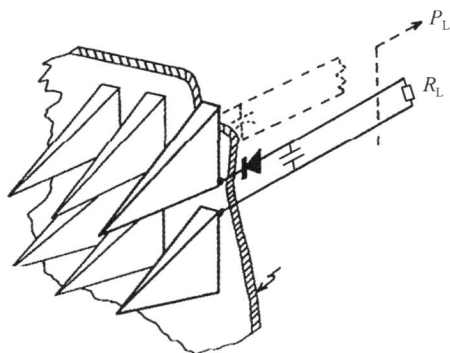

图 1.20　锥形整流天线太阳能结构示意图

1988 年，Marks 提出了一种新型的光-电能转化器，该转化器由类圆柱天线与非对称的金属-绝缘层-金属整流二极管组成[22]。Marks 以激光为光照源对二极管进行研究，发现二极管可以实现对可见光的能量转换，但受限于当时的工艺和制备条件，得到的能量转化效率并不高。

1996 年，Lin 等人首次提出一种能对可见光进行吸收、整流的纳米谐振结构[23]，并在实验中验证了该器件的可行性。他们用并联铝偶极子亚纳米结构的 PN 结二极管做了实验研究，纳米谐振结构如图 1.21 所示。

2003 年，INT 公司设计了一种可用于吸收 4～16 μm 光谱区域的整流天线[24]，且该天线能够接收任意极化的光。如图 1.22 所示，该天线采用 MIM 二极管完成交变电流到直流电流的转化，并且通过单色光照射完成了对整流天线的测试。由于天线的工作频率并不在太赫兹波段，所以测试所得的数据结果并不理想。

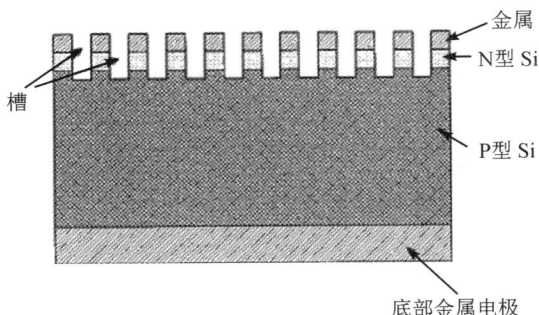

图 1.21　纳米谐振结构示意图

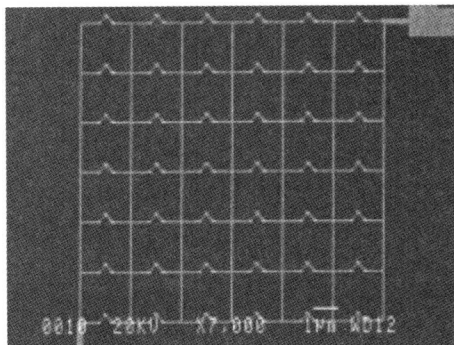

图 1.22　整流天线示意图

2008 年，北京大学的高杰等人提出了一种用于吸收 400～1600 nm 波段太阳光的新型纳米领结天线[25]，该天线由两层相互正交的领结形天线和玻璃介质组成，如图 1.23 所示。仿真结果显示，该天线的辐射效率为 71.4%。然而，该团队仅提出纳米压印的技术方案，并没有完成领结天线的加工制备，也未考虑天线与二极管之间的阻扩匹配问题。

2011 年，Richard 等人发表了对可见光区域内谐振的纳米阵列天线与 MIM 整流器二极管构成的纳米阵列整流天线的研究[26]，如图 1.24 所示。他们成功制备并测试了 1 mm² 的纳米天线阵列的 MIM 二极管直流的伏安特性，探究了入射光的功率、波长及入射角对转换效率的影响，为纳米整流天线的实验测试分析提供了可借鉴方法。

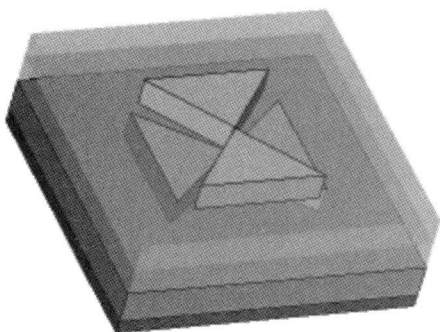

图 1.23　纳米领结形天线示意图

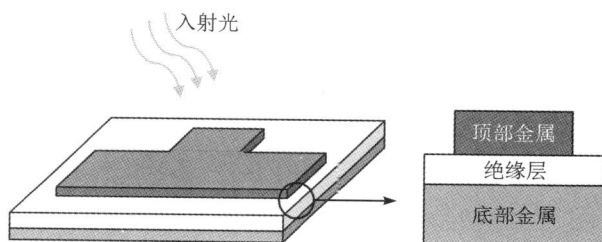

图 1.24　纳米阵列整流天线结构示意图

2015 年，佐治亚理工学院完成了一种光频纳米整流天线系统[27]的研究和设计。如图 1.25 所示，基于纳米天线和隧穿二极管耦合的思路，他们采用 Al_2O_3 为隔离层（绝缘层），将碳纳米管（CNTs）作为整流二极管的正电极，金属 Al 或 Ca 为二极管的负电极，实现交流电到直流电的转化。他们将探头的一端与二极管的顶部金属电极相连，而另一端则与衬底材料 Ti 相连，分别以波长为 532 nm 和 1064 nm 的激光器作为光源进行实验，最终经过测试计算得到 0.3 mV 和 0.8 mV 的开路电压以及 3 μA/cm² 和 6 μA/cm² 短路电流。

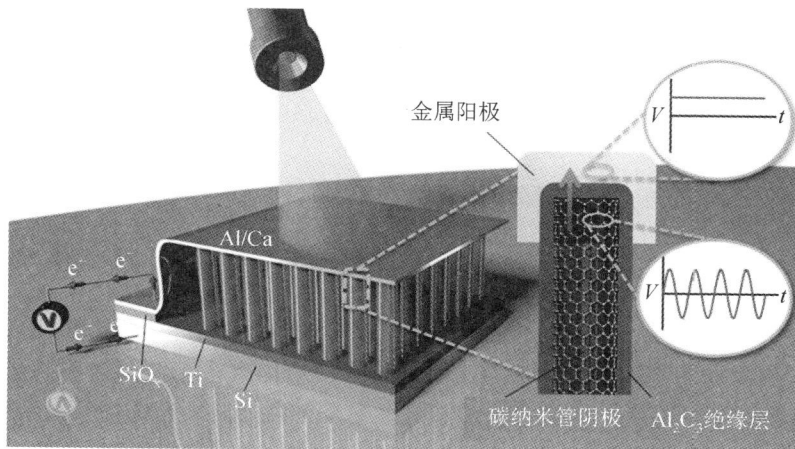

图 1.25　碳纳米管整流天线工作原理图

同年，中国科学院纳米系统重点实验室研究了一种扇形领结整流天线[28]用于收集红外光波段的能量，如图 1.26 所示。纳米整流天线在 5～30 μm 波段的仿真结果表明，该天线的电流输出可以达到纳安量级。次年，该团队又提出了一种方形螺旋纳米整流天线[29]（如图 1.27 所示），并且分析了整流天线结构参数对局域场的影响，但是理论的光电转化效率最高仅为 2.24%。

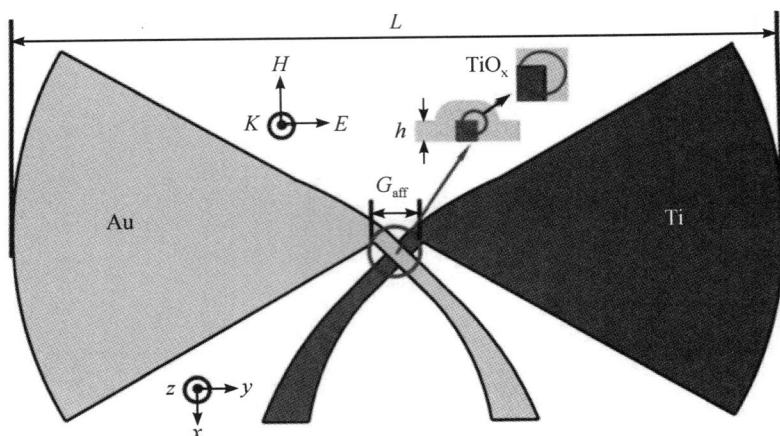

图 1.26　扇形领结整流天线的结构示意图

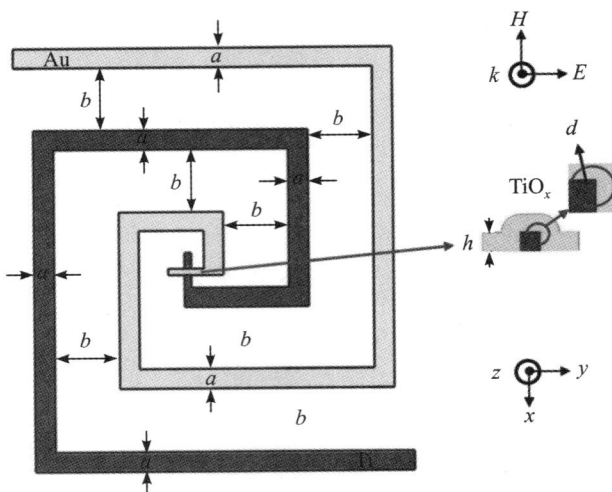

图 1.27　方形螺旋纳米整流天线的结构示意图

2018 年，Hosam 等人[30]设计了一种石墨烯纳米整流天线，通过改变几何二极管的形状来控制电子流的方向进而实现整流。他们采用阶梯结构对改变箭头石墨烯层形状的影响进行了参数化研究，发现通过增加阶梯数量，可增大正向电流，使反向电流保持恒定，因此设计了一种菱形侧导体与石墨烯几何二极管耦合的红外纳米整流天线，如图 1.28 所示，可用于接收频率为 20.5 THz 的红外辐射。该研究与前述方案不同的是使用了基于石墨烯的几何二极管进行整流，为光频整流天线的创新设计提供了新的思路。

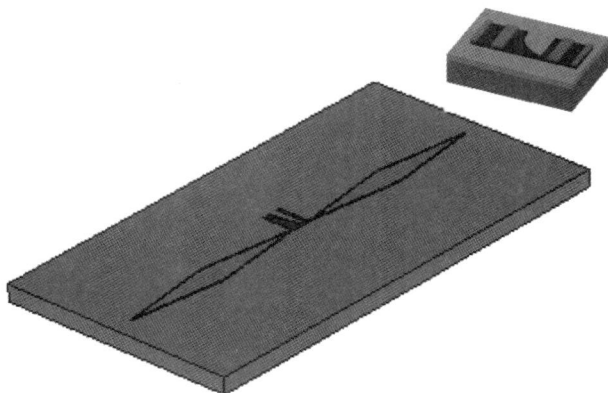

图 1.28　红外纳米整流天线结构示意图

2020 年，佐治亚理工学院在前期工作的基础上提出了一种碳纳米管整流天线[31]，这种整流天线具有更低的成本和更高的集成度，环氧渗透的垂直碳纳米管整流天线阵列如图 1.29 所示。首先，该团队利用聚二甲基硅氧烷对碳纳米管进行渗透以形成平坦的平面，以便在其上方涂覆 Al_2O_3-HfO_2 绝缘层。其次，为了提高二极管的不对称性，他们采用金属-绝缘层-绝缘层-金属（Metal-Insulator-Insulator-Metal，MIIM）结构。这种设计虽然具有简单、可扩展、灵活等优势，但是增大了二极管的电阻，从而使天线与二极管的匹配度降低，且其转化效率并未得到提高。

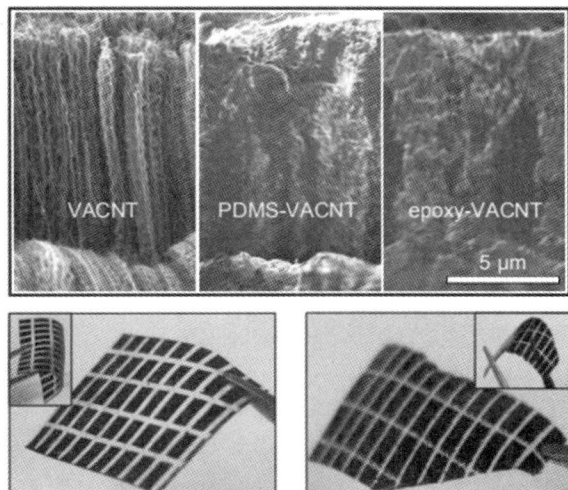

图 1.29　环氧渗透的垂直碳纳米管整流天线阵列

同年，西安电子科技大学团队设计了一种领结纳米天线结构，并在此基础上提出了整流结构设计。通过光学仿真工具 FDTD Solution 软件对该天线的关键结构参数进行了优化设计，并在 400～1600 nm 波长范围内获得了 73.38% 的辐射效率。

2021 年，Amara 等人提出了一种用于收集红外能量的 Vivaldi 偶极子整流天线系统[32]，如图 1.30 所示。他们以天线最大电场为目标对偶极子天线进行参量分析，设计了一种基于多层介质结构的新型双偶极子天线。通过仿真发现，最大的整流强度在整流面积为 $0.2 \times 2.1\ \mu m^2$ 时出现。但该设计由于具有部分悬浮的结构，并没有经过实验验证。

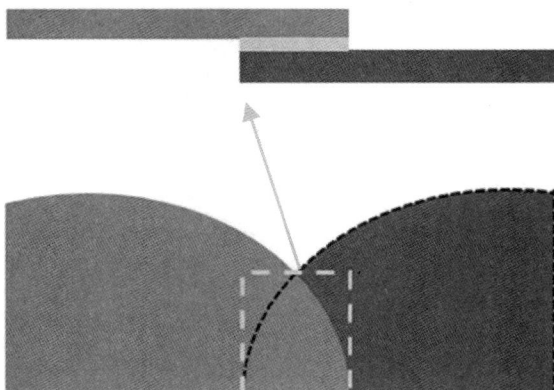

图 1.30　Vivaldi 偶极子整流天线结构示意图

同年，Livreri 等人提出了一种光学能量采集器[33]，该采集器由 Ag-Ti 箭头型领结纳米天线-多壁碳纳米管-绝缘层-金属二极管阵列、低通滤波器和变换器组成，其工作原理如图 1.31 所示。该能量采集器改变了以往将多壁碳纳米管当作天线部分的方案，将碳纳米管作为整流二极管的一端，属于整流天线的一部分，但是该设计也对天线与二极管的阻抗匹配产生了不利影响。通过仿真发现，采用这种方法可以得到最大 10 mA 的输出电流、3.3 V 的输出电压，为用于太阳能收集的整流天线提供了新的设计思路。

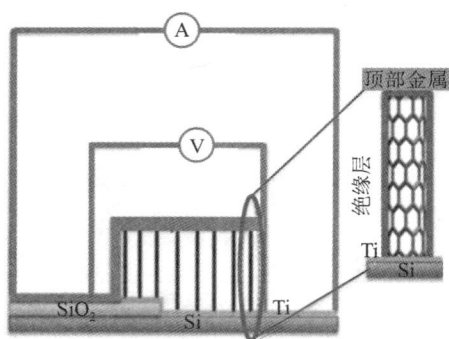

图 1.31　光学能量采集器的工作原理图

2022 年，Fatma 等人提出了一种适用于太阳能收集的多绝缘层纳米整流天线[34]，如图 1.32 所示。通过在矩形螺线纳米天线的重叠臂中间加入多层金属氧化物来实现整流功能，充分发挥其"空隙"区域的高局域磁场强度，获得了优良的辐射和整流特性。同样，受现有制造技术的制约，该天线还没有经过实际的加工实验。

同年，北京邮电大学团队研究设计了一种新型纳米天线阵列结构[35]。该天线利用近零介电常数的 ITO 薄膜作为基底，以梯形结构的金颗粒作为天线阵列。在波长范围为 1310～1550 nm 内，该天线实现了对入射光超过 90% 的吸收率。此外，该天线在 0～45° 入射角变化下，吸收性能几乎不变，证明了该天线对入射角变化不敏感。然而，该天线仅实现了窄带的强吸收，对宽带吸收并未涉及。

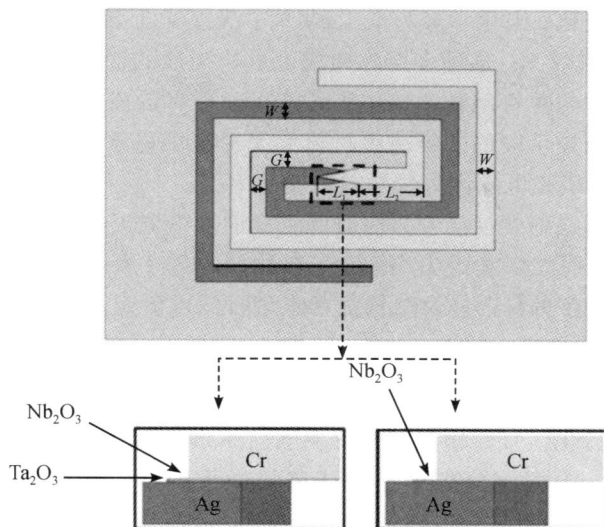

图 1.32　矩形螺线纳米整流天线的工作原理图

同年，Tekin 等人进行了关于 MIM 二极管在红外整流天线中整流参数优化的研究[36]。该研究重点在于降低金属、氧化物势垒高度，以减少零偏动态电阻。Tekin 等人研究比较了四种氧化物候选者，即 Al_2O_3、ZnO、NiO 和 Nb_2O_5，发现相对于零偏电阻的降低，将器件面积缩小对于提高二极管功率耦合效率更为关键。最后他们得到了具有最佳性能器件的结构为 AuCr/NiO/AuCr，其零偏电阻为 461 kΩ，零偏响应度为 0.76 A/W，耦合效率为 1.5×10^{-5} %。

2023 年，意大利技术研究所提出了一款基于等离子体载流子的新型纳米整流天线。该器件采用金锥形纳米尖天线形成点接触隧道二极管，如图 1.33 所示[37]。图中金属 1(Ml)、绝缘体(I)和金属 2(M2)共同组成 MIM 结构。他们通过直径为 25 nm 的尖端来最大程度地利用表面等离子体极化子，并通过电子隧穿过程从点接触位置有效收集电荷。实验结果表明，主要的电流贡献来自直接隧穿和 FowlerNordheim 隧穿机制，并且发现在光照条件下，前向偏置时的电流显著高于反向偏置时的，证实了该结构具有整流特性，这一结果为设计纳米整流天线提供了新方法。

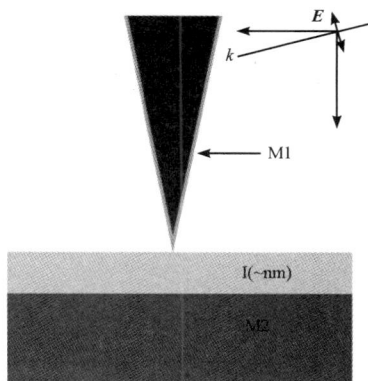

图 1.33　点接触纳米整流天线示意图

同年，Jing 等人[38,39]提出了一种由 Yagi-Uda 纳米天线阵列组成的电驱动超表面，该超表面由 s 形电极线互连，可以在光谱信息和方向上同时操纵热发射。

2024 年，Mrunalini 等人[40]设计了一种新型的叉形平面等离子体纳米贴片天线，该天线使用石墨烯 SiO_2/Si 衬底，采取了多层堆叠式的结构，可以集成到工作在 0.5～2.6 THz 的太赫兹频率的收发器中。通过将天线放置在宽度方向，可以在芯片内传输系数范围为 −20 dB 至 −60 dB 的情况下进行通信，同时保持高达 0.13～0.2 THz 的带宽。此外，该天线具备电调控能力的可重构特性，天线的传输和辐射性能会随着石墨烯在 0.1～0.5 eV 范围内化学势的变化而变化，当化学势为 0.1 eV 时，天线在 1.83 THz 时获得了 3.89 dB 的最大增益和 58% 的辐射效率。这种多层阵列式可重构天线的优势在于制备工艺更成熟，相比于八木天线每个元件的独特制备条件，其可以基于现有的成熟硅基刻蚀工艺制备。以石墨烯为代表的具备电调控手段的二维薄膜材料大大提高了可重构纳米天线的灵活性，在高速多波段通信、复杂环境光电探测等领域具有重大意义。

从以上纳米整流天线的发展历程来看，目前将纳米整流天线用于光能收集的思想已经较为成熟，金属纳米天线大多基于尖端效应，转化效率并不是很高。为提高整流天线的光电转化效率，后期可以在材料选择及结构优化上进行深入研究，以提高天线的吸收率。

1.2.3　机械天线的发展历程

为了实现低频小型化信号传输系统并解决当前军事通信在水下、地下等特定应用场景天线尺寸过大等问题，美国国防高级计划研究局微系统技术办公室 2017 年提出了名为"AMEBA(A Mechanically Based Antenna)"的项目，旨在探索超低频和极低频通信在军事通信中的应用。随着 AMEBA 项目的提出，机械天线逐渐得到了关注。机械天线与传统电激励天线的电磁波产生原理不同，前者将机械能转换为电磁能来辐射信号，后者通过导体内的电流振荡辐射电磁波，传统天线的尺寸通常与其工作波长相当。机械天线可以根据不同的辐射材料和机械运动方式分为驻极体式、永磁体式等。

1. 驻极体式

驻极体作为极化性能优异的电介质材料，采用一定的方式极化后，其内部的电荷或者电偶极子将会永久保持，不会随着外加电场的去除而完全消失。基于驻极体优异的性能，利用其机械运动来驱动内部的电荷运动，从而形成时变电磁场，对外产生辐射。

2017 年，剑桥大学的 Bickford 团队首先提出了一种利用两等量异号带电平行导体板之间的相对运动来实现电磁辐射[41]，将不同类型的天线和所建立的模型的辐射效率进行对比，验证了方法的可行性，并将对应的结构模型申请了发明专利，拉开了驻极体式机械天线研究的序幕。平动式驻极体天线如图 1.34 所示。

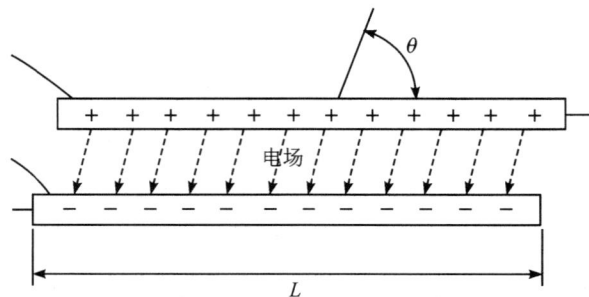

图 1.34　平动式驻极体天线

2018 年，东南大学的王宗新团队提出了一种旋转等量异号电荷的导体板的机械天线模型，详细分析了其频谱特性及其方向性，并提出了用于信号调制的旋转电荷和旋转电流天线(见图 1.35)。利用该模型可计算旋转带电导体板在加载直流电和交流电时天线的远场方向图和频谱特性[42]。

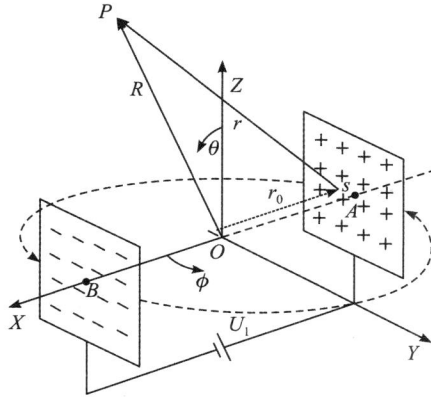

图 1.35　旋转带电导体板

2019 年，北京航空航天大学的崔勇团队联合美国加州大学伯克利分校利用薄膜驻极体材料的优异性能，设计了圆筒形、多瓣圆筒形、鼓形、多层驻极体形等多种结构的旋转驻极体式机械天线（见图 1.36），基于毕奥-萨伐尔定律建立了旋转驻极体式机械天线的理论模型和衰减模型，并将其运用于星载天线。该研究为这类新体制天线的研究提供了重要的参考和指导依据[43]。

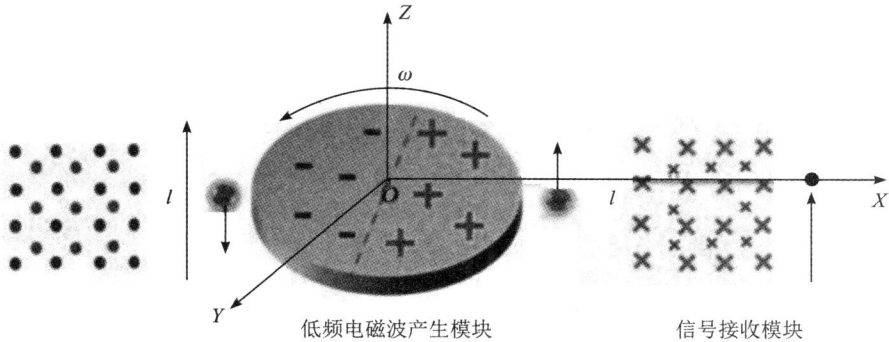

图 1.36　崔勇团队建立的旋转驻极体式机械天线系统结构图

2019 年，Bickford 等人进一步对旋转式和振动式机械天线的性能进行了仿真分析，将旋转驻极体式机械天线和传统电小天线的辐射效率进行对比，发现旋转驻极体式机械天线的辐射效率更高[44]。

2020 年，上海交通大学的耿军平团队基于电驻极体进行了理论分析，研究了其辐射场电磁特性及其衰减特性，对机械天线的研究起到了一定的指导作用[45]。

2022 年，河南师范大学的周康泼研究分析了多对多层驻极体薄膜式机械天线的辐射特性，建立了旋转多对多层驻极体薄膜的辐射模型，同时进行了有限元仿真及样机制作，对其时域和频域特性进行了研究分析，针对不同层数及不同对数驻极体薄膜情况下机械天线的辐射特性进行了分析与对比。分析结果证明多对多层驻极体薄膜式机械天线可以实现更高的辐射强度和更高的辐射频率[46]。

2023 年，崔勇等通过加速复合驻极体中电荷移动的方法来加速单极性产生，发现"固气"摩擦对单极性现象产生的影响较小，增大"固固"摩擦可快速降低驻极体表面电位，但电位变化不稳定，且并未出现单极性现象。同时，通过极化后热处理可以使得复合驻极体

THV 面电位值快速降低至 0 V 左右，FEP 面电位值可维持在 −300 V 左右，从而得出通过极化后热处理可以快速产生稳定的单极性复合驻极体的结论，为快速制备多层驻极体以提高驻极体式机械天线的辐射强度提供了理论支撑[47]。

2. 永磁体式

由于驻极体材料在极化的过程中有一定的困难，因此目前针对旋转驻极体式机械天线的研究较少，更多人选择来源广泛的永磁体材料作为研究对象。

永磁体作为能够长期保持磁性的磁体，可以看成无数个磁偶极子的集合，因此可作为研究机械天线的优异材料。基于永磁体优异的磁性，利用电机驱动其旋转，可使其在自由空间中形成时变电磁场，从而辐射出较强的磁场信号。

相比于驻极体式机械天线，针对永磁体式机械天线的研究相对较多。

2017 年，Arnold 等人提出了利用紧凑的旋转永磁体来产生 ELF 信号[48]。

同年，Prasad 等人提出了基于旋转永磁体的机械天线及其简单阵列结构，得出了在匀速旋转状态下机械天线的工作频率等于给定旋转装置的旋转频率，该结构能够突破Chu-Harrington 极限对发射天线尺寸的限制，但是所提出的旋转永磁体阵列的机械能量的损失较为严重[49]，并且电机转速的限制导致该机械天线模型存在一定的局限性。为了解决电机频繁变速造成的机械能量损失的问题，后续 Prasad 等人又提出了一种新型的磁摆阵列结构来产生高效的超低频信号[50]。该结构不需要电机，直接在永磁体阵列外加一个载流线圈，线圈工作驱动磁摆阵列周期性摆动，从而产生时变电磁场。最后他们利用通断开关键控（On-Off Keying，OOK）调制的方法对该机械天线模型进行了调制。图 1.37 所示为永磁体阵列结构模型。

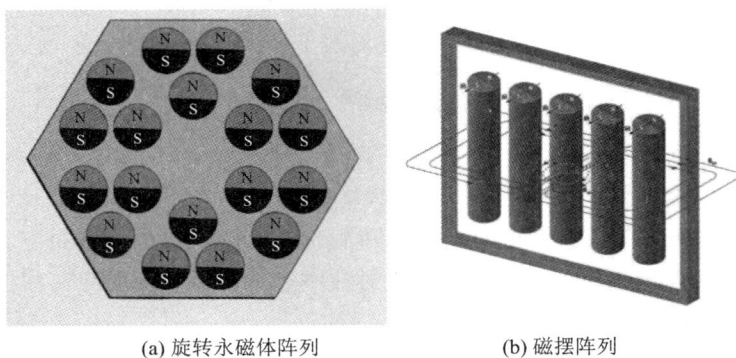

(a) 旋转永磁体阵列　　　　　　　　　　(b) 磁摆阵列

图 1.37　永磁体阵列结构模型示意图

2017 年，Fawole 在旋转永磁体两端添加偏置磁铁用以调节旋转永磁体的磁场信号（如图 1.38 所示），从而实现在恶劣环境下进行低频、甚低频信号传输[51]。

2018 年，Burch 等人提出了一种简单、紧凑和低功耗的方法，用于生成频率为 500 Hz以下的极低频无线电信号，实验测得的传输距离可以超过 100 m[52]。

西安电子科技大学弓树宏团队则以长方体永磁体为研究对象，基于矢量位函数推导了长方体旋转永磁体的辐射场，并且对其在土壤、海水等不同传输介质中的传输距离进行了测试分析[53]。

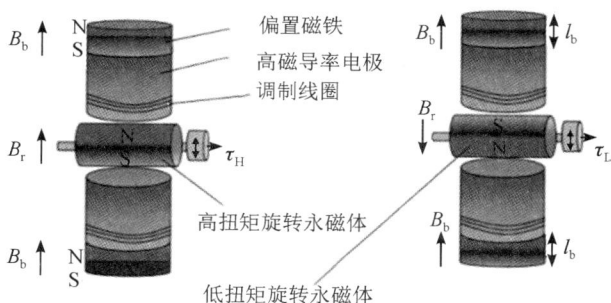

图 1.38　两端添加偏置磁铁的机械天线模型

除了对单个旋转永磁体和永磁体阵列的分析与设计外，2018 年，Strachen 等人针对机械天线性能有限等问题，分析了几种可能的机械天线的调制方法，并且提出了一种基于电磁阻调制的方法，在旋转永磁体周围添加具有高磁导率材料的载流线圈，通过调节线圈的电流来改变磁阻材料的磁导率，从而改善机械天线的性能[54]，电磁阻调制的机械天线模型如图 1.39 所示。

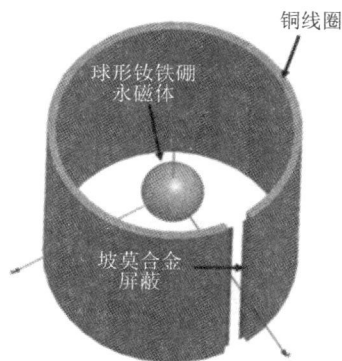

图 1.39　电磁阻调制的机械天线模型

2019 年，国防科技大学的施伟等人分析了基于矢量位函数的辐射场的局限性，提出了既能够用于旋转永磁体又能用于旋转驻极体的基于并矢格林函数的机械天线的辐射场计算方法，并且提出了用于改变天线方向图或磁场信号强度的旋转永磁体阵列[55]。

上海交通大学的徐云霄基于三相感应电机设计了一种小型化超低频发射天线，对该天线进行了近场和远场仿真并进行了实验验证，基本实现了百米范围内的通信[56]。

Rezaci 等人将调制线圈与旋转永磁体相结合，研制了一种高效的低功耗发射机，并且提出了一种利用调制线圈产生幅度键控（Amplitude Shift Keying，ASK）调制信号的方法[57]。

2020 年，大连交通大学的王晓煜等人针对机械天线的辐射单元和接收单元分别进行了模型建立，分析了接收线圈的结构尺寸对接收效果的影响，提出了低耗的阵列结构及传输系统，同时研究了旋转永磁体式机械天线的辐射效率和其在不同传输介质中的衰减特性，最后利用二元移频键控（2FSK）对机械天线进行了调制研究[58]。

2021 年，西安电子科技大学的弋秋平推导出了以机械天线作为发射天线的辐射场并绘制出了机械天线的辐射方向图，这一研究为后续机械天线辐射单元的电磁特性分析提供了一定的理论基础和参考依据。同时，弋秋平提出了几种不同结构形式的机械天线阵列模型，并分别对其电磁性能进行了分析。对比发现,方形阵列的近区磁场明显大于其他两种结构,相比于单个旋转永磁体,近区磁场提高了 27.4%[59]。

2023 年,北京航空航天大学的崔志等人基于永磁体式机械天线的辐射机理研究了其发射的低频电磁波在空气-冰层-海水-海床中的跨介质传播特性。研究结果表明,以永磁体式机械天线为发射源辐射的低频电磁波在跨冰层介质后的磁感应强度的衰减幅度比没有冰层时更大,衰减趋势相同,而跨冰层过程中电场强度的衰减速度大于空气中的衰减速度。同时,通过可视化仿真结果明晰了永磁体式机械天线在空气介质中发射的电磁波跨冰层传播时磁感应强度的分布[60]。

1.2.4　赋形天线的发展历程

天线赋形设计基础理论在第二次世界大战时期得到了快速发展,最早被应用于雷达技术中。随着现代卫星通信事业的发展,星载天线陆续采用"单馈源-赋形反射面"或"多馈源阵列赋形"技术来满足一定范围的地面服务区内有效全向辐射功率(EIRP)要求。这样就能降低覆盖区域以外的地面站对卫星系统所带来的信号干扰,并提高天线系统的频谱利用率和信道容量。

1975 年,Katagi 等人首次针对喇叭馈源反射面天线提出了一种赋形设计方法,该方法根据期望的波束横截面确定波前形状,然后基于几何光学法计算得到了赋形反射面的形状[61]。Katagi 等人在该领域的研究工作为反射面天线波束赋形设计提供了技术指导。随后,在 20 世纪八九十年代,一大批单馈源单赋形反射面天线成功实现了在轨应用。

1988 年欧洲数据中继系统研制出了口径为 1.5 m、焦径比为 0.7 的 Ka 波段单反射面赋形天线,该天线可以覆盖欧洲大部分区域[62]。

1992 年澳大利亚发射了第二代通信卫星 AUSSAT-B,星上采用了阵列馈源单反射面天线,在东经 156°和 160°两个位置对澳大利亚西部提供通信服务[63]。

1993 年美国某卫星直播系统采用单馈源单反射面天线技术[64],利用物理光学法优化出了赋形反射面的形状,并研制出了口径为 2.159 m 的铝制赋形反射面。

1996 年 Arias 等人设计出了 3 m×2.3 m 的椭圆口径赋形反射面天线,实现了对伊比利亚半岛(Ibérian Peninsula)和西班牙的巴利阿里群岛(Balearic Islands)的信号覆盖[65]。他们发现并提出如果再增加一个馈源,则可通过波束赋形设计对两个面积相差很大的岛屿(伊比利亚半岛和加那利群岛(Canary Islands))实现覆盖,且这两个子波束相互独立。基于这个设计思路,为了扩大覆盖区域,可使天线提供多个赋形子波束来完成对地面区域的信号覆盖。

日本的应用直播卫星 DS-2 和 DS-3 的天线都是由 2~3 个馈源和单偏置赋形反射面组成的,该天线可有效覆盖日本政区[66]。

然而,上述星载天线均是小口径的固面天线形式。而随着航天技术的不断发展,卫星通信、电子侦察等领域对天线的高增益有进一步需求,因而对星载天线系统提出了大口径、高精度和轻量化的设计要求。此时固面天线受到火箭运载空间和承载能力的限制,难以实现大口径。因而,星载网状可展开反射面天线作为目前在轨应用最多的一种大口径天线形式,也是未来大口径赋形天线设计与研制的一个可选方案。网状可展开反射面天线主要由可展开桁架机构、张拉索网和镀金钼丝编织反射网组成。特殊的结构使其具有质量轻、收纳比高、展开口径大等特点,可满足多样化和复杂化的航天任务需求。根据反射面支撑结构和收展方式不同,网状可展开反射面天线主要分为辅助肋式天线、构架式天线和桁架式天线三种。

其中,桁架式天线通常由"背对背"两层支撑索网结构、镀金钼丝编织网和可展开桁架结构组成。根据环形桁架结构的不同,桁架式天线又可细分为 Astromesh 环形天线、Harris环形天线、剪叉式环形天线、W 形天线等。由于桁架式天线具有口径大、面密度低和收纳比高等特点,目前在轨多采用这种类型的反射面配合多馈源实现波束赋形。国际海事组织的 Inmarsat-4 卫星(见图 1.40(a))搭载了一个 9 m 口径的天线,工作于 L 频段,可形成 228 个窄点波束、19 个宽点波束和 1 个全球波束。Thuraya 卫星的天线系统(见图 1.40(b))由 128 个偶极子构成馈源阵,配合一个 12.25 m 口径的 Astromesh 网状天线组成,工作于 L 频段,可以形成 250~300 个点波束,覆盖全球 1/3 的区域。中国发射的天通一号01 移动通信卫星天线系统工作于 S 频段,拥有 109 个点波束,覆盖我国领土、领海、第一岛链以内区域,2 个海域波束覆盖太平洋西部和印度洋北部部分区域。

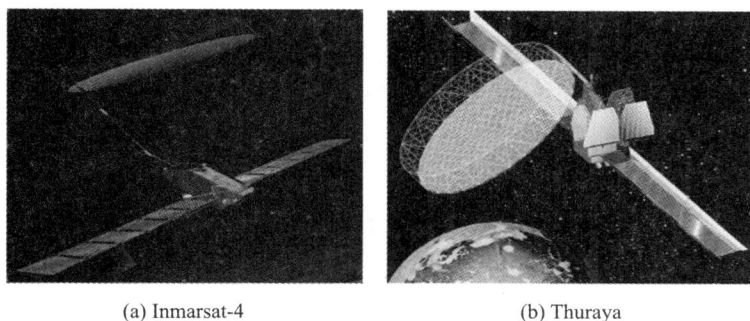

(a) Inmarsat-4　　　　　　　　　　(b) Thuraya

图 1.40　桁架式多馈源阵列天线

综上,目前在轨工作的大口径赋形天线均由馈源阵列+理想抛物面模式实现,单馈源-赋形反射面模式未有在轨应用案例报道。究其原因,其实现面临的两个方面的难题亟待解决:一是如何确定网状反射面的赋形形状;二是如何从结构上实现赋形反射面所需的凹凸形状。

针对上述两个问题,已有研究多集中于研究实体反射面天线的波束赋形设计。反射面赋形方法主要包括波前法、口径场优化法、反射面直接展开法、场矩阵迭代法等。

(1)波前法。

波前法的基本思想为:假定馈源波前为球面波,天线反射面将馈源发射的球面波前转化为平面波前,波前决定了反射面的成形;根据馈源在反射面上产生的面电流分布计算天线的远场方向图,并根据天线方向图的计算值和期望值之间的偏差修正波前和反射面的参数,反复迭代直至满足要求为止。该方法比较粗略,仅能对边界地形较为简单的覆盖区域进行赋形,因而该方法的应用越来越少。

(2)口径场优化法。

口径场优化法的基本思想为:首先,将反射面的口径面划分为一系列的正方形网格,并假定每个正方形网格内的口径场幅相分布相同;然后,假设口径场幅相分布不变,优化设计各个网格上的相位分布,并根据得到的反射面形状更新修正各个网格上的口径场幅度;循环迭代上述过程,直至收敛。该方法中,每个正方形网格中心的幅度和相位代表了整个网格区域的口径场幅相分布,这样可能会导致得到的赋形反射面形状不连续,不利于加工制造。

（3）反射面直接展开法。

反射面直接展开法的基本思想为：首先将反射面的形状描述为一系列正交基函数的线性组合，然后通过优化设计正交基函数的组合系数使得反射面的电性能满足赋形要求。常用的正交基函数有 Jacobi-Bessel 函数、Bessel 函数、Fourier-Jacobi 多项式、Zernike 多项式等。该方法可以保证赋形反射面形状的光滑性和连续性，因而在反射面赋形设计中得到了较为广泛的应用。

（4）场矩阵迭代法。

场矩阵迭代法的基本思想为：首先，将反射面划分为一系列的三角形网格，假定每个三角形网格内的口径场幅相分布一致，且均为三角形中心处的值；然后，将反射面节点变形导致的相位误差进行一阶泰勒展开，并基于此建立远区辐射电场与反射面节点变形之间的线性方程组；其次，根据远场辐射电场指标，结合矩阵分解方法求解线性方程组，得到反射面的节点变形量；循环迭代上述过程，最终可得到满足远区辐射电场要求的赋形反射面形状。该方法设计过程简单，但是需要已知赋形区域内的电场分布情况，这通常是不现实的。

Cherrette 等人指出在馈源参数和远场赋形波束轮廓确定的情况下，可以通过孔径平面的相位分布情况反推反射面表面相位分布情况，根据反射面表面相位分布情况以及馈源发出的初级方向场可求得反射面表面形状，经过多次迭代最终得到满足电性能要求的反射面形状，但由于所求得的反射面表面形状存在很多突变的区域，所以这种方法在实际生产加工中难以实现[67]。Brown 等人提出通过多项式来描述反射面的形状，通过几何光学法可以计算多项式所表述反射面的电性能，由此通过对多项式的系数进行优化可得到满足电性能要求的反射面[68]。Vall-Llossera 等人为了保证反射面天线表面的连续性，采用参数化的方法对反射面表面进行设计，利用多项式表示反射面形状，通过引入遗传算法对多项式的系数进行优化，采用图像处理技术使得优化的效率提高，最终实现了波束赋形，此种方法方便对不同区域进行波束赋形[69]。Zhang 等人采用 Zernike 函数作为基函数来描述反射面的形状，并对遗传算法、最速下降法、差分进化算法、模糊自适应差分进化算法、自适应差分进化算法和粒子群优化算法进行了对比，最终证明了粒子群算法适用于波束赋形设计的进行[70]。任亚红同样将反射面用正交多项式 Zernike 多项式进行表示，利用 GRASP 软件对赋形反射面天线进行电性能分析得到远场方向场，通过使用 Matlab 编写程序调用 GRASP 完成建模和计算参考点的增益，结合遗传算法优化 Zernike 各项系数来实现波束赋形，最终实现了对非洲区域的覆盖[71]。李章义等人以偏置反射面天线为研究对象，利用"馈源纵向偏焦导致波束变宽"的特点，在对天线进行波束赋形前将馈源纵向偏移一定的距离，以减小反射面表面的变形量，并且不仅对反射面表面进行了重构，还对馈源的幅值和相位进行了优化，最后通过算例证明了该方法可用于天线波束赋形[72]。李建军等人利用 Zernike 多项式表示反射面的形状，通过优化算法优化多项式的展开系数，建立了基于最小 P 乘法和 Minmax 方法的适应度函数，最终利用该方法实现了覆盖中国大陆和巴西的赋形波束反射面天线的设计[73]。

需要注意的是，网状天线的反射面由一系列三角形平面组成，并非光滑的曲面，导致现有的实体反射面赋形设计方法无法直接应用于网状反射面的波束赋形设计。为了实现网状反射面天线的波束赋形，Tanaka 等人[74]对环形桁架式网状天线进行了赋形设计，将索网反射面天线的赋形设计分为两步：首先，从电性能出发采用波前法设计理想的实体赋形反射面；然后，基于力密度找形方法设计索网反射面，使其尽可能逼近理想赋形面。该方法设计过程繁杂，而且由于网状赋形面与实体赋形面之间的原理误差无法消除，赋形能力有限。张树新等人[75]基于灵敏度分析方法对平面拼合反射面进行了赋形研究，其中假定网状反射面节点的 x、y 坐标保持不变，通过设计 z 坐标来实现网状反射面的赋形设计，由该方法得到的赋形反射面为凹凸不平曲面，对于现有的网状天线结构形式而言，结构上无法通过张拉实现。

综上，网状天线的波束赋形设计主要存在两个难点问题：① 网状反射面为平面拼合而成的曲面，现有的实体反射面赋形设计方法无法直接应用于网状反射面的赋形设计，需要针对网状反射面提出新的波束赋形方法；② 网状反射面天线需要通过张拉平衡来实现一个理想的反射面形状，然而，理想赋形反射面通常为凹凸不平曲面，传统网状天线方案难以实现凹凸不平的反射面形状，因此，需要提出新的网状天线设计方案来支撑凹凸不平的赋形网状反射面。

2017 年，西安电子科技大学的杨癸庚针对网状可展开天线的形态设计、型面调整、波束赋形设计、在轨耦合动力学分析等方面进行了研究。他建立了环形桁架式网状天线的力学模型，提出了两种张力形态设计方法，均匀索网结构前后两面的张力。基于此力学模型，杨癸庚提出了考虑温度区间的型面预调优化模型，使得网状天线型面误差的变化范围大幅度降低；建立了网状天线的二层网状天线波束赋形优化模型；考虑到网状反射面受力平衡的需求，提出了三层索网体系结构方案，提高了索网结构的张力均匀性；采用有限元模拟分析了天线结构进出地球阴影区的时变温度场，有效估算出天线结构的热响应特征时间。利用该方案可以对大型复杂空间结构的热致耦合动力学响应进行合理分析与预测[76]。

2021 年，西安电子科技大学的潘海洋针对构架式天线索网支杆长度较短导致的索力过大问题建立了构架-索网式天线索网结构的几何模型并设计其形态，并进行了该结构的天线在轨结构-热综合分析，得到了支撑桁架与索网结构同频率振动，支撑桁架振动幅度较大的结论；设计形态并分析后，研制加工了该结构的原理样机并进行相关实验证明了该结构的可行性[77]。

2022 年，哈尔滨工业大学的夏斌为改善可展开天线展开后反射面形状固定，天线焦径比、观测视角固定的问题，利用同构单元拼接构建大型反射面天线，提出了细胞星重构反射天线设计方法，并针对该设计方法编写了天线设计程序；选用模态叠加法对反射面板进行了变形描述，结果证明这种设计方法具有较好的运动稳定性；在测试试验后，发现拼接重构反射面天线具有可行性[78]。

2023 年，在考虑到赋形反射面天线通常采用单目标优化算法进行设计，无法在期望波束特性具有多个相互冲突目标和约束限制时仍确保输出最优解，杨承坤等人基于有希望区域优化和自适应约束位移密度估计的思想提出了赋形反射面天线的约束多目标优化方法，并将其与三种主流算法进行对比，结果表明该算法具备更强的全局寻优性与稳定性。应用约束多目标优化，将能指导设计者高效实现赋形反射面天线的权衡最优设计[79]。

多反射面天线系统受空间、位置等多因素的影响，其主反射面口面存在相位差，导致了天线辐射性能下降。基于此前提，2024 年樊希媛等人提出了一种利用 Zernike 多项式赋形多个反射面的方法，固定主反射面，对副反射面赋形，通过调整光程差，对副反射面镜面形态进行优化设计。计算表明，与未赋形的三反射面天线相比，赋形反射面天线系统的主波束效率提升了 10.67%。此方法的优势在于所需优化参数较少，优化收敛速度快[80]。

1.2.5 天文天线的发展历程

随着现代射电天文学科技的迅速发展，以及对弱信号捕捉能力要求的提高，反射面天线向着高频段、大口径的方向发展。中国科学院新疆天文台筹建的 110 m 口径超大型射电望远镜 QTT(Qi Tai Telescope)如图 1.41 所示，将超越美国 GBT(Green Bank Telescope)成为世界上最大口径的全可动反射面天线，其建造将全面促进中国与全球射电天文学事业的合作和蓬勃发展。

图 1.41　110 m 口径超大型射电望远镜概念图

关于大型反射面天线的结构设计问题，国内外学者在天线结构保型、反射面误差影响分析、主反射面与副反射面补偿、阵列馈源补偿多方面进行了研究。减少反射面变形带来的影响，一般可通过两个阶段进行：在反射面天线设计阶段，通过对天线结构的优化，设计出更为合理的结构，抵抗一部分由于自身重力或工作环境带来的变形；而在实际工作阶段，对于反射面位姿可动或面板下安装有促动器结构的天线，可以设计实时调整方法，在天线加工安装完成后，通过调整面板以减少变形和制造安装带来的影响。

一般认为，影响反射面远场指向和效率的原因在于反射面形状和位姿的变化，因此在进行结构设计时，希望刚度尽量足够大，以抵抗自身重力等带来的影响。而且对于高频段、大口径的天线来说，要达到其增益要求，就会对天线的刚度要求过于苛刻，这在实际加工中很难达到。为此，德国天线结构专家 Hoerner 提出了结构保型的思想，不是一味地增大反射面的刚度，而是让天线反射面在变形过程中始终保持为一组同族抛物面，通过调整焦点位置，进而减小自重变形对天线电性能的影响。这一思想的提出对后来反射面结构保型及优化产生了巨大影响。

1981 年，上海科技大学的学者王生洪教授在 Hoerner 的设计思想基础上，提出了一种对大型天线结构的保型优化设计。将优化模型的目标函数设置为天线受力变形后与其拟合的"最佳抛物面"的加权均方差，将优化的设计参数设置为杆件横截面积、面板厚度、节点坐标等，用导数矩阵对优化模型进行局部的线性优化处理，并通过多个天线的计算测试了理论的正确性[81]。

同时，国内学者段宝岩也根据反射面天线结构优化的特点，突破性地使用 Fletcher 超方体法，提出了一种天线结构几何优化设计的改进方法，此方法在改善优化模型收敛特性的同时，保证了每次迭代的正定性。除此之外，上述方法的桁架结构还被拓展到了刚架结构中，并将梁单元的最大应力问题转化为简单的规划问题[82]。

2009 年，美国所建成的 GBT 望远镜（如图 1.42 所示）为偏置式，其口径（110 m × 100 m）最高工作频率达到了 115 GHz，它是第一个配置了主动反射面的射电望远镜[83]。偏置式设计虽然提升了微波接收效率，但同时也对结构设计提出了更为严苛的挑战。GBT 反射体的俯仰结构采用了箱型框架结构，很难辨别其保型特性[84]。单纯的结构设计并不能满足 GBT 的精度要求，故相关研究者采用了机电一体化设计思想，通过主动调整主反射面来补偿自重及温度载荷下的主面变形。

图 1.42 美国 GBT 望远镜

2010 年，外国学者 Yoon 和 Washington 针对机械可重构反射面天线的变形结构，提出了一种无约束形状误差最小化优化方法，并对其进行了解析求解。他们采用有限元建模，将结构变形表示为一组促动器的移动值，并对结构的理想形状与实际形状之间的误差进行最小化，得到了形状误差最小的最优移动值。他们将此方法应用于机械变形的反射面天线结构，还以图形化的方式说明了最优解的唯一性和增加促动器数量的效果[85]，不同数量促动器的副面优化形状如图 1.43 所示。

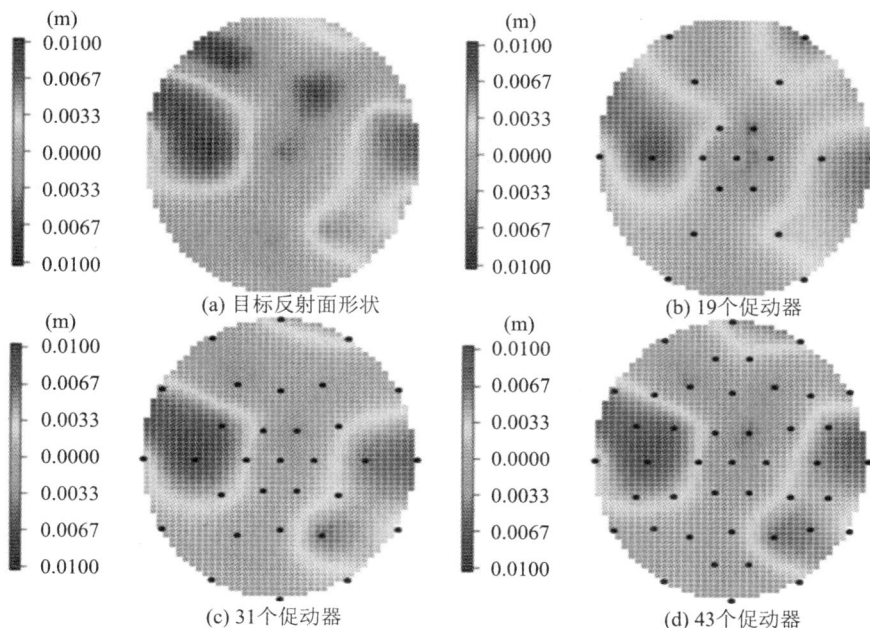

(a) 目标反射面形状

(b) 19个促动器

(c) 31个促动器

(d) 43个促动器

图 1.43 不同数量促动器的副面优化形状

2012 年，国内学者冷国俊在前人提出的场耦合模型的基础上，详细研究了基于场耦合背架结构的拓扑优化模式，并给出了拓扑优化基结构的选择原则，从而构建了以天性电性能为目标，以自重、刚度等为约束的机电场耦合模式，并在 3 m 反射面天线模型中进行了仿真实验，验证了模型的正确性[86]，3 m 天线基结构优化前后示意图如图 1.44 所示。

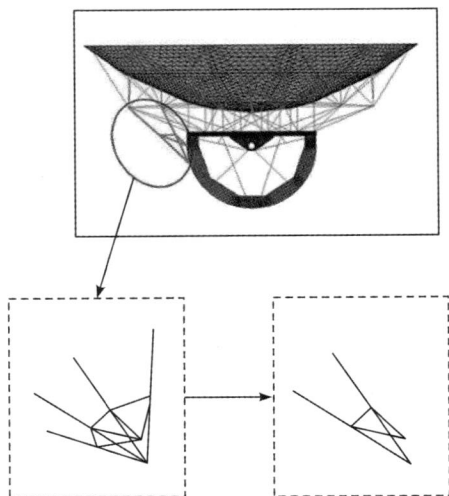

图 1.44　3 m 天线基结构优化前后示意图

2014 年，由美国研发部署 Haystack 超宽带卫星成像雷达建成[87]，如图 1.45 所示，其口径为 37 m，被放置于直径为 45.7 m 的天线罩中。HUSIR 不仅是一部军事成像雷达，也适用于天文观测，可覆盖高达 230 GHz 的频段。由于天线罩能抵抗风荷引起的天线变形，HUSIR 的背架结构采用了轻量化的铝材，俯仰结构为钢结构，为背架提供了 8 个等柔度支撑点；俯仰结构通过 16 个撑杆支撑到背架中心体的上端，这样的设计使天线在指平工作时，支撑位置接近反射体中心，能在一定程度上减缓偏心支撑所引起的反射面二阶误差。另一方面，该设计能够减缓背架结构与俯仰结构材料不同所导致的热变形不匹配。HUSIR 还采用了由子桁架进行支撑的高精度组合面板，并为副面支架提供了独立于反射面背架结构的桁架支撑结构，这就避免了副面支架所引起的反射面局部变形。

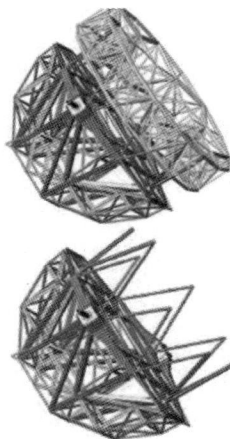

(a) 实物图　　　　　　　　　(b) 俯仰结构及中心体

图 1.45　HUSIR 雷达天线

　　2020 年，美国和墨西哥联合建设了 LMT 大型毫米波望远镜。如图 1.46 所示，该望远镜为世界上最大的单孔径毫米波望远镜[89]，其工作频段达到了 75～350 GHz。LMT 望远镜的俯仰结构为反射面背架结构提供了 4 个等刚度支撑点。此外，轭形俯仰结构也能够为布置微波组件提供更大的空间。在结构设计理念上，与 GBT 望远镜类似，LMT 望远镜同样采用了机电一体化的设计思想，通过主动面系统[90-91]对自重及热载荷所引起的表面误差进行补偿，确保了天线的性能。但与 GBT 望远镜相比，LMT 望远镜采用了热隔离材料来包裹背架及方位架，副面撑腿也采用了封闭的圆钢，从而可有效降低环境温度变化对望远镜性能的影响。除此之外，与 HUSIR 类似，LMT 望远镜也采用了组合面板，并由 4 个独立的驱动器驱动，共由 720 个驱动器驱动 180 块组合面板，LMT 望远镜结构简图如图 1.47 所示。

图 1.46　LMT 望远镜

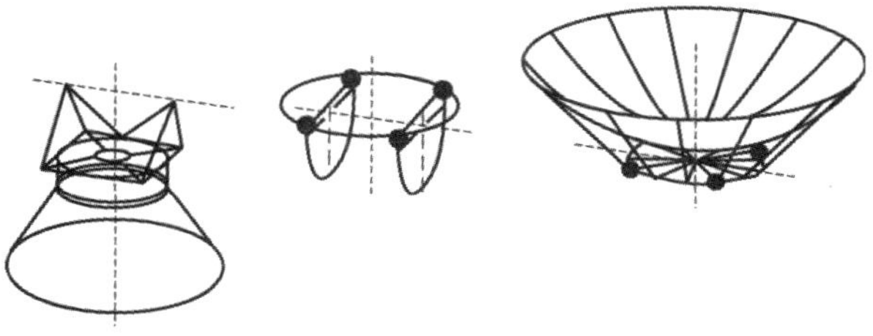

(a) 方位架　　　　(b) 俯仰结构　　　　(c) 反射体

图 1.47　LMT 望远镜结构简图

　　2020 年，为使奇台 110 m 反射面天线达到高指向精度和表面精度的要求，中国学者冯树飞设计了一种反射体的新型支托结构的构造方法，如图 1.48 所示。该支托结构的主要优点是提供了 16 个等柔度支撑点，以保持反射面圆对称形式，从而极大程度地控制天线口径表面的精度。测试后表明，此种天线结构通过尺寸优化可以获得更高的面形精度，在自重载荷下可以精确至 0.3 mm，证明了该支托结构的有效性[92]。

　　形面协同调整方法主要是运用在一些反射面、馈源位姿可调节，或反射面表面安装有促动器的大型反射面天线上，主要通过以上可调结构补偿保型残差或装调误差。随着反射面天线结构的不断进步，形面协同调整方法也在不断完善。

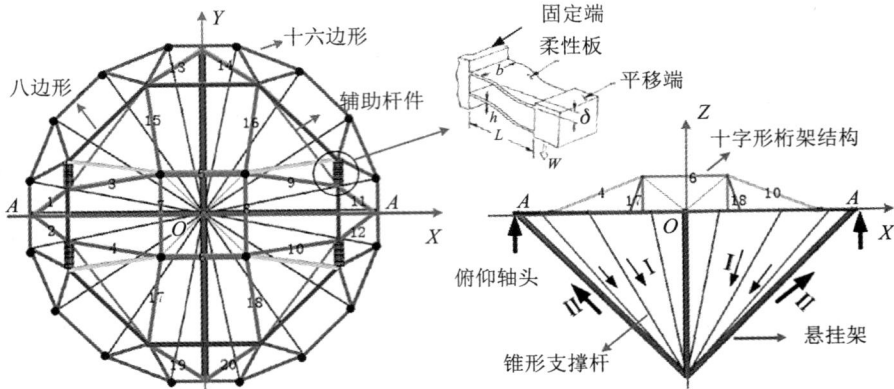

图 1.48 反射体支托结构示意图

1976 年，Hoerner 编写了一种用于设计射电望远镜副面的计算机程序——DERIVE。它利用几何光学计算出任意给定的主反射面的形状，使所有近轴射线的路径长度误差为零。这种方法可以用来改进现有的短波望远镜，通过一个特殊形状的副反射器来修正主反射面的表面偏差[93]。

1982 年，Zarghamee 对封闭式卡塞格伦天线进行研究，基于射频路径长度的综合变化，计算出由主反射面结构变形、副反射面刚体位移和馈源刚体位移引起的峰值增益损失和波束偏差，设计了一种当天线在仰角移动时可以机械地调整副反射器的位置，以减小峰值增益损失的通用计算方法[94]。

2011 年，中国学者冷国俊等人基于一种赋形的卡氏天线，给出了一种副面实时补偿方案，并采用了实时调节副面位姿的方式，以缓解由主面变化所引起的电性能恶化。此方案根据最小二乘法对主面进行了分段的抛物面模型拟合，同时各抛物面都必须符合焦轴的约束；经过优化算法得到了主界面吻合参数；依据主副面的配合关系经过计算得到了副面位姿的调节参数[95]。对变形主面进行分段吻合示意图如图 1.49 所示。

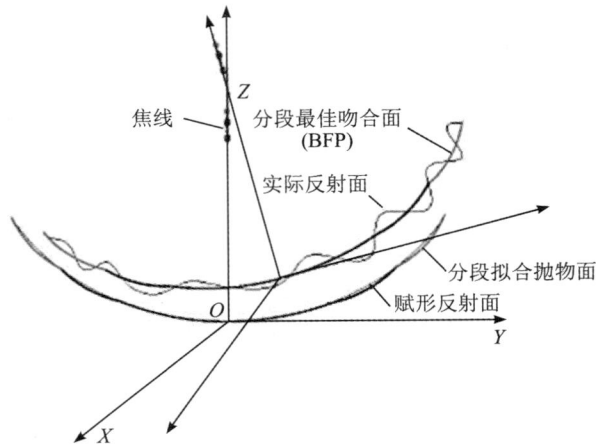

图 1.49 对变形主面进行分段吻合示意图

2014 年，中国学者连培园等人设计了一种远场反推变形反射面馈源调整量的方法。通过计算远区电场变化，并通过奇异值分析法近似地推导主面的改变信息，从而推导出馈源的调整量。此方法无须提前了解主面的变形，也因此解决了最佳抛物面需要预先准确地掌握反射面变形数据这一缺陷，并通过仿真案例验证了方案的可靠性[96]，馈源调整方案的仿真结果对比如图 1.50 所示。

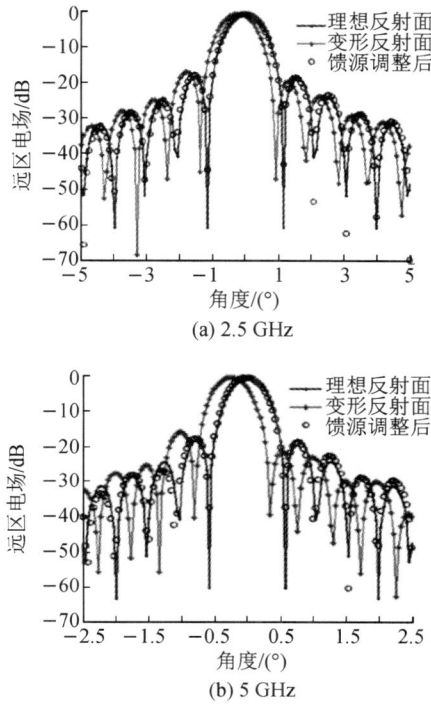

(a) 2.5 GHz

(b) 5 GHz

图 1.50　馈源调整方案的仿真结果对比

2018 年，中国学者项斌斌等人希望能够通过直接调节副面，使双反射面天线的电特性得到改善。根据机电耦合思路，他们研究了副面的调整量与远场电特性间的直观关联，并系统分析了副面在横向与纵向移动时，对远场指向精度与增益效果的影响。通过优化模型，他们以远场电性能的目标优化得到了各个副面的调整参数，并通过对各个副面位姿调整的拟合，完成了对整个俯仰区域内副面的实时调节。该方法以南山 NSRT 天线为对象展开了案例解析，其结果满足天线辐射要求[97]，副面移动光纤反射传播示意图如图 1.51 所示。

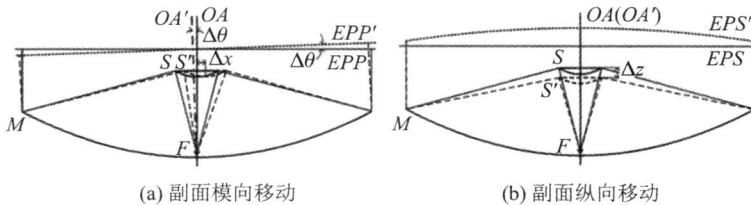

(a) 副面横向移动　　　　　　　　(b) 副面纵向移动

图 1.51　副面移动光纤反射传播示意图

2021 年，中国学者徐强等人对风干扰下反射面天线指向误差的分析与补偿进行了研究，基于模态叠加法建立了天线结构的动力学模型，研究反射面变形对指向精度的影响，建立了面向控制的指向误差分析模型，实时估计风载引起的指向误差（见图 1.52）。他们通过一个数值算例对 65 m 口径在 S/X 两个频段工作的波段双反射面天线进行了分析验证，以平均风速为 10 m/s 的间歇风为例，天线理论模型计算的最大指向误差为 55.82″，模型预测的最大指向误差为 68.27″。利用改进后的控制器对风载进行补偿后，天线指向误差减小到 10.57″，有效地提高了天线的指向性能[98]。

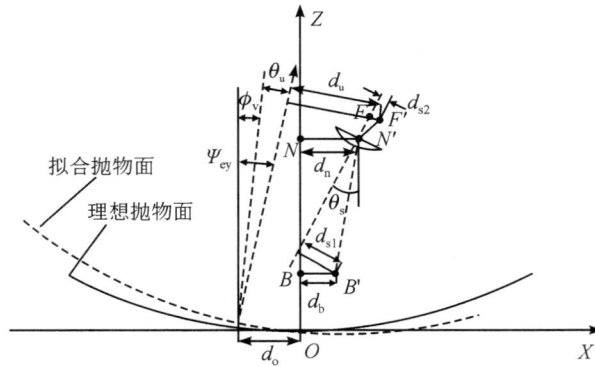

图 1.52　反射面变形引起的指向误差

2024 年，中国学者冯树飞等人对射电望远镜的结构设计和发展趋势进行了深入探讨，概述了射电望远镜设计的总体框架，并特别关注了等刚度思想下的保型设计以及机电一体化设计的最新成就。针对下一代亚毫米波射电望远镜的超高精度需求，研究指出了包括保型拓扑优化、多组件耦合、光机电一体化、可靠性设计、机/结构创新设计和精准建模等关键设计方向。这些研究趋势反映出研究人员正积极应对大口径、高频段射电望远镜带来的挑战，力求在结构设计中实现性能的最大化[99]。

2024 年，面对随着射电望远镜工作频率的提升和口径的增大，射电望远镜的性能在很大程度上受到日照引起的结构热变形的影响这一问题，中国学者雷震等人针对新疆 110 m 口径射电望远镜建立了日照热力耦合模型，通过有限元仿真分析了不同工况下天线的温度和变形情况。研究发现，风速的增加不利于提高反射面的形状精度，温差所引起的结构不均匀变形是影响反射面精度的主要因素。此外，研究还揭示了反射面热误差的空间分布与太阳直射点位置有着直接的相关性，并提出了通过副反射面位置补偿来缓解日照热误差影响的方法，为大型射电望远镜的设计和热误差控制提供了重要的参考方法[100]。

2024 年，中国学者班友等人对射电望远镜天线主反射面的面形测量方法进行了全面梳理。他们指出，随着天线口径的增大和工作频段的提高，主反射面面形的精度也应相应地提高，因此需要对天线主反射面进行较好的测量，以此为改善形面精度提供依据。他们总结了经纬仪测量法、激光测量法、全息测量法等多种测量技术，其中重点介绍了摄影测量和光电传感器测量等测量方法，这些方法基于非接触、高速度、高精度等优点，更能满足大口径天线的快速测量需求[101]。

1.3　极端尺寸天线的应用场景

磁电天线具有天线结构尺寸的优势，但是同时也存在增益低的固有性能局限，因此实际中主要利用其尺寸优势应用于载荷平台严格约束下的短距离通信场景。例如，在大规模部署的物联网网络中，低功耗、低成本的低增益天线非常适合短距离通信；在智能家居产品的设计方面，因其通常在室内使用，不需要很高的增益；在可穿戴与医疗监测设备领域，磁电天线可以被整合到小巧的设备中，不影响佩戴舒适度，可以考虑无创植入人体，如起搏器、神经刺激器等，此类场景多需要体积非常小的天线以无线方式在短距离内传输数据。此外，磁电天线作为一种微米尺寸的天线，在微型无人载荷平台的电磁感知能力实现方面具有其独特的优势，可以为抵近式侦察的实现提供全新的技术与手段。

纳米天线的应用范围与先前的射频天线、微波天线和毫米波天线的应用范围有较大的不同之处，除了本书所提到的太阳能收集，在其他领域也有着广阔的应用前景。例如，开发新一代数据存取设备；进行隐蔽性食品安全评估与大气污染物鉴定；进行无创活体检测，如活体成像、细胞跟踪、生物检测以及光热治疗等；癌症的快速诊断和治疗，如对癌胚抗原(CEA)进行超灵敏检测；增强自发光辐射特性，如利用由金制成的外部天线，可使铟镓砷磷(InGaAsP)制成的纳米棒的自发光辐射强度增强 115 倍；显微成像，高聚光性的纳米光学天线突破了激光超衍射极限；纳米光电集成，将纳米天线引入光刻技术，成本低，又不受衍射极限的限制，还可以采用长波长的可见光来照明标准的光敏层，制作出亚波长尺寸的结构；光源制作，纳米天线可让可见光任意转弯，有望将其设计成高效量子单光子源；短距离光通信；高分辨率全息摄影技术，以色列科学家研制的一种小型金属纳米天线芯片，以及一种相适应的全息算法，可以检测一束光波的"相图"，允许新设计的全息图复制图案的深度，不再需要图像重制，成功形成了高分辨率全息图，可以从任何方向投影。

机械天线主要用于发射和接收频率在 3~30 kHz 之间的甚低频无线电波。这种频率范围内的信号具有特殊的传播特性，例如能够穿透水和土壤，这使得其成为一些独特应用场景的理想选择。例如，潜艇通信，VLF 信号可以穿透海水，使得潜艇在水下也能接收到指令，确保即使在水下深处也能维持基本的通信联系；地下通信，VLF 信号也可以穿透土壤，因此可以用于地下矿井或隧道中的通信，可以为地下作业人员提供安全通信链路，特别是在救灾应急等紧急情况下；地球物理学研究，机械天线还可用于地表下的地质勘探，帮助科学家们了解地球内部结构，由于极地地区恶劣的天气条件和地理环境，传统的无线电通信可能会受到影响，机械天线可以为极地研究站提供可靠的通信手段。机械天线也可通过监测地球电离层的异常，进而辅助预测地震等。

赋形反射面天线是一种通过改变反射面的形状或使用多个馈源来形成所需波束形状的天线。这种类型的天线在多个领域都有广泛的应用，主要应用场景包括：地球同步轨道卫星及中低轨道卫星，用于提供宽带互联网接入、电视广播、语音通信等服务，为地面用户提供高速互联网接入服务，电视和无线电广播服务，支持海上、空中和偏远地区的移动通信，为军队提供安全可靠的通信链路；遥感卫星，用于地形测绘、资源勘查、灾害监测和评估、收集地球表面的数据、监测气候变化、管理自然资源、快速响应自然灾害、提供实时的灾害评估信息；对空搜索雷达，用于军事和民用航空领域的空中交通管制，跟踪飞机和其他飞行物体；空间探测，用于深空探测任务中的通信，如行星探测器与地球之间的数据传输。

　　天文天线主要用于接收和研究来自宇宙的无线电波，探测光学望远镜无法看到的天体和现象。其主要应用场景包括：星系和星云的研究，观测遥远星系中的气体和尘埃，了解星系的结构、演化以及星系间介质的性质；研究银河系内的分子云；脉冲星的研究，脉冲星是快速旋转的中子星，能够发射出周期性的射电信号。通过观测脉冲星可以帮助科学家理解极端物理条件下的物质状态；研究黑洞和活动星系核（AGN），观察黑洞周围的吸积盘发出的射电辐射，研究黑洞的性质及其对周围环境的影响；研究活动星系核的喷流现象，探索高能粒子加速机制；用于太阳物理学，监测太阳活动，如太阳耀斑和日冕物质抛射等事件，这对于空间天气预报非常重要；检测星际分子，通过射电望远镜可以探测到宇宙中的有机分子和其他复杂分子，这有助于理解生命起源的可能性；定位与测量射电源，定位宇宙中的射电源，比如类星体、射电星系等，并测量其红移以确定距离；搜寻地球外的生命，搜寻可能来自其他文明的信号（SETI 项目），寻找地外智慧生命的证据；用于天体测量学，利用射电干涉测量技术进行高精度的天体位置测量，帮助校准天文坐标系统；探测行星际空间，支持深空探测任务，通过深空网络跟踪航天器的位置，并接收它们发回的数据；用于多信使天文学，结合其他类型的天文观测手段（如光学、红外、X 射线和 γ 射线等）进行跨波段的联合观测，以便更全面地理解宇宙现象。

1.4　极端尺寸天线的技术挑战

　　极端尺寸天线是复合材料、电磁、精密机械结构、传热等多学科相结合的系统，其辐射性能的成功实现不仅依赖各学科领域的设计水平，更取决于多学科的有机结合，如机械结构不仅是电性能实现的载体和保障，且往往制约着电性能的实现；基于超材料的天线性能可以从材料与结构两个维度进行优化和设计。这类天线的机与电相互联系、相互依存、相互影响、密不可分，尤其对高频段、高增益、高密度、小型化、快响应、高指向精度的极端尺寸天线，材料、结构、电磁呈现出强耦合的特征。

　　当前我国针对极端尺寸天线的基础理论与关键技术开展了研究，并取得了一些有效成果。但是，纵观这一类天线的研究，其相应的知识体系概貌与实现路径目前仍远未明晰。后续应当以广义 Maxwell 方程组（天线性能）、Newton 定律（天线结构）为理论起点，基于机电耦合基础理论，建立极端尺寸天线系统动力学模型，探明其辐射机理，全面解决上溯至发射单元的应用基础问题，最终建成具有普适性的全新知识体系。具体为解决多物理场的能量转换机制理论难题，宏微纳跨尺度结构参数对天线辐射性能调控技术难题，天线性能精确测试与理论研究成果的验证难题，突破经典电磁理论极限对天线结构尺寸与辐射效能的制约，实现极端尺寸天线技术在尺寸和性能上的跨越。

　　目前需要重点解决的技术是如何实现新天线材料-结构-性能一体化设计、如何突破天线的辐射效率与带宽等性能极限、如何实现天线的精准测试与评价、如何实现理论模型与影响机理的验证，针对极端尺寸天线的辐射原理、材料及结构对其性能的影响机理、在轨服役过程中的性能保持等问题，分别制定具体的技术路线，形成从理论模型、关键技术，再到性能指标体系的闭环研究方案，最后通过半物理仿真测试系统，对输出的原型样件进行验证测试，实现理论与性能的全维度验证，由此确保技术路线的科学性。

当前该领域的研究工作主要集中于极端尺寸天线的基础理论模型建立与结构优化设计方面，虽然初步实现了天线的设计与性能提升，然而欲系统发展我国具有自主知识产权的极端尺寸天线设计工作，还需在天线的多场耦合理论模型建模、跨介质仿真分析计算以及天线服役性能可靠性分析三个方面开展系统而深入的研究。针对极端尺寸天线的工程实用化所面临的设计、制造与调试等关键技术问题开展科技攻关，落脚点在如何实现极端尺寸天线的理论可设计性、性能可满足性及工程可实现性。通过聚焦极端尺寸天线性能提升的核心技术，构建普适于一类天线的设计理论与方法，提出面向服役过程中电性能保持的天线误差监测与补偿策略，最终实现电性能指标最优，助力实现我国下一代自主知识产权天线设计"从 0 到 1"的关键突破。

本 章 小 结

极端尺寸天线作为一个经常被提及，但是很少被具体定义的概念，在近年来的天线设计领域越来越多地被关注。极端尺寸这个术语泛指非常大或非常小的天线设计，可以从结构尺寸上定义（在天线领域中更多的是电尺寸的定义），也可根据应用的需求来定义。本章从极端尺寸天线的基本概念出发，首先给出了本书中所论述的极端尺寸天线的具体学科内涵和技术外延。然后分别以极端小尺寸的磁电天线、纳米天线、机械天线和极端大尺寸的赋形天线和天文天线为具体对象，以时间为序，对上述五类典型极端尺寸天线的技术发展脉络进行了梳理，对核心研究团队、领域取得的重大成果和突破的关键技术进行了总结和凝练。在发展历程的基础上，对五类极端尺寸天线的当前应用场景及潜在的应用范畴进行了简述。最后给出了极端尺寸天线的技术发展，以及存在的普遍技术挑战。

本章参考文献

[1] YAO Z, WANG Y E. Dynamic analysis of acoustic wave mediated multiferroic radiation via FDTD methods[C]. 2014 IEEE Antennas and Propagation Society International Symposium (APSURSI). 2014：731-732.

[2] YAO Z, WANG Y E, KELLER S, et al. Bulk acoustic wave-mediated multiferroic antennas：architecture and performance bound[J]. IEEE transactions on anntenas and propagation，2015，63(8)：3335-3344.

[3] NAN T X, LIN H, GAO Y, et al. Acoustically actuated ultra-compact NEMS magnetoelectric antennas[J]. Nature communications，2017，8(1)：296.

[4] LIN H. Acoustically Actuated Ultra-compact NEMS Magnetoelectric Antennas[D]. Boston：Northeastern University，2018.

[5] XU R F, TIWARI S, CANDLER R N, et al. Polarization control of bulk acoustic wave-mediated multiferroic antennas based on thickness shear modes[C]. 12th European Conference on Antennas and Propagation (EuCAP 2018). 2018：1-5.

[6] SCHNEIDER J D, DOMANN J P, PANDURANGA M K, et al. Experimental demonstration and operating principles of a multiferroic antenna[J]. Journal of applied physics, 2019, 126(22)：224104.

[7] MOHSEN Z, LIN H, DONG C Z, et al. NanoNeuroRFID：a wireless implantable device based on magnetoelectric antennas[J]. IEEE journal electromagnetics, RF and microwaves in medicine and biology, 2019, 3(3)：206-215.

[8] HU J. High Frequency Multiferroic Devices[M]. Los Angeles：University of California, 2020.

[9] LIANG X F, CHEN H H, SUN N, et al. Mechanically driven SMR-based MEMS magnetoelectric antennas[C]. 2020 IEEE International Symposium on Antennas and Propagation and North American Radio Science Meeting. 2020：661-662.

[10] MOHSEN Z, NASROLLAHPOUR M, KHALIFA A, et al. Ultra-compact dual-band smart NEMS magnetoelectric antennas for simultaneous wireless energy harvesting and magnetic field sensing[J]. Narure communications, 2021, 12：3141.

[11] NASROLLAHPOUR M, ZAEIMBASHI M, KHALIFA A, et al. Magnetoelectric (ME) antenna for on-chip implantable energy harvesting[C]. 2021 43rd Annual International Conference of the IEEE Engineering in Medicine & Biology Society (EMBC). 2021：6167-6170.

[12] 江霞. 基于声波谐振的小型化天线研究与设计[D]. 成都：电子科技大学，2020.

[13] 彭春瑞. 体声波磁电天线的研究与设计[D]. 成都：电子科技大学，2021.

[14] 孙振远. 基于体声波谐振的磁电天线及其宽带化研究[D]. 西安：西安电子科技大学，2021.

[15] NIU Y P, REN H. Transceiving signals by mechanical resonance：a low frequency (LF) magnetoelectric mechanical antenna pair with integrated DC magnetic bias [EB/OL]. 2107. 13295. https：//arxiv. org/abs/2107. 13295v1, 2021.

[16] HU L Z, ZHANG Q S, WU H Z, et al. A very low frequency (VLF) antenna based on clamped bending-mode structure magnetoelectric laminates[J]. Journal of physics condensed matter, 2022, 34(41)：414002.

[17] YUN X F, LIN W K, HU R, et al. Bandwidth-enhanced magnetoelectric antenna based on composite bulk acoustic resonators[J]. Applied physics letters, 2022, 121 (3)：033501.

[18] YUN X F, LIN W K, HU R, et al. Radiation-enhanced acoustically driven magnetoelectric antenna with floating potential architecture[J]. Applied physics letters, 2022, 121(20)：203504.

[19] ZHENG R D, ESTRADA V, VIRUSHABADOSS N, et al. A Lamb wave magnetoelectric antenna design for implantable devices[J]. Applied physics letters,

2023，122(20)：202901.

[20] DU Y J，XU Y W，WU J G，et al. Very-low-frequency magnetoelectric antennas for portable underwater communication：theory and experiment［J］. IEEE transactions on anntenas and propagation，2023，71(3)：2167-2181.

[21] BAILEY R L. A proposed new concept for a solar-energy converter［J］. Journal of engineening for gas turbines and power，1972，94(2)：73-77.

[22] MARKS A M，Femto diode and applications：U. S. 4，720，642［P］. 1988，01-19.

[23] LIN G H，ABDU R，BOCKRIS J O. Investigation of resonance light absorption and rectification by subnanostructures［J］. Journal of applied physics，1996，80(1)：565-568.

[24] BERLAND B. Photovoltaic technologies beyond the horizon：optical rectenna solar cell［R］. NREL/SR-520-33263，2003.

[25] 高杰. 超高效纳米天线太阳能电池［D］. 北京：北京大学，2008

[26] RICHARD T，GIARDINI S，CARLSON J，et al. Diode-coupled Ag nanoantennas for nanorectenna energy conversion［C］. Plasmonics：Metallic Nanostructures and Their Optical Properties IX. 2011，8096(20)：1872-1875

[27] SHARMA A，SINGH V，BOUGHER T L，et al. A carbon nanotube optical rectenna［J］. Nature nanotechnology，2015，10(12)：1027-1032.

[28] WANG K，HU H F，LU S，et al. Design of a sector bowtie nano-rectenna for optical power and infrared detection［J］. Frontiers of physics，2015，10(5)：104101.

[29] WANG K，HU H F，LU S，et al. Design and analysis of a square spiral nano-rectenna for infrared energy harvest and conversion［J］. Optical material express，2016，6(12)：3977.

[30] HOSAM E，MALHAT H A E，ZAINUD-DEEN S H. Nanoantenna with geometric diode for energy harvesting［J］. Wireless personal communications，2018，99(2)：941-952.

[31] ANDERSON E C，PATEL A P，PRESTON J J，et al. Tunneling diodes based on polymer infiltrated vertically aligned carbon nanotube forests［J］. Nanotechnology，2020，31(40)：405202.

[32] AMARA W，YAHYAOUI A，ELTRESY N，et al. Vivaldi dipolenano-rectennaforI Renergy harvesting at 28. 3THz［J］. International journal of numerical modelling，2021，34(2)：e2836.

[33] LIVRERI P，BECCACCIO F. Optical plasmonic nanoantenna-MWCNT diode energy harvester for solar powered wireless sensors［C］. 2021 IEEE Sensors. 2021：1-4.

[34] ABDEL HAMIED F M，MAHMOUD K R，HUSSEIN M，et al. Design and analysis of a nano-rectenna based on multi-insulator tunnel barrier for solar energy harvesting［J］. Optical and quantum electronics，2022，54(3)：144.

［35］ LIU X Y, SONG G, JIAO R Z. Epsilon-near-zero material integrated trapezoid gold nanoantenna with wideband high absorption［J］. Optics communications, 2022, 507: 127619.

［36］ TEKIN S B, ALMALKI S, VEZZOLI A, et al. (digital presentation) optimization of MIM rectifiers for terahertz rectennas［J］. ECS meet, 2022(19): 1076.

［37］ MUPPARAPU R, CUNHA J, TANTUSSI F, et al. Light rectification with plasmonic nano-cone point contact-insulator-metal architecture［C］. Smart Materials for Opto-Electronic Applications. 2023: 29.

［38］ JING L, LIU X, SALIHOGLU H, et al. Electrically driven nanoantenna metasurface for coherent thermal emission［J］. Applied physics letters, 2023, 123 (16): 161703.

［39］ LIU X, JING L, LUO X, et al. Electrically driven thermal infrared metasurface with narrowband emission［J］. Applied physics letters, 2022, 121(13): 131703.

［40］ SIRISHA MRUNALINI L N, ARUN M. Reconfigurable fork shaped plasmonic graphene based nano-patch antenna for wireless network-on-chip application in THz band［J］. Opt quantum electron, 2024, 56(2): 233.

［41］ BICKFORD J A, MCNABB R S, WARD P A, et al. Low frequency mechanical antennas: Electrically short transmitters from mechanically-actuated dielectrics［C］. 2017 IEEE International Symposium on Antennas and Propagation & USNC/URSI National Radio Science Meeting. 2017: 1475-1476.

［42］ WANG Z X, CAO Z X, YANG F. Radiated field of rotating charged parallel plates and its frequency spectrum［J］. AIP advances, 2018, 8(2): 025325.

［43］ 崔勇, 王琛, 宋晓. 基于驻极体材料的机械天线式低频通信系统仿真研究［J］. 自动化学报, 2021, 47(6): 1335-1342.

［44］ BICKFORD J A, DUWEL A E, WEINBERG M S, et al. Performance of electrically small conventional and mechanical antennas［J］. IEEE transactions on anntenas and propagatien, 2019, 67(4): 2209-2223.

［45］ 庄凯杰, 耿军平, 马波, 等. 基于电驻极体运动的小型化低频发射天线［J］. 太赫兹科学与电子信息学报, 2020, 18(5): 847-850.

［46］ 周康泼. 多层多对驻极体薄膜式机械天线的研究与设计［D］. 新乡: 河南师范大学, 2022.

［47］ 袁志鸿, 裴宇, 崔勇, 等. 面向驻极体式机械天线的 FEP/THV 单极性快速产生方法研究［C］. 2023 年全国天线年会论文集（下）, 哈尔滨: 中国电子学会, 2023: 361-363.

［48］ ARNOLD D, BURCH H, MITCHELL M, et al. Spinning magnets: An unconventional method for compact generation of elf radio signals［C］. 2017 IEEE International Symposium on Antennas and Propagation & USNC/URSI National Radio Science Meeting. 2017: 2-3.

［49］ SRINIVAS PRASAD M N, HUANG Y K, WANG Y E. Going beyond Chu

Harrington limit：ULF radiation with a spinning magnet array[C]．2017 XXXIInd General Assembly and Scientific Symposium of the International Union of Radio Science (URSI GASS)．2017：1-3．

[50] SRINIVAS PRASAD M N，SELVIN S，TOK R U，et al．Directly modulated spinning magnet arrays for ULF communications[C]．2018 IEEE Radio and Wireless Symposium (RWS)．2018：171-173．

[51] FAWOLE O C，TABIB-AZAR M．An electromechanically modulated permanent magnet antenna for wireless communication in harsh electromagnetic environments [J]．IEEE transactions on anntenas propagation，2017，65(12)：6927-6936．

[52] BURCH H C，GARRAUD A，MITCHELL M F，et al．Experimental generation of ELF radio signals using a rotating magnet[J]．IEEE transactions on anntenas propagation，2018，66(11)：6265-6272．

[53] GONG S H，LIU Y，LIU Y．A rotating-magnet based mechanical antenna (rmbma) for elf-ulf wireless communication[J]．Progress in electromagnetics research，2018，72：125-133．

[54] STRACHEN N，BOOSKE J，BEHDAD N．A mechanically based magneto-inductive transmitter with electrically modulated reluctance[J]．PLoS one，2018，13(6)：1-14．

[55] 施伟，周强，刘斌．基于旋转永磁体的超低频机械天线电磁特性分析[J]．物理学报，2019，68(18)：314-324．

[56] 许云霄．磁机械天线研究[D]．上海：上海交通大学，2019．

[57] REZAEI H，KHILKEVICH V，YONG S H，et al．Mechanical magnetic field generator for communication in the ULF range[J]．IEEE transactions on anntenas and propagation，2020，68(3)：2332-2339．

[58] 王晓煜，张雯厚，周鑫，等．旋转磁偶极子式超低频发射天线辐射特性[J]．兵工学报，2020，41(10)：2055-2062．

[59] 弋秋平．基于旋转永磁体的低频机械天线研究[D]．西安：西安电子科技大学，2021．

[60] 崔智，崔勇，郑建英，等．永磁体式机械天线的空气-冰层-海水-海床跨介质低频电磁场研究[C]．2023 年全国天线年会论文集（下），哈尔滨：中国电子学会，2023：379-381．

[61] KATAGI T，TAKEICHI Y．Shaped-beam horn-reflector antennas [J]．IEEE transactions on anntenas and propagation，1975，23(6)：757-763．

[62] RAMANUJAM P，ADATIA N．Design of a feeder link antenna for the European DRS satellite[C]．1988 IEEE AP-S．International Symposium，Antennas and Propagation．1988：334-337．

[63] POULTON G T，BIRD T S，HAY S G，et al．Rigorous design of an antenna for AUSSAT-B[C]．International Symposium on Antennas and Propagation Society，Merging Technologies for the 90's．1990：1900-1903．

［64］　CLARK T，KEITH A，LOPEZ L，et al. Breadboard verification of the shaped reflector for the DirecTv direct broadcast satellite for the United States［C］. Proceedings of IEEE Antennas and Propagation Society International Symposium. 1993：792-795.

［65］　ARIAS A M，PINO A G. A method for design shaped reflector antennas by optimization techniques using Hermite patches［C］. 1996 26th European Microwave Conference. 1996：618-620.

［66］　MIURA S，TOYAMA N，OHMARU K，et al. 1988. Electrical performance of BS-3 shaped-beam antenna［C］. 12th International Communication Satellite Systems Conference. 1988：660-669.

［67］　CHERRETTE A R，LEE S W，ACOSTA R J. A method for producing a shaped contour radiation pattern using a single shaped reflector and a single feed［J］. IEEE transactions on anntenas and propagation，1989，37(6)：698-706.

［68］　BROWN R C，CLARRICOATS P J B，ZHOU H. Optimum shaping of reflector antennas for specified radiation patterns［J］. Electron Letters，1985，21(24)：1164-1165.

［69］　VALL-LLOSSERA M，RIUS J M，DUFFO N，et al. Design of single-shaped reflector antennas for the synthesis of shaped contour beams using genetic algorithms［J］. Microwave and technology letters，2000，27(5)：358-361.

［70］　ZHANG T L，CHEN L，YAN Z H，et al. Design of dual offset shaped reflector antenna based on degl algorithm［J］. Journal electromagnetic waves and applications，2011，25(5/6)：723-732.

［71］　任亚红. 单反射面天线赋形研究［D］. 西安：西安电子科技大学，2012.

［72］　李章义，万国宾，张静，等. 抛物面天线小形变赋形及波束重构方法［J］. 系统工程与电子技术，2015，37(10)：2217-2221.

［73］　李建军，尹鹏飞，张燕倪. 星载赋形波束单馈源单偏置反射面天线设计［J］. 电讯技术，2018，58(7)：833-837.

［74］　TANAKA H. Design optimization studies for large-scale contoured beam deployable satellite antennas［J］. Acta astronautica，2006，58(9)：443-451.

［75］　ZHANG S X，DUAN B Y，BAO H，et al. Sensitivity analysis of reflector antennas and its application on shaped geo-truss unfurlable antennas［J］. IEEE transactions on anntenas and propagation，2013，61(11)：5402-5407.

［76］　杨癸庚. 星载网状反射面天线反射面赋形设计研究［D］. 西安：西安电子科技大学，2017.

［77］　潘海洋. 星载赋形抛物面构架：索网式可展开天线结构设计与样机研制［D］. 西安：西安电子科技大学，2022.

［78］　夏斌，2022. 细胞星重构在轨反射面天线及赋形过程研究［D］. 哈尔滨：哈尔滨工业大学.

［79］　杨承坤，王九灵，杨小凤，等. 赋形反射面天线的约束多目标优化设计研究［J］. 四

川大学学报（自然科学版），2024，61(4)：220-230.

[80]　樊希媛，李向芹，杨雪霞，等. 基于 Zernike 拟合的三反射面天线赋形设计[J]. 空间电子技术，2024，21(1)：28-32.

[81]　王生洪，李志良，汪勤悫，等. 大型天线结构的保型优化设计[J]. 固体力学学报，1981，2(1)：12-26.

[82]　段宝岩，侯波. 一种改进的天线结构优化设计方法[J]. 西北电讯工程学院学报，1987，14(2)：43-52.

[83]　PRESTAGE R M，CONSTANTIKES K T，HUNTER T R，et al. The green bank telescope[J]. Proceedings of the IEEE，2009，97(8)：1382-1390.

[84]　KÄRCHER H J，BAARS J W M. Ideas for future large single dish radio telescopes [C]. Ground-based and Airborne Telescopes V. 2014：914503.

[85]　YOON H S，WASHINGTON G，2010. An optimal method of shape control for deformable structures with an application to a mechanically reconfigurable reflector antenna[J]. Smart materials and structures，19(10)：105004.

[86]　冷国俊. 大型天线反射面保型与机电综合优化设计[D]. 西安：西安电子科技大学，2012.

[87]　USOFF J，CLARKE M，LIU C，et al. Optimizing the HUSIR antenna surface[J]. Lincoln laboratory journal，2014，21(1)：83-105.

[88]　NIKOLAS T. Construction of the HUSIR Antenna[J]. Lincoln laboratory journal，2014，21(1)：45-82.

[89]　HUGHES D H，SCHLOERB F P，ARETXAGA I，et al. The large millimeter telescope（LMT）Alfonso serrano：current status and telescope performance[C]. Ground-based and Airborne Telescopes VIII. 2020：447-468.

[90]　GREVE A，KARCHER H J. Performance improvement of a flexible telescope through metrology and active control[J]. Proceedings of the IEEE，2009，97(8)：1412-1420.

[91]　KÄRCHER H. Enhanced pointing of telescopes by smart structure concepts based on modal observers[C]. Smart Structures and Materials 1999：Smart Structures and Integrated Systems. 1999，3668：998-1009.

[92]　冯树飞. 大型全可动反射面天线结构保型及创新设计研究[D]. 西安：西安电子科技大学，2019.

[93]　VON HOERNER S. The design of correcting secondary reflectors [J]. IEEE transactions on anntenas and propagation，1976，24(3)：336-340.

[94]　ZARGHAMEE M. Peak gain of a Cassegrain antenna with secondary position adjustment[J]. IEEE transactions on anntenas and propagation，1982，30(6)：1228-1233.

[95]　冷国俊，王伟，段宝岩，等. 赋形卡氏天线主面变形的副面实时补偿[J]. 系统工程与电子技术，2011，33(5)：996-1000.

[96]　连培园，段宝岩，王伟，等. 远场反推变形反射面天线馈源调整量[J]. 西安电子科

技大学学报，2014，41(5)：105-111.

[97] 项斌斌，王从思，王伟，等. 基于机电耦合的反射面天线副面位置调整方法[J]. 系统工程与电子技术，2018，40(3)：489-497.

[98] XU Q，ZHANG J，WANG Z Y，et al. Analysis and compensation of the reflector antenna pointing error under wind disturbance[J]. Research in astronomy and astrophysics，2021，21(6)：150.

[99] 冯树飞，班友，连培园，等. 大型全可动射电望远镜结构设计进展与挑战[J]. 机械工程学报，2024，60(13)：330-344.

[100] 雷震，宁亮，陈浩祥，等. 大型射电望远镜日照热误差及其补偿的仿真研究[J]. 工程科学与技术，2024，56(1)：245-255.

[101] 班友，刘源杰，王娜，等. 射电望远镜天线主反射面面形测量方法综述[J]. 中国科学：物理学 力学 天文学，2024，54(1)：23-37.

02

第 2 章　磁电天线

传统天线小型化设计面临三个原理性难题——尺寸微缩难（大于工作波长/10）、阻抗匹配难（镜像电流反射）、辐射效率低（电流欧姆损耗），其根源在于传统天线基于电磁谐振的工作机理，性能受到 Chu-Harrington 极限限制。磁电天线由薄膜磁电异质结构组成，用声谐振替代电磁谐振，可将天线结构尺寸缩小三到四个数量级，为天线小型化设计提出了一种全新的解决方案。本章基于压电材料与磁致伸缩材料的本构方程，首先介绍磁电天线的基本工作原理；然后利用 COMSOL 软件，建立磁电天线的电磁分析模型，对其结构与辐射性能进行仿真分析；最后通过样件制备搭建磁电天线综合性能测试平台，开展多学科性能实验。

2.1　磁电天线工作原理

2.1.1　磁电天线的基础理论

磁电天线通常由压电材料与磁致伸缩材料组成，利用磁电效应来辐射和接收电磁波。磁电效应是压电材料的压电效应与磁致伸缩材料的磁致伸缩效应结合的结果。

1. 压电效应

如图 2.1 所示，压电体在一定的外力作用下产生的电极化现象称为正压电效应。相反，压电体在两端被施加电压时发生形变的现象称为逆压电效应[1]。

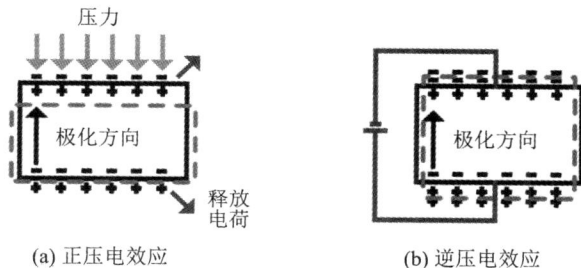

图 2.1　压电效应

在磁电天线中，压电材料可用于制作转换声波谐振（机械能）与电信号（电能）的谐振器，其作用是产生传递给磁致伸缩材料的声波或者将磁致伸缩材料传来的应变信息转换为电信号。

2. 磁致伸缩效应

磁畴结构及偏转如图 2.2 所示，材料磁化状态的变化导致其尺寸或体积也随之变化的现象称为磁致伸缩效应[2]。早在 1961 年，Rowen 等人就提出了利用高强度的机械振动在磁性材料中产生微波和毫米波辐射的方法，并通过铁磁性钇铁石榴球体辐射电磁波的实验说明了该方法的原理[3]。这为磁电天线的产生奠定了理论基础。

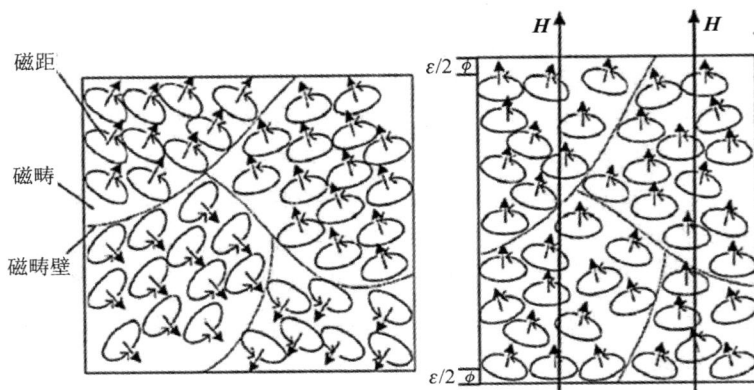

图 2.2 磁畴结构及偏转示意图[2]

3. 磁电效应

Suchtelen 在 1972 年首次提出磁电效应是压电效应与磁致伸缩效应乘积作用的结果[4]。如图 2.3(a) 所示，磁致伸缩材料在磁场下发生磁致伸缩效应产生应力，而压电材料在受到应力时会发生压电效应而产生电场，故两相结合后可由界面处的应力传导实现磁能到电能的转换，这就是正磁电效应。相反地，如图 2.3(b) 所示，通过两种材料之间的应力传递，也可实现电能到磁能的转换，这称作逆磁电效应。

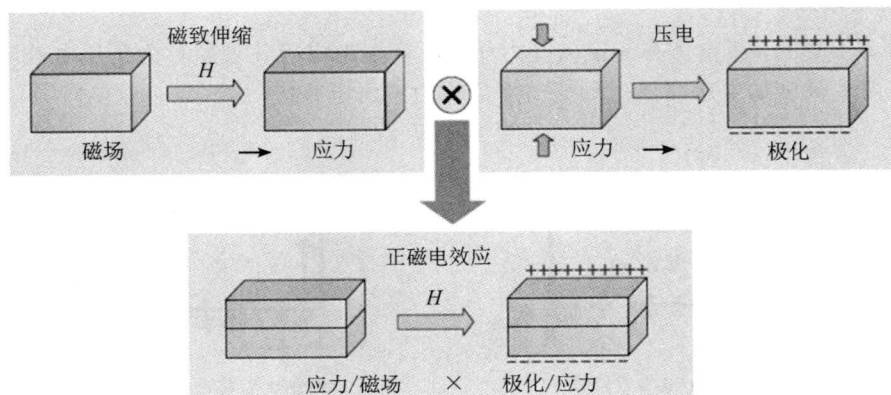

(a) 正磁电效应

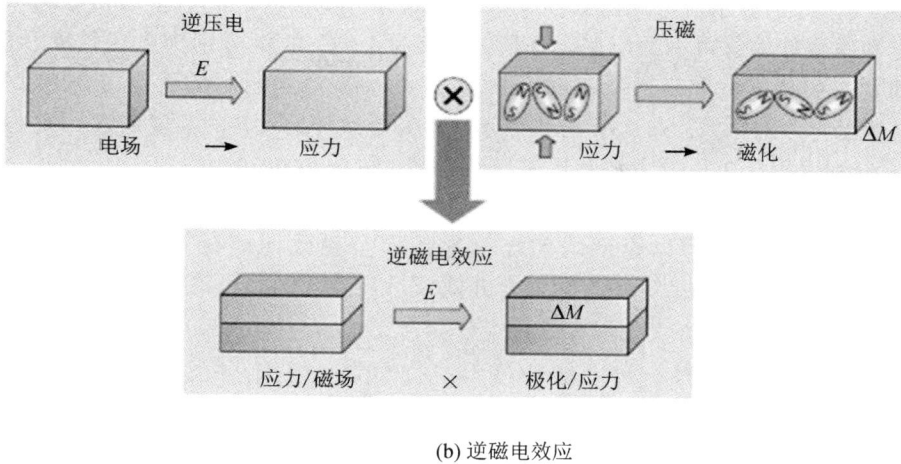

(b) 逆磁电效应

图 2.3　磁电效应[5]

　　磁电天线是基于磁电耦合原理工作的。如图 2.4 所示，通过给压电材料施加电压，其在电压驱动下发生应变，传递至磁致伸缩材料，激励其发生磁化振荡，辐射电磁波。在接收电磁波时，磁致伸缩材料可感应电磁波的磁场分量并将其转化为声学波，由于压电效应，压电材料被声学波激励，输出电压。磁电天线基于声学波（而不是电磁波）工作，而在相同频率下，声波波长远小于电磁波波长，故磁电天线的尺寸可显著缩小。

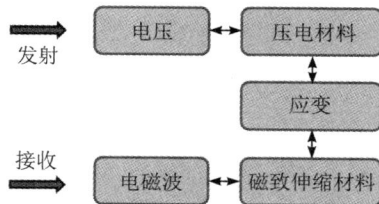

图 2.4　磁电天线工作原理示意图

　　为了方便分析磁电天线的谐振特性与辐射特性，研究人员从多方面对这种新型天线进行了建模分析[6-10]。本文分别从解析模型、等效电路模型和有限元模型对目前磁电天线的理论模型加以总结，为后续磁电天线的设计提供理论指导。

2.1.2　磁电天线的分析模型

　　磁电天线可由压电材料与磁致伸缩材料界面间的应变传导，实现磁能与电能的转换。求解压电本构方程和磁致伸缩本构方程是理解磁电天线中各个物理场之间内在关系的基础。压电材料和磁致伸缩材料的应变本构方程可分别表示如下[11]：

$$\begin{bmatrix} \boldsymbol{S}_E \\ \boldsymbol{D} \end{bmatrix} = \begin{bmatrix} s_E & d_E \\ d_E & \varepsilon_T \end{bmatrix} \begin{bmatrix} \boldsymbol{T}_E \\ \boldsymbol{E} \end{bmatrix} \tag{2.1}$$

$$\begin{bmatrix} \boldsymbol{S}_H \\ \boldsymbol{B} \end{bmatrix} = \begin{bmatrix} s_H & d_H \\ d_H & \mu_T \end{bmatrix} \begin{bmatrix} \boldsymbol{T}_H \\ \boldsymbol{H} \end{bmatrix} \tag{2.2}$$

其中：T_E、T_H 分别表示压电和磁致伸缩材料中的应力场张量，单位是 N/m^2。S_E、S_H 分别表示压电和磁致伸缩材料中的应变场张量，单位为 1；E 和 D 分别为电场强度和电通量密度；H 和 B 是磁场强度和磁通量密度；ε_T 和 μ_T 分别为压电材料的无应力介电常数和磁致伸缩材料的无应力磁导率；s_E、s_H 分别表示压电和磁致伸缩材料的柔度系数，单位是 m^2/N；d_E 和 d_H 分别表示压电应变常数和压磁应变常数，单位是 m/A。

在磁电天线结构中，假设压电材料和磁致伸缩材料是完美耦合的。由压电材料的压电效应产生的内部应力场可以全部均匀连续地传递至磁致伸缩材料，则在分界面上满足 $S_E = S_H$，$T_E = -T_H$ 的边界条件。通过合并式(2.1)和式(2.2)可消除机械场变量，从而得

$$\begin{bmatrix} D \\ B \end{bmatrix} = \begin{bmatrix} \varepsilon_T - \dfrac{d_E^2}{s_H + s_E} & \dfrac{d_E d_H}{s_H + s_E} \\ \dfrac{d_E d_H}{s_H + s_E} & \mu_T - \dfrac{d_H^2}{s_H + s_E} \end{bmatrix} \begin{bmatrix} E \\ H \end{bmatrix} \tag{2.3}$$

式(2.3)中电磁通量密度和各个场是交叉耦合的，形成了磁电材料双各向异性本构关系[12]。然而在动态应变介导的系统中，由于应变和应力通常是时间和空间的函数式，故式(2.3)所表示的双各向异性本构关系一般不成立。因此，研究磁电材料动态特性时必须考虑电动力学和机械动力学之间的动态相互作用[11]。故式(2.1)和式(2.2)的一维形式可写为

$$\begin{cases} E = -\dfrac{d_E}{\varepsilon_T} T_E + \dfrac{1}{\varepsilon_T} D \\ S_E = \left(s_E - \dfrac{d_E^2}{\varepsilon_T} \right) T_E + \dfrac{d_E}{\varepsilon_T} D = s_D T_E + \dfrac{d_E}{\varepsilon_T} D \end{cases} \tag{2.4}$$

$$\begin{cases} H = -\dfrac{d_H}{\mu_T} T_H + \dfrac{1}{\mu_T} B \\ S_H = \left(s_H - \dfrac{d_H^2}{\mu_T} \right) T_H + \dfrac{d_H}{\mu_T} B = s_B T_H + \dfrac{d_H}{\mu_T} B \end{cases} \tag{2.5}$$

其中 s_D 与 s_B 为恒定电通量与磁通量密度下的机械柔度系数。为了分析磁电天线的辐射品质因数，需考虑整个结构的势能与天线向外耗散的能量。压电和磁致伸缩两部分的势能和为天线的总势能。压电部分的势能和磁致伸缩部分的势能可分别表示如下：

$$W_P = \frac{1}{2} \iiint S_E \cdot T_E \, dv + \frac{1}{2} \iiint D \cdot E \, dv \tag{2.6}$$

$$W_M = \frac{1}{2} \iiint S_H \cdot T_H \, dv + \frac{1}{2} \iiint B \cdot H \, dv \tag{2.7}$$

其中，W_P 为压电部分的势能，W_M 为磁致伸缩部分的势能。磁电天线的总势能为压电和磁致伸缩两部分的势能之和，可表示为

$$W_T = W_P + W_M \tag{2.8}$$

磁电天线新型辐射机理的本质是辐射源为动态的磁通而不是导电电流。假设压电材料产生的动态应变均匀地转移到磁致伸缩层上，产生均匀的动态磁通，则根据法拉第定律，将会产生一个线性变化的动态电场，直至到达磁致伸缩层表面上方形成孔径电场。因此磁电天线的辐射功率可表示如下：

$$P_{rad} = \frac{1}{2\eta_0} \iint_s |E_0|^2 \, ds \tag{2.9}$$

其中：η_0 为自由空间波阻抗，P_{rad} 为磁电天线的辐射功率。

天线的辐射能力通常用辐射 Q 因子来描述。辐射 Q 因子表示天线结构内的平均存储能量与每个周期的辐射功率之比，其定义如下：

$$Q = \omega \frac{W_T}{P_{rad}} \tag{2.10}$$

其中 ω 为磁电天线的角频率。

由式(2.10)可知，Q 因子越小表示有越多的能量以辐射的形式耗散掉了，天线的辐射性能也就越好，这为磁电天线的设计提供了理论指导。

磁电天线工作时发生谐振，属于典型的谐振结构，因此可利用 Mason 模型和 MBVD 模型分析其阻抗特性与谐振特性。Mason 模型可将谐振结构的材料参数与物理结构转化为阻抗特性等电学特性。MBVD 模型由电感、电阻和电容构成，用来分析谐振处的阻抗特性，一般在对谐振结构进行实测后再提取参数来构建。

1. Mason 等效电路模型

由声学理论可推导出压电的通用阻抗表达式[13]：

$$Z = \frac{1}{j\omega C_0}\left[1 - k_t^2 \cdot \frac{\tan\theta}{\theta} \cdot \frac{(z_t + z_b)\cos^2\theta + j\sin 2\theta}{(z_t + z_b)\cos 2\theta + j(z_t z_b + 1)\sin 2\theta}\right] \tag{2.11}$$

对式(2.11)进行数学变形可得

$$Z = \cfrac{1}{j\omega C_0 + \cfrac{1}{-\cfrac{1}{j\omega C_0} + n^2 \cdot \left(-jZ_p\csc 2\theta + \cfrac{1}{\cfrac{1}{jZ_p\tan\theta + Z_t} + \cfrac{1}{jZ_p\tan\theta + Z_b}}\right)}} \tag{2.12}$$

其中：C_0 为静态电容；Z_t 为压电层上表面向上的特征声阻抗；Z_b 为压电层下表面向下的特征声阻抗；Z_p 为压电层特征声阻抗；θ 表示相位移；n^2 表示变压器，可由下式表示：

$$n^2 = \frac{2\theta}{k_t^2 \omega C_0 Z_p} \tag{2.13}$$

由等效电路表达式(2.12)可得到如图 2.5 所示的压电体的 Mason 等效电路模型。其中 $Z_a = jZ_p\tan\theta$，$Z_c = -jZ_p\csc 2\theta$。

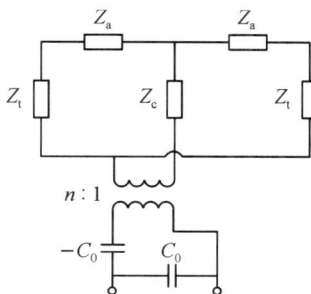

图 2.5　压电体的 Mason 等效电路模型

根据传输线理论推导电极层与磁致伸缩层等普通声学层的阻抗表达式[14]，得

$$Z_{in} = Z_0 \frac{Z_L + jZ_0 \tan(\beta l)}{Z_0 + jZ_L \tan(\beta l)} \tag{2.14}$$

其中：Z_0 为特征声阻抗，Z_L 为负载声阻抗，β 为普通声学层的传输系数，l 为普通声学层的厚度。普通声学层的电路模型如图 2.6 所示。

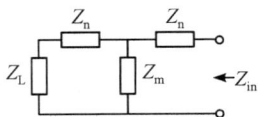

图 2.6 普通声学层等效电路模型

其中，Z_n 与 Z_m 可由下式表示：

$$Z_n = jZ_0 \tan\left(\frac{\beta l}{2}\right) \tag{2.15}$$

$$Z_m = -jZ_0 \csc(\beta l) \tag{2.16}$$

在得到压电层与普通声学层的等效电路模型后，可按照磁电天线各层之间的层合顺序进行每层电路的级联，从而建立磁电天线的 Mason 等效电路模型。

2. MBVD 模型

MBVD 模型是指将谐振结构等效成由电阻、电容、电感等组成的 RLC 电路[15]。MBVD 等效电路模型如图 2.7 所示。

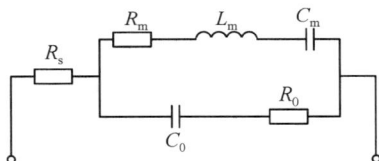

图 2.7 MBVD 等效电路模型

图 2.7 中：C_m 为动态电容，L_m 为动态电感，R_m 为动态电阻，这三个动态参数表征谐振结构的机电响应；C_0 为静态电容，表征压电材料的介电特性；R_s 表征电极和引线的损耗；R_0 表征压电材料的振动损耗。

当已知串联谐振频率 f_s、串联谐振点处的品质因数 Q_s、并联谐振频率 f_p、并联谐振点处的品质因数 Q_p 以及远离谐振点处的多个频率点的阻抗值 $Z = R + jX$ 时，可通过这些参数拟合出 MBVD 等效电路模型。

首先根据式（2.17）由远离谐振点处的多个频率点的阻抗值 $Z = R + jX$ 计算出静态电容 C_0 与 $R_0 + R_s$ 的电阻值：

$$C_0 = \frac{1}{n} \sum_{i=1}^{n} \frac{1}{2 p f_i X_i} \tag{2.17}$$

$$R_0 + R_s = \frac{1}{n} \sum_{i=1}^{n} R_i \tag{2.18}$$

然后由静态电容 C_0 与动态电容 C_m 的关系求出动态电容 C_m：

$$C_m = C_0 \cdot \left(\frac{f_p}{f_s} - 1\right)^2 - C_0 \tag{2.19}$$

再根据 C_m 计算出 L_m：

$$L_m = \frac{1}{\omega_s^2 C_m} \qquad (2.20)$$

最后根据串联谐振点处的品质因数 Q_s、并联谐振点处的品质因数 Q_p 以及由式(2.18)计算出来的 $R_0 + R_s$，计算出 R_0、R_s 和 R_m：

$$\frac{1}{Q_s} = 2\pi f_s C_m (R_m + R_s) \qquad (2.21)$$

$$\frac{1}{Q_p} = 2\pi f_p C_m (R_m + R_0) \qquad (2.22)$$

在分析磁电天线时，需考虑磁致伸缩材料、压电材料和线弹性材料中各个场间的耦合关系。作为多物理场仿真平台，COMSOL 提供了模拟单个物理场以及耦合多个物理场的功能和工具，因此可使用 COMSOL 有限元仿真软件来进行磁电天线的相关分析计算。

如图 2.8 所示，以 COMSOL 提供的压电场和磁致伸缩场为基础，通过耦合两场的固体力学接口，可以将压电场和磁致伸缩场耦合起来。通过磁场、静电和固体力学三个接口，可对磁电天线的谐振特性和阻抗特性进行仿真分析，进而得到天线的阻抗曲线、导纳曲线、S 参数曲线、振型位移图等仿真结果。在这三个接口的基础上，进一步耦合射频接口，可对磁电天线的辐射特性进行仿真分析[16-17]，这一部分在后续会进行更为详细的说明。

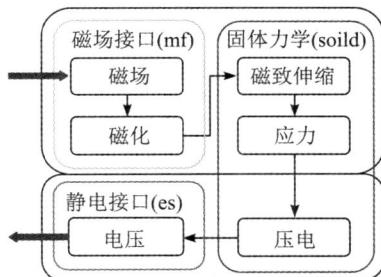

图 2.8   COMSOL 仿真磁电天线谐振特性的多物理场耦合过程

COMSOL 仿真磁电天线流程如图 2.9 所示。第一步，按照特定几何参数建立磁电天线的二维或三维几何模型，然后给各部分设置相应的材料。第二步选择压电、磁致伸缩和射频这三个物理场并将其进行耦合。第三步，按照实际情况设置相应的边界条件，如固定约束等。第四步，对建立的天线模型进行合适的网格剖分。网格剖分对于求解至关重要，网格划分得越精细求解精度越高，但相应地也会需要更多的计算内存。第五步，设置不同的求解类型进行相应的求解。特征频率研究可用于对磁电天线进行模态分析；频域研究可用于对天线进行谐波分析，仿真天线的导纳、阻抗及 S 参数等。最后可在结果中建立所需数据的一维、二

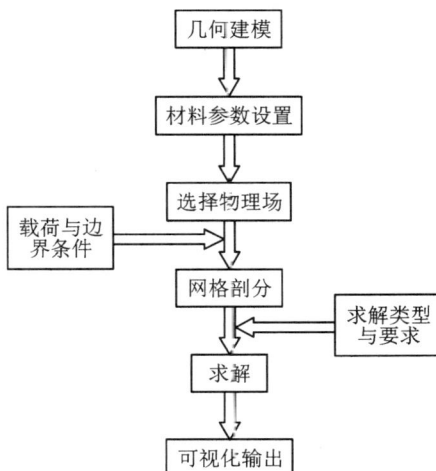

图 2.9   COMSOL 仿真磁电天线流程图

维或三维绘图，将求得的解进行可视化输出。

上述磁电天线的模型都具有其各自的特点，可根据各个模型的特点将其应用于不同的场合。磁电天线的一维解析模型可用来分析特定磁电天线结构的总势能、辐射功率和辐射 Q 因子，但不能用来分析天线的谐振特性和阻抗特性，所以通常用一维解析模型进行磁电天线总体结构辐射性能的设计与分析。

Mason 电路模型和 MBVD 电路模型均为一维模型。Mason 模型将天线各个部分的材料特性转换为等效电路，将其进行级联即可构成整个天线的等效电路。电路中的元件参数由天线的材料决定，故利用 Mason 等效电路模型可快速且简便地仿真出天线的几何参数与材料对天线谐振特性与阻抗特性的影响。MBVD 电路模型是根据天线的谐振特性来将天线谐振结构拟合为简单的 RLC 电路，从而方便对多个磁电天线进行进一步的串并联仿真分析。等效电路模型具有方便建模、计算速度快等优点，但是在结构设计上不够直观，不能对天线的结构外形与寄生谐振进行仿真优化。

利用 COMSOL 有限元仿真模型可以对磁电天线进行二维或三维建模，分析结构形状与天线性能的相互耦合关系。利用有限元模型可对天线的特征频率、频域等进行仿真计算，研究天线的振动模态、寄生谐振、阻抗特性等。相较于等效电路模型，有限元模型的精度进一步提高了，但是也存在建模步骤烦琐、模型仿真运算量庞大且不易收敛等缺点。

对于磁电天线的设计来说，鉴于 Mason 等效电路模型运算速度快且具有足够的精度，故在对磁电天线进行初步仿真优化时可优先选用 Mason 模型。可利用 Maosn 模型研究天线的材料参数和几何参数与天线谐振特性和阻抗特性的耦合关系，从而对天线进行初步的设计。在研究具有复杂结构的磁电天线时，还需进一步建立磁电天线的有限元模型，仿真分析其对天线谐振特性的影响，如分析不同的电极结构和形状对天线谐振特性的影响。对天线进行串并联阵列分析时，MBVD 模型可极大地提高仿真速度且具有足够的精度[18-19]。

2.2 磁电天线设计方法

2.2.1 材料选择

1. 压电材料的选择

适用于磁电天线压电体的材料主要有 AlN、ZnO 和 PZT 等。在选择压电材料时需考虑压电耦合系数、介电常数、纵波声速、材料固有损耗和制备工艺等因素。表 2.1 给出了 AlN、ZnO 和 PZT 三种材料的压电性质[20]。

由表 2.1 可知 AlN 是比较适用于磁电天线压电层的材料，其具有良好的压电性能，极低的固有损耗，较高的纵波声速以及与 CMOS 工艺兼容的优点。PZT 的机电耦合系数和纵波声速虽在三者中为最优，但其固有损耗大，不能与 CMOS 工艺兼容，制备复杂且精度差。AlN 除机电耦合性能略低于 ZnO，其他参数均优于 ZnO。故本章所提磁电天线选择 AlN 作为压电层材料。

表 2.1 AlN、ZnO 和 PZT 三种材料的压电性质[20]

	AlN	ZnO	PZT
机电耦合系数 k_t^2(%)	6.5	7.5	10~20
介电常数 ε_r	9.5	9.2	80~400
纵波声速 v(m/s)	11 350	6350	4000~6000
材料的固有损耗	很低	低	高
CMOS 兼容性	兼容	不兼容	不兼容
沉积速率	高	中	低

2. 磁致伸缩材料的选择

磁致伸缩材料可分为传统磁致伸缩材料、巨磁致伸缩材料和新型磁致伸缩材料。表 2.2 给出了这三种磁致伸缩材料的基本性能[21]。

表 2.2 三类磁致伸缩材料的基本性能[21]

种　类	代表合金	发展时间	磁致伸缩系数/($\times 10^{-6}$)	性　质
传统磁致伸缩材料	Ni 合金与铁氧体	20 世纪 40 年代	10~100	机械性能好，高电阻，低磁致伸缩性能
巨磁致伸缩材料	Terfenol-D 合金	20 世纪 70 年代	~1000	高电阻，高磁致伸缩性能，易碎，难成型
新型磁致伸缩材料	FeGa 合金	21 世纪	~400	低磁场下的高磁致伸缩性能，强度高，低磁滞

由表 2.2 可见，传统磁致伸缩材料的机械性能虽好，但是磁致伸缩性能较差。巨磁致伸缩材料虽然磁致伸缩性能好，但是机械性能差。新型磁致伸缩材料的磁致伸缩性能与机械性能都相对较好。综合比较这三类磁致伸缩材料的基本性质后，选择新型磁致伸缩材料 FeGa 合金作为磁电天线的磁致伸缩层材料。

3. 电极材料的选择

常用的金属电极有铝(Al)、金(Au)、铜(Cu)、钼(Mo)、铂(Pt)和钨(W)等。对于磁电天线来说，低弹性的电极材料如 Au 和 Cu 对振动会有很大的抑制作用。此外，如果电极材料密度过大，机械载荷也会很大，如 Pt 和 W。Mo 具有较低的密度和较大的刚度，因此，选择 Mo 作为磁电天线的电极材料。

4. 衬底材料的选择

磁电天线的衬底是用作支撑天线的载体的。常用的衬底材料有硅(Si)、氧化硅(SiO_2)、蓝宝石及有机膜料等。Si 较其他衬底材料具有机械鲁棒性好、成本低、可集成等优点，故选用 Si 作为磁电天线的衬底材料。

2.2.2 结构设计

1. 复合形式的选择

磁电天线通常由压电材料与磁致伸缩材料构成，其辐射时变场是通过磁化振荡产生的。如图 2.10 所示，根据铁磁相和铁电相的结合方式，磁电复合材料主要分为 0-0 型、0-3 型、1-3 型、2-2 型和核壳复合型五种结构[22]。其中 2-2 型磁电复合结构较其他结构类型具有漏电低、易合成、磁电耦合能力强等优点。得益于现阶段 MEMS 制造工艺的发展，2-2 型磁电复合结构可被制备为界面损耗低、与 CMOS 制造工艺可兼容的各方面性能俱佳的 MEMS 磁电复合薄膜[23]。故本章选择 2-2（层叠）型为磁电天线的复合结构。

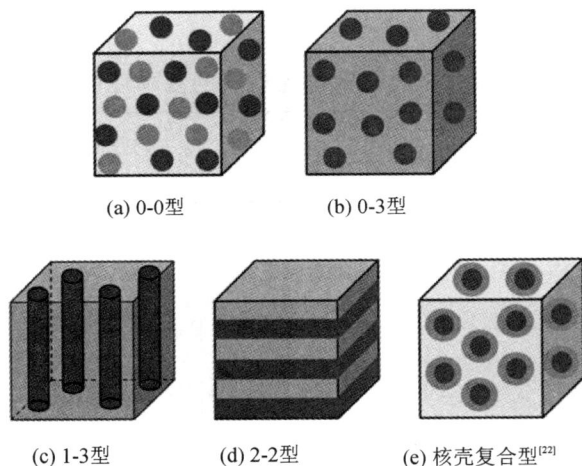

(a) 0-0型　　　　　　　(b) 0-3型

(c) 1-3型　　　(d) 2-2型　　　(e) 核壳复合型[22]

图 2.10　磁电材料复合类型示意图

2. 谐振结构的选择

如图 2.11 所示，由上下电极和置于电极之间的压电层组成的 FBAR 是产生体声波的谐振结构。其工作原理是在输入电信号的作用下产生机械谐振，感应出交替的应变波。相应地，应变波也可以转换成电信号输出。FBAR 结构大体可分为固体装配（SMR）型、空气隙型和硅背面刻蚀型三种[18]。其中硅背面刻蚀型与空气隙型利用空气的声学阻抗远小于压电材料声学阻抗的原理，将几乎全部的谐振声波限制在层合结构中。而 SMR 型则采用高低阻抗的声学层将声波限制在层合结构内。硅背面刻蚀型由于失去大面积硅衬底的支撑，机械强度往往不足。SMR 型虽机械牢度高，但目前的制备水平很难达到对压电层厚度的精确控制[24-29]，会导致性能的下降。空气隙型不用去除大部分衬底，其机械牢度相对硅背面刻蚀型好，同时相对于 SMR 型其制备更易达到设计精度要求。故本章选择空气隙型 FBAR 作为天线的谐振结构。

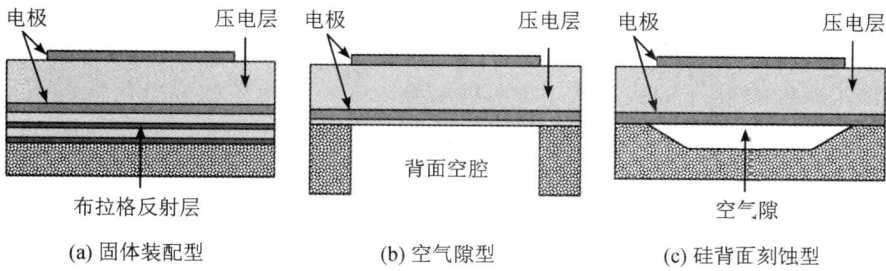

(a) 固体装配型　　　　　　(b) 空气隙型　　　　　　(c) 硅背面刻蚀型

图 2.11　三种主流的 FBAR 结构

　　综上所述，根据磁电耦合强度、天线机械强度和加工精度等各方面的考虑，本章选择空气隙型体声波谐振的 2-2（层叠）型磁电结构作为天线的主体结构。如图 2.12 所示，2-2（层叠）型磁电结构为压电层与磁致伸缩层两相层叠而构成，层叠的数量与层厚还需进一步设计以保证天线具有优良的性能。

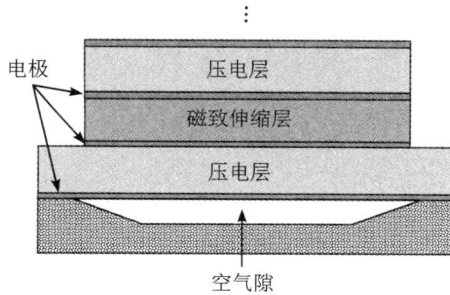

图 2.12　空气隙型体声波谐振的 2-2（层叠）型磁电天线结构示意图

2.2.3　层序与层数设计

　　2.2.2 节选择了体声波谐振的 2-2（层叠）型磁电结构作为天线的主体结构，其由压电层与磁致伸缩层两相层叠而构成。由于电极层的厚度与压电层和磁致伸缩层相比非常薄，故在讨论磁电天线的层序及层数设计时，将电极层假设为无限薄的面。如图 2.13 所示，这种天线有两种层叠方式，方式一为压电层作为底层，方式二为磁致伸缩层作为底层。下面需要对天线的层叠顺序及数量进行设计以保证天线具有优良的性能。

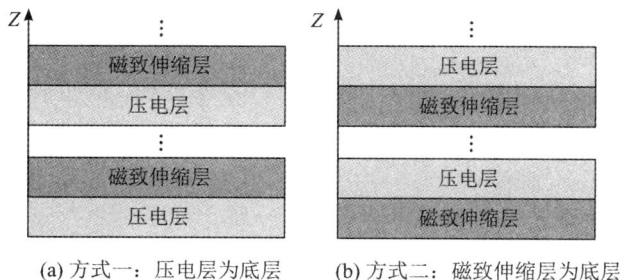

(a) 方式一：压电层为底层　　　　　　(b) 方式二：磁致伸缩层为底层

图 2.13　磁电天线的两种层叠方式

由 2.2.1 节所建立的磁电天线一维解析模型可知，磁电天线的辐射能力通常可用辐射 Q 因子来描述。辐射 Q 因子表示天线结构内平均存储能量与每个周期的辐射功率之比，式 (2.10) 给出了辐射 Q 因子的表达式。对两种层叠方式下不同层数磁电天线的辐射 Q 因子加以分析后，才能对磁电天线的层叠顺序及数量做以评估。

在初始电流脉冲驱动下，磁电天线的压电层为开路激励，即 $D=0$。代入一维压电本构方程式 (2.4) 中，可得

$$\begin{cases} \boldsymbol{E} = -\dfrac{d_E}{\varepsilon_T} \boldsymbol{T}_E \\ \boldsymbol{S}_E = s_D \boldsymbol{T}_E \end{cases} \tag{2.23}$$

将得到的压电层开路激励时的一维压电本构方程式 (2.23) 代入压电层的内部势能公式 (2.6) 中，可得

$$W_{\mathrm{P}} = \frac{1}{2}\iiint \boldsymbol{S}_E \boldsymbol{\cdot} \boldsymbol{T}_E \mathrm{d}v + \frac{1}{2}\iiint \boldsymbol{D} \boldsymbol{\cdot} \boldsymbol{E} \mathrm{d}v = \frac{1}{2}\iiint s_D \boldsymbol{\cdot} |\boldsymbol{T}_E|^2 \mathrm{d}v \tag{2.24}$$

对于磁电天线系统而言，可认为磁致伸缩层处于弱磁场条件，即 $|H| \ll \dfrac{|\boldsymbol{B}|}{\mu_T}$ 或 $H \approx 0$。代入一维磁致伸缩本构方程式 (2.5) 中，可得

$$\begin{cases} \boldsymbol{B} = d_H \boldsymbol{T}_H \\ \boldsymbol{S}_H = s_B \boldsymbol{T}_H + \dfrac{d_H^2}{\mu_T} \boldsymbol{T}_H \end{cases} \tag{2.25}$$

将得到的弱磁场条件下的一维磁致伸缩本构方程式 (2.25) 代入磁致伸缩层的内部势能公式 (2.7) 中，可得

$$W_{\mathrm{M}} = \frac{1}{2}\iiint \boldsymbol{S}_H \boldsymbol{\cdot} \boldsymbol{T}_H \mathrm{d}v + \frac{1}{2}\iiint \boldsymbol{B} \boldsymbol{\cdot} \boldsymbol{H} \mathrm{d}v = \frac{1}{2}\iiint s_B \boldsymbol{\cdot} |\boldsymbol{T}_H|^2 + \frac{d_H^2}{\mu_T}|\boldsymbol{T}_H|^2 \mathrm{d}v \tag{2.26}$$

机磁耦合系数 k_H^2 的定义式与磁致伸缩材料 s_B 与 s_H 的关系式如下：

$$k_H^2 = \frac{d_H^2}{s_H \mu_T} \tag{2.27a}$$

$$s_B = s_H(1 - k_H^2) \tag{2.27b}$$

将机磁耦合系数 k_H^2 的定义式 (2.27a)、磁致伸缩材料 s_B 与 s_H 的关系式 (2.27b) 和磁致伸缩层的势能公式 (2.26) 结合，可得

$$W_{\mathrm{M}} = \frac{1}{2}\iiint s_B \boldsymbol{\cdot} |\boldsymbol{T}_H|^2 + \frac{d_H^2}{\mu_T}|\boldsymbol{T}_H|^2 \mathrm{d}v = \frac{1}{2}\iiint s_H \boldsymbol{\cdot} |\boldsymbol{T}_H|^2 \mathrm{d}v \tag{2.28}$$

磁电天线的总势能为压电和磁致伸缩两部分的势能之和，故可将压电层的势能表达式 (2.24) 与磁致伸缩层的势能表达式 (2.28) 代入式 (2.8) 中，得到天线总势能：

$$W_{\mathrm{T}} = W_{\mathrm{P}} + W_{\mathrm{M}} = \frac{1}{2}\iiint s_D \boldsymbol{\cdot} |\boldsymbol{T}_E|^2 \mathrm{d}v + \frac{1}{2}\iiint s_H \boldsymbol{\cdot} |\boldsymbol{T}_H|^2 \mathrm{d}v \tag{2.29}$$

由于体声波在天线中的传播方式近似为正弦波状，因此假设在磁电天线结构中，压电层与磁致伸缩层中的应力服从正弦分布：

$$|\boldsymbol{T}_E| = nT_0 \sin\!\left(\frac{2\pi}{\lambda_{\mathrm{ac}}}z\right) \tag{2.30}$$

$$|\boldsymbol{T}_H| = T_0 \sin\left(\frac{2\pi}{\lambda_{ac}} z\right) \tag{2.31}$$

其中：T_0 为应力振幅，n 为比例常数，λ_{ac} 为天线中的体声波波长。将天线 xoy 面的横截面积设为 A，将式(2.30)与式(2.31)代入磁电天线的总势能表达式(2.29)中，可得

$$W_T = W_P + W_M = \frac{1}{2}\iiint s_D \cdot |\boldsymbol{T}_E|^2 \, \mathrm{d}v + \frac{1}{2}\iiint s_H \cdot |\boldsymbol{T}_H|^2 \, \mathrm{d}v$$

$$= \frac{A}{2} s_D n^2 T_0^2 \int_z \sin^2\left(\frac{2\pi}{\lambda_{ac}} z\right) \mathrm{d}z + \frac{A}{2} s_H T_0^2 \int_z \sin^2\left(\frac{2\pi}{\lambda_{ac}} z\right) \mathrm{d}z \tag{2.32}$$

磁电天线工作在一阶谐振处，此时天线的总厚度 d 与波长 λ_{ac} 的关系如下：

$$d = \frac{\lambda_{ac}}{2} \tag{2.33}$$

假设磁电天线的压电层与磁致伸缩层厚度相等，计算两种层叠方式下的 2～6 层磁电天线的总势能，计算结果如表 2.3 所示。

表 2.3 两种层叠方式下的天线总势能

层数	层叠方式一下的天线总势能	层叠方式二下的天线总势能
2	$\dfrac{AdT_0^2}{8}(n^2 s_D + s_H)$	$\dfrac{AdT_0^2}{8}(n^2 s_D + s_H)$
3	$\dfrac{AdT_0^2}{2}\left[\left(\dfrac{1}{3}-\dfrac{\sqrt{3}}{4\pi}\right)n^2 s_D + \left(\dfrac{1}{6}+\dfrac{\sqrt{3}}{4\pi}\right)s_H\right]$	$\dfrac{AdT_0^2}{2}\left[\left(\dfrac{1}{6}+\dfrac{\sqrt{3}}{4\pi}\right)n^2 s_D + \left(\dfrac{1}{3}-\dfrac{\sqrt{3}}{4\pi}\right)s_H\right]$
4	$\dfrac{AdT_0^2}{8}(n^2 s_D + s_H)$	$\dfrac{AdT_0^2}{8}(n^2 s_D + s_H)$
5	$\dfrac{AdT_0^2}{2}\left[\left(\dfrac{3}{10}-\dfrac{0.727}{4\pi}\right)n^2 s_D + \left(\dfrac{1}{5}+\dfrac{0.727}{4\pi}\right)s_H\right]$	$\dfrac{AdT_0^2}{2}\left[\left(\dfrac{1}{5}+\dfrac{0.727}{4\pi}\right)n^2 s_D + \left(\dfrac{3}{10}-\dfrac{0.727}{4\pi}\right)s_H\right]$
6	$\dfrac{AdT_0^2}{8}(n^2 s_D + s_H)$	$\dfrac{AdT_0^2}{8}(n^2 s_D + s_H)$

1. 磁电天线辐射功率的计算

磁电天线新型辐射机理的本质是辐射时变场是通过磁化振荡而不是导电电流产生的。压电材料感应出交替的应变波/声波，该应变波/声波均匀地传递至磁致伸缩层，使其产生均匀的动态磁通。磁电天线的辐射功率 P_{rad} 可表示为式(2.9)。

法拉第电磁感应定律的一维形式为

$$|\boldsymbol{E}| = \omega h |\boldsymbol{B}| \tag{2.34}$$

其中：ω 为角频率，h 为磁致伸缩层的厚度。将式(2.34)代入式(2.9)中可得

$$P_{rad} = \frac{1}{2\eta_0}\iint_s |\boldsymbol{E}_0|^2 \, \mathrm{d}s = \frac{\omega^2 h^2}{2\eta_0}\iint_s |\boldsymbol{B}|^2 \, \mathrm{d}s \tag{2.35}$$

结合弱磁场条件下的一维磁致伸缩本构方程式(2.25)与磁致伸缩层中的应力分布式(2.31)，磁电天线的辐射功率 P_{rad}(式(2.35))可进一步转换为

$$P_{rad} = \frac{\omega^2 h^2}{2\eta_0} \iint_s |\boldsymbol{B}|^2 \mathrm{d}s = \frac{\omega^2 h^2 d_H^2}{2\eta_0} \iint_s |\boldsymbol{T}_H|^2 \mathrm{d}s$$

$$= \frac{A\omega^2 h^2 d_H^2 T_0^2}{2\eta_0} \frac{1}{z_2 - z_1} \int_z \sin^2\left(\frac{2\pi}{\lambda_{ac}} z\right) \mathrm{d}z \qquad (2.36)$$

其中 z_1 和 z_2 分别表示磁致伸缩层厚度方向的坐标。用磁电天线的辐射功率 P_{rad}（式 (2.36)）计算出两种层叠方式下的 2～6 层磁电天线的辐射功率，计算结果如表 2.4 所示。

表 2.4　两种层叠方式下的天线辐射功率

层数	层叠方式一下的天线辐射功率	层叠方式二下的天线辐射功率
2	$\dfrac{A\omega^2 d^2 T_0^2 d_H^2}{16\eta_0}$	$\dfrac{A\omega^2 d^2 T_0^2 d_H^2}{16\eta_0}$
3	$\dfrac{A\omega^2 d^2 T_0^2 d_H^2}{6\eta_0}\left(\dfrac{1}{6}+\dfrac{\sqrt{3}}{4\pi}\right)$	$\dfrac{A\omega^2 d^2 T_0^2 d_H^2}{6\eta_0}\left(\dfrac{1}{3}-\dfrac{\sqrt{3}}{4\pi}\right)$
4	$\dfrac{A\omega^2 d^2 T_0^2 d_H^2}{32\eta_0}$	$\dfrac{A\omega^2 d^2 T_0^2 d_H^2}{32\eta_0}$
5	$\dfrac{A\omega^2 d^2 T_0^2 d_H^2}{10\eta_0}\left(\dfrac{1}{5}+\dfrac{0.727}{4\pi}\right)$	$\dfrac{A\omega^2 d^2 T_0^2 d_H^2}{10\eta_0}\left(\dfrac{3}{10}-\dfrac{0.727}{4\pi}\right)$
6	$\dfrac{A\omega^2 d^2 T_0^2 d_H^2}{48\eta_0}$	$\dfrac{A\omega^2 d^2 T_0^2 d_H^2}{48\eta_0}$

2. 磁电天线辐射 Q 因子的计算

两种层叠方式下的天线辐射 Q 因子如表 2.5 所示。

表 2.5　两种层叠方式下的天线辐射 Q 因子

层数	层叠方式一下的天线辐射 Q 因子	层叠方式二下的天线辐射 Q 因子
2	$\dfrac{2\eta_0(n^2 s_D + s_H)}{\omega d_H^2 d}$	$\dfrac{2\eta_0(n^2 s_D + s_H)}{\omega d_H^2 d}$
3	$\dfrac{3\eta_0\left[\left(\dfrac{1}{3}-\dfrac{\sqrt{3}}{4\pi}\right)n^2 s_D + \left(\dfrac{1}{6}+\dfrac{\sqrt{3}}{4\pi}\right)s_H\right]}{\left(\dfrac{1}{6}+\dfrac{\sqrt{3}}{4\pi}\right)\omega d_H^2 d}$	$\dfrac{3\eta_0\left[\left(\dfrac{1}{6}+\dfrac{\sqrt{3}}{4\pi}\right)n^2 s_D + \left(\dfrac{1}{3}-\dfrac{\sqrt{3}}{4\pi}\right)s_H\right]}{\left(\dfrac{1}{3}-\dfrac{\sqrt{3}}{4\pi}\right)\omega d_H^2 d}$
4	$\dfrac{4\eta_0(n^2 s_D + s_H)}{\omega d_H^2 d}$	$\dfrac{4\eta_0(n^2 s_D + s_H)}{\omega d_H^2 d}$
5	$\dfrac{5\eta_0\left[\left(\dfrac{3}{10}-\dfrac{0.727}{4\pi}\right)n^2 s_D + \left(\dfrac{1}{5}+\dfrac{0.727}{4\pi}\right)s_H\right]}{\left(\dfrac{1}{5}+\dfrac{0.727}{4\pi}\right)\omega d_H^2 d}$	$\dfrac{5\eta_0\left[\left(\dfrac{1}{5}+\dfrac{0.727}{4\pi}\right)n^2 s_D + \left(\dfrac{3}{10}-\dfrac{0.727}{4\pi}\right)s_H\right]}{\left(\dfrac{3}{10}-\dfrac{0.727}{4\pi}\right)\omega d_H^2 d}$
6	$\dfrac{6\eta_0(n^2 s_D + s_H)}{\omega d_H^2 d}$	$\dfrac{6\eta_0(n^2 s_D + s_H)}{\omega d_H^2 d}$

由表 2.5 中的表达式可知天线辐射 Q 因子与频率 ω、天线总厚度 d 及 s_H、s_D 和 d_H 等

材料参数相关。对压电材料与磁致伸缩材料的基本性质进行详细分析后选择 AlN 作为压电层材料，FeGa 作为磁致伸缩层材料，所需的材料参数如表 2.6 所示[6]。s_D 的值可由式（2.4）的转换关系得出。在建立磁电天线的一维解析模型时，假设压电材料和磁致伸缩材料是完美耦合的，即天线内部的压电层与磁致伸缩层交界面处的应变一致。比例系数可根据胡可定律与材料柔度系数的关系取为 4。

表 2.6 AlN 与 FeGa 的材料参数[6]

名称	密度 $\rho/(kg/m^2)$	弹性常数 $c_{33}(GPa)$	柔度系数 $s_E, s_H(1/GPa)$	相对介电常数 ε_r	应变常数 $d_E, d_H(C/N)$
AlN	3260	395	$2.898e^{-12}$	9.2081	$4.959e^{-12}$
FeGa	7393	213.4	$1.73e^{-11}$	—	—

选取 ISM 频段下的 915 MHz 为天线的谐振频率，下面讨论在频率一定的情况下磁电天线的层合方式与层叠数量与辐射 Q 因子的关系，以得到在一定设计频率下的最优天线层序与层数。频率一定时，不同层叠顺序及数量下的天线总厚度 d 是不同的。磁电天线是基于声学谐振的器件，体声波在天线叠层结构内部传播，由于空气的声学阻抗远远低于压电层，从而满足全反射条件形成驻波，最终可实现谐振。磁电天线工作在一阶纵波谐振处，其谐振角频率的理论计算式如下[30-33]：

$$\omega = 2\pi f = 2\pi \cdot \frac{v_{eq}}{2d} = \frac{\pi v_{eq}}{d} \tag{2.37}$$

其中：f 为磁电天线的频率，ω 为角频率，v_{eq} 为天线叠层结构的等效纵波声速。等效纵波声速 v_{eq} 与磁电结构层叠顺序及压电材料与磁致伸缩材料的占比有关，计算式如下[17]：

$$v_{eq} = \sqrt{\frac{c_{33_{eq}}}{\rho_{eq}}} \tag{2.38}$$

其中：ρ_{eq} 为等效密度，$c_{33_{eq}}$ 为等效弹性常数。多层复合材料的等效密度 ρ_{eq} 与等效弹性常数 $c_{33_{eq}}$ 可以采用以下公式进行计算[34]：

$$\rho_{eq} = \rho_p n_p + \rho_m n_m \tag{2.39}$$

$$c_{33_{eq}} = \frac{c_{33_p} \cdot c_{33_m}}{c_{33_p} n_p + c_{33_m} n_m} \tag{2.40}$$

其中：ρ_p 为压电层密度，ρ_m 为磁致伸缩层密度，c_{33_p} 为压电材料的弹性常数，c_{33_m} 为磁致伸缩材料的弹性常数，n_p 与 n_m 分别为压电层与磁致伸缩层所占体积分数。

联合式（2.39）与式（2.40），代入表 2.6 所示的材料参数，可求得频率一定时不同层序及层数的磁电天线的总厚度 d。由所设计磁电天线的中心频率 915 MHz 可分别求得两种层叠方式下 2～6 层磁电天线的总厚度。将求得的天线的总厚度 d、天线频率 ω 及表 2.6 所示的相关材料参数代入表 2.5 天线辐射 Q 因子计算式中，可求得不同层叠方式下 2～6 层磁电天线结构的辐射 Q 因子。以层叠方式一的两层结构的辐射 Q 因子为基准，对表 2.5 中两种层叠方式下的天线辐射 Q 因子进行归一化处理，比较不同层叠方式与不同层数下天线结构的辐射 Q 因子，结果如图 2.14 所示。计算结果表明两层磁电结构为辐射性能最优的结构。

由图 2.14 可知，当层叠数目为偶数层时，两种层叠方式下的辐射 Q 因子是相同的。这是因为当层叠数目为偶数层时，两种层叠方式下具有相同数量的压电层与磁致伸缩层，此时两种层叠方式的结构具有相同的势能与辐射功率，故辐射 Q 因子相同。在磁电天线的频率为 915 MHz、压电层材料为 AlN、磁致伸缩层材料为 FeGa 时，两层磁电结构的辐射 Q 因子最小，此时压电层与磁致伸缩层之间的应力耦合优于其他层叠方式。层叠方式一下的三层结构辐射 Q 因子也比较低，这是因为中间的磁致伸缩层受两侧压电层的夹持作用而使其在谐振时产生了较大的应变。

根据图 2.14 所示的两种层叠方式下 2～6 层的辐射 Q 因子，将磁电天线的结构设计为辐射 Q 因子最小的两层磁电层合结构，如图 2.15 所示。

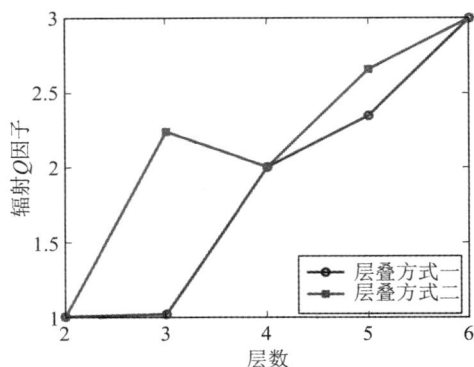

图 2.14　两种层叠方式下的天线归一化辐射 Q 因子

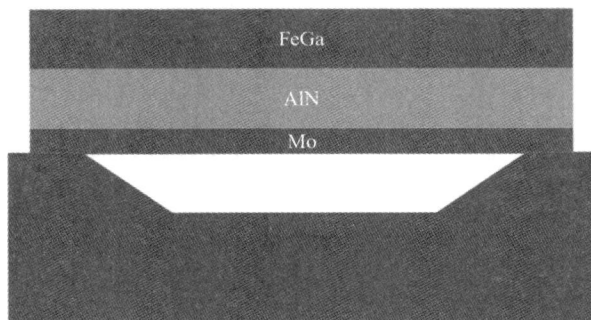

图 2.15　两层磁电层合结构示意图

2.2.4　几何尺寸设计

上一小节选择了空气隙型体声波谐振的 2 - 2(层叠)型磁电结构作为天线主体并进一步确定了磁电层合结构的层数为两层。本节在上文的基础上构建所设计磁电天线结构的 Mason 等效电路模型，对磁电天线的几何尺寸进行进一步的设计。磁电天线工作时发生谐振，属于谐振结构，可利用 2.2.3 节介绍的 Mason 模型通过天线结构和材料参数的等效数学变形来得到其阻抗特性，通过使磁电天线在谐振频率处达到阻抗匹配来设计磁电天线的几何尺寸。

1. 压电层 Mason 等效模型的建立

由 2.2.2 节所述 Mason 模型的推导过程可知，当建立压电层的等效电路模型时，需要的材料参数有：机电耦合系数 k_t^2、纵波声速 v_a、夹持介电常数 ε_{zz}^S、声特征阻抗 Z_p 和衰减系数 α。在 2.1 节中选择了 AlN 作为磁电天线的压电材料，建立 Mason 模型时所需要的材料参数如表 2.7 所示[18]。

表 2.7　所用压电材料 AlN 的材料参数值[18]

名称	机电耦合系数 $k_t^2/(\%)$	纵波声速 $v_a/(\mathrm{m/s})$	夹持介电常数 $\varepsilon_{zz}^S/(\mathrm{F/m})$	声特征阻抗 $Z_p/(\mathrm{kg/(m^2 \cdot s)})$	衰减系数 $\alpha/(\mathrm{dB/m})$
AlN	6.5	11 350	9.5e−11	3.7e7	800

按照图 2.5 所示的压电体等效电路，以压电层 AlN 的机电耦合系数 k_t^2（kt2_AlN）、纵波声速 v_a（v_AlN）、夹持介电常数 ε_{zz}^S（eps_AlN）、声特征阻抗 Z_p（Z_AlN）和衰减系数 α（alpha_AlN）为基本参数，压电层的厚度 h_p（h_AlN）、谐振面积 A（A_AlN）和频率 f（freq）作为自变量，在 ADS 中建立压电层的 Mason 等效电路，如图 2.16 所示。

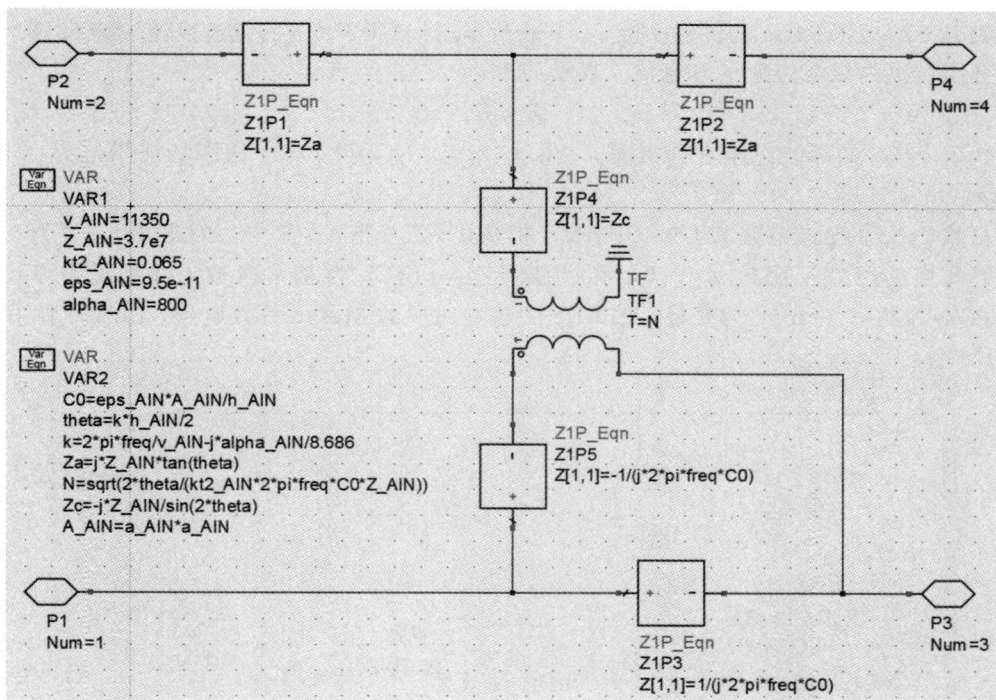

图 2.16　压电层 AlN 的 Mason 等效电路图

压电层 AlN 的 Mason 等效电路图中设置了四个端口，其中 P1 和 P3 为电学端口，P2 和 P4 为可与其他层的等效电路进行级联的声学端口。在电路中将压电层的厚度 h_AlN 和有效谐振面积 A_AlN 设置为变量，并将它们的默认值分别设置为 1.8 μm 和 600 μm × 600 μm。为了方便后续的级联仿真及设计，将图 2.16 所示的等效电路进行封装，封装后的压电层 symbol 如图 2.17 所示。

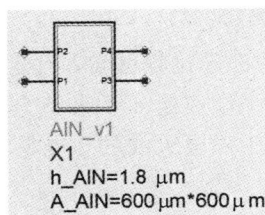

图 2.17 封装后的压电层 symbol

2. 磁致伸缩层 Mason 等效模型的建立

磁致伸缩层(磁层)作为天线上电极的良导体,可看作普通声学层,根据图 2.6 所示的电路图建立磁层的 Mason 等效电路。所设计磁电天线结构中的磁致伸缩材料为 FeGa,建立模型时需要的材料参数有:声特征阻抗 Z_FeGa、衰减系数 α 和纵波声速 v_FeGa。其中纵波声速可由弹性常数 c_{33} 和密度 ρ 表示如下:

$$v = \sqrt{\frac{c_{33}}{\rho}} \tag{2.41}$$

表 2.6 给出了 FeGa 的弹性常数 c_{33} 和密度 ρ,计算得 FeGa 的纵波声速 v 为 5373 m/s。声特征阻抗可由纵波声速 v 和密度 ρ 表示如下:

$$Z = \rho v \tag{2.42}$$

代入 FeGa 的纵波声速 v 和密度 ρ,由式(2.42)计算得 FeGa 的声特征阻抗为 3.97×10^7 kg/(m²s)。

虽然 FeGa 的衰减系数未从文献中查到,但是其不影响谐振频率[17],因此将其设置为 0。

以磁层的声特征阻抗 Z_FeGa 和纵波声速 v_FeGa 为基本参数,以磁层的厚度 h_m (h_FeGa)和频率 f(freq)为变量,在 ADS 中建立磁层的 Mason 等效电路,如图 2.18 所示。

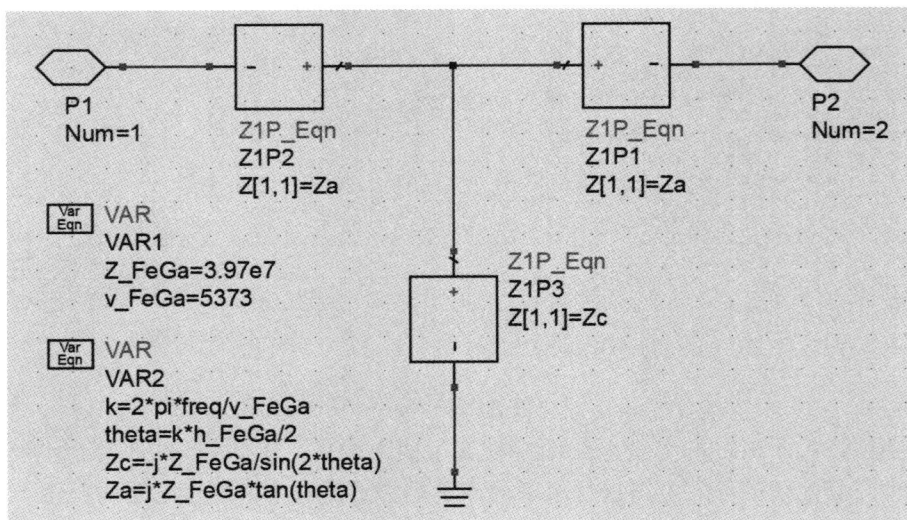

图 2.18 磁层 FeGa 的 Mason 等效电路

磁层 FeGa 的 Mason 等效电路中的两个端口 P1 和 P2 均为声学端口。将磁层的厚度

h_FeGa 设置为变量，并将其默认值设置为 $1.8\ \mu m$。同样，将图 2.18 所示的等效电路进行封装，图 2.19 为封装后的磁层 symbol 示意图。

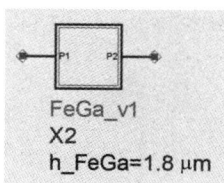

图 2.19 封装后的磁层 symbol

3. 电极层 Mason 等效模型的建立

本文选择了 Mo 作为磁电天线的电极材料，在建立电极层的等效电路模型时，需要的材料参数有：声特征阻抗 Z_Mo，纵波声速 v_Mo 和衰减系数 alpha_Mo。其中 Z_Mo 为 $6.39 \times 10^7\ kg/(m^2 \cdot s)$，v_Mo 为 $6213\ m/s$，衰减系数为 $500\ dB/m$。按照 2.2.2 节所介绍的普通声学层 Mason 模型的建立方法，以电极层的声特征阻抗 Z_Mo 和纵波声速 v_Mo 为基本参数，以电极层的厚度 h_Mo 和频率 freq 为变量，在 ADS 中建立电极层的 Mason 等效电路，如图 2.20 所示。

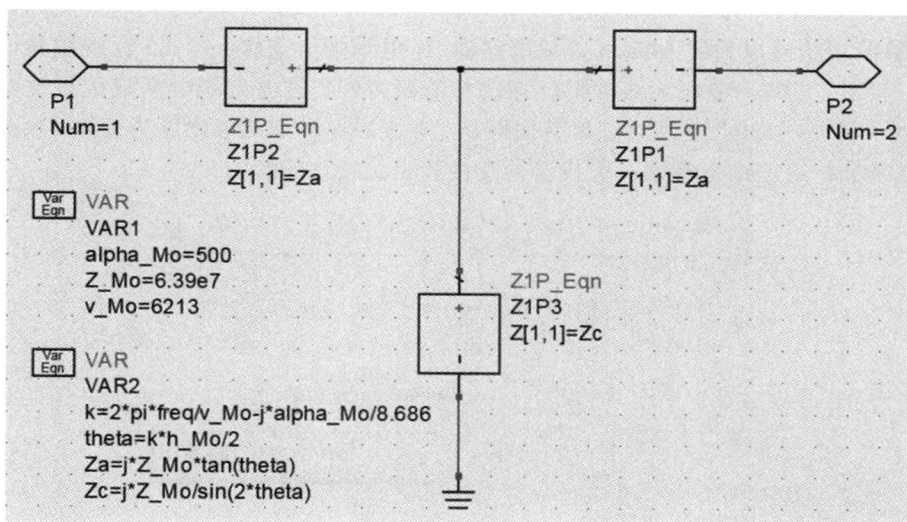

图 2.20 电极层 Mo 的 Mason 等效电路

电极层 Mo 的 Mason 等效电路中的两个端口 P1 和 P2 均为声学端口。将电极层的厚度 h_Mo 设置为变量，并将其默认值设置为 $0.2\ \mu m$。同样，将图 2.20 所示的等效电路进行封装，图 2.21 为封装后的电极层 symbol 示意图。

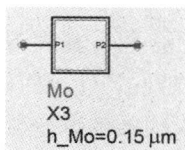

图 2.21 封装后的电极层 symbol

4. 磁电天线 Mason 等效模型的建立

按照图 2.6 所示的磁电天线将电极层、压电层和磁层的等效电路进行级联，构建磁电天线的 Mason 等效电路模型，如图 2.22 所示。

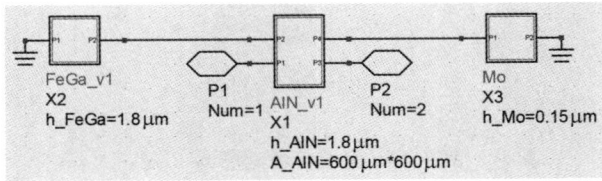

图 2.22　磁电天线 Mason 等效电路

2.3　磁电天线仿真分析

2.3.1　磁电天线的结构特性分析

在 ADS 中给磁电天线 Mason 等效电路的 P1 电学端口连接一个 50 Ω 的阻抗匹配，P2 电学端口接地，以仿真磁电天线的阻抗特性与谐振特性。磁电天线电学阻抗特性电路如图 2.23 所示。其中，压电层厚度、有效谐振面积、电极层厚度和磁层厚度为变量，可对其进行参数扫描来分析这些结构参数对天线谐振特性和阻抗特性的影响。

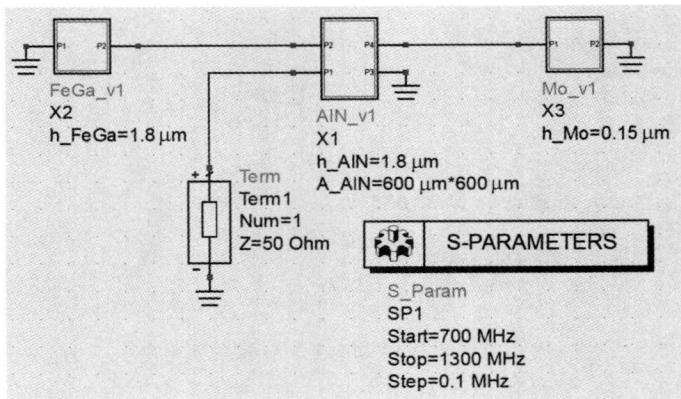

图 2.23　ADS 仿真磁电天线电学阻抗特性的电路图

1. 压电层厚度的影响

在 ADS 中将压电层厚度设置为变量 h_1，有效谐振面积、电极层厚度和磁层厚度均保持为默认值，参数扫描 h_1 对磁电天线阻抗特性的影响。图 2.24 所示为压电层厚度 h_1 分别为 1.7 μm、1.8 μm、1.9 μm 时磁电天线的频率变化特性。如图 2.24 所示，随着压电层厚度的增大，磁电天线的谐振频率逐渐降低。这是因为压电层厚度增大使得声波的传播路径变长，故天线的谐振频率下降。

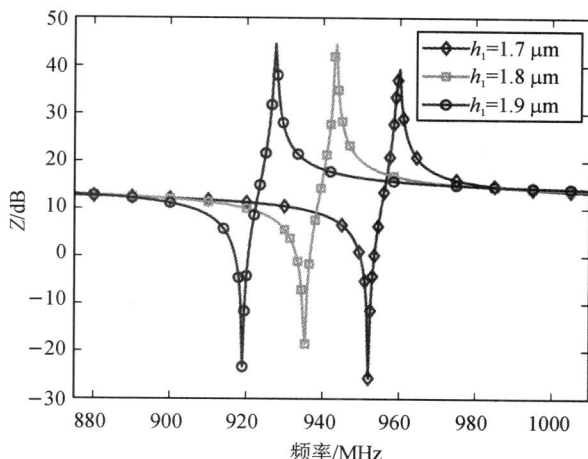

图 2.24　电路仿真压电层厚度对磁电天线阻抗特性的影响

2. 磁层厚度的影响

在 ADS 中将磁层厚度设置为变量 h_2，压电层厚度、有效谐振面积和电极层厚度均设置为默认值，参数扫描 h_2 对磁电天线阻抗特性的影响。图 2.25 所示为磁层厚度 h_2 分别为 $1.7~\mu m$、$1.8~\mu m$、$1.9~\mu m$ 时磁电天线的频率变化特性。同样地，随着磁层厚度 h_2 的增大，声波的传播路径变长，天线的谐振频率下降。

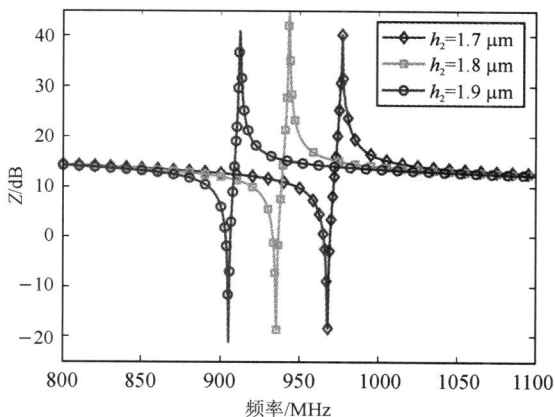

图 2.25　电路仿真磁层厚度对磁电天线阻抗特性的影响

3. 电极层厚度的影响

在 ADS 中将电极层厚度设置为变量 h_3，虽然电极层厚度相较于压电层和磁层厚度很小，但不能忽略其对磁电天线阻抗特性的影响。相同地，随着电极层厚度 h_3 的增大，声波的传播路径变长，天线的谐振频率下降。图 2.26 所示为电极层厚度分别为 $0.1~\mu m$、$0.15~\mu m$、$0.2~\mu m$ 时磁电天线的阻抗特性。

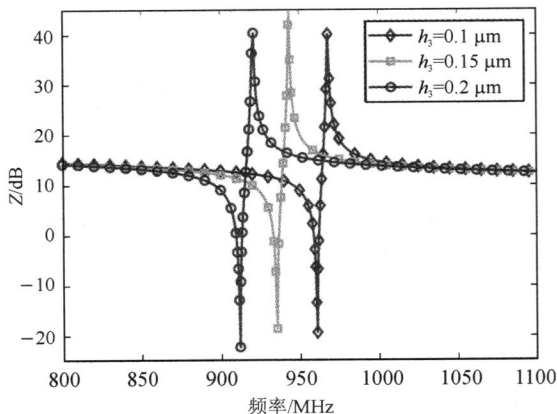

图 2.26 电路仿真电极层厚度对磁电天线阻抗特性的影响

4. 有效谐振面积的影响

参数扫描不同有效谐振面积对磁电天线阻抗特性的影响。如图 2.27 所示，天线的阻抗随着有效谐振面积的增大而降低，而谐振频率不随有效谐振面积的变化而改变。当有效谐振面积增大时，天线结构的静态电容增大，使天线结构的阻抗特性降低。故可以通过对有效谐振面积的调节来控制磁电天线结构的阻抗匹配。

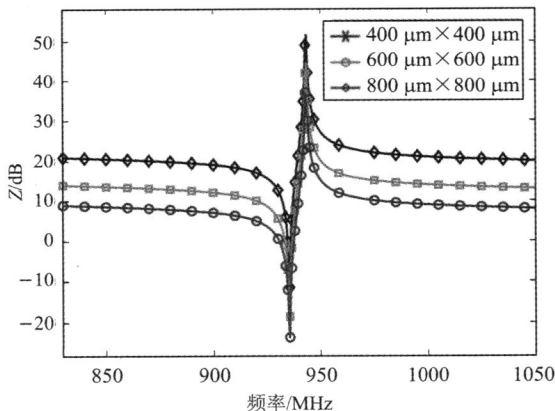

图 2.27 电路仿真有效谐振面积对磁电天线阻抗特性的影响

5. 天线的几何尺寸设计

根据压电层厚度、有效谐振面积、电极层厚度和磁层厚度等结构参数对天线谐振特性和阻抗特性的影响规律，对磁电天线的 Mason 等效电路模型进行调谐分析，最终确定了天线各层的最优几何尺寸。如图 2.28 所示，磁电天线压电层和磁致伸缩层厚度为 1.85 μm，电极层厚度为 0.16 μm，有效谐振面积为 650 μm×650 μm。

将磁电天线 Mason 电路模型中的几何参数设置为调谐分析得到的几何参数后，对其进行频域仿真研究，仿真结果如图 2.29 与图 2.30 所示。磁电天线的串联谐振频率 f_s 为 907.3 MHz，并联谐振频率 f_p 为 915.2 MHz，所设计磁电天线的中心频率为 915 MHz，在并联谐振频率附近。由图 2.30 可知，天线在 915 MHz 处的阻抗为 50.06 Ω，达到了较好的阻抗匹配。

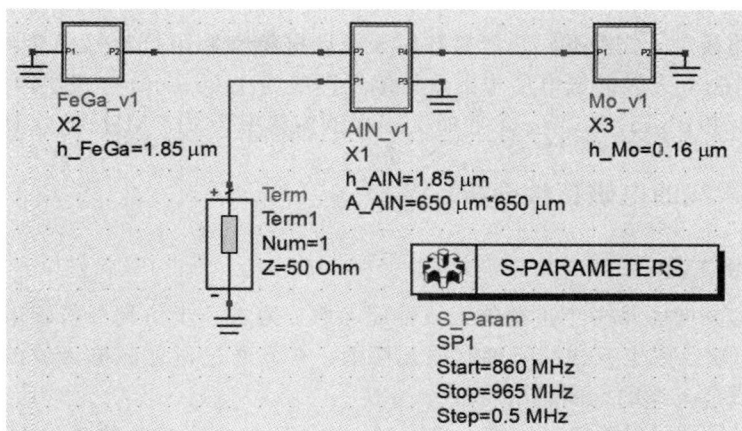

图 2.28　所设计磁电天线的 Mason 等效电路模型

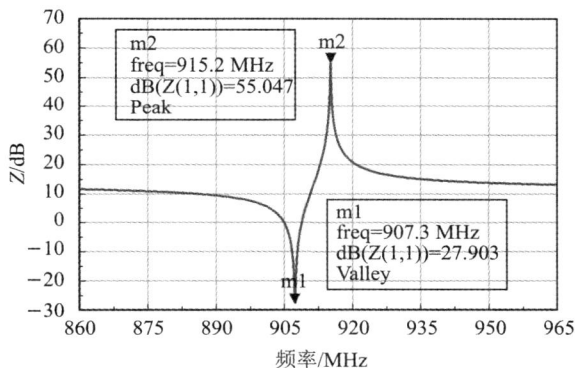

图 2.29　天线的谐振特性

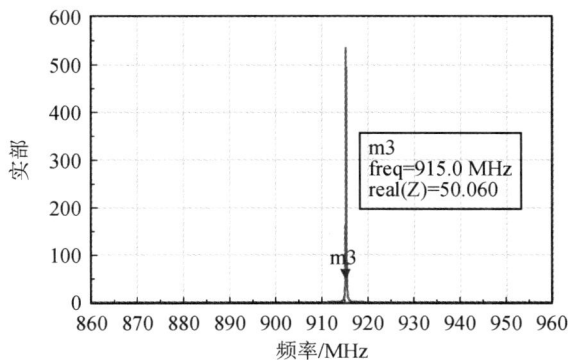

图 2.30　天线的阻抗特性

　　对于上述提出的磁电天线的结构、材料和性能一体化设计方法，首先选择 AlN 作为天线的压电层材料、FeGa 作为磁致伸缩层材料、Mo 作为电极材料；然后将天线总体结构设计为基于体声波谐振的 2-2（层叠）型磁电结构；接着基于磁电天线的一维解析模型分析不同层叠顺序下 2~6 层磁电天线的辐射 Q 因子，选择 915 MHz 时辐射 Q 因子最小的两层磁电结构作为磁电天线的优选结构；最后依据所设计的磁电天线结构在 ADS 中建立其 Mason 等效电路模型，分析不同几何参数对天线谐振特性和阻抗特性的影响。经过调谐分析，最终确定了磁电天线的压电层和磁致伸缩层厚度为 $1.85~\mu m$、电极层厚度为 $0.16~\mu m$、有效谐振面积为 $650~\mu m \times 650~\mu m$，此时天线在谐振频率为 915 MHz 时达到阻抗匹配。

2.3.2 磁电天线的电磁特性分析

1. 仿真分析工具

磁电天线的方向图是一个重要的天线性能参数。为进一步仿真分析磁电天线的方向图等辐射特性，需建立磁电天线的三维有限元模型。本节通过建立磁电天线的三维有限元模型来仿真分析磁电天线的空间辐射特性。

由于磁电天线的辐射机理与传统天线不同，故传统的电磁仿真软件如 HFSS、CST 等不能直接用于磁电天线电磁特性的仿真。如图 2.31 所示，通过 COMSOL 多物理场仿真软件将"压电"和"磁致伸缩"物理场接口通过"固体力学"接口进行耦合，可直接对磁电天线的谐振特性进行仿真分析。然而由于"压电""磁致伸缩"物理场接口和"电磁波"物理场接口缺乏物理场的直接耦合，故不能直接用 COMSOL 内置的物理场接口来仿真磁电天线的电磁特性。

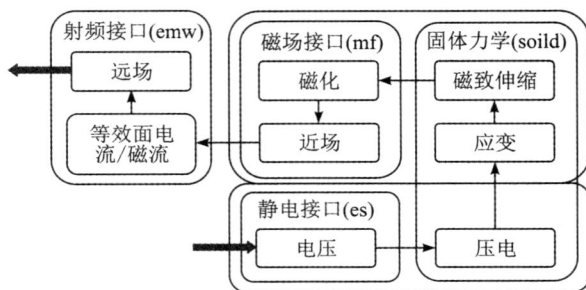

图 2.31 磁电天线 COMSOL 仿真分析流程图

COMSOL 内置有编译器，可以将数学表达式、方程等进行快速编译，自主添加进所设置的物理场接口中，并且可以将这些定制的数学表达式自由耦合，从而模拟所研究模型的多物理场现象；也可以将特定物理场的内在理论公式进行编译，在"物理场开发器"中创建新的物理场接口。COMSOL 的这一功能使得我们可以手动将"压电""磁致伸缩"物理场接口和"电磁波"物理场接口进行耦合，用等效的方法求解磁电天线的电磁特性。如图 2.31 所示，首先将"压电"和"磁致伸缩"物理场接口通过"固体力学"接口进行耦合，计算磁电结构的逆磁电效应，进而得到天线的近场辐射。然后依据表面等效原理，将天线近场球面中的表面电流密度和表面磁流密度作为辐射源输入"射频"接口中，求解天线的远场辐射。

由近场的电场 B 与磁场 H 可以计算出等效电流密度 $\pmb{J}_s$ 和等效磁流密度 $\pmb{M}_s$：

$$\pmb{J}_s = \pmb{n} \times (\pmb{H}_{out} - \pmb{H}_{in}) = \pmb{n} \times \pmb{H} \tag{2.43}$$

$$\pmb{M}_s = -\pmb{n} \times (\pmb{E}_{out} - \pmb{E}_{in}) = -\pmb{n} \times \pmb{E} \tag{2.44}$$

在 COMSOL 中的具体操作为：在天线的近场区域选取一个球形表面（这个球形表面称为惠更斯盒子），将天线模型包罗其中。然后通过球形表面的等效电流和磁流与"射频"模块耦合。在 COMSOL 中输入"射频"物理场中的表面电流密度 J_{s0} 和表面磁流密度 J_{ms0}，其公式如下：

$$J_{ms0} = \begin{cases} \text{down(mf. Ez)} * \text{mf. dny} - \text{down(mf. Ey)} * \text{mf. dnz} \\ -\text{down(mf. Ez)} * \text{mf. dnx} + \text{down(mf. Ex)} * \text{mf. dnz} \\ \text{down(mf. Ey)} * \text{mf. dnx} - \text{down(mf. Ex)} * \text{mf. dny} \end{cases} \quad (2.45)$$

$$J_{s0} = \begin{cases} -\text{down(mf. Hz)} * \text{mf. dny} + \text{down(mf. Hy)} * \text{mf. dnz} \\ \text{down(mf. Hz)} * \text{mf. dnx} - \text{down(mf. Hx)} * \text{mf. dnz} \\ -\text{down(mf. Hy)} * \text{mf. dnx} + \text{down(mf. Hx)} * \text{mf. dny} \end{cases} \quad (2.46)$$

2. 辐射性能分析

建立磁电天线的三维有限元仿真分析模型，如图 2.32 所示。通过对磁电天线谐振特性的分析可知天线的谐振频率不随谐振面积的变化而改变，且磁电天线为薄膜结构，网格剖分与调试复杂且仿真计算量巨大，故在建立三维模型时，将谐振面积进行了一定比例的缩放。天线模型建立完成后，在其外侧建立一个一定厚度的球壳将天线模型包裹住，并将其设置为理想匹配层（PML）以模拟无限大空间。理想匹配层与天线模型之间的球面为近场惠更斯球面（盒子），最后对模型进行合适的网格划分。

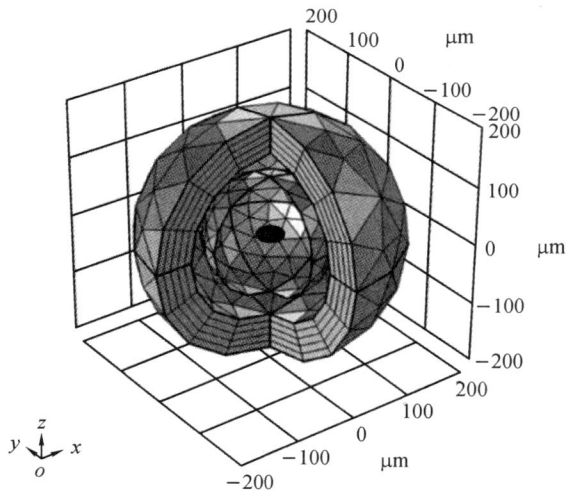

图 2.32　磁电天线的三维有限元模型及网格划分

在模型中添加"压电""磁致伸缩"和"射频"多物理场接口，通过"固体力学"接口将"压电"与"磁致伸缩"多物理场接口进行耦合，再通过将天线近场惠更斯球面的等效电流和磁流输入"射频"接口从而将三个多物理场接口进行耦合。按照上节所述仿真方法对磁电天线谐振频率点处的远场辐射方向图进行仿真计算。首先仿真计算出天线的近场信息，图 2.33 所示为仿真得到的天线近场归一化磁场的空间分布，图 2.34 所示为惠更斯盒子表面的电场和磁场分布信息。

将得出的惠更斯盒子表面的电流和磁流与"射频"接口耦合，得到的磁电天线三维远场方向图如图 2.35 所示，磁电天线的方向图为与偶极天线的方向图类似的甜甜圈形状，方向性系数计算为 1.54。磁电天线 xoy 和 xoz 切面的二维远场方向图如图 2.36 所示，xoy 切面的辐射方向图形状近似为"8"字形，xoz 切面的辐射方向图类似圆形。

freq(1)=915 MHz 体箭头：磁场(空间坐标系)

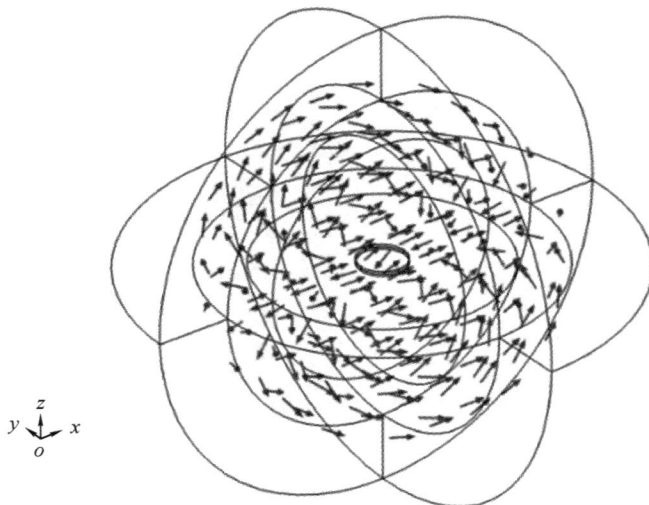

图 2.33　天线近场归一化磁场的空间分布图

freq(1)=915 MHZ 表面：电场模(V/m)

freq(1)=915 MHz 表面：磁场模(A/m)

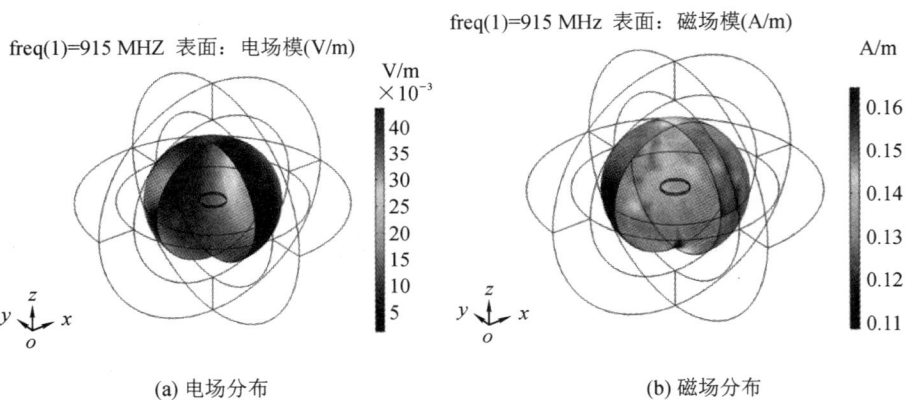

(a) 电场分布

(b) 磁场分布

图 2.34　惠更斯盒子表面的电场和磁场分布信息

freq(1)=915 MHz 辐射方向图：远场模(V/m)

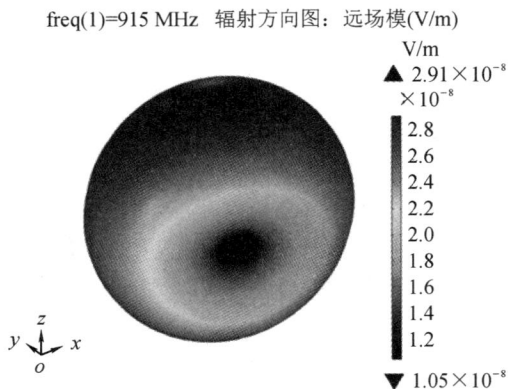

图 2.35　磁电天线的三维远场方向图

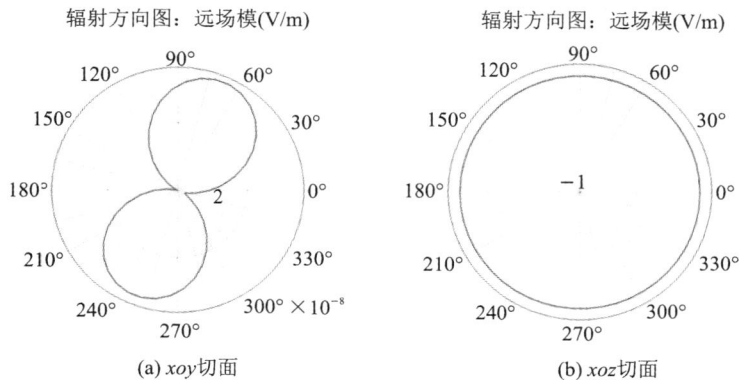

辐射方向图：远场模(V/m)　　　　辐射方向图：远场模(V/m)

(a) *xoy*切面　　　　　　　　(b) *xoz*切面

图 2.36　磁电天线 *xoy* 和 *xoz* 切面的二维远场方向图

由于本章对磁电天线远场的仿真未使用端口激励方式，因此不能直接利用 COMSOL 软件计算天线的效率和增益。磁电天线的实际增益可由式(2.47)定义：

$$G_{\text{real}} = \frac{4\pi U}{P_{\text{in}}} = \frac{|\,\text{norm}E_{\text{far}}\,|^2}{60 P_{\text{in}}} \tag{2.47}$$

其中：U 为辐射强度，P_{in} 为总的输入功率。在磁电天线模型中，输入功率 P_{in} 为 0.1 W，代入式(2.47)中可计算出 $G_{\text{real}} = 1.41 \times 10^{-16}$。通过天线增益、方向图和天线效率之间的关系可进一步计算出天线的效率为 1.16×10^{-17}。

3. 几何参数对磁电天线谐振特性的影响

在建立的磁电天线有限元模型中，将压电层厚度、磁层厚度、电极层厚度和有效谐振面积设置为变量，分别对这些参数进行参数化扫描频域分析，分析磁电天线的几何参数对天线谐振特性的影响。

（1）压电层厚度的影响。

将磁电天线模型中压电层的厚度设为变量 h_1，模型其他参数与边界条件的设置保持不变，参数扫描 h_1 对磁电天线谐振特性的影响。图 2.37 所示为压电层厚度 h_1 分别为 1.7 μm、1.8 μm 和 1.9 μm 时磁电天线的频率变化特性。如图 2.37 所示，随着压电层厚度的增大，磁电天线谐振频率降低。这是因为压电层厚度增大使得声波的传播路径变长，故天线的谐振频率下降。这一规律与 Mason 电路模型中所得到的结论一致。

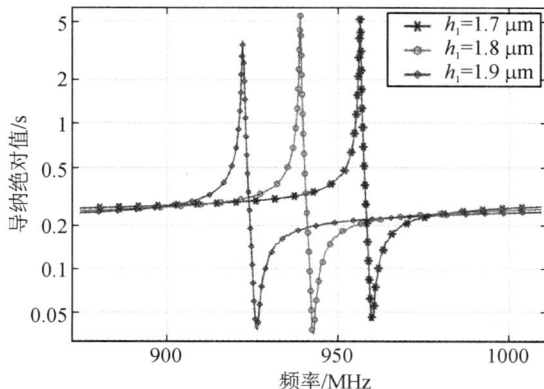

图 2.37　压电层厚度对磁电天线谐振特性的影响

（2）磁层厚度的影响。

将磁电天线模型中磁致伸缩层的厚度设为变量 h_2，模型其他几何参数与边界条件的设置保持不变，参数扫描 h_2 对磁电天线谐振特性的影响。图 2.38 所示为磁层厚度 h_2 分别为 1.7 μm、1.8 μm 和 1.9 μm 时磁电天线的频率变化特性。同样地，随着磁层厚度的增大，声波的传播路径变长，天线的谐振频率下降。这一仿真结果验证了 2.3.1 节 Mason 电路模型所得出的结论。

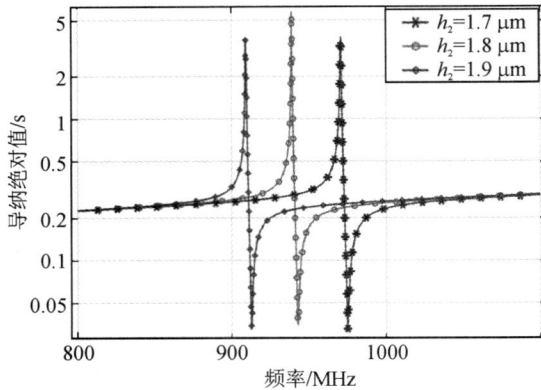

图 2.38　磁层厚度对磁电天线谐振特性的影响

（3）电极层厚度的影响。

将磁电天线模型中电极层的厚度设为变量 h_3，模型其他几何参数与边界条件的设置保持不变，参数扫描 h_3 对磁电天线谐振特性的影响。图 2.39 所示为电极层厚度 h_3 分别为 0.1 μm、0.15 μm 和 0.2 μm 时磁电天线的频率变化特性。其仿真结果与 Mason 等效电路模型仿真得出的结论一致：随着电极层厚度的增大，天线谐振频率下降。

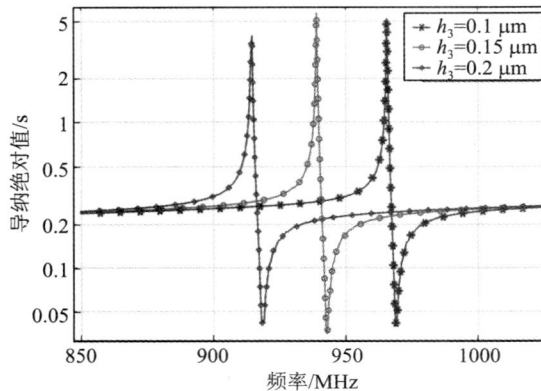

图 2.39　电极层厚度对磁电天线谐振特性的影响

（4）有效谐振面积的影响。

将磁电天线模型中有效谐振面积分别设置为 400 μm×400 μm、600 μm×600 μm 和 800 μm×800 μm，模型其他几何参数与边界条件的设置保持不变，仿真有效谐振面积对磁电天线谐振特性的影响。如图 2.40 所示，磁电天线的导纳随着有效谐振面积的增大而增大，即天线的阻抗随着有效谐振面积的增大而降低，这是因为谐振面积增大会使天线结构的静态电容增大，导致磁电天线结构的阻抗降低。磁电天线的谐振频率不随有效谐振面积的变化改变。这与 Mason 模型中得出的结论一致。

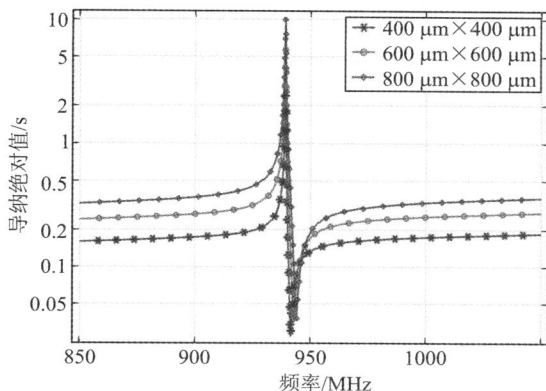

图 2.40　有效谐振面积对磁电天线谐振特性的影响

4. 电极对磁电天线谐振特性的影响

体声波磁电天线结构存在多种谐振模态,除了主声波谐振模态外,还有很多主谐振附近的横向振动寄生谐振模态。杂散模式是大量振动模态与有限尺寸谐振结构中的激发电场耦合形成的[34-36],虽然杂散模式的谐振峰比较小,但会分散主谐振的能量且影响天线的机电耦合系数,所以应尽量减少寄生谐振。

(1) 电极结构对磁电天线谐振特性的影响。

图 2.41 所示为经过频域仿真得到的所设计磁电天线结构的史密斯阻抗圆图和阻抗相位频率曲线。图 2.41(a)所示阻抗圆图的实轴为纯电阻轴,其将圆图分为呈感性的上半圆与呈容性的下半圆。实轴的左右端点分别为串联谐振频率点和并联谐振频率点,上半圆为串联谐振频率与并联谐振频率之间的频段,下半圆自串联谐振频率点逆时针旋转直至圆图开端处为小于串联谐振频率的频段,下半圆自并联谐振频率点顺时针旋转直至圆图终端处为大于并联谐振频率的频段。圆图上大圆上附着的小圆代表寄生谐振。由圆图可知,所设计的磁电天线的寄生谐振主要发生在并联谐振频率之后的频段,在串联谐振频率之前几乎没有寄生谐振。图 2.41(b)所示磁电天线阻抗相位曲线同样显示寄生谐振主要发生在串联谐振频率之上的频段。可考虑通过设计凸起的电极框架结构改善寄生谐振[37]。

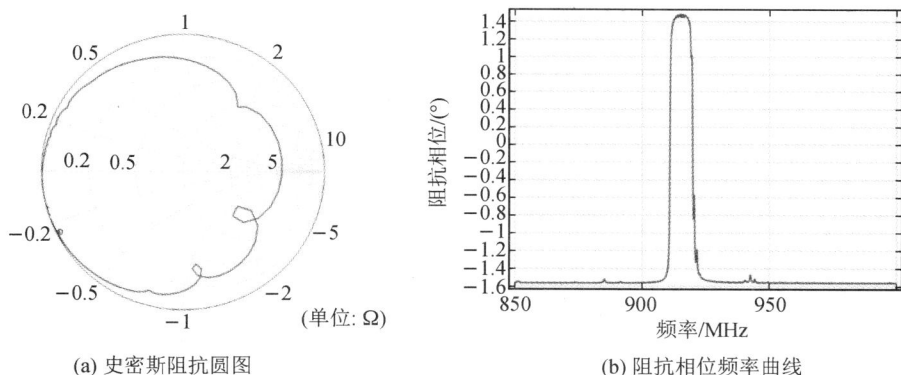

(a) 史密斯阻抗圆图　　　　　(b) 阻抗相位频率曲线

图 2.41　磁电天线的谐振特性

如图 2.42 建立含有凸起电极框架的磁电天线二维模型，凸起的电极边框材料选取为 SiO_2，宽度设为 w，高度在电极厚度的基础上增加 0.45 μm。对框架结构的宽度 w 进行参数化扫描频域研究，以得到含有凸起电极框架磁电天线的史密斯阻抗圆图和阻抗相位曲线。

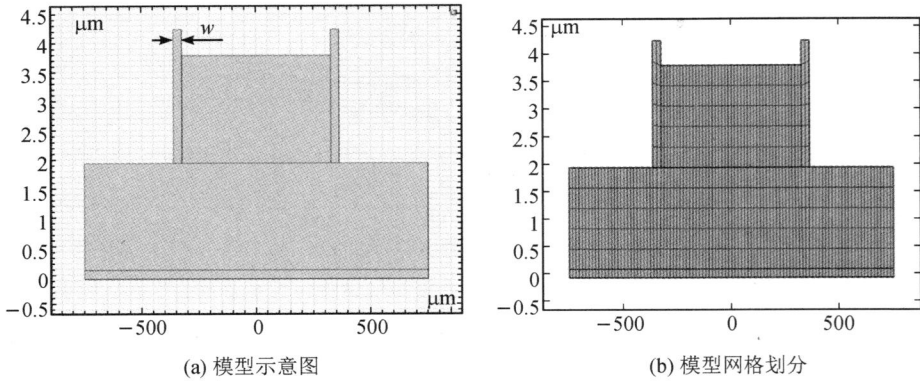

(a) 模型示意图   (b) 模型网格划分

图 2.42 含有凸起电极框架的磁电天线二维模型

图 2.43 所示为仿真得到的磁电天线在不同宽度凸起电极框架下的导纳曲线，可以看出随着凸起电极框架宽度 w 的改变，磁电天线寄生谐振的大小与出现的位置在不断变化，但是几乎不改变磁电天线的谐振频率和导纳值。图 2.44 所示为框架结构宽度 w 为 13 μm 时磁电天线的史密斯阻抗圆图与阻抗相位曲线。当宽度 w 为 13 μm 时，磁电天线在大于并联谐振频率的频段内寄生谐振大大减少，但是在串联谐振频率之下的频段内出现了寄生谐振。图 2.45 所示为框架结构宽度 w 为 36 μm 时磁电天线的史密斯阻抗圆图与阻抗相位曲线。当宽度 w 为 36 μm 时，磁电天线整体的寄生谐振均比较小。

因此，在设计磁电天线时，通过设计合适宽度的电极框架结构可以有效抑制磁电天线的寄生模态。对于所设计的磁电天线，选择宽度为 36 μm 的凸起电极框架结构可以有效抑制磁电天线的寄生谐振。

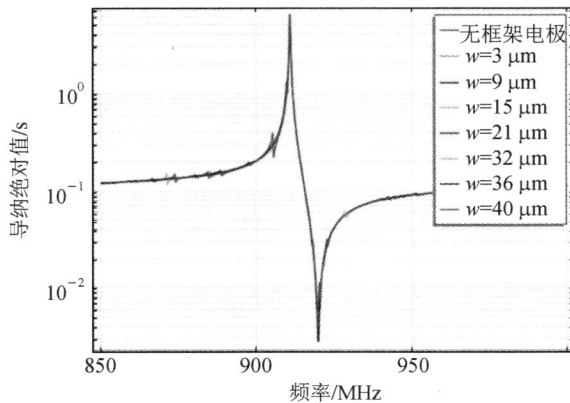

图 2.43 磁电天线在不同宽度凸起电极边框下的导纳曲线

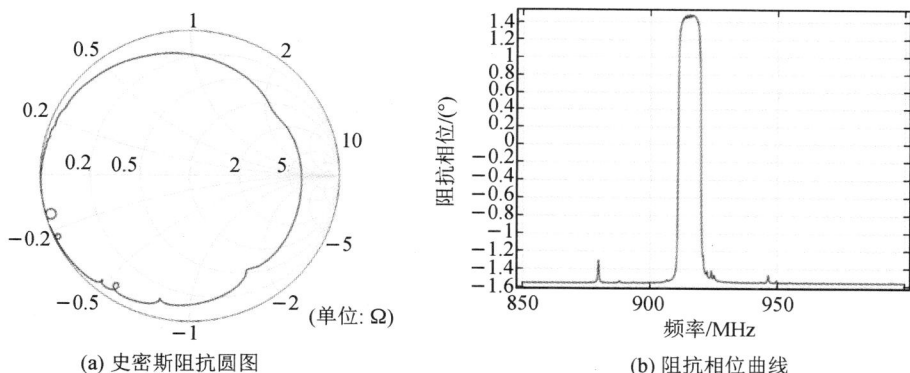

(a) 史密斯阻抗圆图   (b) 阻抗相位曲线

图 2.44 $w=13~\mu m$ 时磁电天线的谐振特性

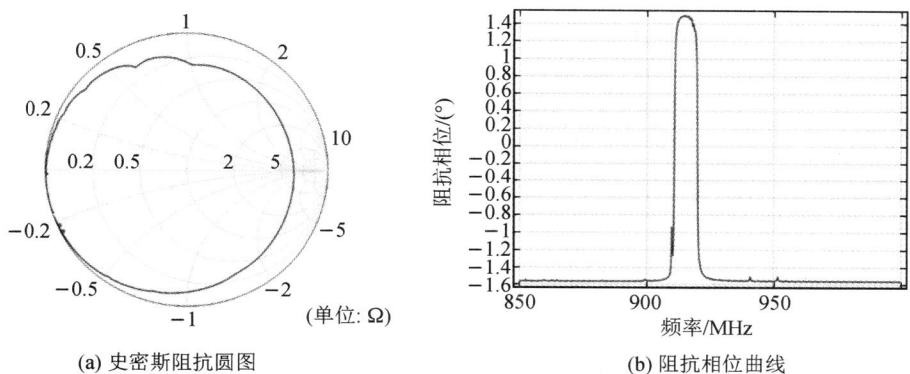

(a) 史密斯阻抗圆图   (b) 阻抗相位曲线

图 2.45 $w=36~\mu m$ 时磁电天线的谐振特性

（2）电极形状对磁电天线谐振特性的影响。

为进一步抑制磁电天线的寄生谐振，下面研究电极形状对磁电天线横向谐振模态的影响。图 2.46(a)为横波与纵波在矩形电极磁电天线谐振腔内的传播路径示意图。声波从谐振腔外围的任一点出发，到达对面的平行壁后沿原路径被反弹回出发点从而产生谐振。磁电天线的主谐振模态为沿天线厚度方向谐振的纵波谐振，寄生谐振模态为沿天线横向平面谐振的横波谐振。纵波谐振与寄生横波谐振的频率计算式如下[38]：

$$f_T = \frac{c_T N}{2W} \tag{2.48}$$

$$f_L = \frac{c_L}{2t_0} \tag{2.49}$$

其中：f_T 为横波谐振频率，c_T 为横波波速，W 是谐振结构的宽度，N 为大于 0 的正整数，f_L 为纵波谐振频率，c_L 为纵波波速，t_0 为谐振结构的厚度。当 $W/N = t_0 \times c_T/c_L$ 时，$f_L = f_T$，此时寄生横波谐振将被引入纵波谐振频段中，导纳和阻抗曲线中表现为主谐振峰附近将出现一个或多个寄生尖峰。寄生尖峰的大小取决于谐振腔外围可产生相同谐振频率横向模式点的数量，随着具有相同声波谐振路径的点的增加，横向寄生谐振发生简并，振幅增大，尖峰幅度增加。

如图 2.46(b)所示，当将电极形状改为不规则四边形时，谐振腔的相对壁不再平行，声波在谐振腔外围的点上具有不同的路径长度，使得横向寄生谐振的简并可能性大大降低。此时，与矩形电极形状的磁电天线相比，大振幅的横向寄生谐振尖峰转化为大量彼此重叠的宽峰，使得导纳和阻抗曲线中不再有干扰主谐振峰的寄生尖峰。

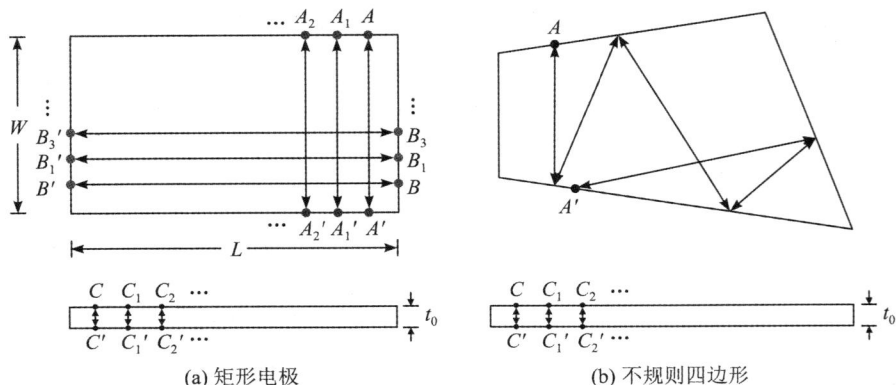

(a) 矩形电极　　　　　　　　　　　(b) 不规则四边形

图 2.46　横波与纵波在不同电极形状磁电天线谐振腔内的传播路径示意图

在 COMSOL 中分别建立具有矩形电极与不规则四边形的磁电天线有限元模型，如图 2.47 所示。磁电天线的层厚、材料参数和谐振面积均保持一致。频域仿真得到的导纳曲线如图 2.48 所示，相较于矩形电极的磁电天线，不规则四边形电极磁电天线的寄生谐振明显减小。

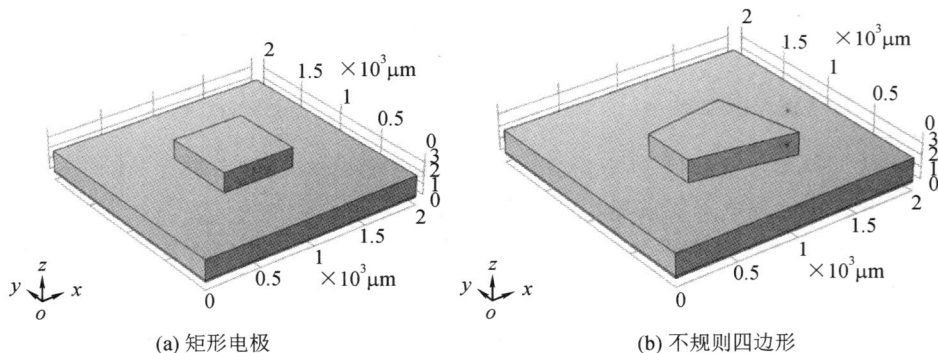

(a) 矩形电极　　　　　　　　　　　(b) 不规则四边形

图 2.47　不同电极形状的磁电天线有限元模型

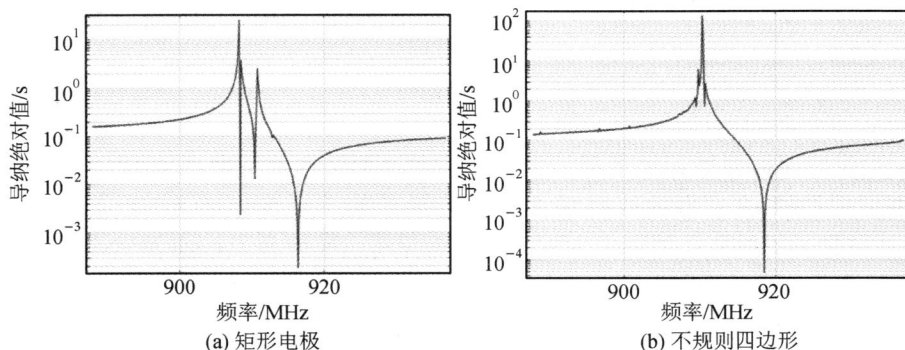

(a) 矩形电极　　　　　　　　　　　(b) 不规则四边形

图 2.48　不同电极形状的磁电天线导纳曲线

5. 磁电天线的磁电耦合分析

磁电天线在接收电磁波时，磁性材料在电磁波磁场分量的驱动下发生应变，传递至压电薄膜并激励其产生压电效应，输出电压。整个过程是磁能与电能之间的耦合与转化。依据图 2.42 所示磁电天线的模型，给磁电天线结构在 x 轴方向施加 200 Oe 的恒定磁场与 1 Oe 的交变磁场，对磁电天线进行小信号频域仿真以分析磁电天线的磁电耦合能力。图 2.49 所示为磁电天线在接收电磁波时的频率响应曲线，天线的谐振频率在 915 MHz 附近，在谐振频率处天线的输出电压最大为 0.009 V，在其他频率处输出电压几乎为 0 V。

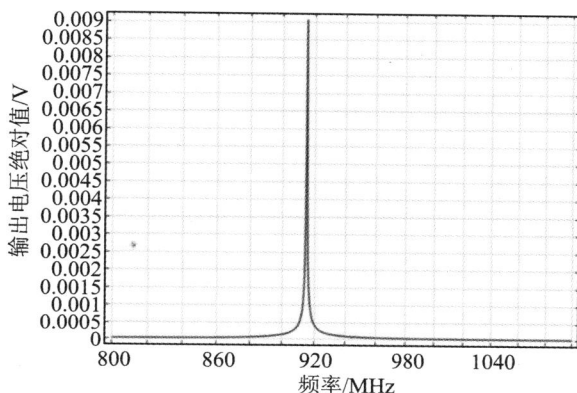

图 2.49　磁电天线输出电压随频率变化曲线

将恒定偏置磁场设为变量 H，对 H 进行参数扫描完成频域仿真分析，以研究偏置磁场对天线输出电压的影响。仿真结果如图 2.50 所示，随着偏置磁场 H 的增大，谐振输出电压也增大。

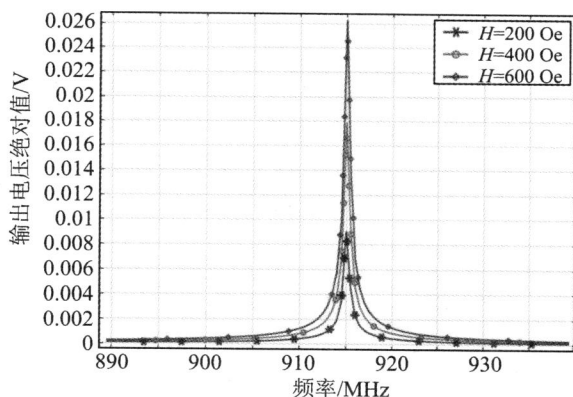

图 2.50　不同偏置磁场下磁电天线输出电压随频率变化曲线

由仿真结果可知，单个磁电天线在谐振频率处输出电压较为微弱，结合串联电路的总电压等于各部分电路两端电压之和的电路知识，可考虑通过串联的磁电天线阵列来提高磁电天线的电压输出，建立多个相同的磁电天线单元串联的有限元模型进行小信号频域分析。磁电天线单元的材料、几何尺寸及串联模型的边界条件设置均与单个磁电天线相同。图 2.51 所示为三个磁电天线单元串联结构的有限元模型。

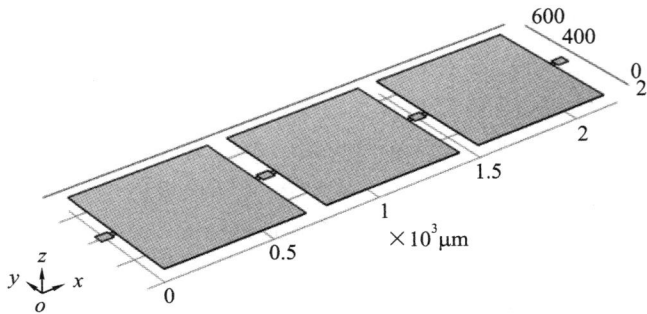

图 2.51　三个磁电天线单元串联结构的有限元模型

将由三个磁电天线单元串联得出的仿真结果与单个磁电天线、两个磁电天线单元串联时的结果做对比，如图 2.52 所示，三个磁电天线单元串联时的输出电压为 0.026 V，约为单个磁电天线输出电压的 3 倍。由仿真结果可知，随着磁电天线单元串联数量的增大，天线总体电压输出随之增大。由于磁电天线单元尺寸为微纳米级别，进行多个串联后，天线尺寸仍具有一定的优势。

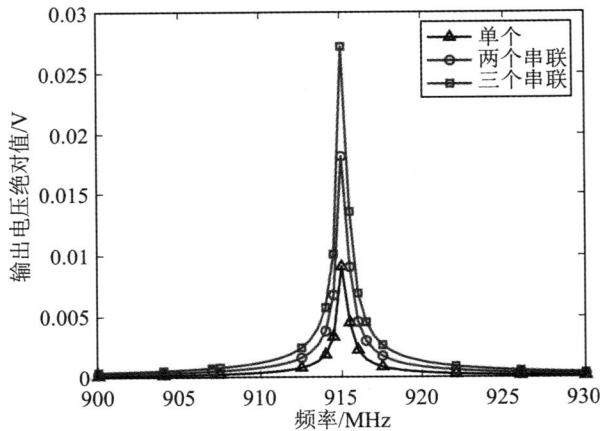

图 2.52　不同数量磁电天线单元串联时输出电压随频率变化曲线

2.4　磁电天线加工与测试

2.4.1　磁电天线的制备工艺流程

为了验证基于体声波谐振的磁电天线的可行性以及所提理论及设计的正确性，对其进行样件的加工制备以及测试，搭建多场综合测试平台，并且对其性能进行评估。

该磁电天线的制造是由中国科学院苏州纳米技术与纳米仿生研究所加工平台完成的。天线的制备流程如图 2.53 所示，将 Si 衬底清洗干净后放入溅射腔体依次溅射沉积 Mo、AlN 与 FeGa，然后背面刻蚀 Si 衬底。在版图设计中电极采用了不同的形状，以验证之前设计中正五边形电极可以降低寄生谐振的优越性；此外，本章采用 GSG(Ground-Signal-Ground)电极结构是为了在测试过程中使用接地共面波导连接，这样可以平衡电场。FBAR 的三明治结构中上下电极不在同一平面，为了让 GSG 探针能够接触到下电极，实现电极的 GSG 端子共面，必须设计通孔将下电极引出，这样在测试过程中，将射频(RF)探针扎在电极的三个 GSG 端子上即可[39]。

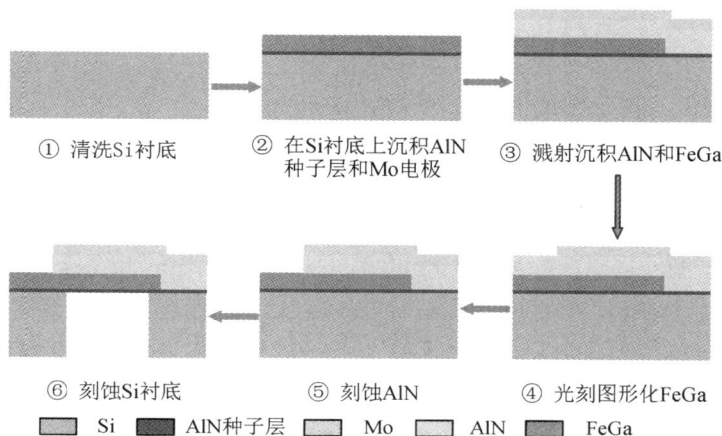

① 清洗 Si 衬底　② 在Si衬底上沉积AlN种子层和Mo电极　③ 溅射沉积AlN和FeGa

⑥ 刻蚀Si衬底　⑤ 刻蚀AlN　④ 光刻图形化FeGa

▢ Si　▮ AlN种子层　▢ Mo　▢ AlN　▮ FeGa

图 2.53　天线的制备流程

具体工艺流程如下。

(1) 清洗 Si 衬底。准备 8 英寸高阻率的 Si 衬底，利用 SPTS fxp 溅射台对其进行软刻蚀。腐蚀气体为 H_2，功率为 100 W，时间为 30 s。

(2) 在 Si 衬底上沉积 AlN 种子层和 Mo 电极。为了提高 Mo 电极薄膜(110)的择优取向生长，首先在 Si 衬底上沉积 30 nm 薄层 AlN 种子层。AlN 也作为支撑层和深度反应离子蚀刻过程中的停止层。然后由 SPTS 公司磁控溅射生长 200 nm 的下电极 Mo 金属层，再刻蚀形成下电极图形。腔室的真空度为 0.7 mTorr，溅射功率为 5.5 kW，衬底温度为 473 K。

(3) 溅射沉积 AlN 和 FeGa。采用射频磁控溅射法在 Mo 电极上沉积 1 μm 厚，c 轴取向的 AlN 压电薄膜，再刻蚀图形化压电薄膜。其中，腔室真空度为 3.4 Torr，溅射功率为 5.5 kW，衬底温度为 473 K。然后用磁控溅射法在 AlN 薄膜上沉积 FeGa 层。

(4) 光刻图形化 FeGa。利用离子束刻蚀(IBE)技术刻蚀形成 FeGa 薄膜的图形，同时 FeGa 磁层也作为上电极。

(5) 刻蚀 AlN。使用光刻胶作为掩膜，采用电感耦合等离子体(ICP)方法，刻蚀压电层 AlN，同时露出下电极便于 GSG 测试，刻蚀气体为 BCl_3、Cl_2 和 Ar。

(6) 刻蚀 Si 衬底。首先通过化学机械抛光将衬底减薄至 300 μm，以便在绘制薄膜图案后进行背面蚀刻，然后利用深反应离子刻蚀(DRIE)技术的深硅刻蚀工艺将背部 Si 去除，形成空气腔，以减小衬底基板夹持效应。

上述步骤中通过 ICP 刻蚀 AlN 薄膜区域，调整工艺参数使得刻蚀至 Mo 下电极时可自行停止。具体方法为：使用 AZ4620 作为刻蚀掩膜，匀胶速率为 4000 r(m⁻¹·min⁻¹)，胶厚为 7.5 μm(满足刻蚀需求且易去除)；采用干法刻蚀，刻蚀仪器为 ICP 刻蚀机，型号为 Oxford ICP180，刻蚀气体为 Cl_2∶BCl_3∶Ar＝32 sccm∶8 sccm∶5 sccm，其中 Cl_2 与 BCl_3 起着与 AlN 反应的作用，Ar 用作物理轰击。刻蚀过程中，腔室中的 Cl 是 Cl_2 与 BCl_3 等离子体中的主要自由基，BCl 和 BCl$_2$ 构成剩余的自由基。AlCl$_3$ 为整个化学过程最终的化学产物，具有极低的饱和蒸汽压[40]。

对于背刻蚀型 FBAR 器件来说，背刻蚀工艺至关重要。只有将器件谐振区域底部的 Si 衬底刻蚀干净，才能形成良好的界面反射。通常硅片厚度为 730 μm，厚度较厚，不易刻蚀。因此刻蚀前一般先对其减薄抛光，最终得到的硅片厚度为 300 μm 左右。选用 AZ4620 光刻胶作为掩膜，由于 AZ4620 与 Si 的选择比约为 1∶50，本文选择采用 2000 r/m 的匀速，此时光刻胶厚度为 10 μm，可以保证掩膜层承受整个刻蚀过程。然后通过北方微电子公司设备 HSE200S 高密度等离子刻蚀机进行 Si 衬底背部的刻蚀。

利用原子力显微镜（AFM）测定 AlN 和 Mo 薄膜的表面粗糙度，采用 X 射线衍射仪技术（XRD）对 AlN 压电薄膜和 Mo 薄膜的晶体质量进行表征。压电层的表面粗糙度与衬底有密切的关系。图 2.54 中的 AFM 结果显示了 Mo 和 AlN 薄膜扫描的可视化表示。结果表明，Mo 底电极和 AlN 压电薄膜的均方根粗糙度分别为 0.9 nm 和 1.1 nm，为后续加工提供了一个较为光滑的表面。器件的性能是与电极以及 AlN 压电层的粗糙度相关的，平滑的表面能够提供较好的界面反射，以及保证整个谐振区域的均匀性。通过磁控溅射制备出的 AlN 压电层可以满足器件的使用要求。

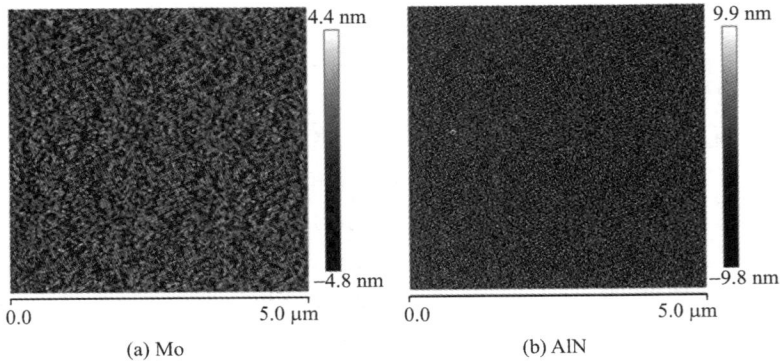

图 2.54　Mo 和 AlN 的 AFM 图像

图 2.55 所示为 XRD 衍射图谱。由图可见，Mo 为（110）取向，AlN 为（002）取向。插图为 AlN 的高分辨率摇摆曲线，AlN(002) 的半宽为 1.47°。采用（110）取向的 Mo 底电极有利于生长具有较高（002）择优取向的 AlN，这是制备 AlN 基 FBAR 器件的基本要求。

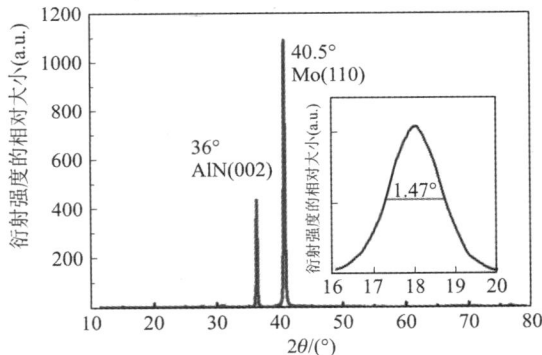

图 2.55　Mo/AlN 的 XRD 衍射图谱

最终制备出来的磁电天线在光学显微镜下的图像如图 2.56 所示。

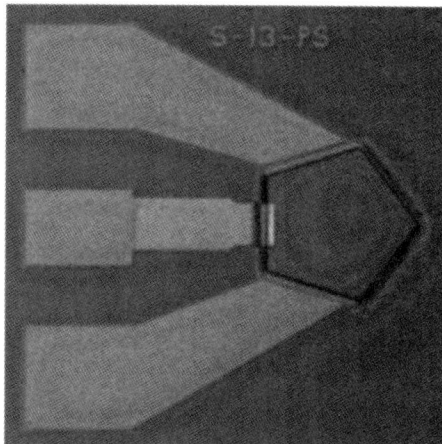

图 2.56　磁电天线的光学图像

2.4.2　磁电天线的测试平台搭建

S 参数为散射参量，是用来描述端口网络反射波与入射波之间关系的参量。以二端口网络为例，定义 S_{ij} 为能量从 j 口注入，在 i 口测得的能量与其比值的平方根，也可等效为电压的比值。图 2.57 为双端口网络 S 参数示意图，共包含四个 S 参数，其物理含义如表 2.8 所示[41]。

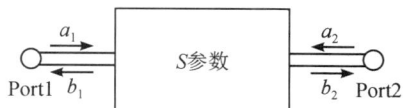

图 2.57　双端口网络 S 参数示意图

表 2.8　S 参数的计算公式和物理含义

S 参数	计算公式	物 理 含 义
S_{11}	$\dfrac{a_1}{b_1}\Big|_{a_2=0}$	Port2 匹配时，Port1 的反射系数（回波损耗）
S_{21}	$\dfrac{b_2}{a_1}\Big|_{a_2=0}$	Port2 匹配时，Port1 到 Port2 的传输系数（插入损耗）
S_{12}	$\dfrac{b_1}{a_2}\Big|_{a_1=0}$	Port1 匹配时，Port2 到 Port1 的反向传输系数
S_{22}	$\dfrac{b_2}{a_2}\Big|_{a_1=0}$	Port1 匹配时，Port2 的反射系数

本文设计的磁电天线工作在微波频段，主要通过矢量网络分析仪（VNA）测试 S 参数对其性能进行表征。首先对天线的性能进行系统测试，包括反射系数、增益和方向图等，同时也对新型磁电天线的工作原理进行验证。磁电天线整体的测试流程如图 2.58 所示。需要说明的是，由于时间原因，对比实验所用的样件未及时加工测试完成，即第二部分的测试内容后续将继续研究。

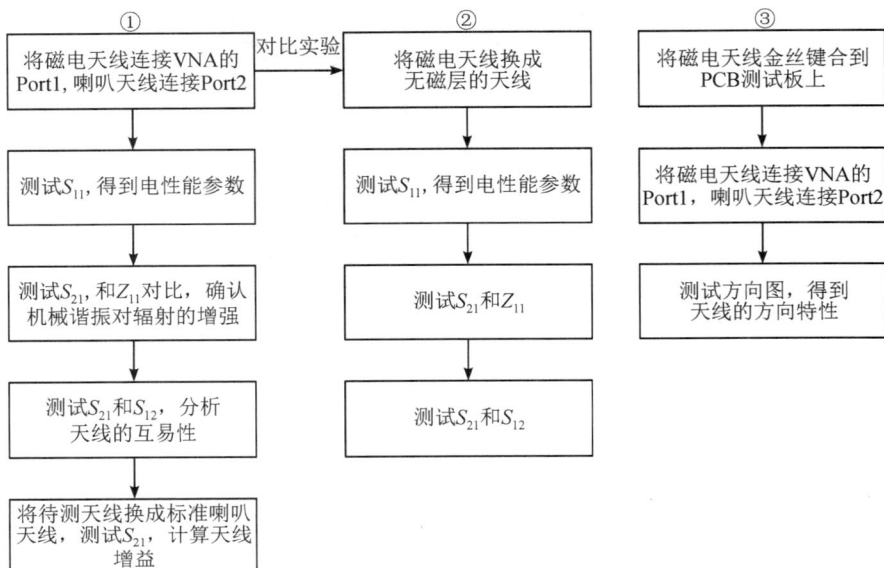

① 将磁电天线连接VNA的Port1，喇叭天线连接Port2 —对比实验→ ② 将磁电天线换成无磁层的天线　③ 将磁电天线金丝键合到PCB测试板上

测试S_{11}，得到电性能参数

测试S_{21}，和Z_{11}对比，确认机械谐振对辐射的增强

测试S_{21}和S_{12}，分析天线的互易性

将待测天线换成标准喇叭天线，测试S_{21}，计算天线增益

测试S_{11}，得到电性能参数

测试S_{21}和Z_{11}

测试S_{21}和S_{12}

将磁电天线连接VNA的Port1，喇叭天线连接Port2

测试方向图，得到天线的方向特性

图 2.58　磁电天线整体测试流程

测试所需的仪器及环境如下：

（1）矢量网络分析仪（VNA），频率为 DC-20 GHz。

（2）1.7～2.7 GHz 频段的线极化标准喇叭天线（作为参考天线）。

（3）射频探针台和相应的 GSG 探针（间距 250 μm）。

（4）微波暗室环境和相应的测试转台。

图 2.59 为天线的测试连接示意图，图 2.60 为搭建的测试平台及对应的实验装置。具体连接方法为将待测磁电天线的 GSG 电极连接 GSG 探针，然后使用 SMA 连接器把天线连接到 VNA（矢网）。在实验过程中，将磁电天线连接到 VNA 的 Port1，喇叭天线连接到 VNA 的 Port2，其中钳式磁铁的电源打开可以为磁电天线提供偏置磁场（将在下一节具体介绍）。

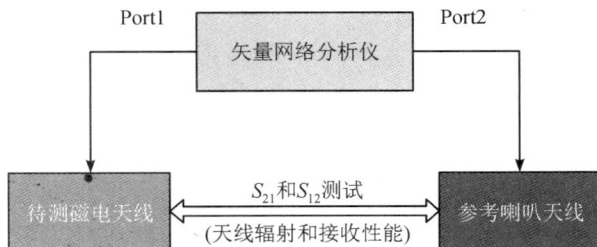

Port1　矢量网络分析仪　Port2

待测磁电天线 ←S_{21}和S_{12}测试（天线辐射和接收性能）→ 参考喇叭天线

图 2.59　天线测试连接示意图

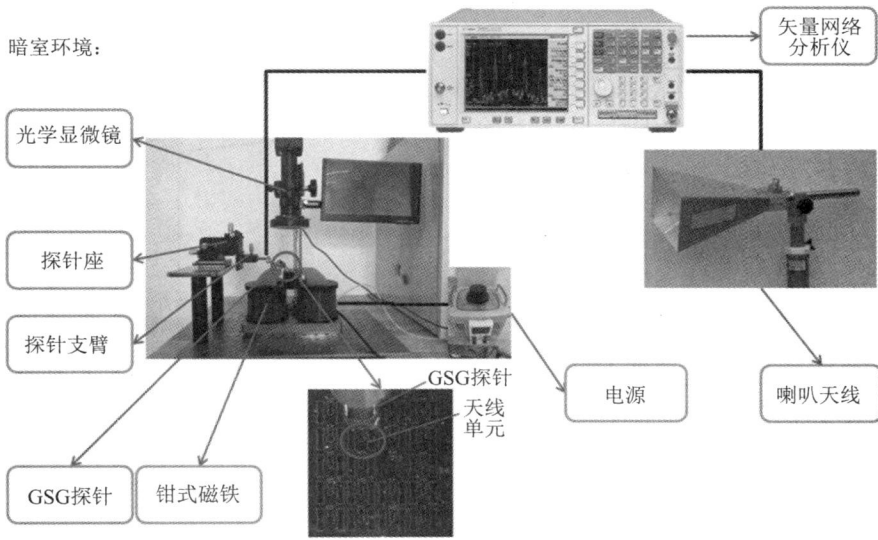

图 2.60　搭建的测试平台及对应的实验装置

2.4.3　磁电天线的测试结果分析

首先使用 CASCAD 探针台以及频段为 0～6 GHz 的安捷伦矢量网络分析仪（Agilent E5071C）对加工完成的样品进行初步测试，从而挑选出较好的单元进行后续的远场测试。在测试前先用校准片进行校准，然后将 GSG 探针扎在芯片的 GSG 电极上，再将探针的 SMA 接口通过 50 Ω 的射频线与 VNA 的 Port1 端口相连，其中 GSG 探针之间的间距为 250 μm。经过 MEMS 加工工艺加工出来的磁电天线的测试如图 2.61 所示。

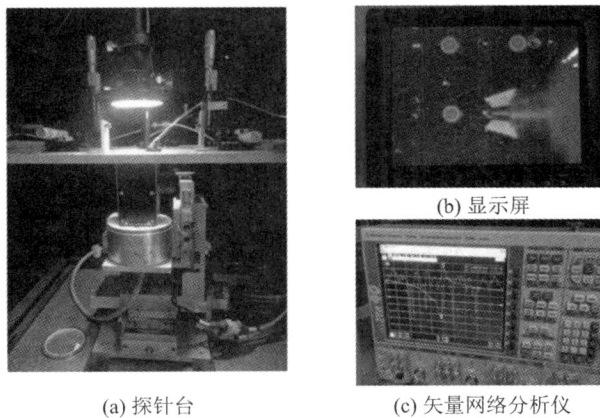

(a) 探针台

(b) 显示屏

(c) 矢量网络分析仪

图 2.61　磁电天线测试图

磁电天线的 S_{11} 曲线如图 2.62 所示，可以得到天线的谐振频率约为 2.49 GHz，峰值回波损耗为 17.3 dB。实际测试的工作频率比 Mason 模型中的设计结论偏高，主要原因是设计过程中的材料参数都是理想值，而在实际加工过程中，不可避免地会由于加工设备以及环境等差异导致制备的薄膜质量不一致，从而和理想的材料参数有所出入。

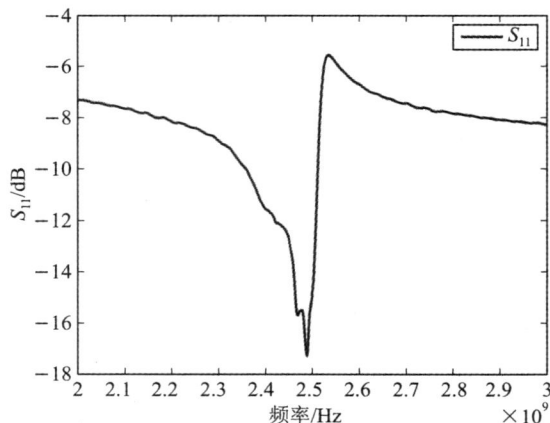

图 2.62　磁电天线的 S_{11} 曲线

在暗室环境下的精确测试如图 2.63 所示。首先用 VNA 配套的校准件进行双端口 TOSM(直通-短路-开路-匹配)校准，以去除射频线缆与接头的插损和时延误差。然后将 VNA 的 Port1 端口连接磁电天线，Port2 端口连接标准喇叭天线，同时测试 S_{11} 和 S_{21} 曲线，其中 S_{21} 表示磁电天线发射信号、喇叭天线接收信号。将磁电天线的 S_{11} 曲线转化为 Z_{11} 曲线，与 S_{21} 曲线放在一起观察，如图 2.64 所示。测试结果表明磁电天线在并联谐振点处有明显的辐射增强，说明磁电天线在机械共振频率处产生了明显的辐射，验证了磁电天线的辐射来源于机械谐振的磁电耦合。

图 2.63　在暗室环境下的精确测试

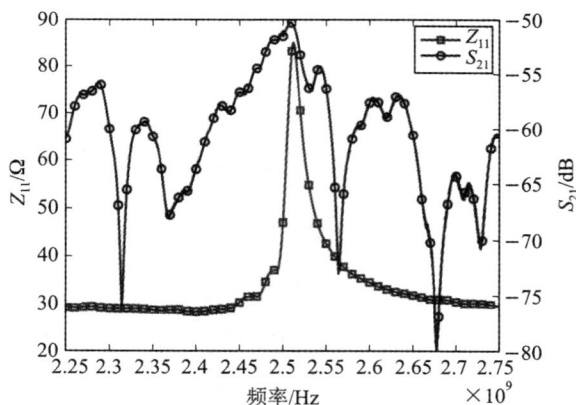

图 2.64　磁电天线的 Z_{11} 和 S_{21} 曲线

传统的无源金属天线一般都具有互易性，即同一天线作为发射或接收天线时其基本参数是一样的，这称为天线的互易定理[42]。图 2.65 中的 S_{12} 和 S_{21} 参数曲线表示磁电天线的接收和发射行为，可以看出这两条曲线基本一致，表明磁电天线在小信号的外界磁场作用下具有线性行为，即具有互易性。这个测试结论验证了虽然磁电天线基于非线性铁磁材料工作，但在小信号的行为下具有互易性，即天线作为发射和接收天线时，它的参数是一致的。

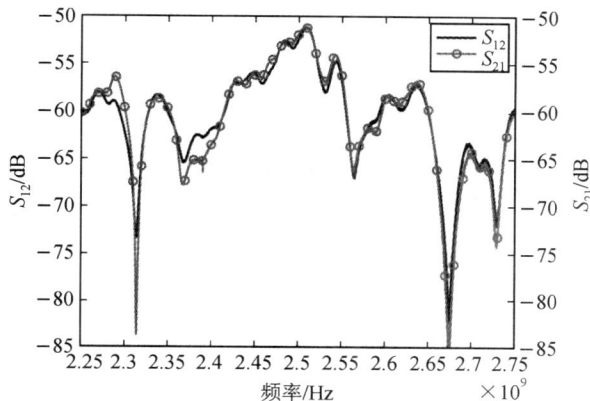

图 2.65 磁电天线的 S_{12} 和 S_{21} 曲线

1. 磁电天线增益的计算

磁电天线增益 G_A 由增益比较法计算,其表达式如式(2.50)所示:

$$G_A = G_r + \lg(P_A/P_r) = G_r + S_{21,A} - S_{21,r} \tag{2.50}$$

其中:G_r 为参考喇叭天线的增益,P_A 和 P_r 分别是待测磁电天线和参考喇叭天线的辐射功率,$S_{21,A}$ 和 $S_{21,r}$ 分别代表待测磁电天线和参考喇叭天线测试的 S_{21} 峰值。

在暗室对天线测得在谐振频率为 2.49 GHz 时 $S_{21,A}$ 为 -50.42 dB,$S_{21,r}$ 为 -18.03 dB。其中参考标准喇叭天线的增益 G_r 为 16.8 dB,则通过式(2.50)可计算得到磁电天线的增益为 -15.59 dB。

磁电天线属于磁天线,在工作过程中使用磁流辐射,而环天线是典型的磁天线,因此本章将其与相同尺寸的小环天线进行比较。环天线最常用作磁场传感或接收天线,就像一个磁偶极子。使用 ANSYS HFSS 进行小环天线的仿真,其模型和 S_{11} 曲线如图 2.66 所示。软件计算得到在 2.5 GHz 频率时磁电天线的增益为 -23.2 dB,远远小于同尺寸下磁电天线的增益,从而验证了磁电天线性能的优越性。由于小环天线的输入阻抗受到结构电长度的影响,在 2.5 GHz 表现出近似短路的行为,阻抗幅值为 6.067 Ω,在如此微小的尺寸上制造一个匹配电路是很难的。根据图 2.66(b)的仿真结果,同等尺寸的小环天线在 486 GHz 才达到谐振,这也意味着如果将同样尺寸的环天线应用于生物植入,对应的高频率将会使电磁传播在生物组织中严重衰减,从而降低了通信效率。

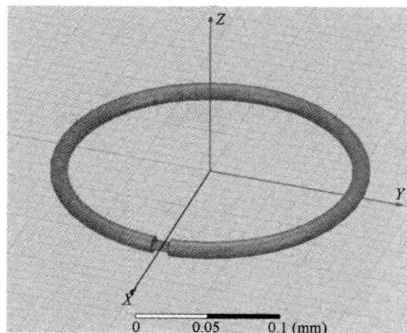

(a)

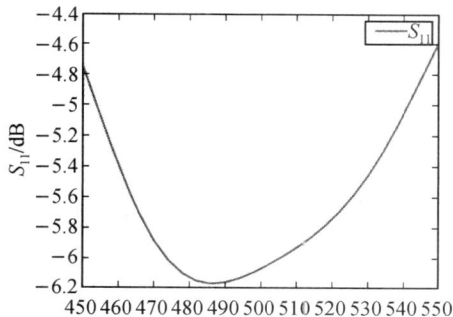

(b)

图 2.66 小环天线的模型和 S_{11} 曲线

2. 天线的方向图

为了全面分析磁电天线的辐射特性，需要进一步测试其方向图。考虑到在探针台上测试，探针台移动不方便以及测试设备会对天线的辐射产生阻挡等影响，本章设计了测试基板。在流片完成后，先通过 GSG 探针测试 S_{11} 参数，选出性能较好的单元进行划片，然后粘接在设计的 PCB 上，通过金丝键合的金线将 GSG 电极与 PCB 上共面波导传输线的相应引脚连接，再通过 SMA 射频接头连接 VNA 进行进一步的测试。

因为在射频 PCB 设计中罗杰斯板材具有低损耗的优越性，因此本章 PCB 选用的板材为罗杰斯 4350，其中介电常数为 3.48，板厚为 1.524 mm。考虑到测试使用的 SMA 射频头的引脚宽度为 0.9 mm，整体宽度为 6.5 mm，通过 CAD 软件进行计算设计，得到传输线的设计参数，如图 2.67 所示。由于需要做金丝键合，因此将 PCB 做化学沉金，且厚度不小于 1 微英寸。

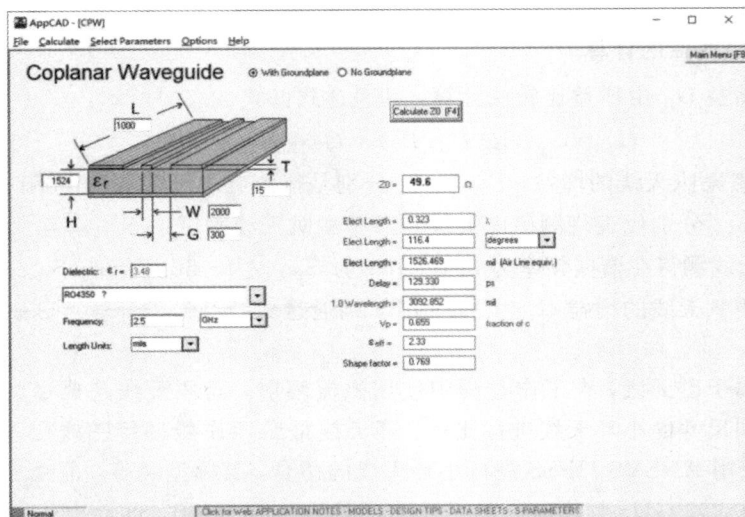

图 2.67　接地共面波导阻抗计算

图 2.68 所示为设计的 PCB 版图及其连接方法，其中中间区域为划片前整片的晶圆，大小为 20×25 mm^2。

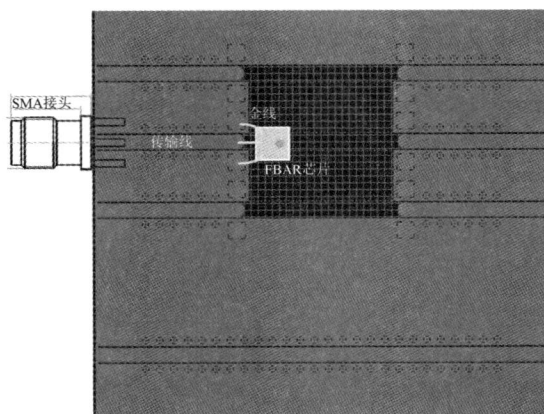

图 2.68　设计的 PCB 版图及其连接方法示意图

　　将 PCB 贴在转台的中心处，在微波暗室环境下对磁电天线的辐射方向性进行测试。图 2.69 所示为天线实物。微波暗室可以排除室外的电磁波干扰，并且墙体的吸波材料会吸收绝大部分电磁波而不产生反射，可以模拟为一个无限远的空间环境。其中 VNA 的 Port1 接磁电天线，Port2 接线极化喇叭天线，通过转台控制磁电天线分别在 xoy 平面内绕 z 轴旋转、在 xoz 平面内绕 y 轴旋转、在 yoz 平面内绕 x 轴旋转，测试工作频率的 S_{21} 值，得到磁电天线三个主轴方向的归一化增益方向图。为了避免 SMA 射频头辐射的影响，使用屏蔽胶带将其包住。但是金线可能会产生辐射从而影响方向图，这在实验过程中暂时无法避免。由于实验过程中 PCB 贴在转台上，不能测试 PCB 背面的辐射信号，并且天线粘在测试 PCB 上，因此暂时不对其背面的辐射方向性进行研究。实验数据为绕 z 轴旋转 0°到 360°，绕 y 轴和 x 轴旋转 0°到 180°。

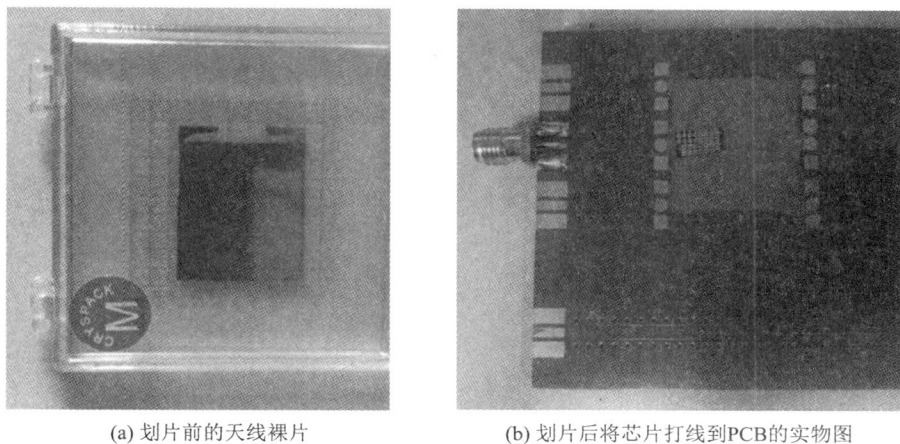

(a) 划片前的天线裸片 　　　　　　　(b) 划片后将芯片打线到PCB的实物图

图 2.69　天线实物图

　　图 2.70(a)所示为磁电天线在 xoy 平面内绕 z 轴旋转的归一化增益方向图，类似一个平放的"8"字形状，在 0°和 180°附近呈现增益的最大值。这是由于磁电天线平面内的磁各向异性。图 2.71(a)所示为磁电天线在 xoz 平面内绕 y 轴旋转的归一化增益方向图，最大增

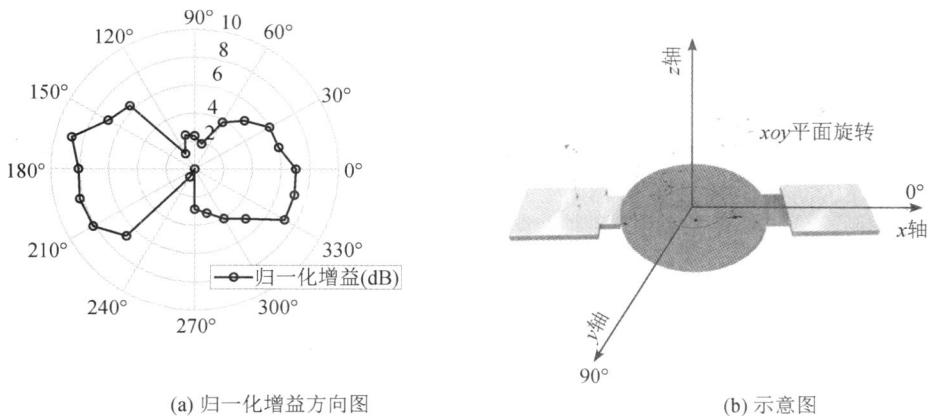

(a) 归一化增益方向图 　　　　　　　(b) 示意图

图 2.70　绕 z 轴(在 xoy 平面内)旋转的归一化增益方向图和示意图

益出现在 90°附近，因为天线上侧具有最大的相对辐射面积。归一化增益整体呈现半个"8"字形状，但是左右并不对称，其主要原因是由 90°转到 180°时 SMA 射频头位于磁电天线和喇叭天线中间，有部分射频信号的遮挡，因此其增益比由 0°转到 90°的增益低。图 2.72(a)所示为在 yoz 平面内绕 x 轴旋转的归一化增益方向图，呈半个"8"字形状，最大增益出现在 90°附近，这是由于天线上侧具有最大的相对辐射面积。此次将磁电天线打线到 PCB 进行辐射特性的测试过程中存在以下问题和不完善的地方，因此也对 PCB 进行了重新设计改进。

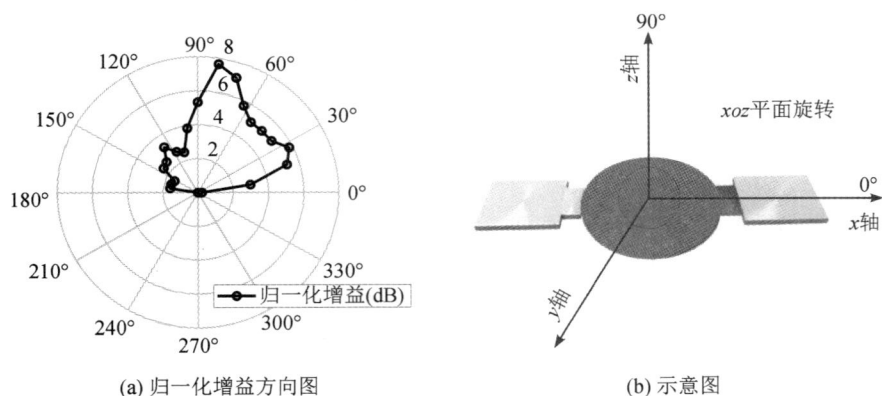

(a) 归一化增益方向图   (b) 示意图

图 2.71 绕 y 轴(在 xoz 平面内)旋转的归一化增益方向图和示意图

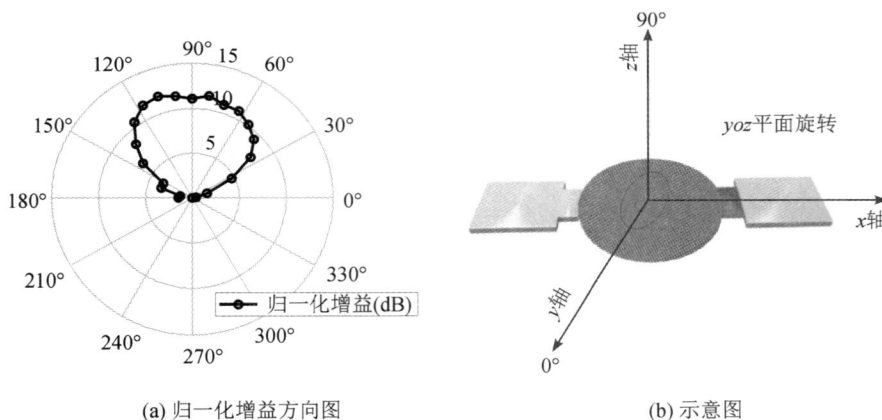

(a) 归一化增益方向图   (b) 示意图

图 2.72 绕 x 轴(在 yoz 平面内)旋转的归一化增益方向图和示意图

(1) 将磁电天线芯片打线到 PCB 后测试阻抗有些失配，回波损耗为 -5.8 dB，并且谐振点频率出现了向左偏移的现象。阻抗失配的原因可能有三点：一是 SMA 射频头到传输线焊接处的信号传输产生了反射；二是设计的共面波导传输线与地之间的间隙较小，加工过程中不能严格地控制加工误差；三是连接芯片和传输线的金线过长。打线后频率降低的主要原因也是金线引入了电感，根据谐振频率的计算公式(2.51)可知，串联电感后会降低谐振频率。

$$f = \frac{1}{2\pi\sqrt{(L+\Delta L)C}} \tag{2.51}$$

上述问题的改进方法为新设计的板子采用罗杰斯材料和 FR-4 材料混合压制的多层板，

其中通孔是为了保证接地相连以及降低射频损耗，如图 2.73 所示。其中，低损耗的罗杰斯材料可为接地共面波导提供较好的电性能，刚度较高的 FR-4 材料主要起到支撑和导热作用[43]。新设计的基板中间传输线的宽度为 0.9 mm，罗杰斯材料层的厚度为 400 μm，接地共面波导传输线与两侧接地的间距为 0.7 mm，考虑到射频头引脚之间的间距，FR-4 材料层的厚度设置为 1.1 mm。

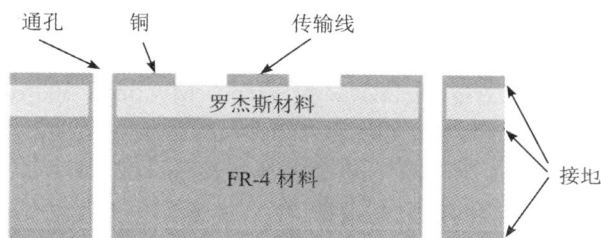

图 2.73　测试基板示意图

（2）此次测试天线采用了侧馈的方式。实验结果表明，侧馈对实验的影响比较大，因此重新设计的板子采用了背馈的方式。

本 章 小 结

磁电天线基于声波激励的辐射机理，可有效解决传统天线小型化设计面临的结构尺寸大、阻抗匹配难、辐射性能差等原理性问题，同时其作为典型的基于多场耦合理论的新体制天线，具有重要的学术研究意义和广阔的工程应用前景。本章对体声波谐振磁电天线的基本工作原理加以介绍，从理论上建立了磁电天线的辐射场模型，开展了磁电天线材料、结构和性能一体化设计，建立了磁电天线的有限元模型与电磁分析模型，分析了结构参数对磁电天线谐振特性的影响机理，通过样件的加工制备，对所提的设计方案进行了实验验证。磁电天线的研究才刚刚起步，现有的解析模型未考虑到材料的各向异性，涡流损耗及机械损耗也未能准确全面地加入分析模型中，同时存在天线的组阵问题等，这些均需要后续继续研究。

本章参考文献

[1]　舒孝福. 一种压电摩擦阻尼器的半主动控制研究[D]. 北京：北京交通大学，2017.

[2]　钟文定. 铁磁学-中册[M]. 北京：科学出版社，1987.

[3]　ROWEN J H, EGGERS F G, STRAUSS W. Generation of microwave electromagnetic radiation in magnetic materials[J]. Jaurnal of applied physics，1961，32(3)：S313-S315.

[4]　SUCHTELEN V J. Product properties：a new application of composite materials

[J]. Phillips research reports，1972，27：28-37.

[5]　WANG Y，HU J M，LIN Y H，et al. Multiferroic magnetoelectric composite nanostructures[J]. NPG Asia materials，2010，2(2)：61-68.

[6]　NAN T X，LIN H，GAO Y，et al. Acoustically actuated ultra-compact NEMS magnetoelectric antennas[J]. Nature communications，2017，8(1)：296.

[7]　LIANG X F，CHEN H H，SUN N，et al. Mechanically driven SMR-based MEMS magnetoelectric antennas[C]. 2020 IEEE International Symposium on Antennas and Propagation and North American Radio Science Meeting. 2020：661-662.

[8]　SUN N. RF magnetoelectric devices for communication，sensing，and power electronics[D]. Boston，MA，USA：Northeastern University，2021.

[9]　彭春瑞. 体声波磁电天线的研究与设计[D]. 成都：电子科技大学，2021.

[10]　DOMANN J P，CARMAN G P. Strain powered antennas[J]. Journal of applied physics，2017，121(4)：044905.

[11]　YAO Z，WANG Y E. Dynamic analysis of acoustic wave mediated multiferroic radiation via FDTD methods[C]. 2014 IEEE Antennas and Propagation Society International Symposium (APSURSI). 2014：731-732.

[12]　YANG Y S，GAO A M，LU R C，et al. 5 GHz lithium niobate MEMS resonators with high FoM of 153[C]. 2017 IEEE 30th International Conference on Micro Electro Mechanical Systems (MEMS). 2017：942-945.

[13]　LAKIN K M. Modeling of thin film resonators and filters[C]. 1992 IEEE MTT-S Microwave Symposium Digest. 1992：149-152.

[14]　MASON W. Electromechanical transducers and wave filters[M]. Loncdon：D. Van Nostrand Company，1948.

[15]　LARSON J D，BRADLEY P D，WARTENBERG S，et al. Modified Butterworth-Van Dyke circuit for FBAR resonators and automated measurement system[C]. 2000 IEEE Ultrasonics Symposium Proceedings. 2000：863-868.

[16]　江霞. 基于声波谐振的小型化天线研究与设计[D]. 成都：电子科技大学，2020.

[17]　孙振远. 基于体声波谐振的磁电天线及其宽带化研究[D]. 西安：西安电子科技大学，2021.

[18]　金浩. 薄膜体声波谐振器(FBAR)技术的若干问题研究[D]. 杭州：浙江大学，2006.

[19]　周勇，李纯健，潘昱融. 磁致伸缩/压电层叠复合材料磁电效应分析[J]. 物理学报，2018，67(7)：287-296.

[20]　张亚非，陈达. 薄膜体声波谐振器的原理、设计与应用[M]. 上海：上海交通大学出版社，2011.

[21]　王博文，曹淑瑛，黄文美. 磁致伸缩材料与器件[M]. 北京：冶金工业出版社，2008.

[22]　KOPYL S，SURMENEV R，SURMENEVA M，et al. Magnetoelectric effect：principles and applications in biology and medicine：a review[J]. Materials today bio，2021，12：100149.

[23]　JJOVIČEVIĆ，KLUG M，THORMÄHLEN L，et al. Antiparallel exchange biased

multilayers for low magnetic noise magnetic field sensors［J］. Applied physics letters, 2019, 114(19)：192410.

[24]　GREVE H, WOLTERMANN E, QUENZER H J, et al. Giant magnetoelectric coefficients in (Fe90Co10)78Si12B10-AlN thin film composites[J]. Applied physics letters, 2010, 96(18)：182501.

[25]　YARAR E, SALZER S, HRKAC V, et al. Inverse bilayer magnetoelectric thin film sensor[J]. Applied physics letters, 2016, 109(2)：022901.

[26]　TU C, CHU Z Q, SPETZLER B, et al. Mechanical-resonance-enhanced thin-film magnetoelectric heterostructures for magnetometers, mechanical antennas, tunable RF inductors, and filters[J]. Materials, 2019, 12(14)：2259.

[27]　NAN T X, HUI Y, RINALDI M, et al. Self-biased 215 MHz magnetoelectric NEMS resonator for ultra-sensitive DC magnetic field detection［J］. Scientific reports, 2013, 3：1985.

[28]　LI M H, MATYUSHOV A, DONG C Z, et al. Ultra-sensitive NEMS magnetoelectric sensor for picotesla DC magnetic field detection［J］. Applied physics letters, 2017, 110(14)：143510.

[29]　HU J. High Frequency Multiferroic Devices［M］. Los Angeles：University of California, 2020.

[30]　BAI F M, ZHANG H W, LI J F, et al. Magnetic force microscopy investigation of the static magnetic domain structure and domain rotation in Fe Ga alloys［J］. Applied physics letters, 2009, 95(15)：152511.

[31]　SCHURTER H M, FLATAU A B. Elastic properties and auxetic behavior of Galfenol for a range of compositions[C]. Behavior and Mechanics of Multifunctional and Composite Materials 2008. 2008：69291.

[32]　SCHURTER H M, FLATAU A B, PETCULESCU G, et al. Experimental investigation of galfenol elastic properties and auxetic behavior［C］. Smart Materials, Adaptive Structures and Intelligent Systems. 2008：549-557.

[33]　张慧金. FBAR 器件模型和若干应用技术的研究[D]. 杭州：浙江大学, 2011.

[34]　WAN J G, LI Z Y, WANG Y, et al. Strong flexural resonant magnetoelectric effect in Terfenol-D/epoxy-Pb(Zr, Ti)O3 bilayer[J]. Applied physics letters, 2005, 86(20)：202504.

[35]　PENSALA T, YLILAMMI M. Spurious resonance suppression in gigahertz-range ZnO thin-film bulk acoustic wave resonators by the boundary frame method：modeling and experiment[J]. IEEE transactions on ultrasonics, ferroelectrics and frequency control, 2009, 56(8)：1731-1744.

[36]　KAITILA J, YLILAMMI M, ELLA J, et al. Spurious resonance free bulk acoustic wave resonators[C]. IEEE Symposium on Ultrasonics. 2003：84-87.

[37]　KAITILA J. 3C-1 review of wave propagation in BAW thin film devices - progress and prospects[C]. 2007 IEEE Ultrasonics Symposium Proceedings. 2007：120-129.

［38］ LARSON J D，RUBY R，BRADLEY P. Bulk acoustic wave resonator with improved lateral mode suppression［Z］. Google Patents，2001.

［39］ 陈聪. 氮化铝薄膜体声波谐振器（FBAR）的电场与红外频率调制特性研究［D］. 重庆：重庆大学，2018.

［40］ LIU X W，SUN C Z，XIONG B，et al. Smooth etching of epitaxially grown AlN film by Cl2/BCl3/Ar-based inductively coupled plasma［J］. Vacuum，2015，116：158-162.

［41］ 李秀萍，高建军. 微波射频测量技术基础［M］. 北京：机械工业出版社，2007.

［42］ 魏文元. 天线原理［M］. 北京：国防工业出版社，1985.

［43］ 杨清瑞. 体声波谐振器的质量负载效应及其应用研究［D］. 天津：天津大学，2017.

03

第 3 章　　纳米天线

利用太阳光的波动特性，通过纳米光学整流天线将太阳光作为一种高频电磁波予以收集并将其整流成直流电，不失为一种全新的太阳能收集方案。纳米天线的理论光电转化效率高达 90%，但由于当前材料制备与微纳尺度器件加工工艺限制，天线的实物样件加工难度较大，转化效率也与理论值相差甚远。其中，高效的光电转化与整流技术是纳米天线设计工作的重点与难点。本文首先从表面等离激元理论出发，介绍纳米天线的基本工作原理与设计方法；借助 CST 软件，建立纳米天线的电磁分析模型，对其结构与电磁性能进行仿真分析；最后通过样件加工制备，搭建综合性能测试平台，开展多学科性能测试实验。

3.1　纳米天线工作原理

3.1.1　表面等离激元理论

从金属的光学特性分析可以发现，当入射波的频率发生变化时，材料中的自由电子会发生集体振荡，当达到某一特定频率时，振荡幅度会达到峰值，在该频率下产生自由电子，这种现象称为表面等离激元效应。表面等离基元效应已经被广泛应用于能量转换、传输等多个领域。

发生在金属与介质界面的等离激元振荡，以是否可以传播为分界线，分为沿着界面的传播模式和局限在金属内部的局域非传播模式两种。

1. 传导型表面等离激元

沿着金属与介质界面传播的自由电子在 x 轴方向形成交替分布的正负电荷，从而使得电子向前传播，这一过程称为传导型表面等离激元(Surface Plasmon Polaritons，SPP)，如图 3.1 所示，其传播距离可达几十毫米[1]。

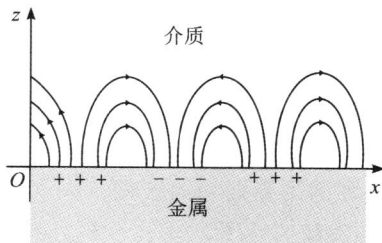

图 3.1　传导型表面等离激元示意图

电磁波在界面上的相互作用，可以利用麦克斯韦方程组及其边界条件进行分析：

$$\nabla \times \boldsymbol{E} = -\frac{\partial \boldsymbol{B}}{\partial t} \tag{3.1}$$

$$\nabla \times \boldsymbol{H} = \frac{\partial \boldsymbol{D}}{\partial t} \tag{3.2}$$

$$\nabla \cdot \boldsymbol{B} = \mu_0 \nabla \mu \boldsymbol{H} \tag{3.3}$$

$$\nabla \cdot \boldsymbol{D} = -\varepsilon_0 \nabla \varepsilon \boldsymbol{E} \tag{3.4}$$

当电磁波沿着界面传输时，垂直界面方向的指数衰减满足：

$$\begin{cases} \dfrac{\partial}{\partial x} = \mathrm{i}\beta \\[2mm] \dfrac{\partial}{\partial y} = 0 \\[2mm] \dfrac{\partial}{\partial z} = \begin{cases} k_{z1}, & z > 0 \\ k_{z2}, & z < 0 \end{cases} \end{cases} \tag{3.5}$$

其中：k_{z1} 和 k_{z2} 分别为传导型表面等离激元波在 z 轴两个不同方向上的分量。根据时谐波，进一步有

$$\frac{\partial}{\partial t} = -\mathrm{i}\omega \tag{3.6}$$

则对于横磁波 TM 波，通过麦克斯韦方程可得

$$\begin{cases} k_{z1}\boldsymbol{E}_{x1} - \mathrm{i}\beta\boldsymbol{E}_{z1} = \mathrm{i}\omega\mu_0\boldsymbol{H}_{y1}, & z > 0 \\ -k_{z2}\boldsymbol{E}_{x2} - \mathrm{i}\beta\boldsymbol{E}_{z2} = \mathrm{i}\omega\mu_0\boldsymbol{H}_{y2}, & z < 0 \end{cases} \tag{3.7}$$

$$\begin{cases} k_{z1}\boldsymbol{H}_{y1} = \mathrm{i}\omega\varepsilon_0\varepsilon_1\boldsymbol{E}_{x1}, & z > 0 \\ -k_{z2}\boldsymbol{H}_{y2} = \mathrm{i}\omega\varepsilon_0\varepsilon_2\boldsymbol{E}_{x2}, & z < 0 \end{cases} \tag{3.8}$$

$$\mathrm{i}\beta\boldsymbol{H}_{yj} = -\mathrm{i}\omega\varepsilon_0\varepsilon_j\boldsymbol{E}_{zj} \tag{3.9}$$

其中：ε_1 和 ε_2 分别为两种材料的介电常数。进一步可得到

$$\frac{k_{z1}\boldsymbol{H}_{y1}}{-k_{z2}\boldsymbol{H}_{y2}} = \frac{\mathrm{i}\omega\varepsilon_0\varepsilon_1\boldsymbol{E}_{x1}}{\mathrm{i}\omega\varepsilon_0\varepsilon_2\boldsymbol{E}_{x2}} \tag{3.10}$$

满足切向边界条件有

$$\boldsymbol{H}_{y1} = \boldsymbol{H}_{y2}, \quad \boldsymbol{E}_{x1} = \boldsymbol{E}_{x2} \tag{3.11}$$

则

$$\frac{k_{z1}}{k_{z2}} = -\frac{\varepsilon_1}{\varepsilon_2} \tag{3.12}$$

结合式(3.7)、式(3.8)和式(3.9)整理可得

$$k_{zj}^2 = \beta^2 - k_0^2\varepsilon_j \tag{3.13}$$

故对于横磁波 TM 波，其色散关系如下：

$$\beta = k_0\sqrt{\frac{\varepsilon_1\varepsilon_2}{\varepsilon_1 + \varepsilon_2}} = \frac{\omega}{c}\sqrt{\frac{\varepsilon_1\varepsilon_2}{\varepsilon_1 + \varepsilon_2}} \tag{3.14}$$

同理，对于横电波 TE 波，则满足界面切向条件：

$$\boldsymbol{H}_{x1} = \boldsymbol{H}_{x2}, \quad \boldsymbol{E}_{y1} = \boldsymbol{E}_{y2} \tag{3.15}$$

因此，有

$$(k_{z1} + k_{z2})\boldsymbol{E}_{yj} = \boldsymbol{0} \tag{3.16}$$

由于 k_{zj} 只能为正实数，故 $\boldsymbol{E}_{yj}$ 恒等于 **0**。因此，TE 波不能在界面上传播，只有 TM 波可以传播，即能够在界面上积累电子并在电场切向分量的驱动下集体运动，产生表面等离激元。

2. 局域的表面等离激元

入射电磁波与金属表面的自由电子耦合所产生的电磁振荡称为局域表面等离激元（Localized Surface Plasmons，LSPs），如图 3.2 所示。当入射光作用于具有金属性质的纳米结构表面时，界面上的自由电子会因为入射场的变化而发生集体振荡，当电子云远离金属颗粒中心点时，因为电子之间的库仑力作用会再次回到中心点位置，从而在垂直方向来回振荡。

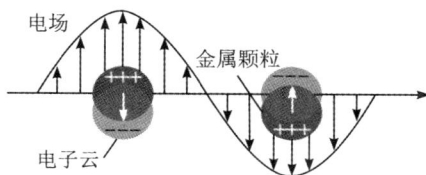

图 3.2　局域表面等离激元示意图

因此，在特定频率下被入射光激发后，金属纳米颗粒、金属纳米团簇或其他金属纳米结构的表面周围将形成电场增强。但金属纳米材料的结构形状、尺寸大小和材料参数都影响着共振频率和局域场强度，这种特性对我们后面将要研究的光学纳米天线相当重要，同时微纳尺度的结构尺寸适用于小型化与集成化设计。

3. 表面等离激元相关参量

为了更好地理解表面等离激元的激发原理以及传播和衰减特性的影响因素，有必要对表面等离激元的关键特征参数进行分析。现以 SPP 为例，首先对 SPP 工作波长 λ_{SPP}、SPP 传播距离 L_{SPP}、电磁场穿透介质的深度 δ_d 和穿透金属的深度 δ_m 等表征参数进行分析。

（1）工作波长 λ_{SPP}。

由于 $\lambda_{SPP} = 2\pi/\beta$，根据公式（3.14），可得

$$\lambda_{SPP} = \lambda_0 \sqrt{\frac{\varepsilon_1 + \varepsilon_2}{\varepsilon_1 \varepsilon_2}} \tag{3.17}$$

式中：λ_0 表示自由空间的波长。

（2）传播距离 L_{SPP}。

由于波矢 k_{SPP} 的虚部决定了 L_{SPP}，则

$$L_{SPP} = \frac{1}{2\mathrm{Im}(k_{SPP})} \tag{3.18}$$

又因为波呈指数衰减，其传播距离为模强度下降至峰值的 $1/e$ 时的长度，所以有

$$L_{SPP} = \lambda_0 \frac{\varepsilon_{2r}^2}{2\pi\varepsilon_{2i}} \sqrt{\left(\frac{\varepsilon_1 + \varepsilon_{2r}}{\varepsilon_1 \varepsilon_{2r}}\right)^3} \tag{3.19}$$

其中：ε_{2r} 和 ε_{2i} 分别是金属介电函数的实部和虚部。若 $\varepsilon_{2r} \gg \varepsilon_d$，则

$$L_{SPP} = \lambda_0 \frac{\varepsilon_{2r}^2}{2\pi\varepsilon_{2i}} \tag{3.20}$$

从式(3.20)可以看出，表面等离激元的传播距离与金属材料的复介电常数有关。显然，当金属材料的复介电常数的虚部变大时，传播距离将变短，因此金属材料复介电常数的虚部也表示了其在光波中的损耗情况，这也是设计纳米天线时需要着重考虑的因素之一。

（3）场的穿透深度 δ_d 和 δ_m。

同上述 L_{SPP} 的设定思路相同，当场强减弱到其峰值的 $1/e$ 时的长度时，电磁场穿透金属的深度 δ_m 和穿透介质的深度 δ_d 分别为

$$\delta_m = \frac{1}{k_0}\sqrt{\left|\frac{\varepsilon_1+\varepsilon_2}{\varepsilon_2^2}\right|} \tag{3.21}$$

$$\delta_d = \frac{1}{k_0}\sqrt{\left|\frac{\varepsilon_1+\varepsilon_2}{\varepsilon_1^2}\right|} \tag{3.22}$$

若 ε_1 和 ε_2 为已知量，则可由式(3.21)、式(3.22)得出两种穿透深度的大小。可以发现，穿透情况与材料的介电常数息息相关，若 SPP 完全穿透界面，则将不会再被束缚从而影响其传播特性，因此在进行纳米结构设计时需要考虑器件的最小厚度尺寸。

当一入射光照射介质交界面时，可以将其产生的电场分解为两个正交的偏振分量。若想在金属和介质界面产生表面等离激元共振，则首先需要具有由不同介质材料所形成的分界面；其次，只有当自由电子的固有振荡频率与入射光波的频率相同时，两者才会产生共振并沿着分界面传播表面波；最后，从上面的 SPP 分析可知，只有横磁波才能在界面上传播，因此，入射光中还必须存在 TM 波分量。上述共振条件同样适用于纳米天线的设计与分析，天线结构的长度直接影响到表面波的传播距离，也与自由电子的振荡频率息息相关。因此，需要设计纳米天线的结构尺寸来调控表面等离激元的振荡形式与局域场的强度，显然当达到共振条件时，可以将更多的电磁能量束缚在天线表面附近，使得局域场的强度达到最强，从而得到最佳的光电转换效率。

3.1.2 整流天线的二极管理论

为达到太阳能收集的整流需求，所设计的整流结构需要在超高频段上有效工作，因此，该整流结构必须具有充分的非线性特性和高导通的状态。首先需要研究纳米天线的整流机理，进而需要对纳米整流天线进行整体设计与优化。本文提出一种金属纳米天线-绝缘层-绝缘层-金属的 MIIM 二极管结构来实现整流。

1. MIIM 隧穿二极管的整流模型

为形成具有不对称势垒结构的 MIIM 二极管，本文所提结构中另一金属层的材料需与纳米天线的材料不同。因为隧道势垒效应是基于两种介质的特性，每层形成的势垒高度与相应的绝缘层电子亲和能值相对应，即由不同的绝缘体可以形成高度不对称的势垒，同时为了提高电子的隧穿能力，通常会施加偏置电压，使得电子通过绝缘层的有效厚度小于其实际厚度。施加偏压的 MIIM 隧穿二极管的势能结构如图 3.3 所示。其中，Ψ_L 和 Ψ_R 分别是左侧与右侧金属的功函数，ϕ_1 和 ϕ_2 分别是两种绝缘层的电子亲和能，d_1 和 d_2 分别是两种绝缘层的厚度，U_1^L 和 U_1^R 分别是第一种绝缘层的左右势能，U_2^L 和 U_2^R 分别是第二种绝缘层的左右势能，X_1 和 X_2 分别为两层结构的第一层结构沿入射高度的坐标起点和终点，X_3 为两层结构沿入射高度的坐标终点。

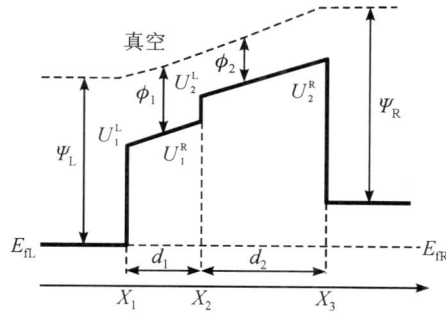

图 3.3　施加偏压的 MIIM 隧穿二极管的势能结构图

隧穿二极管的电流-电压特性是通过对所有的能量电子分布进行积分，再根据施加电压的电流密度计算出来的，被绝缘层隔开的金属电极上的隧穿电流密度为

$$J(V_b) = J_{L-R} - J_{R-L} \tag{3.23}$$

具体地，从一个电极到另一个电极的电流密度为

$$J_{L-R} = \frac{4\pi m_e^3}{h^3} \int_0^{E_m} T(E_x) \int_0^{\infty} f_L(E)\,\mathrm{d}E\,\mathrm{d}E_x \tag{3.24}$$

$$J_{R-L} = \frac{4\pi m_e^3}{h^3} \int_0^{E_m} T(E_x) \int_0^{\infty} f_R(E+qV_b)\,\mathrm{d}E\,\mathrm{d}E_x \tag{3.25}$$

因此，隧穿电流密度为

$$J(V_b) = \frac{4\pi m_e^3}{h^3} \int_0^{E_m} T(E_x) \int_0^{\infty} [f_L(E) - f_R(E+qV_b)]\,\mathrm{d}E\,\mathrm{d}E_x \tag{3.26}$$

其中：V_b 为左右两侧金属的偏压，m_e 为电子的有效质量，E 为总能量，E_x 为隧道的传输能量，$T(E_x)$ 为绝缘层的传输能量，h 为普朗克常数，f_L 和 f_R 分别为左右两侧金属的费米能级分布，具体表达式如下：

$$f_L(E) = \frac{1}{1 + \exp[(E - E_{fL})/(kT)]} \tag{3.27}$$

$$f_R(E + eV_b) = \frac{1}{1 + \exp[(E - (E_{fR} - eV_b))/(kT)]} \tag{3.28}$$

利用薛定谔方程对电子势能进行求解：

$$-\frac{\hbar^2}{2} \frac{\mathrm{d}}{\mathrm{d}x}\left[\frac{1}{m}\frac{\mathrm{d}\Psi(x)}{\mathrm{d}x}\right] + U(x)\Psi(x) = E_x\Psi(x) \tag{3.29}$$

其中：$\hbar$ 为约化的普朗克常数，$U(x)$ 为势能，$\Psi(x)$ 为电子波函数。

常用来估算电子通过势垒的隧穿概率计算方法分别有 Wentzel Kramers 布里渊（Wentzel-Kramers-Brillouin，WKB），非平衡格林函数（Non Equilibrium Green Function，NEGF）和传输矩阵法（Transfer Matrix Method，TMM）等。WKB 由于没有充分考虑界面对波函数的影响，因此会高估电子的隧穿概率。NEGF 是一种精确的数值计算方法，但是相比解析方式而言需要较长的计算时间。TMM 方法有效地分析了波在材料中的传播、反射及透射情况。故本文采用 TMM 方法进行纳米天线设计。

2. 基于 TMM 理论的分析修正

薛定谔方程在左右金属区域内的波函数解[2]为

$$\Psi_{\mathrm{L}}(x) = A_{\mathrm{L}} \mathrm{e}^{ik_{\mathrm{L}}x} + B_{\mathrm{L}} \mathrm{e}^{-ik_{\mathrm{L}}x}, \quad x < X_1 \tag{3.30}$$

$$\Psi_{\mathrm{R}}(x) = A_{\mathrm{R}} \mathrm{e}^{ik_{\mathrm{R}}x} + B_{\mathrm{R}} \mathrm{e}^{-ik_{\mathrm{R}}x}, \quad x > X_3 \tag{3.31}$$

其中：Ψ_{L} 和 Ψ_{R} 分别为左、右电极的波函数，k_{L} 和 k_{R} 为左、右电极上平面波函数的电子波矢量，分别为

$$k_{\mathrm{L}} = \frac{\sqrt{2m_{\mathrm{L}}E_x}}{\hbar} \tag{3.32}$$

$$k_{\mathrm{R}} = \frac{\sqrt{2m_{\mathrm{R}}(E_x + eV_{\mathrm{b}})}}{\hbar} \tag{3.33}$$

其中，m_{L} 和 m_{R} 分别为左、右两侧的电子有效质量，根据变量因子，有

$$u_j = s_j \left(\frac{2m_j}{\hbar^2} \mid F_j \mid \right)^{\frac{1}{3}} \left(\frac{U_j^{\mathrm{L}} - E_x}{F_j} + x - X_j \right) \tag{3.34}$$

$$F_j = \frac{U_j^{\mathrm{L}} + 1 - U_j^{\mathrm{R}}}{X_{j+1} - X_j} \tag{3.35}$$

$$s_j = \mathrm{sgn}(F_j) \tag{3.36}$$

其中，$X_{j+1} - X_j$ 为绝缘层的厚度，由式(3.29)进一步有

$$\frac{\mathrm{d}^2 \Psi_j}{\mathrm{d}u_j^2} - u_j \Psi_j = 0 \tag{3.37}$$

因此，电子波函数可以通过艾里函数的线性组合表示为

$$\Psi_j(x) = A_j \mathrm{Ai}(u_j) + B_j \mathrm{Bi}(u_j) \tag{3.38}$$

根据波函数在边界的连续性，则

$$\begin{pmatrix} A_{\mathrm{L}} \\ B_{\mathrm{L}} \end{pmatrix} = \begin{pmatrix} T_{11} & T_{12} \\ T_{21} & T_{22} \end{pmatrix} \begin{pmatrix} A_{\mathrm{R}} \\ B_{\mathrm{R}} \end{pmatrix} = \boldsymbol{T} \begin{pmatrix} A_{\mathrm{R}} \\ B_{\mathrm{R}} \end{pmatrix} \tag{3.39}$$

具体地，$\boldsymbol{T}$ 矩阵为

$$\boldsymbol{T} = \frac{1}{2} \pi^2 \boldsymbol{T}_1 \prod_{j=1}^{2} \{ \boldsymbol{M}_j \quad \boldsymbol{N}_j \} \boldsymbol{T}_2 \tag{3.40}$$

$\boldsymbol{T}$ 矩阵中各个传输矩阵为

$$\boldsymbol{T}_1 = \begin{pmatrix} 1 & \dfrac{m_{\mathrm{L}}}{ik_{\mathrm{L}}} \\ 1 & \dfrac{m_{\mathrm{L}}}{ik_{\mathrm{L}}} \end{pmatrix} \tag{3.41}$$

$$\boldsymbol{T}_2 = \begin{pmatrix} 1 & 1 \\ \dfrac{ik_{\mathrm{R}}}{m_{\mathrm{R}}} & -\dfrac{ik_{\mathrm{R}}}{m_{\mathrm{R}}} \end{pmatrix} \tag{3.42}$$

$$\boldsymbol{M}_j = \begin{pmatrix} \mathrm{Ai}(u_j^-) & \mathrm{Bi}(u_j^-) \\ \dfrac{u_j'}{m_j} \mathrm{Ai}'(u_j^-) & \dfrac{u_j'}{m_j} \mathrm{Bi}'(u_j^-) \end{pmatrix} \tag{3.43}$$

$$N_j = \begin{pmatrix} Bi'(u_j^+) & -\dfrac{m_j Bi'(u_j^+)}{u_j'} \\ -Ai'(u_j^+) & \dfrac{m_j Ai'(u_j^+)}{u_j'} \end{pmatrix} \tag{3.44}$$

"—"和"+"分别表示绝缘层的左右两侧，并且有

$$u_j' = s_j \left(\frac{2m_j}{\hbar^2} \mid F_j \mid \right)^{\frac{1}{3}} \tag{3.45}$$

假设电子从左侧入射，并且没有反射波，即

$$A_L = 1, \ B_L = 0 \tag{3.46}$$

则隧穿概率为

$$T(E_x) = \frac{k_R}{k_L} \cdot \frac{A_R^2}{B_R^2} = \frac{k_R}{k_L} \cdot \frac{1}{\mid T_{11} \mid^2} \tag{3.47}$$

由于电子经过势垒的隧穿概率 $T(E_x)$ 应满足归一性的物理意义，在左、右电子波矢量存在的前提下，T_{11} 也应满足该性质。因此，在变量因子与波矢量均确定的情况下，对 T 的乘积矩阵中的各个元素进行分析，发现修正后的传输概率矩阵应该分别为

$$T_1 = \begin{pmatrix} 1 & \dfrac{1}{ik_L} \\ 1 & \dfrac{1}{ik_L} \end{pmatrix} \tag{3.48}$$

$$T_2 = \begin{pmatrix} 1 & 1 \\ ik_R & -ik_R \end{pmatrix} \tag{3.49}$$

其中，对 T_1 和 T_2 矩阵元素分析的方法与文献[3]中使用的矩阵元素分析方法相一致，因此进一步有

$$M_j = \begin{pmatrix} Ai(u_j^-) & Bi(u_j^-) \\ u_j' Ai'(u_j^-) & u_j' Bi'(u_j^-) \end{pmatrix} \tag{3.50}$$

$$N_j = \begin{pmatrix} Bi'(u_j^+) & -\dfrac{Bi'(u_j^+)}{u_j'} \\ -Ai'(u_j^+) & \dfrac{Ai'(u_j^+)}{u_j'} \end{pmatrix} \tag{3.51}$$

参考文献[4]所提出的 MIM 二极管两侧金属的功函数 $\Psi_L = \Psi_R = 0.5$ eV，以及左侧金属导带底部的费米能级 10 eV，确定绝缘层厚度为 2 nm，将本文所建模型的隧穿概率与文献[4]的结果进行对比，如图 3.4 所示。从图中可以看出，随着电子能量的增加，电子的隧穿概率逐渐上升，当电子能量高于势垒能量时，波函数逐渐开始振荡，隧穿概率接近 1，但是由于绝缘层内部波函数的干扰，传输可能存在谐振现象，该结果验证了本文理论分析思路的正确性，可以基于该理论继续开展二极管电特性和整流特性的研究与分析。

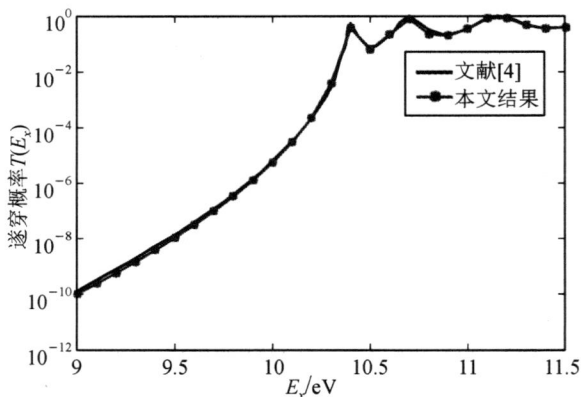

图 3.4   本文所建模型的隧穿概率与文献[4]结果对比图

3.2   纳米天线设计方法

传统微波天线与纳米天线都是将自由空间中传播的能量转化为局域场能量,但是作为能量采集装置,传统微波天线在光频下会存在高损耗的缺点,并且在纳米尺寸量级也会受到光学衍射极限的束缚,因此出现了光学纳米天线[5],其在满足天线基本原理的基础上具有独特的性能。为研究如何提高纳米天线的光电转化效率,下面简单介绍在纳米天线结构设计中可能会涉及的天线参数。

基于天线的基本工作原理,接收天线和发射天线的互易性大大简化了研究过程。同样地,纳米天线也可分为接收天线和发射天线。接收天线用来收集空间中的电磁波能量,并将其转化为局域场能量予以利用,也可以根据纳米天线的定向性,设计接收某一方向上的光能。而发射天线是将局域场能量转化为光能,并按照设计的方向性和电场强度分布于空间。因此,在纳米天线的设计过程中,需要设计一种具有高能量捕获效率的天线,基于天线的互易性,在软件模拟仿真过程中主要围绕天线的辐射效率参数进行结构优化设计。

3.2.1   纳米天线设计

1. 天线的辐射性能

(1) 辐射效率。

纳米天线作为一种能量转换的器件,其辐射效率可表示为

$$\eta_{rad} = \frac{P_{rad}}{P_{rad} + P_{loss}} \tag{3.52}$$

其中:P_{rad} 为纳米天线的总辐射功率,P_{loss} 为纳米天线的损耗功率,由下式可得

$$P_{rad} = \oiint \frac{1}{2} \mathrm{Re}(\boldsymbol{E} \times \boldsymbol{H}^*) \tag{3.53}$$

$$P_{rad} = \oiiint_{V_{antenna}} (Q_{rl} + Q_{ml}) \mathrm{d}V = \oiiint_{V_{antenna}} \frac{1}{2} \mathrm{Re}(\boldsymbol{J} \cdot \boldsymbol{E}^* + \mathrm{j}\omega \boldsymbol{B} \cdot \boldsymbol{H}^*) \mathrm{d}V \tag{3.54}$$

其中：J 为纳米天线的表面电流，Q_{rl} 和 Q_{ml} 分别为电损耗和磁损耗。

（2）方向性。

方向性 $D(\varphi, \theta)$ 是衡量天线把辐射功率集中到最大辐射方向上的能力的电参数，可表示为

$$D(\varphi, \theta) = \frac{4\pi P(\vec{r}, \varphi, \theta)}{P(\vec{r})} \tag{3.55}$$

其中：$P(\vec{r}, \varphi, \theta)$ 为天线在最大辐射功率方向上的辐射功率，$P(\vec{r})$ 为平均辐射功率。

2. 天线的输入阻抗和阻抗匹配

对于偶极子纳米天线，其输入阻抗可定义为间隙处的驱动光电压和流过馈源的总光电流之比，即天线间隙处两端的电压与电流之比，表达式如下：

$$Z_{in} = \frac{U_{in}}{I_{in}} \tag{3.56}$$

其中：U_{in} 是偶极子纳米天线间隙两端的电压，I_{in} 是偶极子纳米天线间隙两端的电流。天线的复数阻抗可表示为

$$Z_{in} = R_{in} - iX_{in} \tag{3.57}$$

其中：R_{in} 是输入阻抗中的输入电阻，X_{in} 是输入阻抗中的输入电抗。

根据纳米天线理论，进一步有间隙电流为

$$I_{in} = |J_{in}| \cdot S \tag{3.58}$$

其中：J_{in} 是位移电流，S 是天线臂的截面积。

在本设计中，可以通过改变纳米天线臂的截面积来调控天线性能。原因在于：其一，纳米天线结构尺寸的变化可改善天线的辐射效率，进而增大系统的整体效率；其二，由于纳米天线和整流器直接耦合且本身损耗就很大，为实现效率最大化需要考虑两者之间的阻抗匹配问题。由于纳米天线的结构尺寸属于纳米量级，难以做到实际的馈电测试，因此若以仿真设计为基础，则可通过耦合效率理论计算结果对纳米天线的结构参数与介电常数等材料参数进行合理调整。

3.2.2 整流二极管设计

相比于 MIM 二极管，MIIM 二极管更容易满足光频整流所需的飞秒级切换。MIIM 二极管是在金属电极之间再加一层绝缘层。实验表明，MIIM 二极管具有更好的非线性和非对称性的整流性能。

对于 MIIM 形式的整流二极管，其势垒隧穿现象可以分为两种类型：共振隧穿和阶跃隧穿。其区别取决于阻挡层的结构，并且对施加的偏压很敏感，如图 3.5 所示。由于绝缘层的亲和能与金属的功函数存在差异，两者之间会形成三角结构的量子阱。当共振隧穿发生时，在量子化的共振能态中，会有更高的隧穿概率。因此，当施加足够的偏压时，如果使任何一种金属的费米能级与这些束缚能态之一相同，电子隧穿效应就会显著提高，导致隧穿电流立刻生成，从而产生高度的不对称性。同时，两个绝缘层势垒的较低部分会降到金属费米能级以下，因此电子只需要通过剩下的较高的势垒即可实现阶跃隧穿。

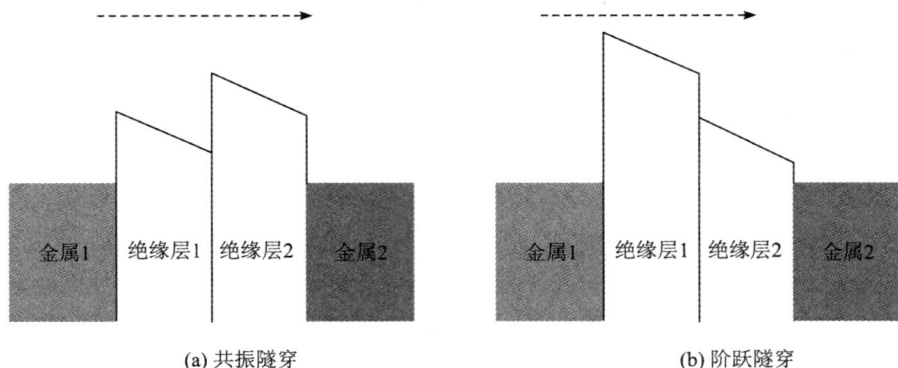

(a) 共振隧穿　　　　　　　　　　　　　　　(b) 阶跃隧穿

图 3.5　MIIM 二极管的隧穿势垒示意图

绝缘体势垒之间必须形成良好的量子阱结构，且足够深和足够宽，才能在合理的偏压下形成束缚量子态[5-6]，以便具备良好的整流效果。同时，通过改变两种绝缘层的厚度，调节束缚态形成时的接通电压，也可以形成不同的谐振隧穿。其中，绝缘层的厚度越厚，隧穿概率越低，隧穿电流越小，最终影响整流效果。因此近年来，对于 MIIM 二极管的研究也大多集中于对各种金属和绝缘层的组合分析。

对于 MIIM 二极管的电性能实验，主要是通过测试二极管的电流-电压特性，并用以下参数进行表征：J 表示隧穿电流密度，V 表示偏置电压，I 表示电流。

（1）二极管的电阻 R_D，用于指导二极管的设计，提高整流性能和二极管与天线之间的耦合效率，从而实现二极管与天线之间良好的阻抗匹配关系，该值越低越好：

$$R_D = \left(\frac{dJ}{dV} \right)^{-1} \tag{3.59}$$

（2）二极管的非线性 N，衡量二极管的整流能力，非线性越好，整流性能越好：

$$N = \frac{dJ}{dV} \bigg/ \frac{J}{V} \tag{3.60}$$

（3）二极管的非对称性 χ，有时也称整流比，是二极管整流能力的一个简单衡量标准，是正向和反向偏置电流之比：

$$\chi = \left| \frac{I(+V)}{I(-V)} \right| \tag{3.61}$$

（4）二极管的响应率 α，用来表征二极管的整流效率，在本设计中主要用于指导后面的整流器优化设计：

$$\alpha = \frac{1}{2} \frac{d^2 J}{dV^2} \bigg/ \frac{dJ}{dV} \tag{3.62}$$

3.2.3　纳米天线与整流二极管耦合设计

天线与二极管之间的耦合效率一直以来都是限制整流天线技术发展的关键因素，清楚对耦合效率产生影响的核心因素对于本文的研究十分重要。由于 MIIM 二极管具有平行板结构，因而会产生寄生电容。考虑到自身阻抗的存在，纳米整流天线的等效电路原理[7]如图 3.6 所示，正弦电压源 V_A 表示入射电磁场与纳米天线电阻 R_A 串联等效，MIIM 二极管

则是由寄生电容 C_D 和自身的电阻 R_D 的并联等效。

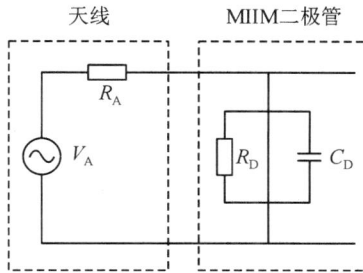

图 3.6　纳米整流天线的等效电路原理

因此，上述整体回路的截止频率 f_C 为

$$f_C = \frac{1}{2\pi R_e C_D} \tag{3.63}$$

其中：R_e 为纳米天线与二极管的等效电阻，C_D 为二极管的寄生电容，分别为

$$R_e = \frac{R_A R_D}{R_A + R_D} \tag{3.64}$$

$$C_D = \frac{C_{D1} C_{D2}}{C_{D1} + C_{D2}} \tag{3.65}$$

其中：C_{D1} 和 C_{D2} 分别为两种绝缘层的寄生电容。

由上述模型可知，天线与二极管的耦合效率[8]如下：

$$\eta_{coupling} = \frac{4\left[R_A R_D / (R_A + R_D)^2\right]}{1 + \left[\omega \left(R_A R_D / (R_A + R_D) C_D\right)\right]^2} \tag{3.66}$$

其中：ω 为实验中所使用激光器的入射光角频率。

3.3　纳米天线仿真分析

3.3.1　纳米天线的分析模型

1. 金属材料的自由电子气模型

金属在光频内会表现出色散效应，其材料的介电常数会随着入射波频率的变化而变化。因此，王冰提出了自由电子气模型[9]。在该模型中，材料内的自由电子在没有外加电场作用时，电子之间没有相互作用力；当存在外加电场时，自由电子受到作用会与原子核碰撞。若一次碰撞需要的平均运动时间为 τ，则自由电子的碰撞频率为 $\gamma = 1/\tau$。故金属的自由电子气介电函数为

$$\varepsilon(\omega) = 1 - \frac{\omega_P^2}{\omega^2 + i\gamma\omega} \tag{3.67}$$

其中：ω 为入射光的频率，ω_P 为等离子体频率。

该模型因为较好地描述了金属的介电性能而被广泛应用。但是在较高的频率下，金属会产生较大的损耗并主要反应在函数的虚部上，故当式(3.67)用于光学范围内的金属特性研究时，会产生较大误差，因此，有研究人员对光学范围内的自由电子气模型进行了修正，修正后的函数方程如下：

$$\varepsilon(\omega) = \varepsilon_\infty - \frac{\omega_P^2}{\omega^2 + \mathrm{i}\gamma\omega} \tag{3.68}$$

其中：ε_∞ 为当频率为无限大时的金属介电常数。

根据式(3.68)，只要确定了散射率和等离子体频率，就可以确定金属的介电常数。因此，式(3.68)可用于纳米天线设计中材料的选择。

设式(3.68)中介电常数 ε_∞ 为 3.7，等离子体频率为 1.38×10^{16} rad/s，自由电子的散射频率为 2.37×10^{13} rad/s，计算在 $400 \sim 1600$ nm 波长范围内金属银的介电常数变化情况，并将其与 FDTD 模型对比分析，如图 3.7 所示。由图可知，仿真软件材料库中的参数能够很好地表征金属银实际的介电常数，可直接用于后续的仿真分析。

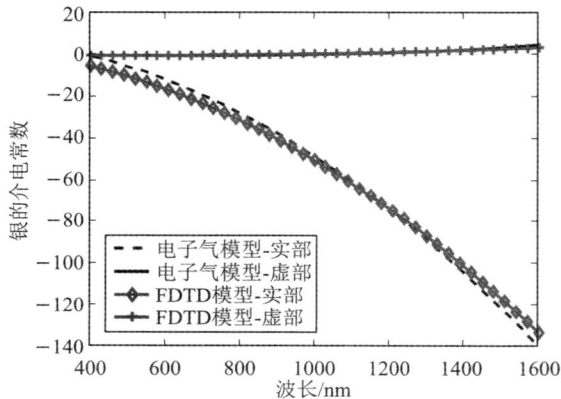

图 3.7 金属银在不同波长下的介电常数

2. 总辐射效率

对应用于太阳能收集的纳米天线而言，用总辐射效率来表征其性能，表达式如下：

$$\eta_{\mathrm{rad}}^{\mathrm{tot}} = \frac{\int_{\lambda_L}^{\lambda_U} P(\lambda, T) \times \eta_{\mathrm{rad}}(\lambda) \mathrm{d}\lambda}{\int_{\lambda_L}^{\lambda_U} P(\lambda, T) \mathrm{d}\lambda} \tag{3.69}$$

式中：λ_U 和 λ_L 分别为收集波长范围的上下限；$\eta_{\mathrm{rad}}(\lambda)$ 为纳米天线关于波长的辐射效率函数，可以通过光学仿真软件获得；$P(\lambda, T)$ 为黑体辐射的普朗克定律，其表达式如下：

$$P(\lambda, T) = \frac{2\pi h c^2}{\lambda^5} \frac{1}{\mathrm{e}^{hc/(\lambda kT)} - 1} \tag{3.70}$$

其中：T 为黑体的绝对温度（单位：K）；h 为普朗克常数，为 6.626×10^{-34} J·s；c 为真空中的光速，为 3×10^8 m/s；k 为玻尔兹曼常数，为 1.38×10^{-23} J/K。

3．天线结构模型

　　本文以传统领结纳米天线为具体对象，基于"尖端效应"思想将馈电端设计为凹角结构形状，又为收集不同极化方式的太阳光，设计了一种正交型凹角领结纳米天线，同时通过改变馈电处臂间的横截面积来改善天线的辐射效率。与传统领结结构相比，本文所提结构有效地增强了局域场强，如图 3.8 所示。纳米天线单元结构如图 3.9 所示，其中 $h = 100$ nm，为天线的高度；$H = 200$ nm，为基底介质的高度；$G = 80$ nm，为间隙距离；$A = 60°$，为领结角度；$R = 25$ nm，为凹角半径，L 为天线的总长度。天线和基底的材料分别为金属银和二氧化硅。

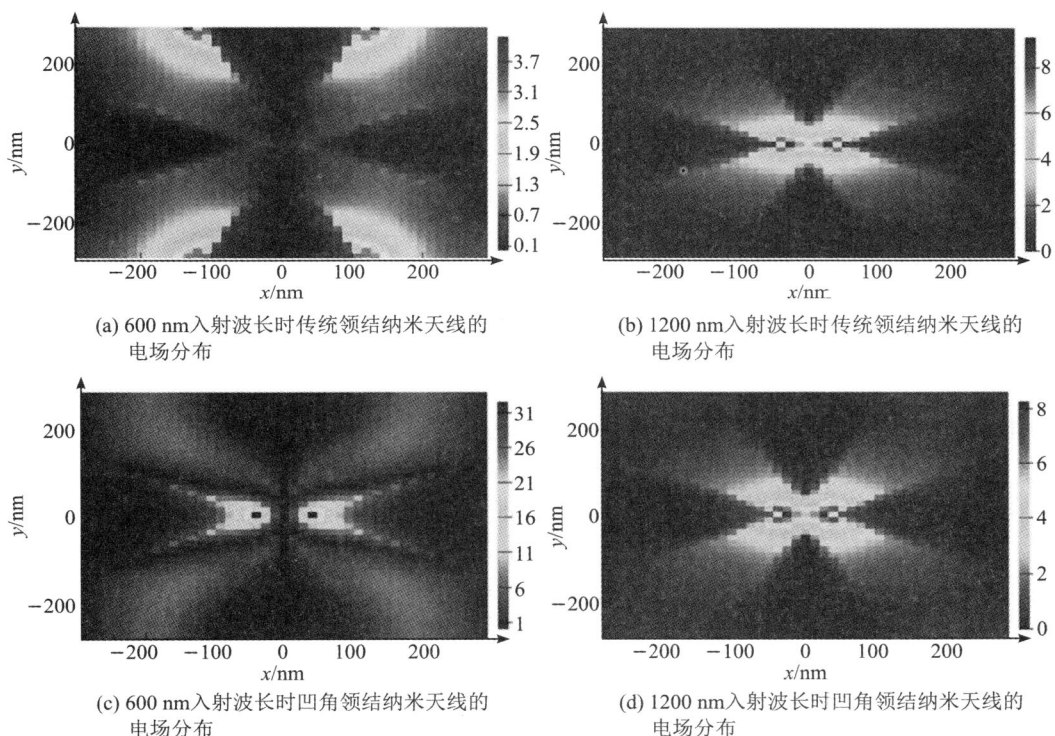

(a) 600 nm入射波长时传统领结纳米天线的
电场分布

(b) 1200 nm入射波长时传统领结纳米天线的
电场分布

(c) 600 nm入射波长时凹角领结纳米天线的
电场分布

(d) 1200 nm入射波长时凹角领结纳米天线的
电场分布

图 3.8　纳米天线表面电场分布图

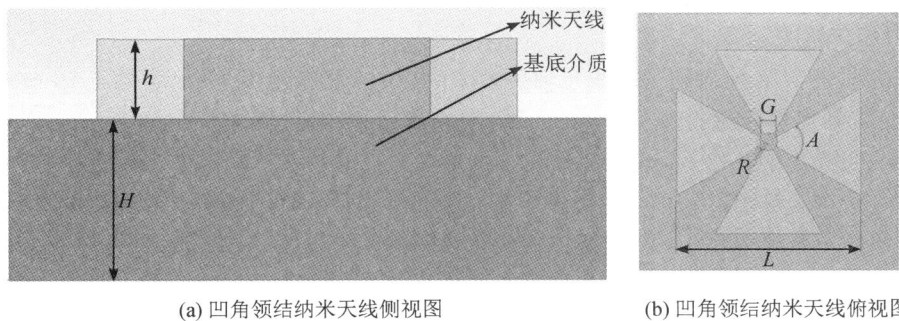

(a) 凹角领结纳米天线侧视图

(b) 凹角领结纳米天线俯视图

图 3.9　纳米天线单元结构示意图

3.3.2　纳米天线的结构特性分析

纳米天线同传统天线一样，其辐射性能受到各结构尺寸参数的影响。因此，本文首先利用 FDTD Solution 仿真软件从结构角度对纳米天线进行分析与优化，仿真区域的大小设置为 2000 nm×2000 nm×2000 nm，光源波长范围设置为 400～1600 nm，对超出计算区域的外行波设置完美匹配层予以吸收。

1. 间隙距离 G

为研究间隙距离 G 对纳米天线总辐射效率的影响，将间隙距离由 25 nm 增加至 105 nm，步长设置为 20 nm，其他参数保持不变。在 400～1600 nm 频段下，纳米天线的总辐射效率随间隙距离的变化情况如图 3.10 所示。当间隙距离由 25 nm 增加至 85 nm 时，总辐射效率也在不断增加；而当间隙距离由 85 nm 增加至 105 nm 时，总辐射效率开始逐渐降低；当间隙距离为 85 nm 时总辐射效率达到最优。产生该现象的主要原因在于，当激励不变时，随着间隙距离的改变，纳米天线的表面场强与辐射效率也在不断变化，并且两者呈反比关系，当间隙距离达到某一特定值时，会出现谐振，此时总辐射效率最高；当该位置改变时，总辐射效率又会降低[10]。

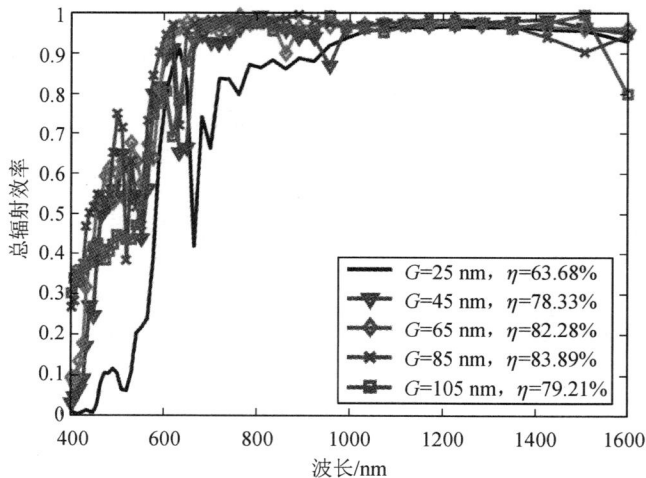

图 3.10　不同间隙距离 G 下纳米天线的总辐射效率

2. 凹角半径 R

为研究凹角半径 R 对纳米天线总辐射效率的影响，将半径由 0 nm 增加至 60 nm，步长设置为 20 nm，其他参数保持不变，不同凹角半径 R 下纳米天线总辐射效率的计算结果如图 3.11 所示。当凹角半径由 0 nm 增加到 20 nm 时，总辐射效率不断增加；当凹角半径由 20 nm 增加到 60 nm 时，总辐射效率开始逐渐下降；当凹角半径为 20 nm 时，总辐射效率达到最优。产生该现象的主要原因在于，凹角半径的变化会影响间隙电流、电压的大小，使得天线的输入阻抗发生变化，导致在不同的凹角半径下纳米天线的总辐射效率发生变化。因此，20 nm 为最佳参数。

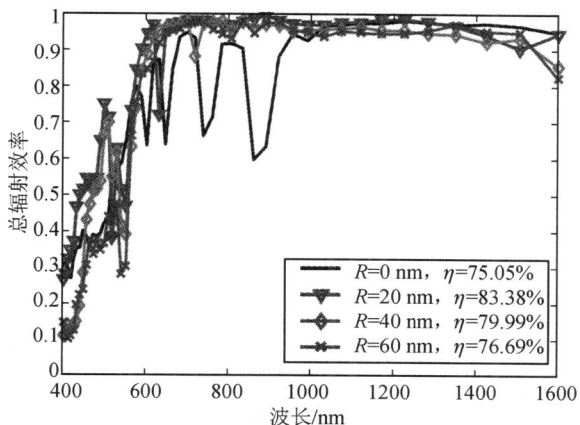

图 3.11 　不同凹角半径 R 下纳米天线的总辐射效率

3. 领结角度 A

为研究领结角度 A 对纳米天线总辐射效率的影响，将领结角度从 40° 增加至 80°，步长设置为 10°，其他参数保持不变，不同领结角度 A 下纳米天线总辐射效率的计算结果如图 3.12 所示。当领结角度由 40° 增加至 50° 时，总辐射效率不断增大；当领结角度继续增大时，总辐射效率又开始降低。产生该现象的主要原因在于，当其他参数不变时，领结角度的变化会影响天线的受光面积，但同时由于表面等离激元的传播距离有限，总辐射效率的增加受限，该仿真结果与文献[11]呈现的趋势基本一致。

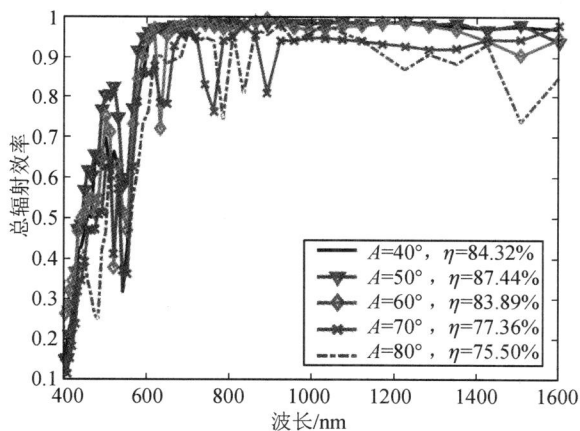

图 3.12 　不同领结角度 A 下纳米天线的总辐射效率

4. 天线高度 h

为研究天线高度 h 对纳米天线总辐射效率的影响，将天线高度从 60 nm 增加到 140 nm，步长设置为 20 nm，其他参数保持不变，不同天线高度 h 下纳米天线总辐射效率的计算结果如图 3.13 所示。当天线高度由 60 nm 增加至 120 nm 时，总辐射效率也在不断增加；当天线高度增加至 140 nm 时，总辐射效率降低。因此在天线高度为 120 nm 时辐射效率变化更稳定，总辐射效率也较高。产生该现象的主要原因在于，天线高度越高，对光子的反射作用越大，透射作用越小；反之，对光子的反射作用越小，透射作用越大。因此当天线高度为 120 nm 时，天线达到谐振状态，天线对光子的捕获能力达到极值，局域场强最强，使得总辐射效率达到最优。

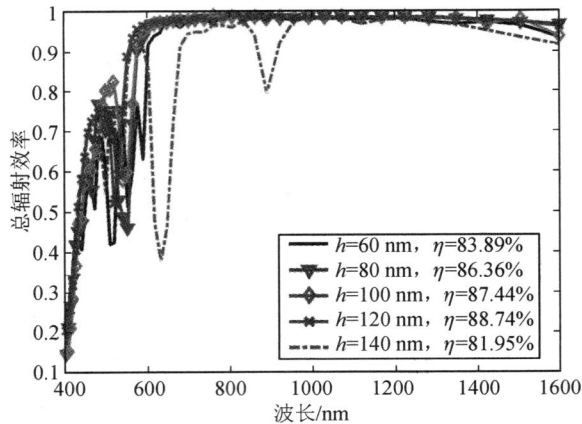

图 3.13　不同天线高度 h 下纳米天线的总辐射效率

5. 基底介质高度 H

　　为研究基底介质高度 H 对纳米天线总辐射效率的影响，将基底介质高度分别设置为 0 nm、500 nm、1000 nm 和 5000 nm，其他参数保持不变，不同基底介质高度 H 下纳米天线总辐射效率的计算结果如图 3.14 所示。随着基底介质高度的增加，纳米天线的总辐射效率在不断减小，并且在真空中的总辐射效率最高为 91.83%。显然在无介质的情况下，总辐射效率明显更高，这是由于基底介质的存在导致部分能量损失在材料中，但是随着高度的继续增加，效率也会增大，该结果也与文献[11]呈现出相同的变化趋势。

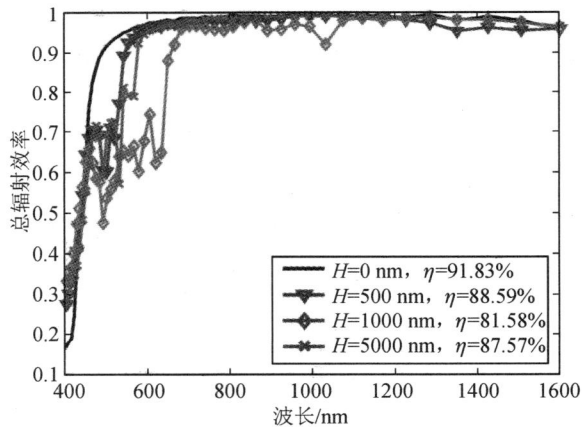

图 3.14　不同基底介质高度 H 下纳米天线的总辐射效率

3.3.3　纳米天线的电磁特性分析

　　为了吸收更多的太阳光，本文设计一种具有宽带宽和强电磁波接收能力的纳米天线。设计优化后的凹角领结纳米天线在波长为 492 nm、604 nm、1000 nm 和 1391 nm 的辐射方向结果如图 3.15 所示。从方向图中可以看出，该天线具有良好的方向性，并且可以在一定的角度范围内接收入射太阳光，若将该天线量产用于太阳能收集，相比传统光伏电池，可以显著降低使用太阳追踪设备的成本。

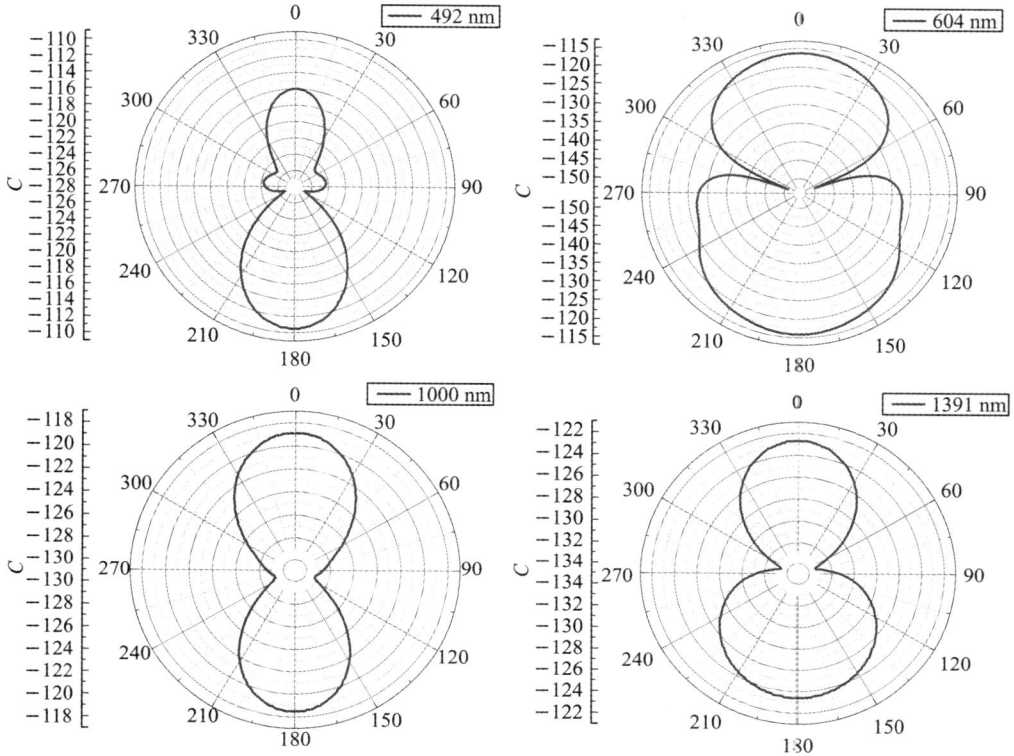

图 3.15　凹角领结纳米天线在不同波长的辐射方向结果图

1. 总辐射效率的影响分析

纳米天线的结构尺寸较小，需要通过组阵实现大面积制备，才有可能应用于实际工程。阵元之间的排列方式及排列间距的不同会形成不同的耦合效应，导致金属纳米整流阵列天线的性能变化。下面将继续分析不同的阵列形式与阵元间距对纳米天线总辐射效率的影响。

（1）组阵方式对总辐射效率的影响。

本文主要讨论矩形和三角形两种不同的组阵方式对金属纳米天线在 $400 \sim 1600$ nm 范围内总辐射效率的影响，其简化示意图如图 3.16 所示。仿真设置与天线单元的仿真类似，不同组阵方式对纳米天线总辐射效率的影响如图 3.17 所示。从图中可以看出，两种形式下的总辐射效率都在红外范围内逐渐趋向平稳，但是矩形阵列下的总辐射效率明显高于三角形阵列下的。

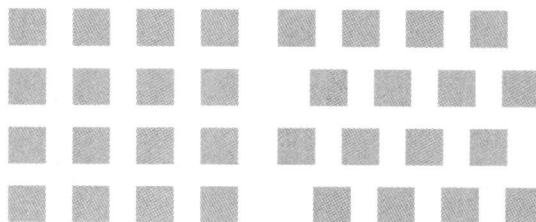

图 3.16　纳米天线组阵方式简化示意图

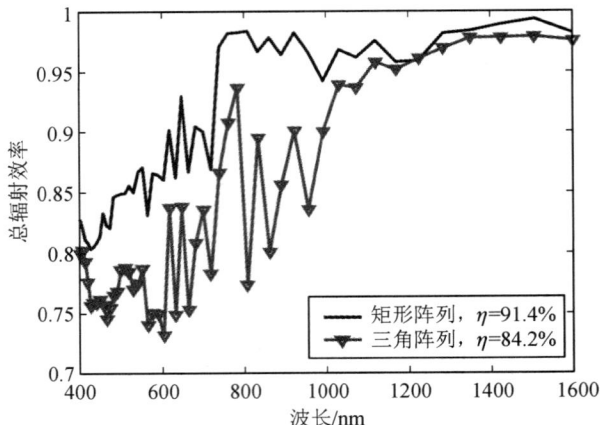

图 3.17　不同组阵方式对纳米天线总辐射效率的影响

（2）阵元间距对总辐射效率的影响。

由于金属纳米天线的制备过程中需要使用掩膜版进行光刻，因此天线单元之间的距离是可调控的，本文在阵元间距为 $\lambda/5 \sim \lambda/2$ 之间对纳米天线的总辐射效率进行对比分析，结果如图 3.18 所示。从图中可以看出，随着阵元间距的增大，总辐射效率也在不断增大，并且当阵元间距为 500 nm 时，总辐射效率高达 94.6%。

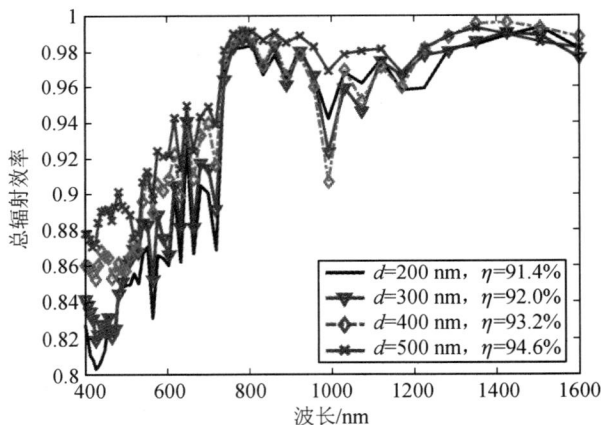

图 3.18　不同阵元间距对纳米天线总辐射效率的影响

2. 吸收率的影响分析

光的宽带吸收特性对于光电转换器件至关重要，如薄膜太阳能电池，虽然可以有效地收集载流子，但是由于长波长的光需要在活跃区经过较长路径才能被吸收，电池对长波的吸收性较差，因此限制了整体光电转化效率的提高[12]。等离子体结构在整个光谱范围内具有较好的吸收率，这就使得基于它设计的光伏器件的吸光能力得到改善[13]。光电转换结构对光的吸收率不完全等同于辐射效率，其原理在于当对入射光的吸收增强时，结构的短路电流同时也在增加，故可有效地提高太阳能电池的光电转换效率。本文通过 FDTD Solution 软件对纳米天线的吸收特性进行分析。

照射在纳米天线上的能量可以分为三个部分，分别是被天线所吸收的能量、被天线所反射出去的能量和被透射的能量。当利用光学仿真软件对纳米天线的吸收性能进行分析时，需要在天线和光源之外的两个不同方向分别设置监视器，根据计算得到的反射率和透射率，从而求出纳米天线的吸收率。为了对仿真方法进行验证，本文根据文献[14]提供的数据进行吸收率的仿真，对比结果如图 3.19 所示，从图中可以发现，两组数据高度吻合，说明了本文方法的正确性，可以用于分析纳米天线的吸收率。

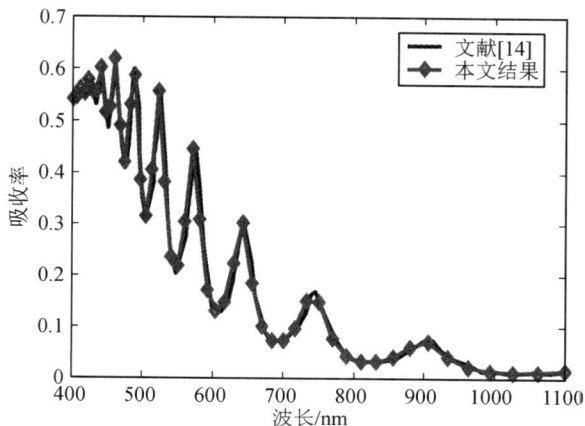

图 3.19　吸收率的仿真方法结果对比

（1）组阵方式对吸收率的影响。

以平面波为激励源，波长范围设置为 400～1600 nm，边界条件分别设置为完美匹配层边界和周期边界，并放置两个监视器，不同组阵方式对纳米天线吸收率的影响如图 3.20 所示。从图中可以发现，两种不同组阵方式的平均吸收率基本相同，但是矩形阵列下的最高吸收率为 85.31%，大于三角形阵列的最大吸收率，并优于文献[15]所设计的 U 形缝隙纳米天线，同时本文的设计在可见光及红外光范围内都具有一定的吸收能力，即拥有较宽的吸收波段。

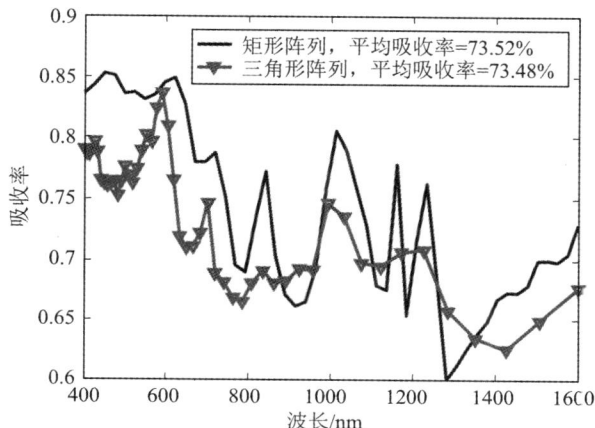

图 3.20　不同组阵方式对纳米天线吸收率的影响

（2）阵元间距对吸收率的影响。

根据上述仿真结果，本文选择矩形阵列来研究阵元间距对纳米天线吸收率的影响。当阵元间距分别设置为 100 nm、200 nm、300 nm、400 nm 时，纳米天线的吸收率结果如图 3.21 所示，从图中可以看到，当阵元间距为 100 nm 时，纳米天线的吸收率达到最高

（85.31％），平均吸收率为 73.54％。

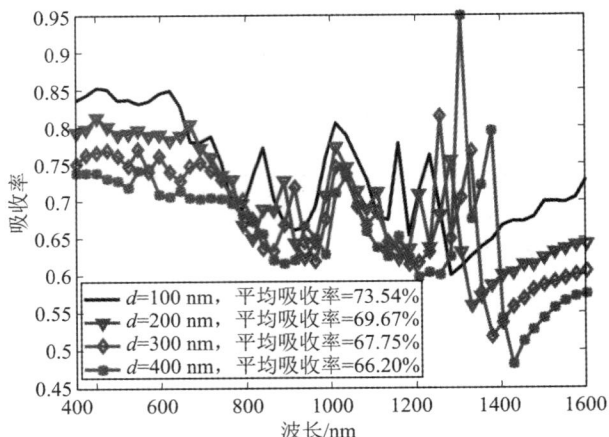

图 3.21　不同阵元间距对纳米天线吸收率的影响

3.3.4　纳米天线的整流特性分析

　　本文设计的纳米整流天线由纳米天线和整流器两部分构成，纳米天线收集可见光和红外光并将其转化为高频振荡交流电。但若想将其转化为可以利用的直流电，还需设计合理的整流二极管结构。

　　为实现整流天线具有良好的整流性能的同时又具备可加工性，本文设计了基于 MIIM 结构形式的整流二极管，纳米整流天线的整体结构如图 3.22 所示。金属阳极即纳米天线的材料选择为金属银，这样不仅有效降低了因匹配失衡带来的损耗，而且在自由空间和基底介质上，银与金、铝、铜和铬等传统金属相比，具有高达 90％的光捕获效率[16]。金属阴极的材料选择为金，其能够与金属阳极之间形成功函数差并具有稳定的导电性能。

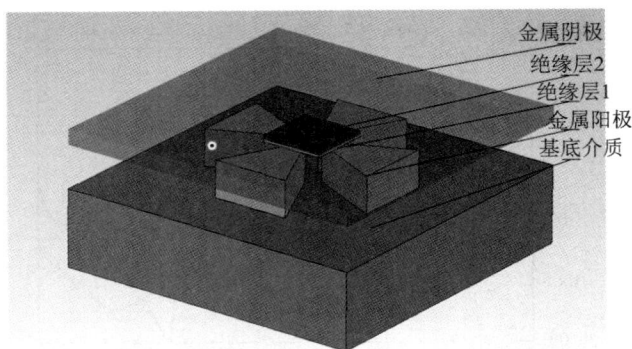

图 3.22　纳米整流天线的整体结构示意图

　　当两种绝缘层的材料分别为二氧化硅和氧化锌时，利用 CST 软件对凹角领结整流天线进行仿真分析。采用平面波源从上方对整流天线模型进行照射，监视器的类型设置为电流密度，在 1064 nm 波长下的电流密度分布如图 3.23 所示。从图中可以看到，介质层上存在较强的电场，相反纳米天线表面上的电场则较弱，这是因为与纳米天线耦合的辐射能量多被传输到了介质层，由表面等离子体效应而产生了巨大的局域场。

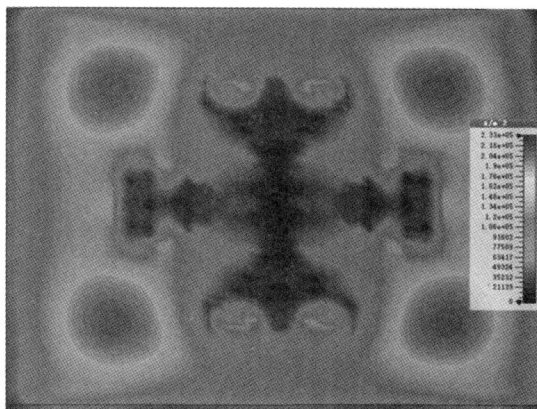

图 3.23　纳米整流天线金属层的电流密度分布图

从仿真结果可以发现，在照射强度为 1 V/m 时出现了 $2.167×10^5$ A/m^2 的电流密度。证明该 MIIM 二极管结构确实可以作为高频整流装置。

1. 电流-电压特性

对于收集光能的高频领域而言，其电流-电压特性与电子的隧穿电流密度直接相关，具体表达式如下：

$$I(V_b) = J(V_b) \cdot S_{rec} \tag{3.71}$$

其中：V_b 为输入电压，S_{rec} 为接触的整流面积。

基于上述修正的传输矩阵理论，本文对结构为 Ti-TiO$_2$-ZnO-Al 的 MIIM 隧穿二极管进行仿真分析，其中 Ti 和 Al 的功函数分别设置为 4.33 eV 和 4.28 eV，绝缘层 TiO$_2$ 和 ZnO 的电子亲和能为 4.2 eV 和 4.1 eV，厚度分别为 1.65 nm 和 0.52 nm，其伏安特性与文献[17]中的数据对比如图 3.24 所示。由图可知，在 −0.5～0.5 V 的电压偏置范围内，文献[17]中的数据由于在制备过程中受材料厚度、接触面积和隧道材料等不确定因素的影响，曲线出现局部抖动，但是其电流、电压特性仍表现出明显的非对称特性。

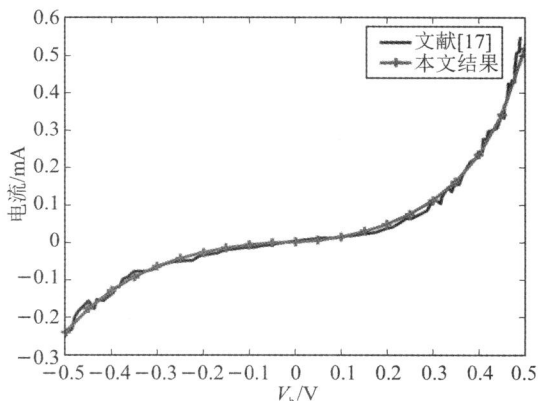

图 3.24　Ti-TiO$_2$-ZnO-Al MIIM 隧穿二极管的伏安特性与文献[17]对比图

2. 二极管的阻值与响应率

由于纳米天线和整流二极管的耦合效率与二极管的电阻有关，而响应率又是表征二极管整流性能的核心参数，因此有必要分析二极管的电阻与响应率以便对其进行优化。

当纳米整流天线接收照射时，其耦合的二极管整流性能主要取决于 MIIM 二极管的隧穿电流密度，即与二极管两端施加的振荡电压的大小有关。经典理论模型仅适用于工作在低频下的 MIIM 二极管的分析，其电磁场量子的大小可以忽略不计。但是高频电磁场量子的大小不可忽略，必须考虑二极管与电磁场之间的相互作用。当光子能量相对 MIIM 二极管的电流-电压曲线的非线性电压宽度较大时，经典理论的不足就变得明显，需要使用半经典理论进行处理。基于半经典理论，二极管阻值 R_D 和响应率 α 分别如式（3.72）和式（3.73）所示：

$$R_D = \frac{1}{I'}(\text{classical}) \rightarrow \frac{2E_{ph}/e}{I(V_b + E_{ph}/e) - I(V_b - E_{ph}/e)}(\text{semic}-) \qquad (3.72)$$

$$\alpha = \frac{I''}{2I'}(\text{classical}) \rightarrow \frac{e}{E_{ph}}\left[\frac{I(V_b + E_{ph}/e) - 2I(V_b) + I(V_b - E_{ph}/e)}{I(V_b + E_{ph}/e) - I(V_b - E_{ph}/e)}\right](\text{semic}-)$$

$$(3.73)$$

其中：I' 为电特性的一阶导数，I'' 为电特性的二阶导数，E_{ph} 为电子能量。

3. 双绝缘层对纳米整流天线的整流影响

经入射光照射后的纳米天线产生的自由电子需要经过二极管进行整流，其整流效果与二极管的绝缘层参数密切相关。本文以绝缘层的介电常数和厚度参数为具体研究对象对整流性能进行分析。

（1）绝缘层厚度对整流效果的影响。

理论上，当单绝缘层厚度增厚时，二极管的电阻会增大，导致电子穿过势垒的概率降低，使得整流效果变差。对于双绝缘层的隧穿二极管，虽然当厚度增大时，确实会影响到二极管阻值的大小，但是量子阱结构的存在也会在一定程度上提高隧穿概率。因此，需要对隧穿二极管的绝缘层厚度进行具体分析，不同绝缘层厚度的二极管响应率的变化情况如图 3.25 所示。从图中可以看到，随着第一层绝缘层厚度的增加，量子阱结构发生了变化，同时响应率也在提高。

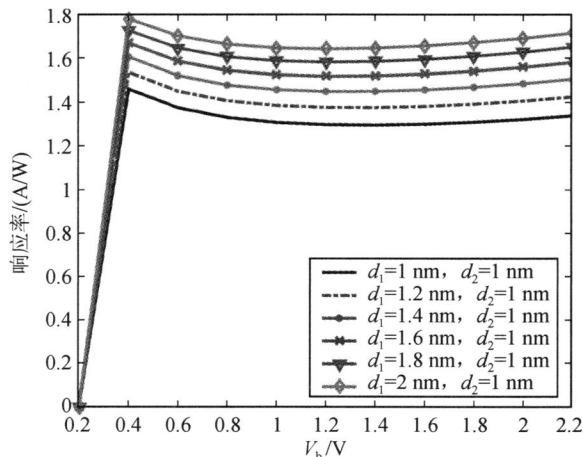

图 3.25　不同绝缘层厚度的二极管响应率的变化情况

（2）绝缘层介电常数对整流效果的影响。

不同的绝缘层材料具有不同的势垒高度，从而影响电子的隧穿能力，使得整流性能受到限制，因此，需要以材料的介电常数为参数对响应率进行研究，其结果如图 3.26 所示。其中，Al_2O_3、Si_4N_4、La_2O_3、HfO_2、TiO_2、Nb_2O_5 和 Ta_2O_5 的介电常数和电子亲和能[18]如表 3.1 所示，对比发现，随着介电常数的增加，响应率得到了提高，电子亲和能也是如此。实际上，当绝缘层的材料发生变化时，根据传输矩阵理论，其影响的是电子隧穿的势垒两侧的高度，导致艾里函数等相关数值发生变化，从而使得响应率呈现不同的表现。

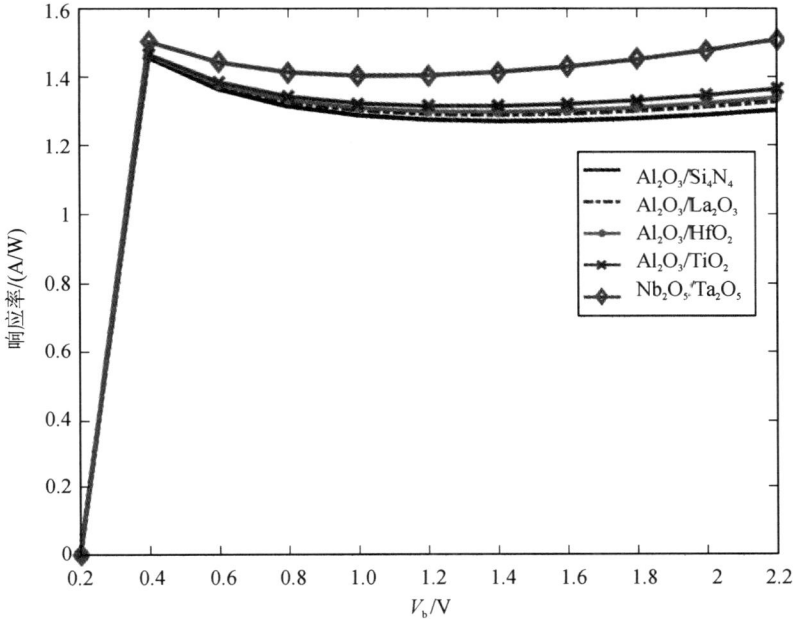

图 3.26　不同绝缘层材料的二极管响应率的变化情况

表 3.1　不同绝缘层材料的介电常数和电子亲和能

	Al_2O_3	Si_4N_4	La_2O_3	HfO_2	TiO_2	Nb_2O_5	Ta_2O_5
介电常数 ε_r/(F/m)	9	3.8	22	25	80	50	26
电子亲和能/eV	1.35	2.1	2.5	2.65	2.95	1.7	3.75

4. 双绝缘层对纳米整流天线的耦合影响

二极管的阻值和寄生电容的大小会直接影响二极管与纳米天线之间的耦合，在清楚双绝缘层的尺寸和材料参数对整流效果影响机理的基础上，还需要进一步分析其对耦合效率的影响，以便对系统转化效率进行提升。

（1）绝缘层厚度对耦合效率的影响。

绝缘层厚度对耦合效率与对整流性能的影响机理相同，也是因为厚度增大导致阻值增加，不同绝缘层厚度下纳米整流天线耦合效率的变化情况如图 3.27 所示。由图可知，随着绝缘层厚度的增加，耦合效率逐渐降低。其主要原因在于绝缘层的增厚增大了隧穿二极管的阻值，使得纳米天线与二极管之间的阻抗匹配程度变差；当绝缘层的厚度增加时，二极管的寄生电容也会显著增加，这也使得耦合效率降低。

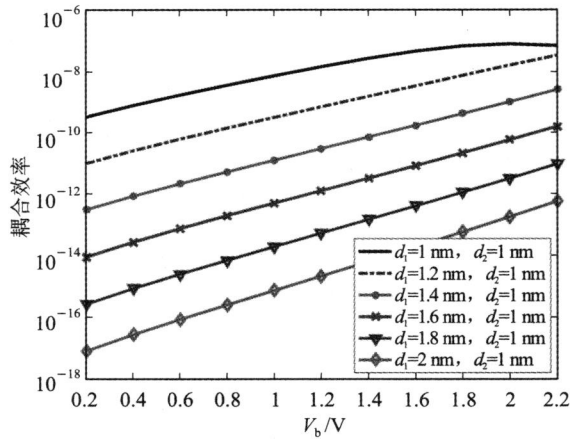

图 3.27　不同绝缘层厚度下纳米整流天线耦合效率的变化情况

（2）绝缘层介电常数对耦合效率的影响。

不同的绝缘层材料组成的隧穿二极管会产生不同的寄生电容，也会导致耦合效率发生变化。不同绝缘层材料的纳米整流天线耦合效率的变化情况如图 3.28 所示。由图可知，当绝缘层的厚度固定时，随着绝缘层介电常数的逐渐增大，耦合效率的峰值逐渐左移并且呈现减小的趋势，该变化趋势与式（3.74）的理论分析结果相吻合。

$$C_{\mathrm{D}} = \frac{\varepsilon_0 s}{\sum\limits_{i=1}^{2} \dfrac{d_i}{\varepsilon_{\mathrm{r},i}}} \tag{3.74}$$

其中：ε_0 为真空中的介电常数，$\varepsilon_{\mathrm{r},i}$ 为某一绝缘层的介电常数，d_i 为某一绝缘层的厚度，s 为接触面积。

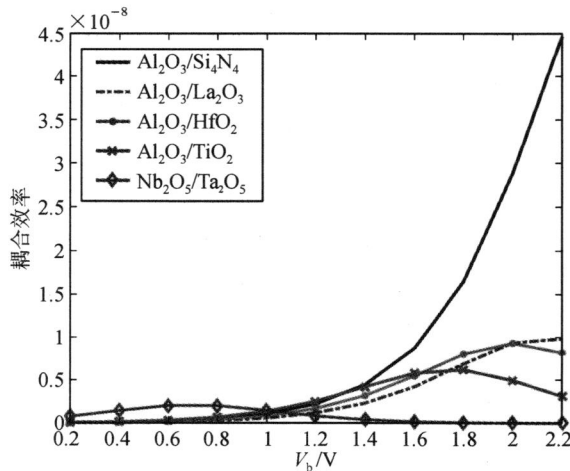

图 3.28　不同绝缘层材料的纳米整流天线耦合效率的变化情况

通过上述分析可知，绝缘层的厚度与介电常数直接影响二极管的整流性能，继而影响纳米整流天线的耦合效率，因此这两个参数是设计中需要重点权衡的变量：当绝缘层厚度增加时，二极管响应率提高的同时，纳米整流天线的耦合效率却降低了；低介电常数的绝缘层材料会提高纳米天线与二极管之间的耦合效率，但是也会使得二极管的响应率减小。故在本文的设计中，选择材料参数处于中间的 Al_2O_3 和 HfO_2 作为 MIIM 二极管的双绝缘层材料。合适的整流二极管与高的耦合效率往往不能兼顾。因此，为了尽可能地提高光电转化效率，有必要对纳米整流天线的结构进行整体优化。

3.4　纳米天线的加工与测试

3.4.1　纳米天线的测试方案设计

1. 实验测试方案

高频特性对于验证 MIIM 二极管的整流能力至关重要，因此本文利用光学测量装置来测试二极管的电流、电压特性，实验中样件将被固体激光器辐射照亮，测试装置如图 3.29 所示。

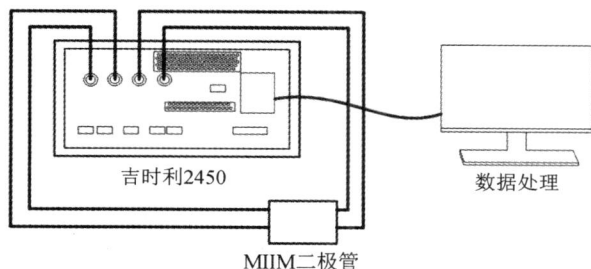

图 3.29　MIIM 二极管的测试装置简化示意图

本实验的测试装置所需器材有：黑暗封闭箱体和吉时利 2450。其中黑暗封闭箱体内部包括光学测试平台、GGB 纳米探针及其调整座、激光器、三维调整平台、同轴线、测试样件和显微镜，具体如图 3.30 所示。

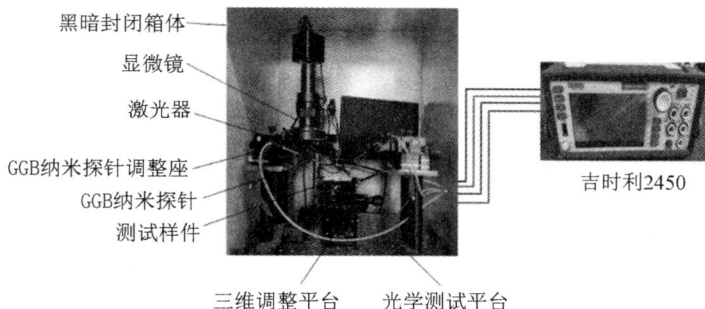

图 3.30　MIIM 二极管的测试平台实物图

2. 实验测试及其结果

根据上述实验方案开展实验测试。

首先，使用光照强度为 $26\ mW/cm^2$ 的 532 nm 的绿光激光器对隧穿二极管金属 Ag 层的上端进行照射。需要注意调整激光器的镜头使照射面积与样件表面积相匹配。

然后，利用两个 GGB 纳米探针探测底部阴极，另外两个 GGB 纳米探针用于探测金属阳极，并且将前两个探针所连接的轴线端口接到数字源表吉时利 2450 的后面板 Force LO 端，将后两个探针所连接的三同轴线端口接到数字源表吉时利 2450 的后面板 Force HI 端，至此便构成了电流回路。

最后，对数字源表吉时利 2450 的表盘进行操作以便调控设备，分别进行仪器重置、四线制接法、步进式电压扫描、电压扫描区间、源表的电流上限值和数据存储等设置，至此便完成了实验测试。

532 nm 激光器照射下的二极管 I-V 特性如图 3.31 所示。

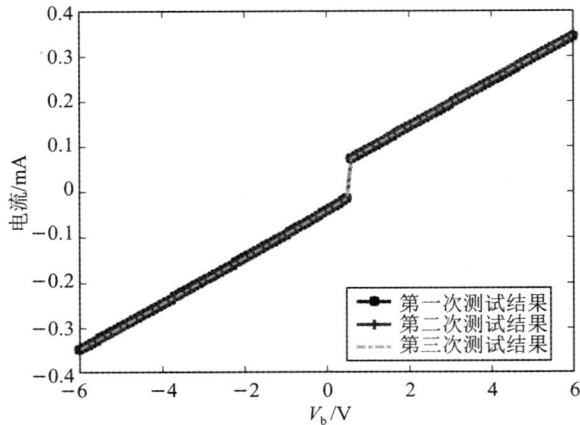

图 3.31　532 nm 激光器照射下的二极管 I-V 特性

对于红外光范围的测试，使用光照强度为 92 mW/cm^2 的 1064 nm 的红外激光器按照上述流程重新进行实验，其结果如图 3.32 所示。由两种不同波长激光器照射下的 I-V 特性均可发现，二极管阻值基本处于千欧姆范围，属于 MIIM 二极管阻值的理论量级[19]。但是两种光源下出现了在施加电压为某一值的前后，二极管的阻值分别保持在不同的水平，即电流特性突然发生变化的现象，该趋势与文献[19]相同，产生该现象的主要原因在于设备内部存在故障问题，使得测试的总电阻发生了改变。

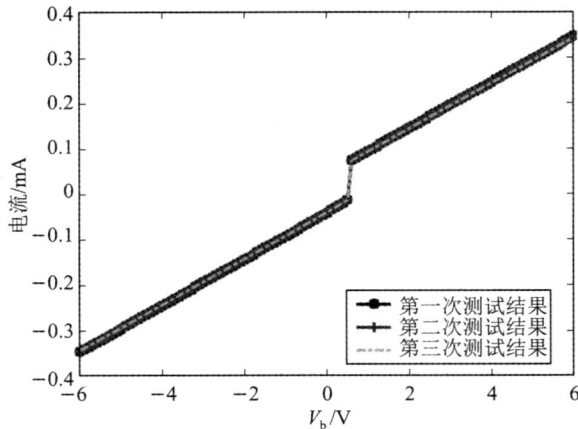

图 3.32　1064 nm 激光器照射下的二极管 I-V 特性

3.4.2　纳米天线的测试平台搭建

采用激光输出的方式对碳纳米管整流天线进行辐照,使其在辐照过程中发生表面等离激元共振,产生高频感应电流,进而通过整流器将交流电转化为直流电。整流天线实验测试原理如图 3.33 所示,实验中采用四线制测试法,利用该方法可有效地克服引线自身内电阻的影响,同时也可防止二极管在测试过程中发生短路现象,从而提高测试精度。

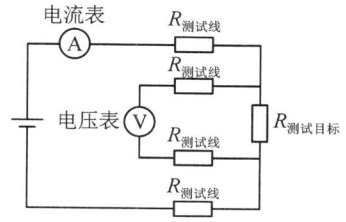

图 3.33　整流天线实验测试原理及实物图

3.4.3　纳米天线的正面照射实验测试

使用光照强度为 26 W/cm^2 的 532 nm 绿光激光器和 92 W/cm^2 的 1064 nm 红光激光器照射天线表面,然后连接探针、天线及源表。在[−0.02 V, 0.02 V]和[−6 V, 6 V]范围内均匀选取 200 个扫描点,正面照射下天线的 I-V 特性如图 3.34 与图 3.35 所示。

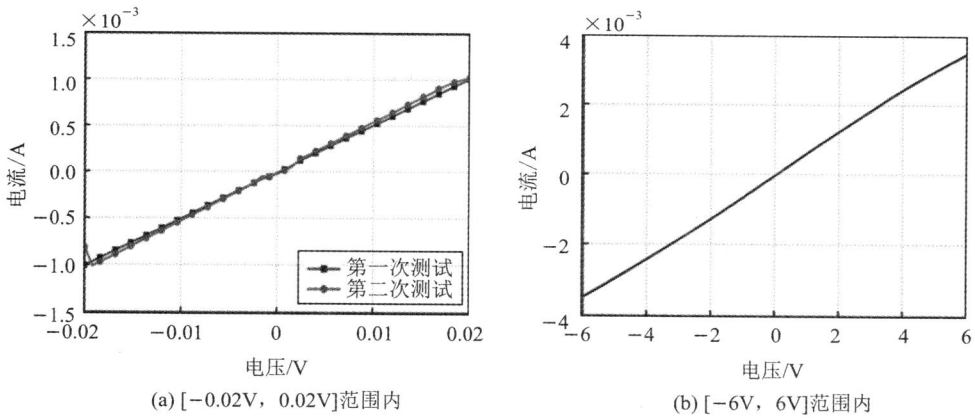

(a) [−0.02V, 0.02V]范围内

(b) [−6V, 6V]范围内

图 3.34　532 nm 绿光激光器正面照射下天线的 I-V 特性

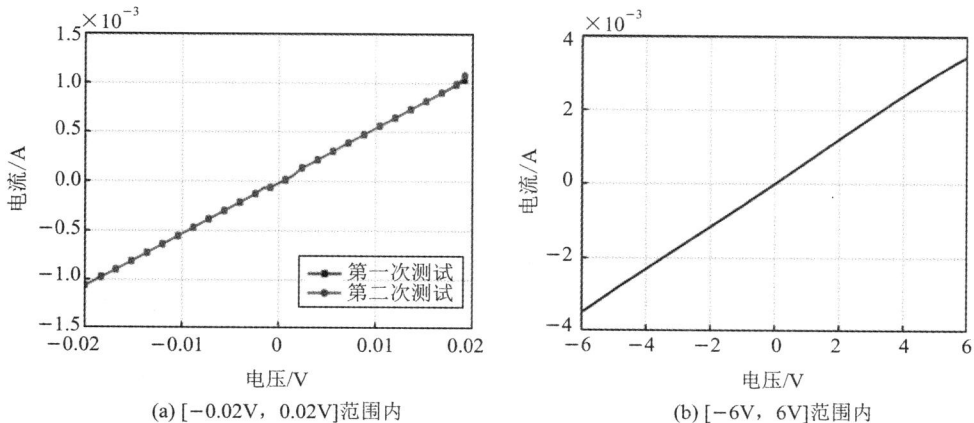

(a) [−0.02V, 0.02V]范围内

(b) [−6V, 6V]范围内

图 3.35　1064 nm 红光激光器正面照射下天线的 I-V 特性

从图 3.34 中可以看出，在 532 nm 绿光激光器正面照射下，天线总体曲线符合二极管伏安特性。通过对[−0.02 V, 0.02 V]范围内的数据拟合 I-V 特性曲线，可得线性方程为

$$y = 0.0529x + 8 \times 10^{-6} \tag{3.75}$$

对数据进行分析可知，天线的有效面积为 0.5 cm²。在 532 nm 绿光激光器正面照射下，开路电压为 0.151 mV 左右，短路电流密度约为 16 μA/cm²。考虑到天线磨损，假设磨损系数为 0.8，则最终的短路电流密度约为 20 μA/cm²。

整流纳米天线的光电转化效率可以表示为

$$\eta_{\text{PEC}} = \frac{P_{\max}}{P_0} \tag{3.76}$$

其中：$P_{\max}$ 表示测试平台的最大输出功率，通过回路电压、电流的分布确定；P_0 表示测试平台的最大输入功率。

根据图 3.35 测试结果中[−6 V, 6 V]范围内电流、电压曲线分布，得到电流关于电压的函数关系式：

$$I = I(V) = 6 \times 10^{-5} V - 4 \times 10^{-6} \tag{3.77}$$

对 $P = |V| \cdot I(|V|)$ 进行微分可得

$$P_{\max} = 3.775 \times 10^{-9} \text{ W}, \ P_0 = 1.04 \times 10^{-2} \text{ W}$$

根据式(3.77)计算得出 532 nm 绿光激光器正面照射下的光电转化效率为

$$\eta_{532} = \frac{P_{\max}}{P_0} = 3.63 \times 10^{-7} \tag{3.78}$$

根据图 3.35，可得 1064 nm 红光激光器正面照射下拟合[−0.02 V, 0.02 V]范围内的线性方程为

$$y = 0.0536x + 3 \times 10^{-6} \tag{3.79}$$

在 1064 nm 红光激光器正面照射下，开路电压为 0.056 mV，短路电流密度约为 6 μA/cm²，最终的短路电流密度约为 7.5 μA/cm²。

对 $P = |V| \cdot I(|V|)$ 进行微分可得 $P_{\max} = 1.4 \times 10^{-10}$ W，$P_0 = 3.68 \times 10^{-2}$ W，则 1064 nm 红光激光器正面照射下的光电转化效率为

$$\eta_{1064} = \frac{P_{\max}}{P_0} = 0.38 \times 10^{-8} \tag{3.80}$$

3.4.4 纳米天线的背面照射实验测试

为了对比正面照射与背面照射的差异，在进行正面照射实验之后，本文又进行了背面照射实验，实验现场如图 3.36 所示。

通过改变激光器的放置位置，形成不同的方向对天线进行照射，其他设置处理与正面照射相同。测试结果如图 3.37 和图 3.38 所示。

通过对图 3.37 和图 3.38 中的数据进行分析，可

图 3.36 背面照射实验现场图

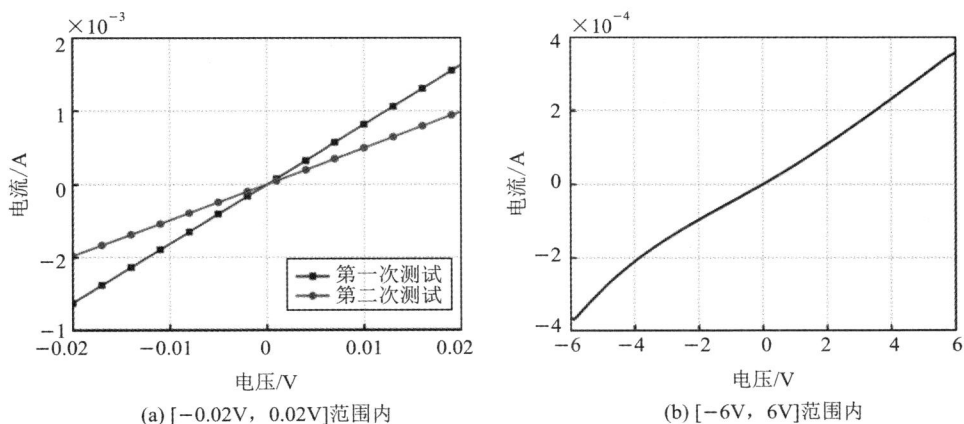

(a) [−0.02V，0.02V]范围内   (b) [−6V，6V]范围内

图 3.37   532 nm 绿光激光器背面照射下天线的 I-V 特性

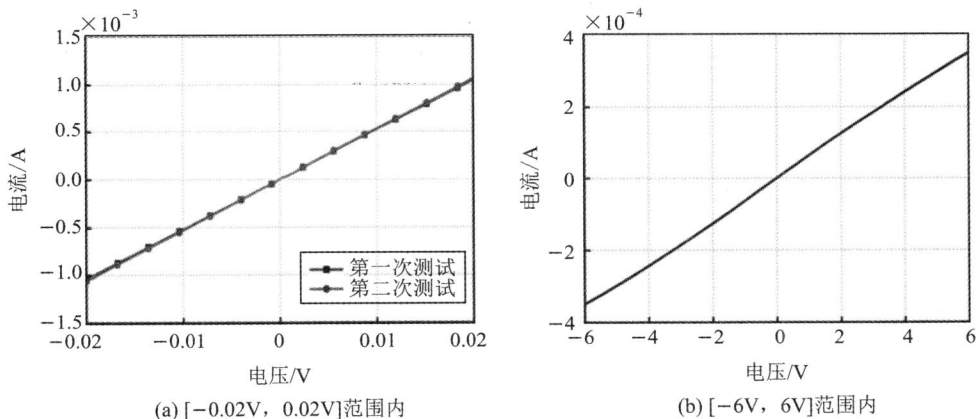

(a) [−0.02V，0.02V]范围内   (b) [−6V，6V]范围内

图 3.38   1064 nm 红光激光器背面照射下天线的 I-V 特性

得 532 nm 绿光激光器背面照射下拟合[−0.02 V，0.02 V]范围内的线性方程为

$$y = 0.0493x + 2 \times 10^{-6} \tag{3.81}$$

532 nm 绿光激光器背面照射下的开路电压为 0.041 mV，短路电流密度约为 4 μA/cm²，考虑到天线的破损，最终的短路电流密度约为 5 μA/cm²。

1064 nm 红光激光器背面照射下拟合[−0.02 V，0.02 V]范围内的线性方程为

$$y = 0.0774x + 3 \times 10^{-6} \tag{3.82}$$

1064 nm 红光激光器背面照射下的开路电压为 0.038 mV，短路电流密度约为 6 μA/cm²，最终的短路电流密度约为 7.5 μA/cm²。

两者的光电转化效率分别如下：

$$\eta_{532} = \frac{P_{\max}}{P_0} = 5.86 \times 10^{-8} \tag{3.83}$$

$$\eta_{1064} = \frac{P_{\max}}{P_0} = 0.31 \times 10^{-8} \tag{3.84}$$

本 章 小 结

光学纳米整流天线作为太阳能收集方式之一，因其不再受限于半导体禁带宽度，具有重要的理论研究意义与广阔的工程应用前景。本文围绕整个光学纳米天线的设计及制备加工测试展开了论述。从传统金属纳米天线出发，对用于接收不同极化方向太阳光的双层正交领结整流天线进行了设计与优化；针对金属纳米天线的制备难题，提出了基于碳纳米管结构的整流天线方案，并对核心设计参数进行了仿真分析；为了验证设计方案的合理性，加工制备了天线样件，搭建了测试平台，开展了实验测试。

基于碳纳米管的纳米整流天线的整体结构过于精细，其加工与制备面临很大的难度，本文也是在反复实验的基础上才得到了一些结果。因此，整个样件的制备与测试过程很可能存在偶然性，仍存在若干问题留待后续深入研究。

本章参考文献

［1］ 朱旭鹏，张轼，石惠民，等. 金属表面等离激元耦合理论研究进展［J］. 物理学报，2019，68(24)：26-43.

［2］ HASHEM I E，RAFAT N H，SOLIMAN E A. Theoretical study of metal-insulator-metal tunneling diode figures of merit［J］. IEEE journal of quantum electronics，2013，49(1)：72-79.

［3］ AJAYi O. DC and RF characterization of high frequency ALD enhanced nanostructured metal-insulator-metal diodes［M］. Florida：University of South，2014.

［4］ GROVER S，MODDEL G. Springer Metal Single-Insulator and Multi-Insulator Diodes for Rectenna Solar Cells［M］. New York：Rectenna Solar Cells Springer，2014.

［5］ 王杨. 基于表面等离子体的宽波段纳米天线与吸收器设计［D］. 南昌：华东交通大学，2017.

［6］ HERNER S B，WEERAKKODY A D，BELKADI A，et al. High performance MIIM diode based on cobalt oxide/titanium oxide［J］. Applied physics letters，2017，110(22)：223901.

［7］ NEMR NOUREDDINE I，SEDGHI N，MITROVIC I Z，et al. Barrier tuning of atomic layer deposited Ta2O5 and Al2O3 in double dielectric diodes［J］. Journal vacuum science and technology B，2017，35(1)：01A117.

［8］ ELSHARABASY A Y，NEGM A S，BAKR M H，et al. Global optimization of rectennas for IR energy harvesting at 10. 6 μm［J］. IEEE journal of photovoltaics，2019，9(5)：1232-1239.

［9］　王冰. 纳米尺度金属光学天线的近场与远场特性研究［D］. 天津：天津大学，2016.

［10］　RANGA R，KALRA Y，KISHOR K. Petal shaped nanoantenna for solar energy harvesting［J］. Journal of optics，2020，22(3)：035001.

［11］　徐志超，李娜，段宝岩. 基于太阳能收集的宽频螺旋纳米天线设计［J］. 光学学报，2017，37(8)：0826003.

［12］　TWATEROLMAN，ATWATER H，POLMAN A. Plasmonics for improved photovoltaic devices［J］. Materials for sustainable energy：a collection of peer-reviewed research and review articles from nature publishing group，2011：1-11.

［13］　OLAIMAT M，YOUSEFI L，RAMAHI O. Using plasmonics and nanoparticles to enhance the efficiency of solar cells：review of latest technologies［J］. JOSA B，2021，38(2)：638-651.

［14］　蒋旭，苏未安，殷超. 纳米硅薄膜厚度对其反射与吸收性能的影响［J］. 江西理工大学学报，2020，41(1)：90-96.

［15］　熊广. 多缝隙纳米天线的设计及优化［D］. 南昌：华东交通大学，2018.

［16］　HAMIED F，MAHMOUD K，HUSSEIN M，et al. Design and analysis of rectangular spiral nano-antenna for solar energy harvesting［J］. Progress In electromagnetics research C，2021，111：25-34.

［17］　ELSHARABASY A，NEGM A，BAKR M，et al. Global optimization of rectennas for IR energy harvesting at 10. 6 μm［J］. IEEE journal of photovoltaics，2019，9(5)：1232-1239.

［18］　GROVER S，MODDEL G. Metal single-insulator and multi-insulator diodes for rectenna Solar cells［M］. New York：Rectenna solar cells Springer，2013：89-109.

［19］　HASHEM I，RAFAT N，SOLIMAN E. Theoretical study of metal-insulator-metal tunneling diode figures of merit［J］. IEEE journal of quantum electronics，2012，49(1)：72-79.

04

第 4 章　机械天线

低频电磁波因具有超强的抗干扰与穿透能力，广泛应用于水下对潜通信、地下探测预警、空间远距离传输等领域[1-2]。然而，基于电磁辐射原理，低频天线往往结构巨大。针对这一问题，本章对低频小型化机械天线予以介绍。机械天线依靠永磁体或驻极体材料的机械运动，将机械能直接转化为电磁信号，可有效实现低频天线的小型化设计。但机械天线同样面临电机转速限制频率上限、调制方式限制传输速率等固有问题，这也是机械天线设计工作的重点与难点。本章首先介绍机械天线的基本工作原理；然后针对辐射单元与天线阵列进行设计，借助 CST 软件，建立机械天线的电磁分析模型，对其结构与电磁性能进行仿真分析；最后通过样件制备，搭建综合测试平台，开展多学科性能测试实验。

4.1　机械天线工作原理

机械天线的跨介质通信应用场景决定了其信号传播信道的复杂性[3]，跨介质通信传输信道如图 4.1 所示，信号传播过程中需要经过空气与海水两种不同介质，同时还要穿越两者之间的交界面，本章将重点分析电磁波跨越介质交界面时的传播规律。

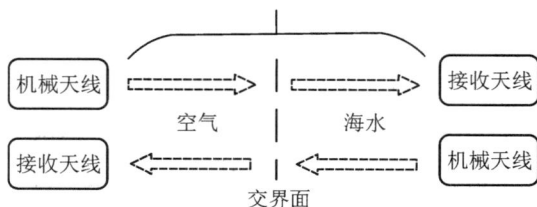

图 4.1　跨介质通信传输信道

4.1.1　低频电磁波跨越介质交界面传播规律

电磁波在穿过海水和空气两种介质之间的交界面进行传输时，会发生反射与折射，产生反射波与折射波，如图 4.2 所示，其中电磁波的入射角 θ_i 和折射角 θ_t 遵循菲涅尔区理论，其相互关系为

$$n_1 \sin\theta_i = n_2 \sin\theta_t \tag{4.1}$$

对于式(4.1)，当电磁波从空气向海水中入射时，n_1 代表空气中的折射率，n_2 代表海

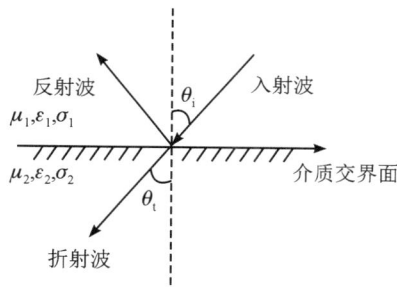

图 4.2　电磁波跨越介质交界面传播示意图

水中的折射率，而当电磁波从海水向空气中入射时，则相反。已知空气中的折射率为 1，而海水中的折射率为

$$n_{sea} = \sqrt{\frac{\mu_s \varepsilon_e}{\mu_a \varepsilon_a}} \tag{4.2}$$

其中：ε_a 为空气中的介电常数；ε_e 为海水中的介电常数，为复数[1]，且有

$$\varepsilon_e = \varepsilon_0 \varepsilon_r - \frac{j\sigma}{\omega} \tag{4.3}$$

将式(4.3)代入式(4.2)可得

$$n_{sea} = \sqrt{\frac{\mu_s \left(\varepsilon_0 \varepsilon_r - \dfrac{j\sigma}{\omega} \right)}{\mu_a \varepsilon_a}} \tag{4.4}$$

其中：ω 为电磁波的角频率；μ_a 和 μ_s 分别为空气和海水中的磁导率，两个值均约等于 1；σ 为海水中的电导率，其值在 3 S/m 到 5 S/m 之间；ε_0 为真空介电常数，其值为 8.85×10^{-12} F/m；ε_r 为海水的相对介电常数，其值为 81。由此可知，ε_e 的虚部远远大于实部，且由于海水的磁导率与空气的相似，故 $\varepsilon_e \gg \varepsilon_a$，因此海水中的折射率 n_{sea} 非常大。当电磁波在通过介质交界面从空气向海水中入射时，$n_2 \gg n_1$，故无论入射角 θ_i 如何变化，折射角 θ_t 都很小。因此电磁波在海水中是近似垂直传播的。而当电磁波从海水向空气中入射时，$n_2 \ll n_1$，即只要入射角 θ_i 略大于 0，其折射角就会很大，即当入射角 θ_i 达到一定值时，电磁波穿过交界面后在空气中会沿着交界面水平传播。

由于低频机械天线通过辐射磁感应信号与接收线圈进行通信，而磁感应场主要由近场的静态磁场承载，在永磁体附近静态存储，因此不会在两种不同介质之间的交界面上反射，因此磁感应通信被认为是最适合进行跨介质传输的通信方式之一[4-6]。

4.1.2　低频电磁波水下衰减特性分析

当电磁波信号进入导电介质后，传播常数为 $\gamma = \alpha + j\beta$，是由衰减常数 α 和相移常数 β 组成的复数，其中 α 和 β 分别为

$$\begin{cases} \alpha = \omega \sqrt{\dfrac{\mu_s \varepsilon_s}{2} \left[\sqrt{1 + \left(\dfrac{\sigma}{\omega \varepsilon_s} \right)^2} - 1 \right]} \\ \beta = \omega \sqrt{\dfrac{\mu_s \varepsilon_s}{2} \left[\sqrt{1 + \left(\dfrac{\sigma}{\omega \varepsilon_s} \right)^2} + 1 \right]} \end{cases} \tag{4.5}$$

海水对于低频及以下波段的电磁波可以视为良导体，因此其损耗正切 $\sigma/(\omega\varepsilon_s)$ 远大于 1，故衰减常数和相移常数可简化为

$$\alpha \approx \beta \approx \sqrt{\pi f \mu_s \sigma} \tag{4.6}$$

由式（4.6）可知，海水对电磁波的衰减是随其频率的降低而降低的，电磁波的波长为

$$\lambda = \frac{v_p}{f} \approx 2\sqrt{\frac{\pi}{f\mu_s\sigma}} \tag{4.7}$$

其中：v_p 为电磁波的相速度，具体表达式为

$$v_p = \frac{\omega}{\beta} \approx 2\sqrt{\frac{\pi f}{\mu_s\sigma}} \tag{4.8}$$

由式（4.7）和式（4.8）可知，频率增大会导致电磁波的相速度增大和波长减小。

电磁波在海水中的标准趋肤深度为

$$\delta = \frac{1}{\sqrt{\pi f \mu_s \sigma}} \tag{4.9}$$

由上式可知，随着海水中电导率 σ、磁导率 μ_s 和频率 f 的增大，趋肤深度 δ 将越来越小，即电磁波在水下的传播距离会变短。由于海水中的介质属性无法改变，因此为了增大水下通信的有效距离，使用的频段不宜过高。

联立式（4.6）与式（4.9）可得

$$\delta = \frac{1}{\alpha} \approx \frac{1}{\sqrt{\pi f \mu_s \sigma}} \tag{4.10}$$

联立式（4.7）与式（4.10）可得

$$\lambda = \frac{2\pi}{\alpha} \tag{4.11}$$

最终可得趋肤深度与波长的关系为 $\lambda = 2\pi\delta$。故可知，电磁波的波长在海水中的大小受趋肤深度影响，与其呈正比关系。

4.1.3　磁偶极子的等效模型

由于永磁体在微观角度可以等效为无数个磁偶极子，而旋转运动又可以分解为两个相同速度的正交简谐振动，因此可以先从磁偶极子入手，进而分析机械天线的辐射模型[7-9]。首先将永磁体等效为电流环，等效模型如图 4.3 所示。

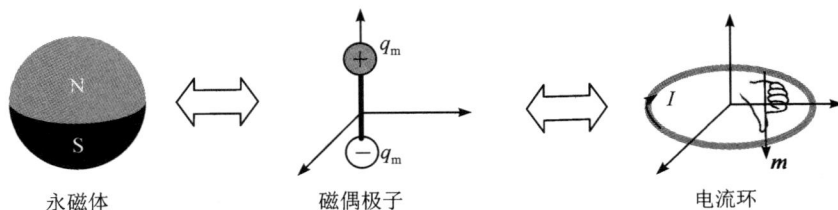

永磁体　　　　　　　磁偶极子　　　　　　　电流环

图 4.3　磁偶极子等效模型

然后分析稳态的磁偶极子，通常采用磁偶极矩来表示其大小和方向。静态情况下，永磁体的磁偶极矩是恒定的。由于磁偶极子可以等效为电流环模型，其磁偶极矩 m 可以表

示为

$$\bm{m} = \mu_0 I \bm{S} \tag{4.12}$$

其中：μ_0 为真空磁导率；I 为电流环流入交流电的电流幅值；$\bm{S}$ 为电流环回路的有向面积，方向即为磁矩方向，由右手螺旋定则确定，且 $S = \pi a^2$，a 为环路的半径。

建立如图 4.4 所示的磁偶极子坐标系，将等效后的电流环放置于水平 xoy 面上，图中用 $\bm{r}$ 来表示场点的位置矢量，而其源点位置矢量为 $\bm{r}' = -\bm{e}_x a\cos t + \bm{e}_y a\sin t$。

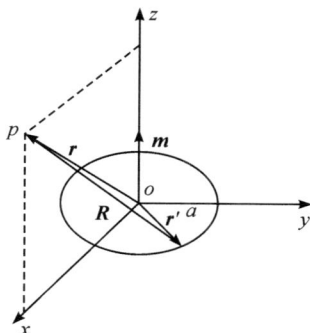

图 4.4　磁偶极子坐标系示意图

在电流环上任取一段无限小的电流微元 $I\mathrm{d}\bm{l}'$，有

$$\mathrm{d}\bm{l}' = \mathrm{d}\bm{r}' = (-\bm{e}_x a\sin t + \bm{e}_y a\cos t)\mathrm{d}t \tag{4.13}$$

图 4.4 中的 $\bm{R}$ 表示任意一点 p 到电流微元的距离矢量，有如下关系：

$$\bm{R} = \bm{r} - \bm{r}' \tag{4.14}$$

可得在自由空间中任一点处的矢量磁位计算公式[1]：

$$\bm{A}(\bm{r}) = \frac{\mu_0 I}{4\pi} \oint \frac{\mathrm{e}^{-jk|\bm{r}-\bm{r}'|}}{|\bm{r}-\bm{r}'|} \mathrm{d}\bm{l}' \tag{4.15}$$

简化其指数因子为

$$\mathrm{e}^{-jk|\bm{r}-\bm{r}'|} = \mathrm{e}^{-jk(R-r+r)} = \mathrm{e}^{-jkr} \cdot \mathrm{e}^{-jk(R-r)}$$

$$\approx \mathrm{e}^{-jkr}[1 - jk(R-r)] \tag{4.16}$$

将式(4.16)代入式(4.15)可得

$$\bm{A}(\bm{r}) = \frac{\mu_0 I}{4\pi} \oint_l \frac{1}{R}(1 + jkr - jkR) \cdot \mathrm{e}^{-jkr} \mathrm{d}\bm{l}' \bm{a}_l$$

$$= (1 + jkr)\mathrm{e}^{-jkr}\left(\frac{\mu I}{4\pi}\oint_l \frac{\mathrm{d}\bm{l}' \bm{a}_l}{|\bm{r}-\bm{r}'|}\right) - \frac{jk\mu I}{4\pi}\mathrm{e}^{-jkr}\oint_l \mathrm{d}\bm{l}' \bm{a}_l \tag{4.17}$$

显然，式(4.17)中后一项曲线积分后为零，故可简化得

$$\bm{A}(\bm{r}) = \bm{a}_\varphi \frac{\mu I S}{4\pi r^2}(1 + jkr)\sin\theta \mathrm{e}^{-jkr} \tag{4.18}$$

自由空间中，由矢量磁位计算得到磁场：

$$\bm{H} = \frac{1}{\mu} \bm{\nabla} \times \bm{A} \tag{4.19}$$

联立式(4.18)和式(4.19)可以得到磁偶极子在自由空间中所产生的磁场的三个分量为

$$
\begin{cases}
\boldsymbol{H}_r = \dfrac{\boldsymbol{m}}{2\pi}\cos\theta\left(\dfrac{1}{r^3} + \dfrac{\mathrm{j}k}{r^2}\right)\mathrm{e}^{-\mathrm{j}kr} \\[2mm]
\boldsymbol{H}_\theta = \dfrac{\boldsymbol{m}}{4\pi}\sin\theta\left(\dfrac{1}{r^3} + \dfrac{\mathrm{j}k}{r^2} - \dfrac{k^2}{r}\right)\mathrm{e}^{-\mathrm{j}kr} \\[2mm]
\boldsymbol{H}_\varphi = \boldsymbol{0}
\end{cases}
\tag{4.20}
$$

由电场与磁场转换关系得

$$
\boldsymbol{E} = (\mathrm{j}\omega\varepsilon)^{-1}\boldsymbol{\nabla}\times\boldsymbol{H}
\tag{4.21}
$$

联立式(4.20)和式(4.21)即可得到磁偶极子在自由空间中所产生的电场的三个分量为

$$
\begin{cases}
\boldsymbol{E}_r = \boldsymbol{0} \\[2mm]
\boldsymbol{E}_\theta = \boldsymbol{0} \\[2mm]
\boldsymbol{E}_\varphi = -\mathrm{j}\dfrac{\boldsymbol{m}k}{4\pi}\eta\sin\theta\left(\dfrac{\mathrm{j}k}{r} + \dfrac{1}{r^2}\right)\mathrm{e}^{-\mathrm{j}kr}
\end{cases}
\tag{4.22}
$$

从电磁场的表达式可知,磁偶极子的磁场分量只存在 r 和 θ 方向的分量,而电场只存在 φ 方向的分量,其他分量都为 $\boldsymbol{0}$;且电场与磁场之间是互相垂直的。

当 $kr\gg1$ 时为磁偶极子的远区辐射场,故只需取其矢量表达式中包含 $1/(kr)$ 的项,可得磁偶极子的远区辐射场为

$$
\begin{cases}
\boldsymbol{H}_\theta = -\dfrac{\boldsymbol{m}k^2}{4\pi r}\sin\theta\,\mathrm{e}^{-\mathrm{j}kr} \\[2mm]
\boldsymbol{E}_\varphi = \dfrac{\boldsymbol{m}k^2}{4\pi r}\eta\sin\theta\,\mathrm{e}^{-\mathrm{j}kr}
\end{cases}
\tag{4.23}
$$

根据式(4.23)在 MATLAB 中绘制出了如图 4.5 所示的磁偶极子的辐射方向图,从结果来看,其与已有的磁偶极子理论模型的方向图十分吻合。

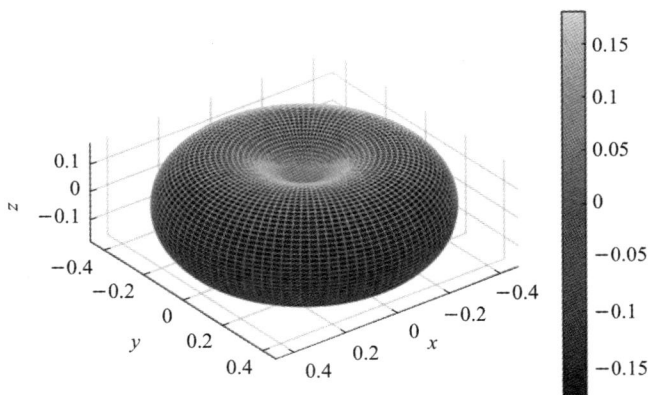

图 4.5　磁偶极子的辐射方向图

4.1.4　旋转磁偶极子的等效模型

如图 4.6 所示,将两个正交的电流环进行矢量叠加后,可以得到旋转磁偶极子的等效模型,其电流方向也相互正交,相位上延后 $\pi/2$[10-11]。

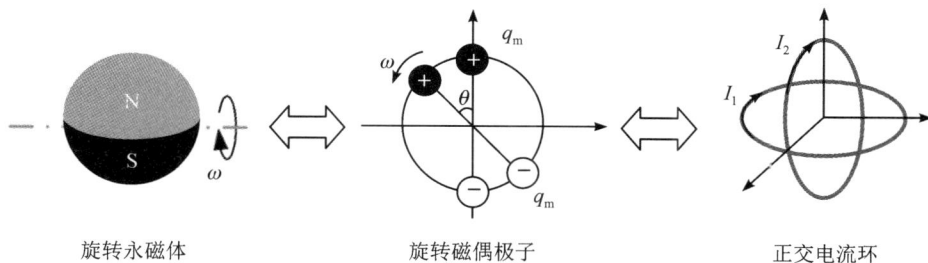

(a) 旋转磁偶极子等效模型

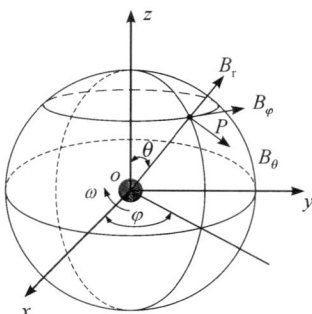

(b) 球坐标系中的旋转磁偶极子示意图

图 4.6 旋转磁偶极子示意图

设磁偶极子的旋转轴为 x 轴，旋转平面为 yoz 面，旋转角速度为 ω，由于磁偶极子做旋转运动涉及非常多的矢量方向，故引入球坐标系来进行模型的推导，图 4.6(b)为球坐标系中的旋转磁偶极子示意图。

直角坐标系与球坐标系的转换关系为

$$\begin{cases} \boldsymbol{e}_x = \boldsymbol{e}_r \sin\theta\cos\varphi + \boldsymbol{e}_\theta \cos\theta\cos\varphi - \boldsymbol{e}_\varphi \sin\varphi \\ \boldsymbol{e}_y = \boldsymbol{e}_r \sin\theta\sin\varphi + \boldsymbol{e}_\theta \cos\theta\sin\varphi + \boldsymbol{e}_\varphi \cos\varphi \\ \boldsymbol{e}_z = \boldsymbol{e}_r \cos\theta - \boldsymbol{e}_\theta \sin\theta \end{cases} \quad (4.24)$$

$$\begin{cases} x = r\sin\theta\cos\varphi \\ y = r\sin\theta\sin\varphi \\ z = r\cos\theta \end{cases} \quad (4.25)$$

假想有磁流元与磁荷的存在，则可认为当磁偶极子在自由空间旋转时，只存在磁流元这一假想物质，因此可以将麦克斯韦方程组进行对偶变换，即

$$\begin{cases} \boldsymbol{\nabla} \times \boldsymbol{E} = \boldsymbol{J} - \mathrm{j}\omega\mu\boldsymbol{H} \\ \boldsymbol{\nabla} \times \boldsymbol{H} = \mathrm{j}\omega\mu\boldsymbol{E} \\ \boldsymbol{\nabla} \cdot \boldsymbol{H} = \dfrac{\rho}{\mu} \\ \boldsymbol{\nabla} \cdot \boldsymbol{E} = 0 \end{cases} \quad (4.26)$$

式(4.26)为复数表示形式，其中 $\boldsymbol{E}$、$\boldsymbol{J}$ 和 $\boldsymbol{H}$ 为矢量，分别表示电场强度、磁化电流和磁场强度，ω、μ 和 ρ 为标量，分别表示角速度、磁导率和磁流密度。

　　磁偶极矩会影响静止状态下的磁偶极子电磁场，与磁体的剩余磁化强度和体积关系为

$$m_0 = B_r V \qquad (4.27)$$

其中：B_r 为磁体的磁化强度，V 为磁体的体积。

　　磁偶极子在旋转过程中，其磁偶极矩呈现动态变化，瞬态下为

$$\boldsymbol{m} = m_0(\boldsymbol{e}_y \cos\omega t - \boldsymbol{e}_z \sin\omega t) = m_0(\boldsymbol{e}_y + \mathrm{j}\boldsymbol{e}_z) \qquad (4.28)$$

其中：m_0 代表静态磁偶极子的磁偶极矩（磁矩），是一个定值。

　　联立式（4.24）和式（4.28）可得

$$\boldsymbol{m} = m_0[\boldsymbol{e}_r(\sin\theta\sin\varphi + \mathrm{j}\cos\theta) + \boldsymbol{e}_\theta(\cos\theta\sin\varphi - \mathrm{j}\sin\theta) + \boldsymbol{e}_\varphi\cos\varphi] \qquad (4.29)$$

　　将式（4.29）代入式（4.18）中，即可求出旋转磁偶极子在自由空间中的磁矢位表达式为

$$\begin{aligned}
\boldsymbol{A}(\boldsymbol{r}) &= \frac{(1 + \mathrm{j}kr)\boldsymbol{m} \times \boldsymbol{r}\,\mathrm{e}^{-\mathrm{j}kr}}{4\pi r^3} \\
&= \frac{m_0}{4\pi r}\left(\mathrm{j}k + \frac{1}{r}\right)\mathrm{e}^{-\mathrm{j}kr}[\boldsymbol{e}_\theta\cos\varphi - \boldsymbol{e}_\varphi(\cos\theta\sin\varphi - \mathrm{j}\sin\theta)]
\end{aligned} \qquad (4.30)$$

　　将式（4.30）代入式（4.19）可求得磁偶极子在自由空间中的磁场方程为

$$\boldsymbol{H} = \frac{1}{\mu}\,\boldsymbol{\nabla} \times \left\{\frac{m_0}{4\pi r}\left(\mathrm{j}k + \frac{1}{r}\right)\mathrm{e}^{-\mathrm{j}kr}[\boldsymbol{e}_\theta\cos\varphi - \boldsymbol{e}_\varphi(\cos\theta\sin\varphi - \mathrm{j}\sin\theta)]\right\} \qquad (4.31)$$

　　联立式（4.21）、式（4.30）和式（4.31）求解可得旋转磁偶极子的电磁场辐射方程。根据天线基本原理，对于天线的近场区有 $kr \ll 1$，此时辐射方程中的 $1/(kr)^2$ 和 $1/(kr)^3$ 项是影响辐射场幅值大小的主要因素，此时旋转磁偶极子的近场辐射方程为

$$\begin{cases}
\boldsymbol{E} = -\mathrm{j}\dfrac{\mu_0 m_0 \omega}{4\pi r^2}[\mathrm{j}\boldsymbol{e}_\theta\cos\varphi + \boldsymbol{e}_\varphi(\sin\theta - \mathrm{j}\cos\theta\sin\varphi)] \\[2mm]
\boldsymbol{H} = \dfrac{\mu_0 m_0 \mathrm{e}^{-\mathrm{j}kr}}{4\pi r^3}[\boldsymbol{e}_r(2\cos\theta + \mathrm{j}2\sin\theta\sin\varphi) + \boldsymbol{e}_\theta(\sin\theta - \mathrm{j}\cos\theta\sin\varphi) - \mathrm{j}\boldsymbol{e}_\varphi\cos\varphi]
\end{cases} \qquad (4.32)$$

其中：μ_0 为真空磁导率，r 为辐射中心到接收点之间的传输距离。由旋转磁偶极子的近场辐射方程可知，近场区内的电场强度与磁偶极子旋转的角频率 ω 和其磁矩 m_0 成正比，而磁场强度则与之无关，只与磁偶极子的磁矩 m_0 有关，且磁场最大的平面是旋转平面。磁偶极子的磁偶极矩 m_0 可由式（4.27）求得，为了提高近场的磁场强度，可以在宏观上增大磁体的体积或者更换剩磁更大的材料。

　　自由空间中电磁信号的衰减规律为近区电场随着 $1/r^2$ 衰减，磁场随着 $1/r^3$ 衰减。对于天线远场区有 $kr \gg 1$，此时辐射方程中的 $1/(kr)$ 项是影响辐射场幅值大小的主要因素，旋转磁偶极子的远场辐射方程为

$$\begin{cases}
\boldsymbol{E} = \eta\,\dfrac{m_0 \omega^2}{4\pi c^2 r}\mathrm{e}^{-\mathrm{j}kr}[\mathrm{j}\boldsymbol{e}_\theta\cos\varphi + \boldsymbol{e}_\varphi(\sin\theta - \mathrm{j}\cos\theta\sin\varphi)] \\[2mm]
\boldsymbol{H} = \dfrac{\mu_0 m_0 \omega^2}{4\pi c^2 r}\mathrm{e}^{-\mathrm{j}kr}[\boldsymbol{e}_\theta(\sin\theta - \mathrm{j}\cos\theta\sin\varphi) - \mathrm{j}\boldsymbol{e}_\varphi\cos\varphi]
\end{cases} \qquad (4.33)$$

　　由旋转磁偶极子的远场辐射方程可以看出，其电场和磁场都与角频率 ω 成反比，与磁偶极矩 m_0 成正比。由于电磁场随 $1/r$ 衰减，因此远区的电磁场以球面波的形式存在。

将式(4.33)推导的旋转磁偶极子的远场辐射方程在 MATLAB 中进行绘制,得到自由空间中的三维方向图,如图 4.7 所示。

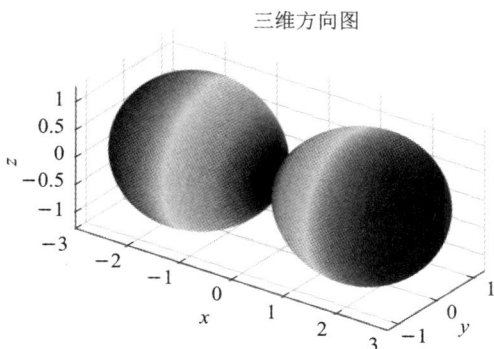

图 4.7 旋转磁偶极子的三维方向图

4.1.5 旋转磁偶极子在有损耗介质中的辐射场模型

用于磁感应通信的电磁波主要依靠磁场进行传播,因此磁场分量占主要部分[12],其磁感应强度为

$$B = \mu_0 H \tag{4.34}$$

对于垂直于接收线圈方向的磁感应强度分量,联立式(4.27)、式(4.32)和式(4.34),其值 B_r 可以表示为

$$B_r = \frac{\mu_0 m}{2\pi r^3} = \frac{B_0 V}{2\pi r^3} \tag{4.35}$$

电磁波在海水中同样存在与空气中一样的路径损耗 PL_0,其衰减量的分贝值可以表示为

$$PL_0 = 20\lg \frac{B_0}{B_r} \approx 15.96 + 60\lg r - 20\lg V \tag{4.36}$$

其中:B_0 为磁体的剩余磁通密度。将衰减常数 α 按分贝形式转换可得

$$PL_\alpha = -20\lg(e^{-\alpha r}) \tag{4.37}$$

电磁波在海水中的衰减量主要有三部分:第一部分,信号本身随距离发生的传播路径衰减,这部分与空气中的衰减量相同,为 PL_0;第二部分,交变磁场会在导电海水中诱导涡流,造成能量损耗,使磁场呈指数级衰减,这部分路径损耗记为 PL_α;第三部分,随着波长缩短,磁场的衰减随距离 r 变化,这部分额外损耗为 PL_β。因此,电磁波在海水中的全部损耗为

$$PL_{sw} = PL_0 - 20\lg \frac{B_{r,sw}}{B_{r,air}} = PL_0 + PL_\alpha + PL_\beta \tag{4.38}$$

由式(4.11)可知,海水中电磁波的波长明显降低,导致磁感应通信的范围超过近场。因此,在海水中不仅要考虑磁场的 $1/r^3$ 项,当波长缩短到一定值后,随着通信距离的增加,还要考虑磁场的 $1/r^2$ 和 $1/r$ 项。

对于式(4.37)中的衰减因子,将海水的磁导率、电导率值代入可得

$$PL_a \approx 0.034\,54\sqrt{f} \cdot r \qquad\qquad (4.39)$$

由式(4.39)可知,磁场在海水中的涡流损耗衰减量与频率和传播距离有关,而且是随传播距离的增加按指数规律增加的,即在同一位置处所接收到的信号强度峰值是随频率发生变化的,由于磁信号的频率增加可以使其携带的信息量增加,接收端的感应电压也会有所增加,但是频率的增加也会导致衰减的增加,故在应用中需要天线的频率多变,即增加通信频点与频率上限。

4.2 机械天线设计方法

针对跨介质通信的技术需求与机械天线的基本工作原理,依据旋转磁偶极子理论与相对运动原理[13-14],本文提出一种基于磁快门结构的新型机械天线。由于磁偶极子辐射主要以磁流为辐射源,而永磁体是其宏观状态下的实际存在形式,因此采用球形永磁体代替磁偶极子,由交替排布的球形永磁体与高磁导率快门片组成磁快门结构,如图 4.8 所示。

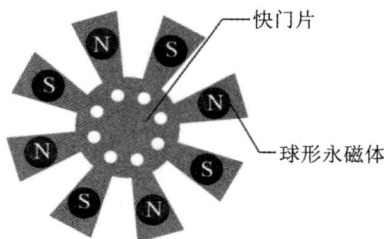

图 4.8　磁快门结构示意图

磁快门结构主要由具有高磁导率的屏蔽材料和强磁性的永磁体材料组成。钕铁硼永磁体(NdFeB)的磁性很强,经过磁化后能够长期保持磁性,剩磁可以达到 $B_r = 1.23\mathrm{T}$,因此可以在体积较小的情况下产生足够大的磁场,适合作为永磁体。高磁导率的屏蔽材料初步选择铁氧体材料、坡莫合金(permalloy)以及 1010 钢,后续通过仿真再进一步择优。快门片的厚度为 2 mm,单个快门片扇叶的尺寸如图 4.9 所示。在快门片上开孔是为了便于后续固定螺栓。

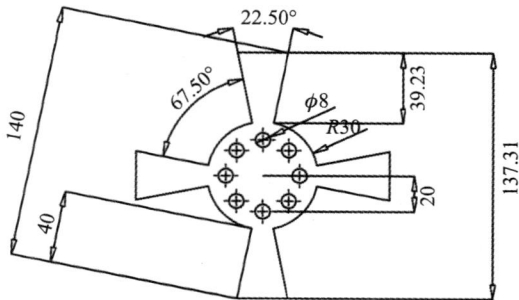

图 4.9　单个快门片扇叶的尺寸示意图

如图 4.9 所示,球形永磁体绕阵列圆心均匀分布,间隔 45°,其辐射单元的结构和运动机理类似电动机,由固定不动的永磁体阵列结构(定子)与保持旋转的磁快门结构(转子)组成，定子与转子相对运动，使其附近的磁信号实现周期性的"遮挡"和"开放"，进而形成交替变化的时变电磁场并最终辐射低频正弦磁信号。

　　磁快门结构倍频辐射的机理如图 4.10 所示，其中图 4.10(a) 所示的磁场信号趋于正弦变化，时域上对应的三种时刻如图 4.10(b) 所示。

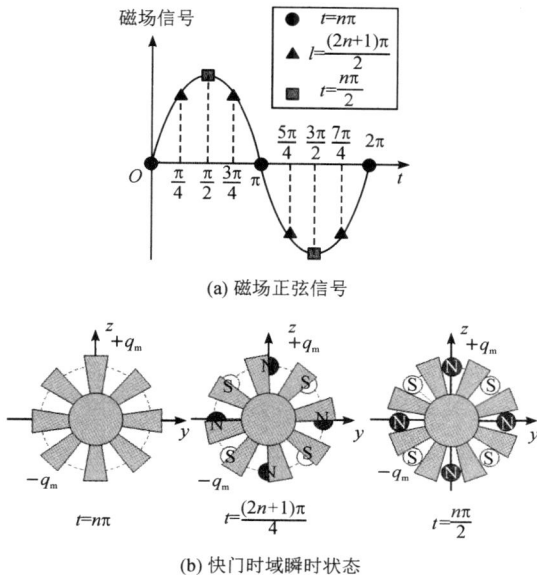

(a) 磁场正弦信号

(b) 快门时域瞬时状态

图 4.10　磁快门结构倍频辐射机理

　　旋转磁偶极子磁矩随旋转运动时刻发生变化，如图 4.11 所示的磁快门结构等效模型，将球形永磁体磁极交替排布后，形成等间距的 N 对永磁体，当 $N = 4$ 时，磁矩随旋转运动的变化速率呈现 4 倍的效果，其等效旋转角速度为 4ω，则天线的工作频率为

$$f = n \cdot N \tag{4.40}$$

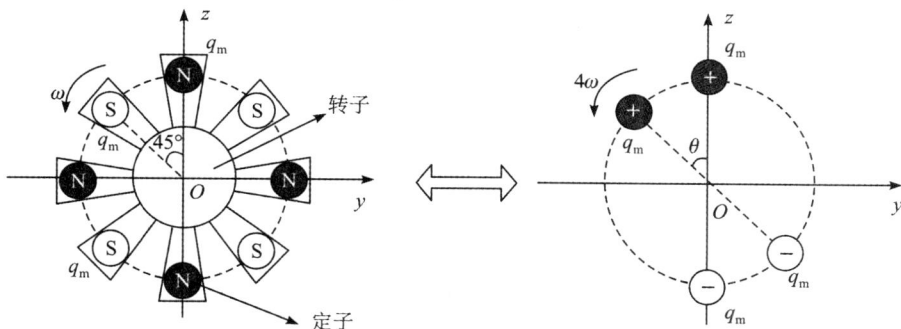

图 4.11　磁快门结构的等效模型

　　通常情况下，传统旋转永磁体式机械天线的辐射规律为：如果电机驱动转速为 n r/s，机械天线的辐射频率为 n Hz。而由于旋转磁快门式机械天线的原理为：永磁体阵列(定子)静止，磁快门结构(转子)以 n r/s 的转速旋转，当 $N = 4$ 时，可以等效为一对磁偶极子以 $4n$ r/s 的转速在自由空间中旋转。因此利用该阵列组合，可以产生与旋转速度呈倍数的正弦磁信号，即实现磁感应信号的倍频。

4.3 机械天线仿真分析

天线的电磁特性会受到其结构参数的影响，为了给加工与实验分析提供理论指导，本文对机械天线的特性进行初步的仿真分析，以此验证结构设计的合理性与优越性。基于磁快门结构的工作原理，本文建立机械天线辐射单元与阵列结构的仿真模型。与传统天线的仿真不同，机械天线的辐射源为机械能的磁快门结构，且其仿真方式与电机的旋转运动仿真更为类似。由于机械天线当前主要应用于磁感应通信，因此本文将仿真分析的研究重点放在其磁场信号的分析上，通过对比并优化不同结构参数下电磁特性的表现，验证其倍频能力，提出一种基于双旋转轴的阵列方向图调控法以及基于多旋转轴的增加频点的方法，并探究其作为跨介质通信天线的实际功能。

机械天线在工作时，其辐射源的旋转还需要有电机、固定台、轴承、转动轮等外加装置进行驱动，以及 MCU 控制单元和继电器进行控制，但是在对其进行电磁性能分析时，上述装置对仿真结果几乎没有影响，因此可以省略掉这些外加的驱动与控制结构。只需要在仿真软件中设置好主体材料以及仿真环境的参数，再设置恰当的边界条件，就可以模拟真实服役环境下机械天线的工作情况了。

利用 ANSYS Electronics 中的 Maxwell 软件进行低频电磁场仿真分析的具体步骤如下：

第一步，在求解器类型中选择瞬态求解器，将设计好的天线简化结构在三维坐标系中建立几何模型，并对建好的模型进行材料选择、属性与参数定义。如图 4.12 所示，中间的快门片结构为高磁导率屏蔽材料，初步采用坡莫合金（Permalloy），使用两个四叶扇结构的快门片错开叠在一起，布置在快门片两侧交替排布的球形永磁体阵列于 yoz 面内，其中球形永磁体的直径为 19 mm，距离阵列中心的距离为 50 cm，沿 x 轴方向磁化并围绕 x 轴形成八边形的环形结构，磁极交替排布，灰色为 N 极，黑色为 S 极。快门片与永磁体阵列之间的距离 d 初步设定为 30 mm，永磁体和快门片的参数设置如表 4.1 所示。阵列中心点为原点，采样点初步位于 x 轴正半轴的 2.5 m 处。

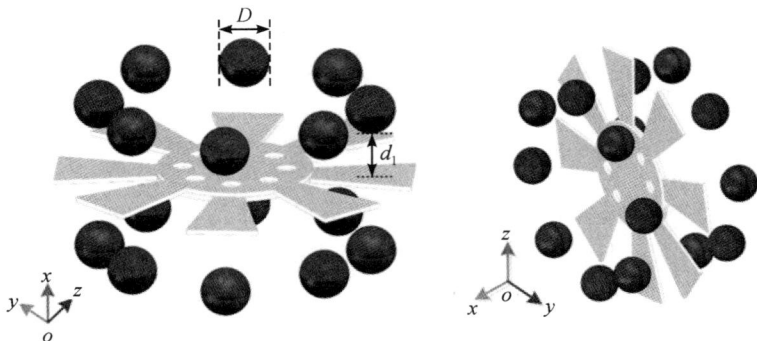

图 4.12 坐标轴方向以及阵列排布示意图

表 4.1 永磁体和快门片的参数设置

型号	剩磁 B_r/T	相对磁导率 μ_r	电导率 $\sigma/(s/m)$	矫顽力 $H_{cj}/(KA/m)$	密度 $\rho/(g/cm^3)$
N35(钕铁硼)	1.21	1.099	6.25×10^5	890	7.4
Permalloy(坡莫合金)	0	50 000	1.82×10^6	—	8.75

第二步，设定仿真环境的介质和圆柱形旋转域 Band，选择合适的转速（磁快门单元的旋转轴为 x 轴），求解域内部的介质可变化，具体参数设置如表 4.2 所示。

表 4.2 Maxwell 软件中的介质参数

介质	电导率/(s/m)	相对磁导率	相对介电常数
空气	0	1	1
土壤	0.1	0.95	5
海水	4	1	80

第三步，进行网格划分，网格采用内外不同的划分标准，内部旋转域选用较细且沿长度方向划分的网格。由于低频天线的传播距离较远，故外部的信号传播区域的范围较大，可以选用较为粗化的网格。

第四步，进行时域求解器的设置，在求解时域波形问题中，求解总时间对应样本点的总数量，而时间步长则对应样本点的采样间距，为了在尽量减少仿真求解时间的前提下使数据更精确，样本点的采样要参考机械天线的工作频率，本文设置求解的总时间为 25 ms，求解时间步长为 0.1 ms，因为对比发现这一参数设置下所求解出来的波形较为平滑且周期性结果更为明显。

第五步，进行数据后处理及计算结果的分析。在仿真计算完成后，需要利用场报告输出想要得到的仿真数据，所以在此之前需要先进行场计算器的设置，即在场计算器中编辑公式，分别计算 x、y、z 三轴的分量，最后在场报告中输出三轴分量的时域波形，以及机械天线的磁场梯度分布云图。

4.3.1 单旋转轴的电磁分析

在机械天线模型的基础上，本文通过对比分析结构参数对电磁性能的影响，在仿真软件中进行结构参数的优化（具体结构参数包括阵列的排布方式、快门材料、辐射单元的转速及磁铁阵列与快门片之间的距离），以及对比不同结构参数下的电磁性能，选择较优的材料和结构形式，并最终将其应用于机械天线设计。

机械天线与传统电天线的最大区别是机械天线通过近场的磁场进行磁感应通信，其辐射的磁场强度主要影响近场信号的传播距离[15-16]。因此，本文主要对比不同结构下的磁感应强度的峰值随传播距离的衰减程度，进而筛选出辐射强度最强的阵列结构形式。如果在仿真软件中去掉两侧固定的球形永磁体阵列，仅单独设置快门片旋转，因为剩余磁化强度 $B_0 = 0$，辐射源没有有效激励，所以无法进行仿真。参考 Mark Gołkowski 提出的磁快门方案，将永磁体阵列在高磁导率屏蔽材料的一侧进行固定安装，得到单侧磁快门结构。将这种单侧交替排布的 16 个球形永磁体阵列与本文所提出的双侧磁快门结构进行对比，快门片材料全部选用坡莫合金，旋转域转速设置为 1200 r/m。通过在距离机械天线中心点不同距离处进行采样，绘制出近场的磁场衰减特性曲线，如图 4.13 所示。对比可知，同样使用 16 个球形永磁体组成阵列，本文所提出的双侧磁快门结构进行了阵列排布方式的改进，近场的磁场强度得到了明显提高，最终提高了机械天线的辐射效率。图中在不同距离的测量点测得的磁感应强度峰值也近似与距离的三次方成反比，与本文所提的电磁波衰减理论模型基本吻合。其中局部有一些不吻合的点，这与多次仿真导致的网格划分的密集程度稍有不同有关。

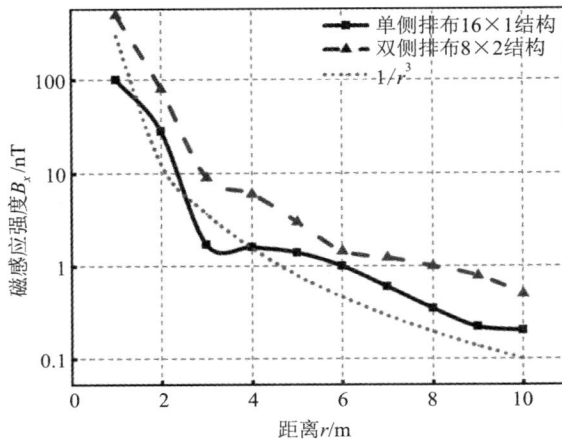

图 4.13　单双侧阵列近场的磁场衰减特性曲线

在仿真模型中改变快门片的材料，分别采用坡莫合金、铁氧体和 1010 钢，三种不同材料的具体参数如表 4.3 所示。如果保持其他变量不变，那么得到的近场磁感应强度随距离变化的对比如图 4.14 所示。可以发现由坡莫合金制成的快门片的近场磁感应强度衰减较缓慢，同一距离处的磁场更强，而铁氧体材料则稍弱于坡莫合金，1010 钢的磁场最弱。由于这三种材料除了磁导率不同外，其他参数的差别不大，因此可以推测出，快门片材料的相对磁导率和机械天线的辐射强度具有正相关关系。基于这一结论，本文后续研究将统一采用坡莫合金作为快门片材料。

表 4.3　三种不同材料的具体参数

材料型号	相对磁导率 μ_r	电导率 $\sigma/(s/m)$	密度 $\rho/(g/cm^3)$
Permalloy(坡莫合金)	50 000	1.82×10^6	8.75
Ferrite(铁氧体)	1000	0.01	4.6
Steel 1010(1010 钢)	500	2×10^6	7.9

接下来，在保持其他参数不变的前提下，通过改变机械天线的快门片与球形永磁体阵列的法向距离 d，研究相对距离对近场磁感应强度的影响，来确定最佳的距离，对比结果如图 4.15 所示。结果表明近场辐射的磁感应强度与快门片和永磁体阵列的距离成反比，距离

越近，辐射的磁感应强度越大。但是考虑到后续安装固定时，永磁体阵列与快门片之间可能存在磁性吸引，所以两者的距离也不能过近，因此最终将该距离定为 30 mm。

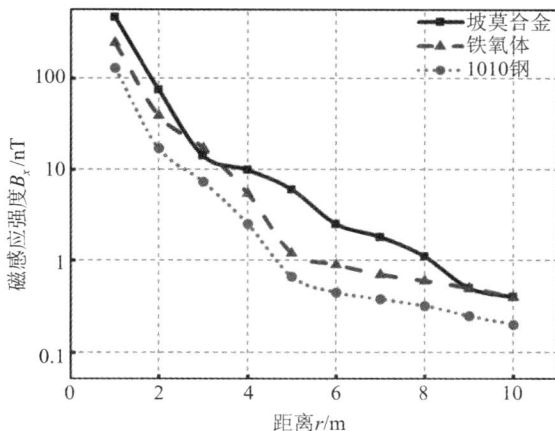

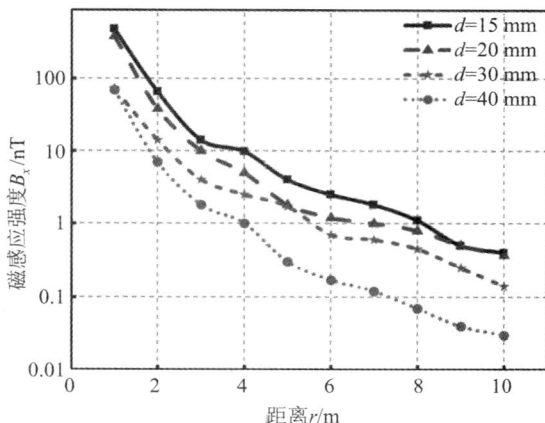

图 4.14　不同快门片材料的近场磁感应强度　　　图 4.15　不同快门片与永磁体阵列间距下的
随距离变化对比　　　　　　　　　　　　　　　　近场磁感应强度对比

最后，对快门片的厚度进行仿真分析。将 h 分别设置为 4 mm、6 mm 和 8 mm，得到不同厚度下的近场磁感应强度对比曲线，如图 4.16 所示。结果表明，快门片的厚度越厚，其近场磁感应强度越大。这说明了快门片的厚度越厚，其磁屏蔽效果越明显。但是相比于快门与永磁体的间距和快门材料的影响，快门厚度对近场磁感应强度的衰减特性影响较小。

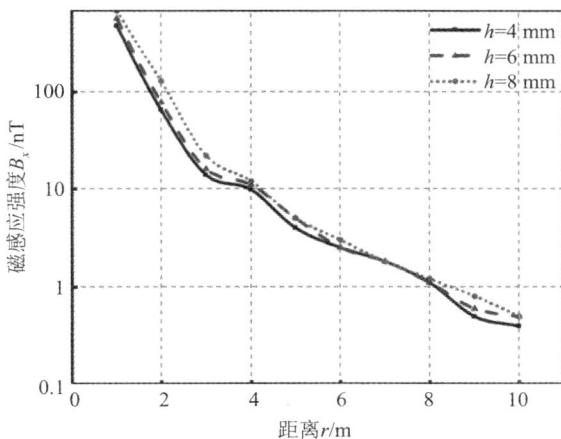

图 4.16　不同快门片厚度下的近场磁感应强度对比

根据上述仿真分析结果，可以确定较优的材料和结构形式。基于上述选择结果，建立磁快门式机械天线的模型，得到 xoy 面和 xoz 面的磁通量密度模近场分布云图，如图 4.17 所示。由图 4.17 可以看出，在整个工作过程中，机械天线的磁场方向图是全向的，近似椭圆形场分布，符合本文前面所提的旋转磁偶极子模型的等效假设。

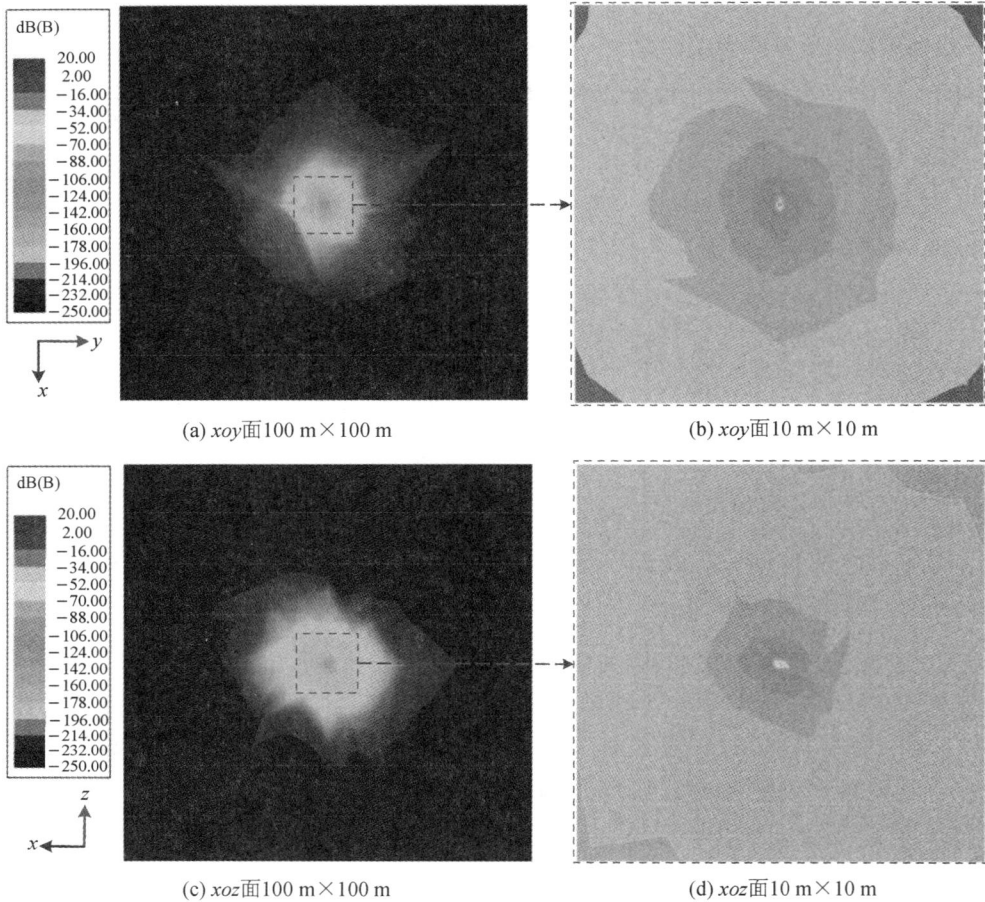

(a) xoy面100 m×100 m

(b) xoy面10 m×10 m

(c) xoz面100 m×100 m

(d) xoz面10 m×10 m

图 4.17　xoy 面和 xoz 面的磁通量密度模近场分布云图

4.3.2　倍频性能的时域和频域分析

机械天线工作于低频段，源源不断地辐射出低频正弦电磁波，对于信号后续的调制和通信系统中的作用类似信号振荡器，给后续的信号调制提供载波信号，使调制信号加载到载波信号上，从而进行信号传输，最终完成低频跨介质通信[17-19]。

为了更好地验证其倍频性能，本文对比磁快门式机械天线与传统的基于旋转永磁体机械天线的工作频率与电机转速之间的关系。首先将结构中的磁快门片去掉，将永磁体阵列置于旋转域内以相同的转速旋转，采样点位于 x 轴的正半轴 2.5 m 处，倍频效果对比如图 4.18 所示。结果表明，本文所设计的磁快门阵列结构中定子与转子的相对运动是实现四倍频性能的关键，两种结构的磁感应强度幅值并无太大差异。而且永磁体阵列的体积与质量相对快门片的更大，因此在实际工作中，需要考虑转动惯量的影响，转速越高，转动惯量越大。

为了进一步研究快门片对天线倍频性能的影响，将快门片上的扇叶由八片改为四片，设置旋转域的转速为 1200 r/m，得到近场的时域特性曲线，如图 4.19 所示。对比图 4.18

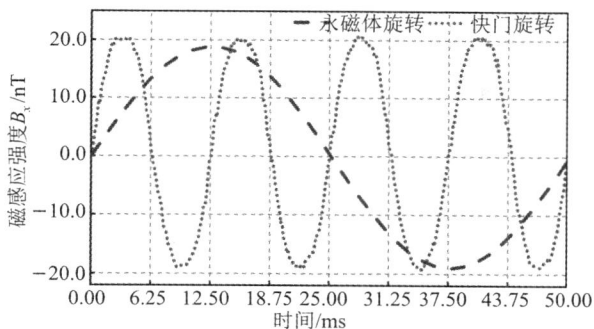

图 4.18　倍频效果对比

和图 4.19 可知，扇叶数量改变，倍频性能也会发生明显改变，从四倍频变成了两倍频，这是因为快门与天线相对运动时的间歇屏蔽频率发生了改变。由此可知，快门片扇叶数量的减少会使得天线倍频能力减弱。

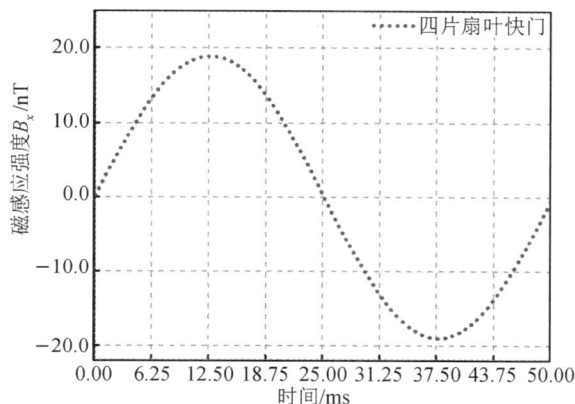

图 4.19　近场的时域特性曲线

　　下面分析辐射单元的旋转速度对天线电磁性能的影响规律。在其他条件相同的情况下，设置旋转域的转速分别为 1200 r/m、2400 r/m、4800 r/m，即快门片结构分别以 20 r/s、40 r/s、80 r/s 三种不同的速度旋转，时域波形对比如图 4.20 所示。由机械天线的辐射原理可知，当永磁体旋转速度分别为 1200 r/m、2400 r/m、4800 r/m 时，其辐射出的电磁波频率应该分别为 20 Hz、40 Hz、80 Hz。

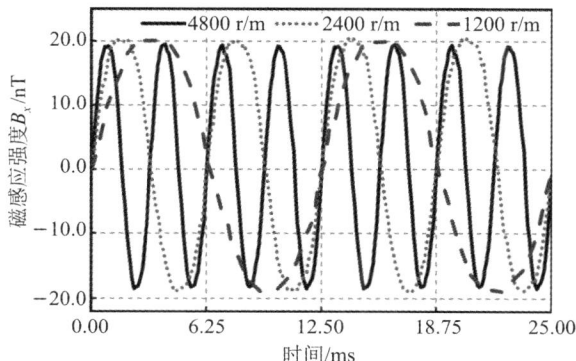

图 4.20　不同快门片转速下倍频性能的时域波形对比

再利用 MATLAB 完成时域到频域的傅里叶变换，得到如图 4.21 所示的频域曲线。低频信号的辐射频率分别为 79.7 Hz、159.4 Hz、318.7 Hz，结果显示，该天线确实可以实现四倍频的效果。通过前文分析可知，旋转角频率 ω 对天线近场的磁感应强度没有影响，由仿真结果可知确实如此。磁快门式机械天线和传统的永磁体式机械天线相同，都属于窄带天线，其工作频率主要取决于电机转速。因此，若想拓宽该天线的工作频段，可以尝试增加电机数量，使多个转速的阵列同时工作。

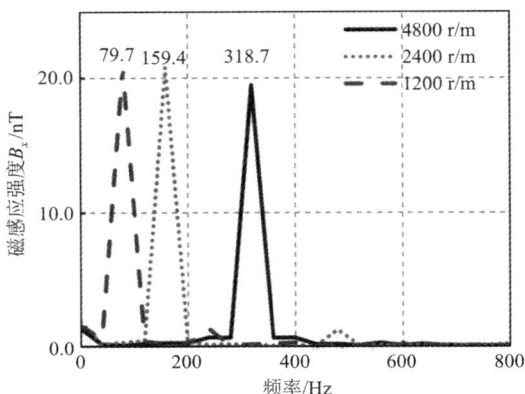

图 4.21　不同快门片转速下倍频性能的频域波形对比

当采样点位于 x 轴正半轴 2.5 m 处时，天线 B_x、B_y、B_z 三个分量的时域波形对比如图 4.22 所示。从图中可以发现，磁感应强度最强的方向分量为 x 轴方向的 B_x，几乎占据三轴分量的 90%，磁感应强度场具有明显的方向性，这与本文前面的理论假设以及其近场磁感应强度场的分布云图相吻合，因此后续也将主要研究 B_x 分量。

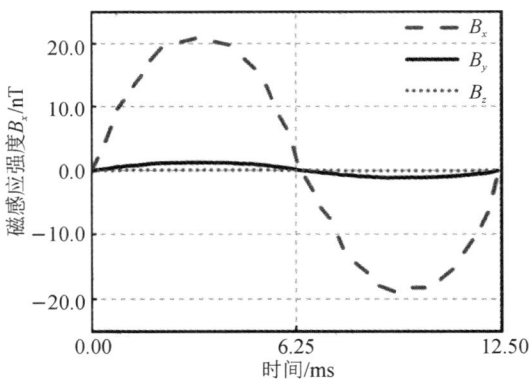

图 4.22　同一点处三轴分量时域波形对比

4.3.3　多旋转轴阵列的仿真分析

针对机械天线的仿真，利用 Maxwell 软件虽然可以设置旋转域，进行时域仿真时也更加方便快捷，但是这个软件只能设置一个旋转域 Band，无法实现多旋转轴机械天线阵列的仿真分析。因此本文选用 COMSOL Multiphysics 多物理场仿真软件来进行多旋转轴机械天线的仿真。通过 COMSOL 软件可以同时设置多个动网格，实现多个旋转轴的同时旋转；

利用其中的"旋转机械、磁"物理场，可以实现多旋转轴机械天线阵列的时域仿真和近场磁场特性仿真。

　　COMSOL 中模型的建立过程同 Maxwell 软件较为相似，不同的是，COMSOL 中的旋转域与信号传播的介质域需要形成装配体，并在它们之间创建一致边界对，以确保信号传输的连续性。因此，首先建立磁快门式机械天线双旋转轴的三维模型，将两个机械天线对称放置于 y 轴正负半轴上的两个圆柱形旋转域内，与原点的距离均为 5 m，外侧是填充着介质的传播域，具体仿真参数的设置如表 4.4 所示。

表 4.4　COMSOL 仿真参数设置

参　　数	永　磁　体	其他材料
磁化模型	设置为"剩余磁通密度"	设置为"相对磁导率"
电导率	设置为"来自材料"	设置为"来自材料"
材料类型	设置为"固体"	设置为"来自材料"
相对介电常数	1	设置为"来自材料"
磁通密度模	1.21 T	0
相对磁导率	1.05	设置为"来自材料"

　　在"旋转机械、磁"物理场中设置磁通量守恒的边界条件：遵循麦克斯韦方程的辅助方程，即表征介质宏观电磁特性的 $B\text{-}H$ 本构关系；对于各向同性的线性介质，将磁化模型设置为"剩余磁通密度"的永磁体，其本构关系为

$$\begin{cases} B = \mu_0 \mu_{\mathrm{rec}} H + B_{\mathrm{r}} \\ B_{\mathrm{r}} = \| B_{\mathrm{r}} \| \dfrac{e}{\| e \|} \end{cases} \tag{4.41}$$

将磁化模型设置为"相对磁导率"的其他材料，其本构关系为

$$B = \mu_0 \mu_{\mathrm{r}} H \tag{4.42}$$

　　如图 4.23 所示，对仿真模型进行网格划分，为了提高网格质量并加快计算速度，内部旋转域采用较密集的网格，外部的仿真域则采用较粗化的网格，最后设置域点探针，用来调取某一点的仿真数据。

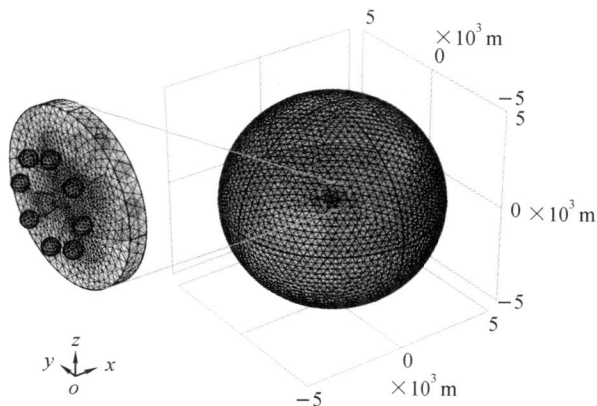

图 4.23　仿真模型网格划分示意图

传统电天线布阵时，阵元间距由天线辐射电磁波的波长决定，但机械天线的波长较长，

而阵元间距如果过大则起不到磁场叠加的作用，因此机械天线的阵元间距不宜过大。以二元阵为例，两个机械天线如图 4.24 所示沿 y 轴放置，阵元间距为 d，两个阵元之间初始相位角的差为 $\Delta\varphi$，探针设置于两阵元垂直平分线上 x 轴的正半轴上。

设置阵元间距 $d=5$ m，仿真时长为 4.5 ms，时间步长为 0.02 ms。情况一：设置旋转域 1 和旋转域 2 的转速都为 250 r/s。情况二：设置旋转域 1 的转速为 250 r/s，旋转域 2 的转速为 125 r/s。利用探针点调取 x 轴上一点 $Q_1(5$ m$,0,0)$ 的信息，其时域波形如图 4.25 所示。结果显示，情况

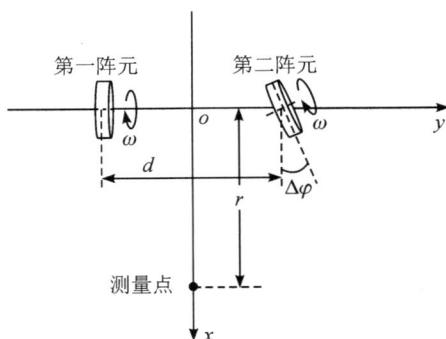

图 4.24 双旋转轴二元阵列坐标系示意图

一的曲线波形仍为正弦，而情况二的磁感应强度随时间的变化规律不再是正弦，而是两种正弦波组合在一起的多峰值波形，其最高峰值为 29.3 nT，最低峰值为 2.8 nT，产生了类似二次谐波的高次波形，与单一旋转轴生成的波形相比，呈现出半周期特性。将时域波形的数值点导出后经快速傅里叶变换（Fast Fourier Transform，FFT）后分别得到如图 4.26 所示的频域波形，可以看出情况二存在两个峰值点，其磁感应强度峰值大小近似相等，其对应的频率分别为 500 Hz 和 1000 Hz，由倍频特性可知该天线的频域特性与理论分析结果相吻合。

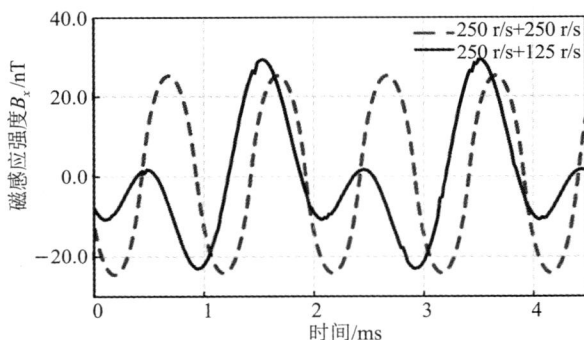

图 4.25 双旋转轴时域波形对比

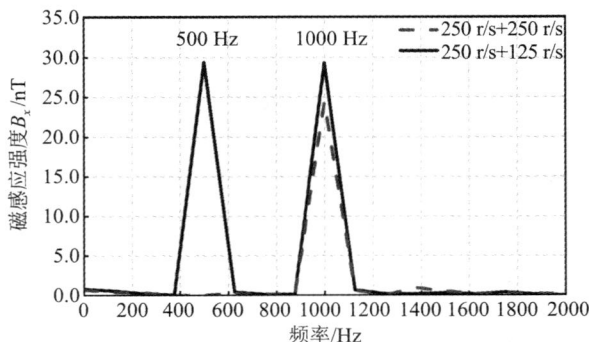

图 4.26 双旋转轴频域波形对比

在二维绘图组中分别绘出 $t=0$ s 时刻 xoy 面、yoz 面、xoz 面的磁场分布，如图 4.27 所示。与图 4.17 所示的单个旋转轴的磁通量密度模近场分布云图相比有明显不同，其磁场

沿 y 轴方向呈现"拉长"现象,即磁场有叠加效果,而沿 x 轴方向的磁场出现了较弱的区域,即出现了衰减现象。

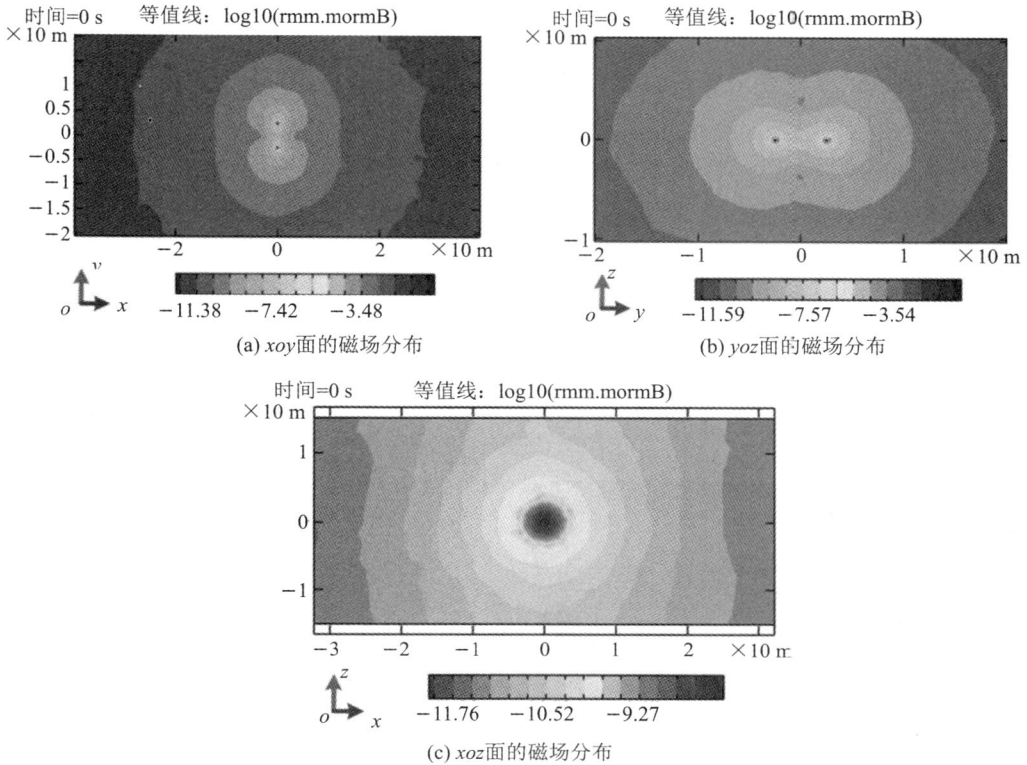

(a) xoy 面的磁场分布

(b) yoz 面的磁场分布

(c) xoz 面的磁场分布

图 4.27　不同平面内的磁场分布

由理论分析可知,机械天线可以等效为磁偶极子,旋转磁偶极子辐射的磁感应强度随距离的增大会快速衰减,如果想要增大磁感应强度,可以通过增大永磁体的剩余磁化强度(剩磁)B_r 或体积 V 来实现,而钕铁硼永磁体的剩磁 B_r 已经足够强,且体积 V 的增大势必导致转动惯量的增大,继而带来旋转过程中的机械应力问题。因此,本文尝试利用组阵的方法来提高整体辐射强度。

传统的电天线可以通过改变天线上的电流分布实现对方向图的调控。例如,对称振子天线可以通过改变振子的长度或组阵后通过调整阵元间距来改变方向图;而相控阵天线可以利用移相器来控制辐射单元的馈电相位,进而改变方向图。机械天线磁感应强度的场叠加可以通过多个旋转轴组成的小体积阵列来实现,这样既可以增强磁感应强度,也可以有效减小旋转结构的转动惯量。单双旋转轴的机械天线近场磁感应强度对比如图 4.28 所示,由图可知双旋转轴阵列的设计的

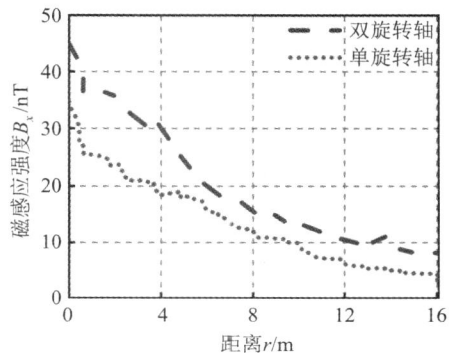

图 4.28　单双旋转轴的机械天线近场磁感应强度对比

确可以增强磁感应强度。因此，本文尝试通过改变多旋转轴阵列的阵元间距以及两个阵列间的初始相位角，来实现近场方向图的灵活调控。

当 $t=0$ s 时，控制初始相位角的差值 $\Delta\varphi=0°$ 不变，仅改变其阵元间距 d，即可得到如图 4.29 所示的不同阵元间距磁场分布，图 4.29（a）～图 4.29（d）分别为 $d=5$ m、$d=10$ m、$d=30$ m 和 $d=50$ m 时的磁场分布。由图可见，沿 y 轴方向的磁场方向图的形状发生了近似"拉长"的变化，但在其阵元连线的垂直平分线方向上却有所衰减，可见间距 d 的增大将会导致阵列的方向性沿 x 轴方向的叠加效果减弱、沿 y 轴方向的叠加效果增强。结果表明，当阵元间距过小时，场强可以叠加，但是方向性不明显；当阵元间距较大时，可以控制方向图形状使其发生近似"拉长"的变化，但磁感应强度在某些方向的叠加不明显，因此阵元间距需要根据实际应用情况来确定。

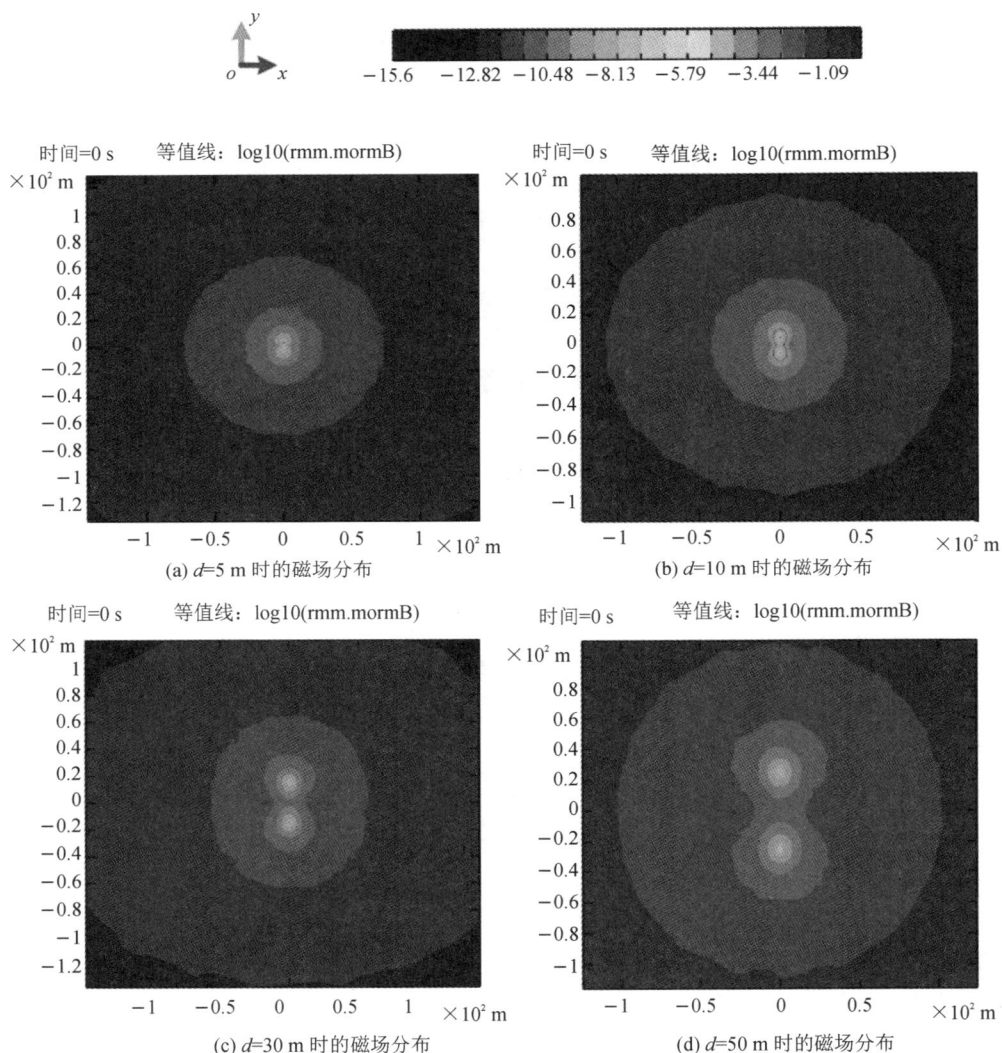

(a) $d=5$ m 时的磁场分布

(b) $d=10$ m 时的磁场分布

(c) $d=30$ m 时的磁场分布

(d) $d=50$ m 时的磁场分布

图 4.29　不同阵元间距下的磁场分布

当 $t=0$ s 时，控制 $d=15$ m 不变，仅调整阵元间初始相位角的差值 $\Delta\varphi$，分别设为 $0°$、$45°$、$90°$ 和 $150°$，得到如图 4.30 所示的磁场分布。由图可知，沿着阵列的垂直平分线方向，

随着初始偏转角 $\Delta\varphi$ 的增大，近区磁场分布逐步凸显方向性，其 x 轴王方向上的磁感应强度值衰减剧烈、负方向上的磁感应强度值有叠加效果，即在轴距的垂直平分线上会出现突变的衰减区域，朝向偏转角的那一侧的方向会产生磁场信号抑制效应。通过上述仿真可知，通过改变阵列的阵元间距 d 以及两个阵列间的初始相位角 $\Delta\varphi$，确实可以实现对其近场方向图的控制，甚至产生方向图零点。由此可见，与单旋转轴的机械天线相比，双旋转轴阵列在超低频信号发射端应用中，可以更加灵活地控制近场磁场的方向性，进而提高辐射效率。

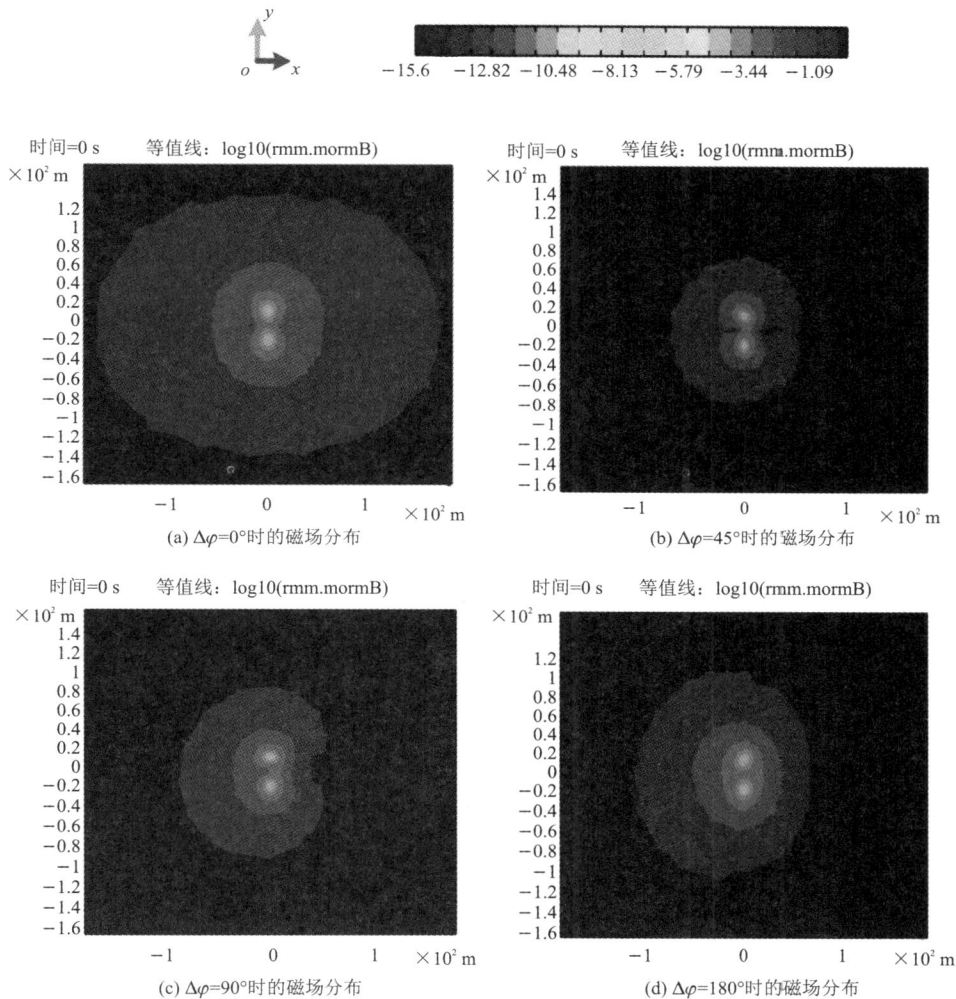

图 4.30   不同初始偏转角下的磁场分布

4.3.4   机械天线多旋转轴阵列宽带化设计

由前述分析可知，机械天线的工作频率与其旋转轴的转速呈现倍数对应关系，因此单旋转轴的机械天线工作频点单一。根据崔勇等学者提出的最佳频率的概念，当信号在海水中传输，机械天线的工作频率发生变化时，同一接收点处接收到的磁场信号峰值也会发生变化，即针对海水下不同深处的接收点，会存在不同的传输效率最高的频点。因此，当机械天线的辐射频率单一时，若接收点的位置发生变化，其信号的传输效率会显著变化。针对这一问题，本文提出的多个旋转轴的机械天线在跨介质通信中可以有效增加工作频点数量，从而提高信号的传输效率。

由频域仿真结果可知，当两个旋转轴的转速不同时，整个天线阵列的工作频点会出现与两个阵元相对应的频点。如图 4.31 所示，采用四个旋转轴对称分布于 x 轴与 y 轴上，分别距离阵元中心 5 m，探针点位于 x 轴的正方向，距阵元中心 10 m 处。情况一：设置第一阵元和第二阵元的旋转轴转速为 200 r/s、设置第三阵元和第四阵元的旋转轴转速为 250 r/s。情况二：设置第一阵元、第二阵元和第三阵元的旋转轴转速分别为 187.5 r/s、200 r/s 和 250 r/s，第四旋转轴转速为 200 r/s。情况三：设置第一阵元、第二阵元、第三阵元和第四阵元的旋转轴转速分别为 125 r/s、187.5 r/s、200 r/s 和 250 r/s。

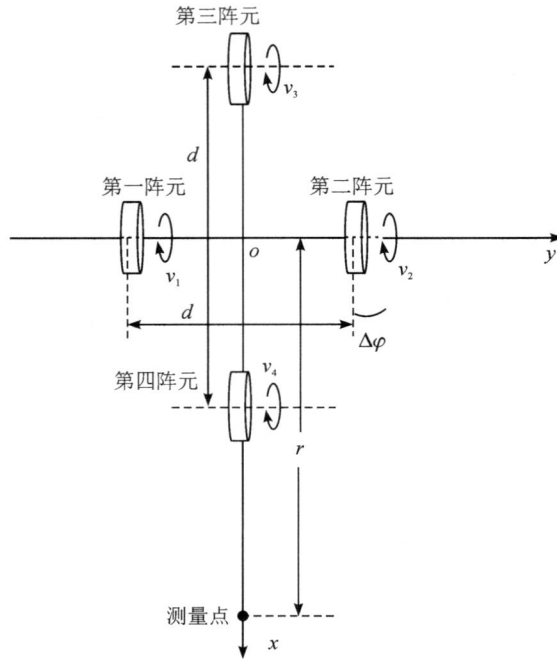

图 4.31 四旋转轴阵列分布坐标系示意图

三种情况下的时域波形分别如图 4.32 所示，响应的频域曲线如图 4.33 所示。由图可知，四旋转轴天线阵列的时域波形更加复杂，出现了多个高次谐波，其工作频率也更丰富。从频域结果来看，各旋转轴之间的转速相差越大，辐射的波形频点越丰富，磁感应强度的峰值点越高，中心频率的变化越大。这就提供了一个非常有益的思路，当阵元数足够多时，根据积分原理，可以拓展机械天线的通信带宽，使接收端接收到的信号频谱图更为丰富，从而达到通信频点增加的目的。

在以上仿真基础上，继续增加机械天线旋转轴数量，采用八个旋转轴的机械天线阵列，分别绕着其各自的旋转轴进行旋转，各旋转轴与其旋转中心的距离均为 5 m，转速范围设定为 232.5 r/s～250 r/s，间隔设置为 2.5 r/s，探针位置不变，得到的频谱图如图 4.34 所示。由图可知，八旋转轴阵列的时域波形比双轴和四轴的时域波形更加复杂，出现了更高次的谐波。频域波形上的峰值点更多且分布更加广泛，推测其原因可能是旋转轴之间相对速度的影响。可见通过改变阵元之间的相对速度，设置不同转速（转速相近）的旋转域，确实可以增加通信频点。

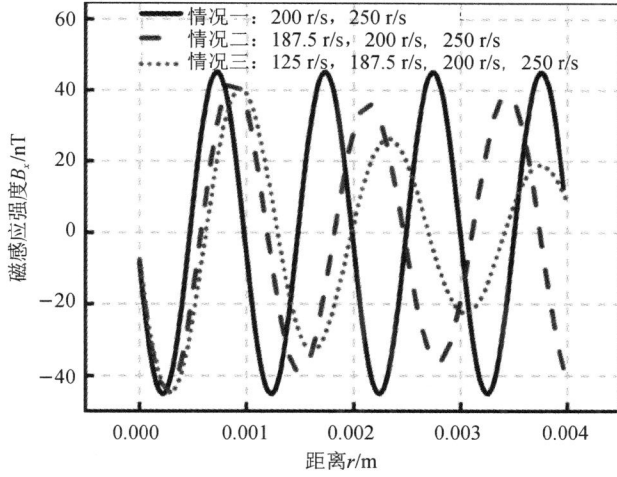

图 4.32　四旋转轴阵列不同转速的时域波形

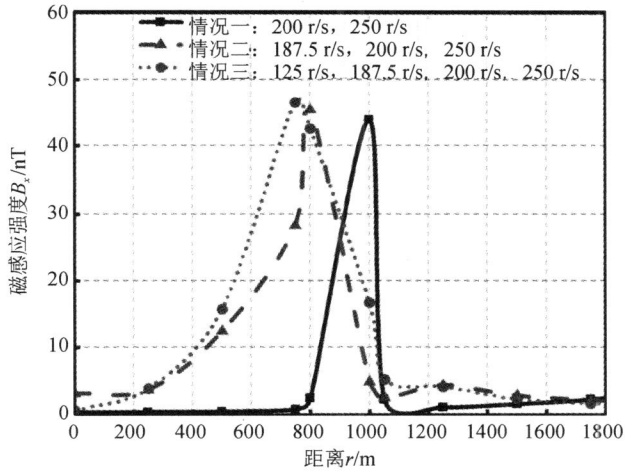

图 4.33　四旋转轴阵列不同转速的频域波形

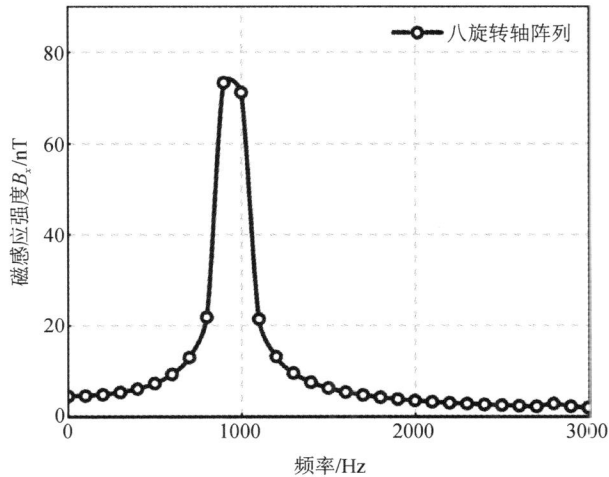

图 4.34　八旋转轴阵列频谱图

4.3.5　跨介质通信传输功能仿真分析

为了进一步验证机械天线设计方案的准确性与优越性，本文利用 Maxwell 软件中对磁快门式机械天线的跨介质通信电磁特性进行仿真分析，其模型建立过程与前述仿真建模过程类似，区别在于考虑的传输介质更加复杂。

1. 机械天线在海水中的电磁仿真

设定天线旋转域的转速为 1200 r/m，仿真对比空气和海水（相对介电常数 $\varepsilon_r = 80$，电导率 $\sigma = 4$ S/m）中传播的磁感应强度场衰减特性，如图 4.35 所示。由图可知，磁信号在空气中的衰减基本符合理论模型所推导的与 $1/r^3$ 成反比的规律，频率对低频信号的传播特性几乎没有影响，而在海水中的衰减却十分显著。这是由于海水是有损耗的介质，当电磁信号进入海水中时，存在涡流损耗和趋肤效应。以 1 fT 为标准，其在空气中的传播距离约为海水中的 3.65 倍。若低频信号接收机的灵敏度可以达到能够接收 1 fT（10^{-15} T）的磁场信号，则所设计的机械天线在 160 Hz 的工作频率下可实现距离长达 206 m 的通信，由此可见，其传输距离比传统旋转永磁体式机械天线的传输距离更远。

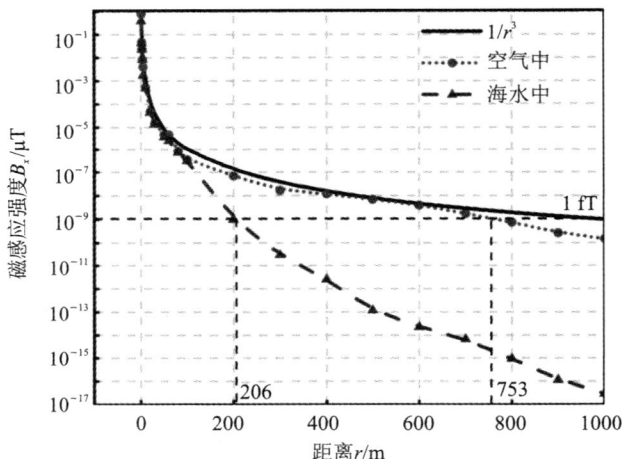

图 4.35　不同介质中的信号传播特性

由于机械天线通常需要进行信号的频率调制，因此有必要研究海水中不同工作频率信号的传播特性。如果维持其他参数不变，设定旋转域的转速分别为 1200 r/m、2400 r/m、4800 r/m，即工作频率分别为 80 Hz、160 Hz、320 Hz，其传播特性的对比结果如图 4.36 所示。由图可知，随着频率的增加，信号在海水中的衰减变得更为剧烈。这就说明了在海水中某一深度处所接收到的信号随着信号频率的增大而减小，但是传统的旋转永磁体式机械天线工作频点单一，势必导致其信号传输距离受到频率的限制，频率增大就会限制传输距离，而频率减小则会导致携带的信息量减少，限制通信速率。为了平衡通信速率与传输距离的矛盾，本文所提的多旋转轴阵列可以有效增加工作频点。传统旋转永磁体式机械天线的电机转速存在上限，也会在一定程度上限制其通信速率，且其电机变速区间较小，导致信号频率的覆盖范围也较小。本文所设计的磁快门式机械天线由于可以实现信号倍频，在增大信号频率上限的同时可以有效减小结构转动惯量引起的能量损耗,非常有利于工作频率的频繁变化。

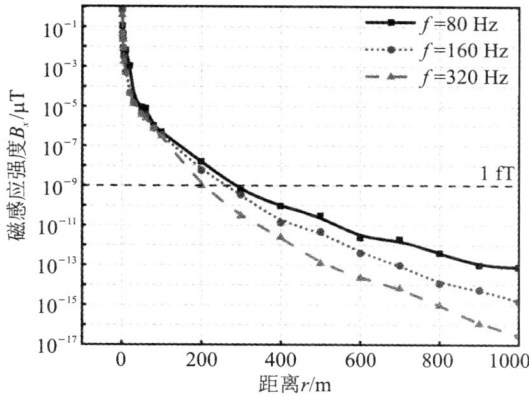

图 4.36 海水中不同工作频率的电磁波传播特性

电磁波的波长在海水中出现明显衰减现象,同时天线的近远场分界面距离辐射中心也会更近,出现衰减 PL_β。在实际通信应用中,空气的电导率为 0,通常认为由通信信道引起的衰减量可以忽略不计,其电磁特性与自由空间的电磁特性相同。但是对于海水等导电介质,由于其电导率不再为零,电磁波在该类介质中会激发涡流效应,出现衰减 PL_α。

综上,需要研究机械天线在不同电导率值的海水中的传播特性。当天线的工作频率固定为 1000 Hz,设定电导率分别为 $\sigma=3$ S/m、$\sigma=4$ S/m 和 $\sigma=5$ S/m 时,磁感应强度随距离变化的仿真结果如图 4.37 所示。由图可知,当辐射电磁波的频率一定时,介质的电导率越大,其磁场衰减得越快,这符合理论模型的推导结果。

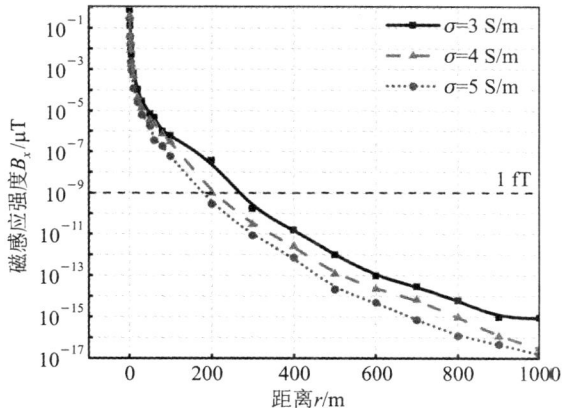

图 4.37 不同电导率值的海水中电磁波的传播特性

2. 混合介质环境下机械天线电磁场仿真对比

由于机械天线的主要应用场景为水下对潜通信,其通信信道非常复杂,因此需要考虑跨介质通信环境下的实际工况。本文利用 ANSYS Electronics 来模拟跨介质通信,设定了海水与空气之间相互收发的两种工况,以便相应的分析结果可以应用于更加复杂的环境中。

　　首先模拟从空气域向海水域传输信号的情况，从内层空气中发射信号并在外层海水域中接收信号，其介质域分布如图 4.38(a) 所示。在 x 轴正方向上进行磁信息采样，其三轴分量随距离的衰减量对比如图 4.38(b) 所示。由图可知，当磁信号经过介质交界面时，介质面反射导致的信号衰减几乎可以忽略，这是因为低频磁场更接近静磁场而不是传播波。在空气中 B_x 分量的幅值最大，但在海水中传播时，B_y 分量的衰减最为稳定，这与信号的传播方式有关。

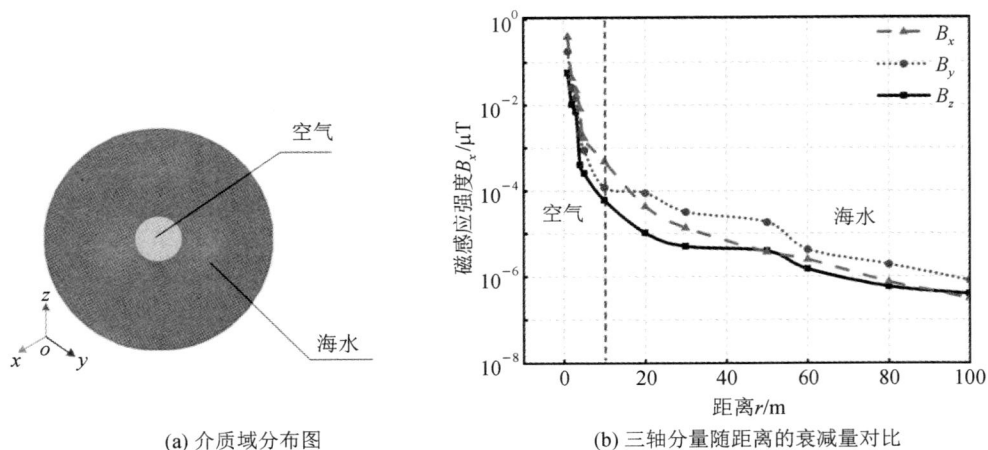

(a) 介质域分布图　　　　　　　(b) 三轴分量随距离的衰减量对比

图 4.38　空气域向海水域传输

　　然后模拟从海水域向空气域传输信号的情况，从内层海水中发射信号并在外层空气域中接收信号，其介质域分布如图 4.39(a) 所示。在 x 轴正方向上各点处进行磁场信息采样，其三轴分量随距离的衰减量对比如图 4.39(b) 所示。由图可知，外侧空气域包裹着内侧海水域，同样可以忽略由反射引起的介质衰减。由于海水和空气的磁导率几乎相同，因此其传播受海面的影响不大。B_x 分量在海水中虽然略有衰减，但在空气中整体较为稳定，衰减也比其他两个分量稍弱，这与前文的理论推导结果相一致。

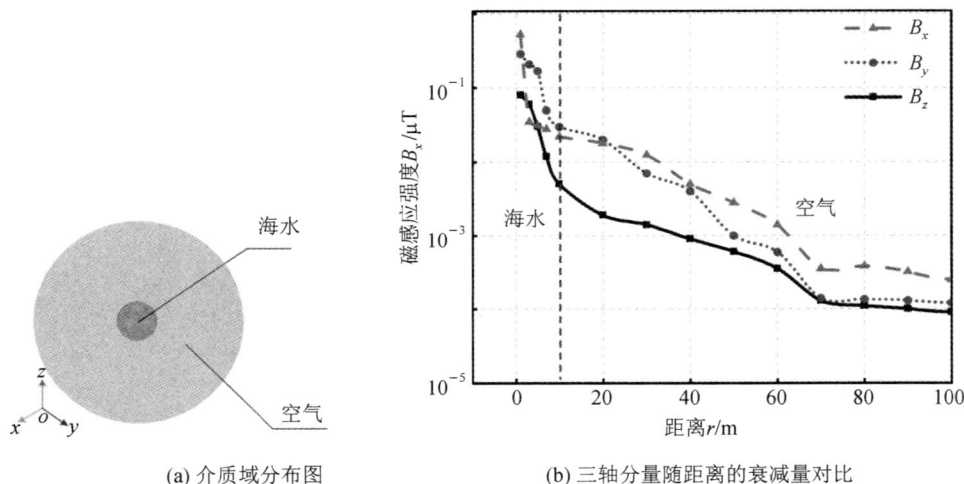

(a) 介质域分布图　　　　　　　(b) 三轴分量随距离的衰减量对比

图 4.39　海水域向空气域传输

4.4　机械天线加工与测试

4.4.1　机械天线的收发信机设计

由于旋转运动的磁偶极子的辐射原理的局限性，机械天线目前只能够发射电磁信号，尚且无法做到接收信号。同时，因为机械天线不是通过馈电工作的，很难利用暗室直接进行测试，因此需要单独设计收发装置，搭建测试平台。

根据本文设计的阵列结构，一方面需要对整个机械天线采用适合的固定、支撑和控制机构，保证发射装置平稳运行，承受旋转运动带来的转动惯量和载荷。另一方面还要尽量减少这些装置对天线辐射性能的影响，因此在设计发射机结构时需要合理选材，确定组装方式。

磁快门式机械天线的发射机由旋转快门片、球形永磁体阵列及其固定装置、电机及调速器、皮带和皮带轮、蜂窝芯光学面包板、旋转轴及轴承支撑结构等组成。其中磁快门结构为天线的辐射单元，是天线发射机辐射信号的核心；球形永磁体由 N35 型钕铁硼材料制成，其参数如表 4.5 所示。快门片与永磁体阵列之间的轴向间距根据仿真结果与实际装配需求的综合考虑，设定为 40 mm，快门片的厚度设定为 4 mm。快门片材料采用坡莫合金。铁氧体材料的磁感应强度也可以满足通信的性能要求，但是其质地较脆，不易加工成型，且快门片需要通过螺栓固定在圆盘轴上，因此其不适用。采用坡莫合金材料制成的快门片中按照不同镍含量划分的坡莫合金特性及其应用场景分别如表 4.6 所示。其中本文采用的坡莫合金型号为镍含量为 81% 的 1J85，其饱和磁感应强度一般在 0.6～1.0 T 之间，相对磁导率 $\mu_1 = 50\,000$[20-21]。

表 4.5　球形永磁体材料参数

型号	尺寸/mm	剩磁 B_r/T	磁感应强度 H_{cj}/(KA/m)	最大磁能积 BH_{max}/(KJ/m)
N35	$D = 19$	1.21	986.4	390.0

表 4.6　坡莫合金特性及其应用场景

镍含量范围	特　性	应用场景
35%～40%	较低的铁芯损耗	方波变压器、直流变换器等
45%～50%	最高的饱和磁化强度	磁放大器、扼流圈和变压器
50%～65%	恒磁导率	电感元件
70%～81%	磁导率最高	变压器、扼流圈、磁头、磁屏蔽等

由于磁快门式机械天线方案与传统旋转永磁体式方案相比，极大地减小了转动部分结构的体积和质量，因此转动惯量较小，对于电机的选材也可以相应放松。综合考虑成本、功

耗以及调速的便捷性，本文选择步进电机。电机的调速器是数字化可控的，转速调控范围大，且电机装有刹车装置，断电即抱刹，这些特性选择均是为了方便后续频率调制时的切换，电机的具体参数如表 4.7 所示。

表 4.7　电 机 的 参 数

功率/W	电压/V	频率/Hz	调速范围/(r/min)	启动转矩/(N·M)	额定转矩/(r/min)		额定时间	电容μF/VAC
					90	1350		
90/120	1PH220	50	90～1400	16.55	12.73	0.85	连续	6/450
	（单相）	60	90～1400	16.55	12.73	0.85		

为了降低电机对天线电磁性能的影响，减小实验误差，需要让电机与辐射单元保持一定的距离。本文的样机选用皮带传动方式，其采用橡胶制成的圆弧齿皮带的防打滑效果较好，传动比恒定，可以保证旋转运动的平稳。另外，带传动的吸收冲击和振动的性能较优，这一点对于后面的频率调制进行变速、减少电机刹车带来的冲击也具有积极作用。

整个发射机安装在光学平板上，辐射单元的 16 个球形永磁体以图 4.40 所示的阵列形式呈八边形排布，对称安装于快门片两侧。由于永磁体之间存在相互吸引与排斥作用，故为了使结构更加稳定，需要外加一个固定装置。本文选用高强度的 PE 材料卡盘来固定永磁体阵列。螺栓选用磁性很弱的低碳钢，确保对机械天线的电磁性能不产生过大影响。快门片通过螺栓与焊接好的圆盘轴进行连接，通过轴承实现结构支撑，旋转轴末端通过皮带和皮带轮与电机连接。工作时，调速装置控制电机的转速，电机带动辐射单元旋转，通过间歇性屏蔽磁场实现倍频辐射。

图 4.40　发射天线结构与接收机结构设计

由于机械天线辐射的是超低频的信号，因此其信号的接收也不能使用常规天线。可以利用由多匝线圈绕铁芯制成的磁感应线圈（其中铁芯的作用是增加耦合系数）提高接收线圈的灵敏度。将线圈的两端分别连接到示波器探头的正负极上，进行低频信号的接收。接收线圈的工作原理如图 4.41 所示，旋转磁偶极子辐射到自由空间中的磁场信号经过线圈转化为时变的电动势信号被接收[4]，再通过示波器进行时域信号的显示、存储和导出，方便数据的后续分析。

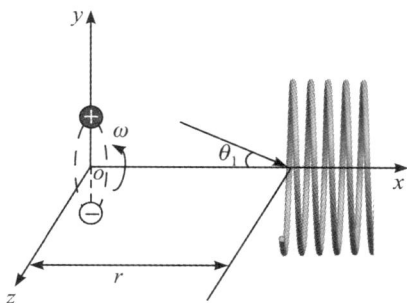

图 4.41　接收线圈工作原理

接收线圈通常按垂直于发射系统轴来安装[5]，由法拉第电磁感应定律可知，由接收端测得的感应电动势与磁感应强度的关系为

$$U_r = B\omega N_1 S_1 \cos\theta_1 \tag{4.43}$$

其中：N_1 代表接收线圈的匝数；θ_1 代表信号入射方向与接收线圈轴线之间的夹角；S_1 代表接收线圈围成的面积；ω 代表旋转角频率，且满足 $\omega = 2\pi f_0$，f_0 是机械天线的实际工作频率。从理论上讲，接收线圈的匝数和线圈围成的面积越大，其接收信号的能力就越强，但是由于此天线旨在解决小型化问题，因此实际情况也需要兼顾实验场地与应用性。

接收天线和示波器的实物如图 4.42 所示。绕制线圈为 100 匝，线径为 5 mm，绕制线圈直径为 20 mm，示波器采用的是 RS-RTE1104。实验中，将线圈的轴向方向面向机械天线的信号辐射来的方向，即可接收到磁信号并将其转化为时变的电动势信号。

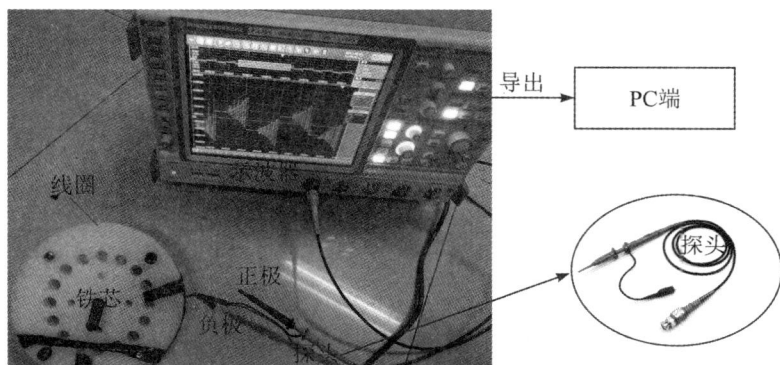

图 4.42　接收天线和示波器实物图

由于发射机辐射出的信号到达接收端时比较微弱，同时包含了环境噪声，因此需要在接收端进行低通滤波与放大处理，才能够得到想要的时域波形曲线，示波器内滤波与信号放大的工作流程如图 4.43 所示。

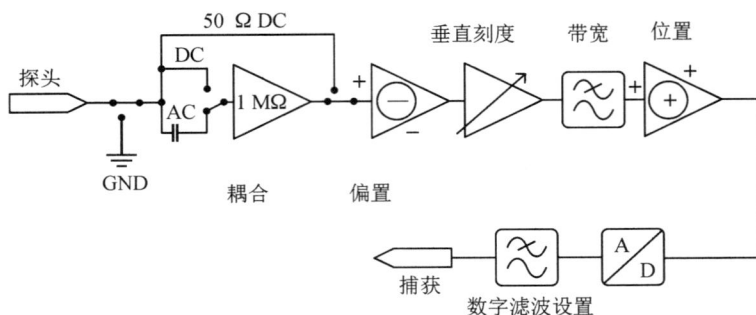

图 4.43　示波器内滤波与信号放大的工作流程

根据上述实验装置，将小信号通过线圈与示波器进行滤波、放大、显示并存储，最后导出分析，即可实现机械天线的信号接收以及时域、频域等分析。

4.4.2　机械天线的测试平台搭建

由于机械天线只能作为发射天线，近场测试系统由信号辐射单元、运动控制单元、信号接收单元以及数据分析单元组成。其中信号辐射单元由永磁体阵列和快门结构组成；运动控制单元由皮带及带轮、电机及其调速器组成；信号接收单元由低频磁信号接收线圈和示波器探头组成；数据分析单元由示波器和 PC 端组成。整个系统如图 4.44 所示。

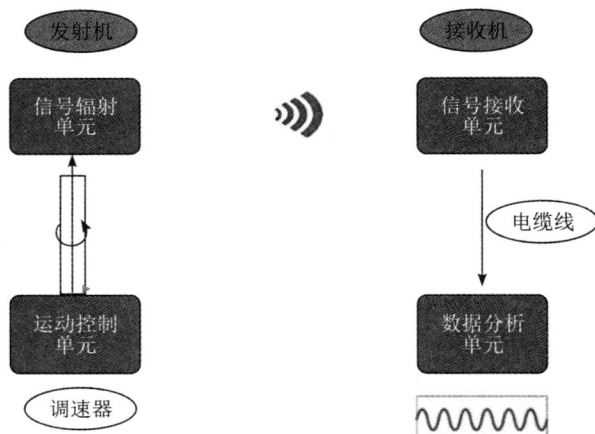

图 4.44　机械天线近场测量系统

搭建好实验测试平台后，即可开始机械天线的实验测试，测试环境需要尽量选择封闭的空间，确保其不受外界环境干扰。运动控制单元控制信号辐射单元进行旋转运动，由调速器调控电机转速的变化，进而通过皮带传动来改变信号的频率，调速器的调速范围为 $90 \sim 1400$ r/m。信号接收单元中的多匝线圈轴向放置于信号辐射单元的旋转轴方向，采集自由空间内的低频磁感应信号，通过连接示波器的探头将时变电动势信号传入示波器内，进行显示、存储和导出。

4.4.3　机械天线的信号倍频性能实验

由于示波器上显示的波形变化是电动势的时变信号，当机械天线工作频率一定时，磁感应强度 B 与感应电动势 U 呈正相关，因此为了更加方便后续实验，直接用电动势的时域波形来代替磁感应强度的时域波形。将接收线圈轴向固定于距离辐射单元 3 m 处的采样点 Q_1 上，连接好示波器并设置其初始条件，用调速器设定电机的转速为 500 r/m，采集到的数据如图 4.45(a) 所示。

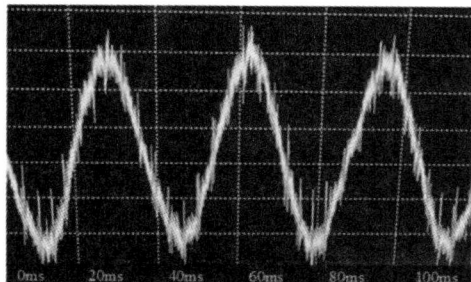

(a) 示波器实时采样时域波形

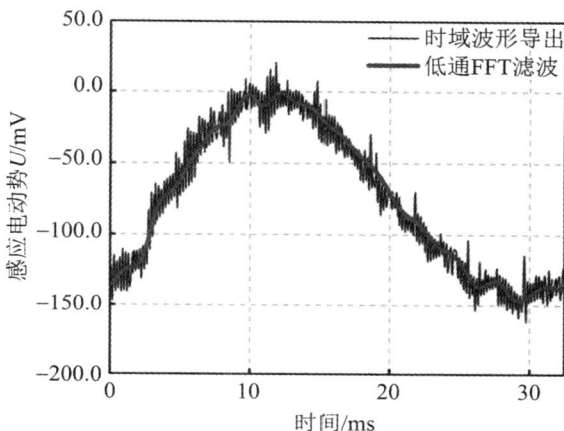

(b) 样本节选采样时域波形

图 4.45　采样点 Q_1 处的信号时域波形

由时域波形可以看出，其感应电动势的变化是趋于正弦的，与前文中的理论模型推导和仿真分析的结果趋于一致。些微的差异是由于示波器内带通滤波器的下限值不够低，导致其接收到的波形与仿真结果相比存在高频噪声干扰，波形会有一些毛刺。在绘图软件中进行快速傅里叶变换及低通滤波处理后，得到如图 4.45(b) 所示的灰色波形图。时域波形的周期大致为 32 ms，将采集到的结果导出到电脑中进行简单整理后，导入 MATLAB 中进行 FFT 变换，得到其信号的频谱图，如图 4.46 中的实线所示。由图可见，频谱图上存在一些高频的噪声，黑色曲线的主频率为 31.2 Hz，即对应的信号辐射单元转速约为 468 r/m（7.8 r/s），而设定的电机转速为 500 r/m，造成这种偏差的原因是整体结构在多次运转后有所松动，同时圆盘轴的焊接精度原本也不够高，最终导致电机和信号辐射单元的旋转轴未能实现完全的同步转动。

为了验证快门片的扇叶数量对天线的时域和频域特性的影响，分别加工了八叶扇和四叶扇，快门片的厚度为 2 mm，同样设置电机转速为 500 r/m，在 Q_1 点处测得的频域特性曲线如图 4.46 中的虚线所示，对比可以看出四叶扇的快门辐射出信号的频率为 14.7 Hz，由此可知扇叶的数量与倍频性能的倍数成正比，在后续的应用中也可以通过增加扇叶的数量来进行频率倍增的设计。

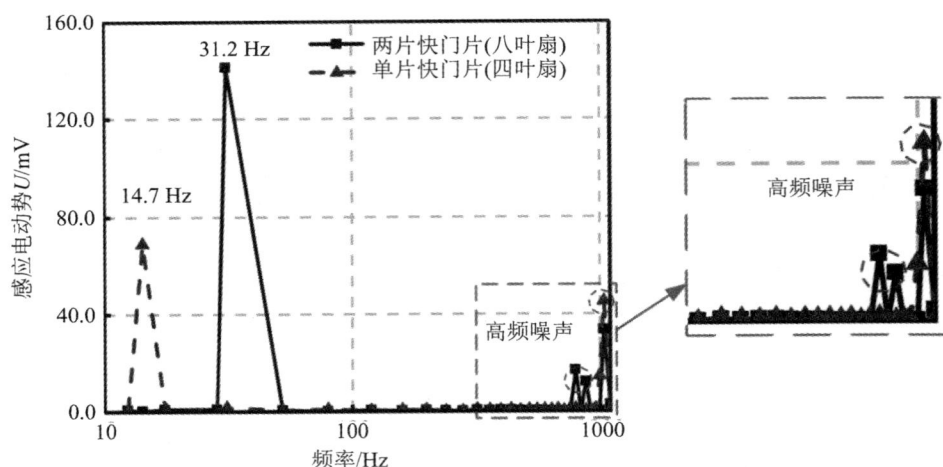

图 4.46 机械天线的频谱图

同时，由图 4.46 的曲线对比可以看出，机械天线辐射的信号主频率为电机转速的 4 倍。为了进一步验证天线的倍频性能，改变电机转速，仍在接收点 $Q_1(3\text{ m}, 0, 0)$ 处进行接收，忽略高频噪声后，测得电机转速分别为 300 r/m、500 r/m、900 r/m 时的信号频谱特性如图 4.47 所示，分别得到主频率为 16.3 Hz、31.2 Hz、52.3 Hz 的频谱特性曲线。实验结果验证了磁快门式机械天线具有倍频能力，且发现不同频率下的主频率与对应的幅值大小有正相关关系，这是由于仿真软件中所使用的接收天线与实际接收线圈不同，因此可以验证机械天线工作频率的改变与近场信号幅值的关系，如图 4.48 所示，图中接收线圈的感应电动势与频率成正比，与前文的理论分析结果相吻合。

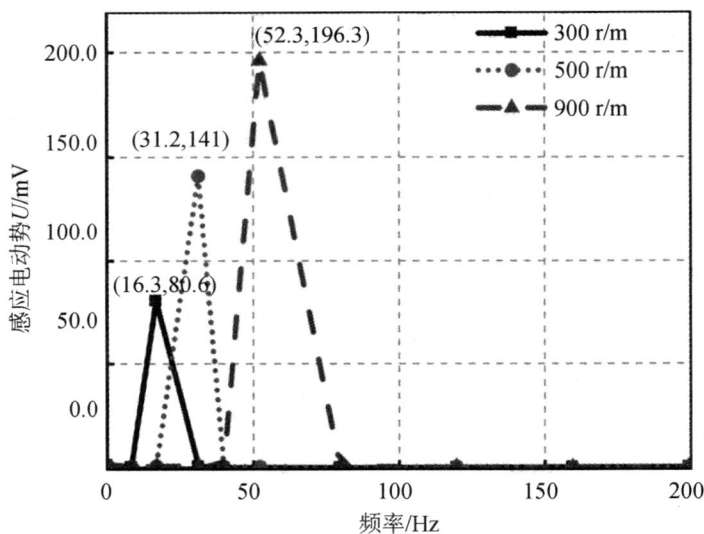

图 4.47 不同转速下的机械天线频谱图

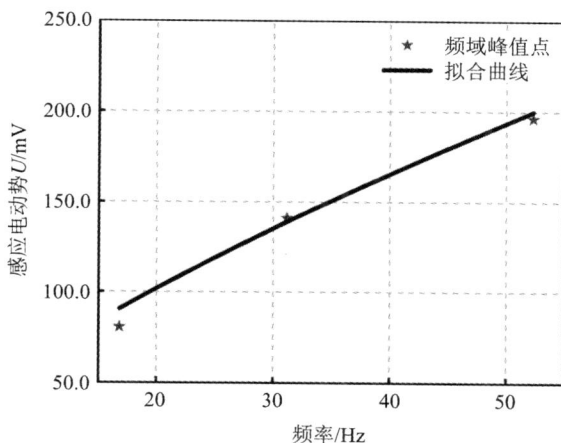

图 4.48 机械天线工作频率与近场信号幅值关系

4.4.4 机械天线的近场特性实验

如果将本文所设计的磁快门式机械天线应用于低频通信，其辐射强度是一个很重要的指标，由前文的仿真分析可知，天线的磁感应强度场可以满足基本的通信要求。下面研究机械天线在近似真实通信环境中的近场磁感应强度场的衰减特性，以及不同距离测量点处的磁感应强度值的变化。

1. 单旋转轴

首先研究单旋转轴机械天线的近场磁感应强度。为了更好地对比单双侧球形永磁体阵列的实际性能表现，按照所设计的结构，设定电机转速为 500 r/m，探究不同距离下两种结构的信号幅值变化，记录测量结果如表 4.8 所示，测量点与信号辐射单元的距离分别为 1～10 m。

表 4.8 单双侧结构阵列的近场感应电动势

距离/m	1	2	3	4	5	6	7	8	9	10
单侧阵列电动势幅值/mV	235	79	22	2.6	1.6	1.1	0.7	0.4	—	—
双侧阵列电动势幅值/mV	793	360	141	13.5	7.2	2.1	2.34	1.578	1.41	1.194

将表 4.8 中的数据绘制成如图 4.49 所示的二维坐标图，其中横坐标为测量点与信号辐射单元的距离，纵坐标为测量得到的感应电动势，绘制出散点图，进行拟合后得到如图所示的两组拟合曲线，对比可以看到双侧阵列的辐射强度明显强于单侧阵列，其中单侧阵列在距离超过 8 m 时由于接收天线灵敏度不够已经无法接收到有效的电动势幅值。随后，将拟合得到的曲线与前文中由旋转磁偶极子理论模型推导出的曲线作对比，发现两者的衰减趋势基本一致，都与 $1/r^3$ 成反比。

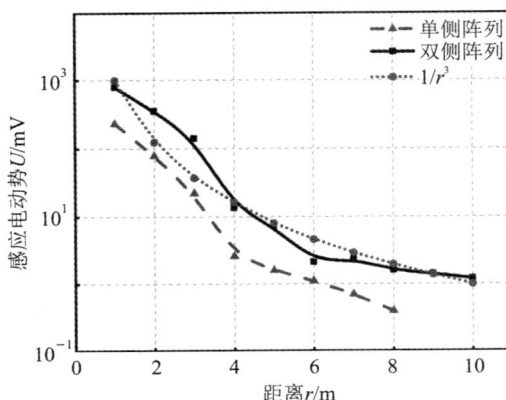

图 4.49　单双侧阵列近场的磁场衰减对比

　　为了验证磁快门式机械天线的快门片厚度 h 对天线性能的影响，采用将单个 2 mm 的快门片叠放起来固定的方法，快门片厚度分别变成 4 mm、6 mm、8 mm，得到近场的磁场衰减对比，如图 4.50 所示。由图可知，当快门片的厚度增加时，其近场的感应电动势也会增加，因此可知增加相对磁导率可以加强屏蔽效果，进而提高辐射强度。但当快门片厚度大于 4 mm 时，其近场辐射强度虽然继续增加，但涨幅变得不再明显；另一方面，快门片厚度的增加必然会导致旋转结构的质量增加，从而增加了机构的转动惯量，不利于后续频率调制中转速的切换，同时也会增加电机的功耗，从而降低辐射效率，因此需要综合考虑能耗与辐射强度，选择快门片的厚度为 4 mm 较为适宜。

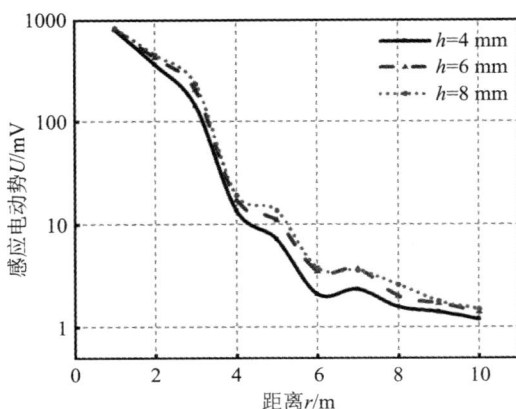

图 4.50　不同快门片厚度下近场的磁场衰减对比

　　为了更全面地研究磁快门式机械天线的近场电磁特性，对其近场的辐射方向图进行测试，测量点位于天线所在的水平面，距离信号辐射单元 1 m，在 xoy 平面上每隔 15°测量一次，得到 24 个数据点的电动势波形，将其导出后进行归一化，并绘制出 xoy 平面内散点拟合的方向图，如图 4.51 所示。结果表明，机械天线在电机匀速旋转时，其 xoy 平面上的磁场方向图近似圆形分布，与理论计算结果基本一致，也由此可知该机械天线的近场方向图基本符合旋转磁偶极子等效理论模型的推导，本文所提的设计方案是可行的。

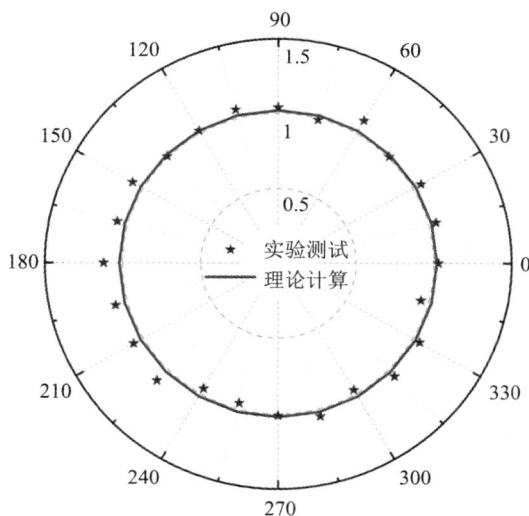

图 4.51　xoy 平面内感应电动势的方向图测试

2. 双旋转轴

在验证完单个旋转轴的机械天线性能后，本文再次设计并加工一套双旋转轴机械天线阵列，开展相应的实验。设定阵元间距为 0.5 m，两个旋转轴共线安装，由于双旋转轴阵列的永磁体阵元的整体体积有所增加，因此其辐射强度也必然强于单旋转轴阵列。

设定两个电机转速均为 1000 r/m，设置测量点与上一小节的相同，记录单双旋转轴阵列的近场感应电动势，如表 4.9 所示，将二者的散点图绘制于二维坐标图中，如图 4.52 所示。由图可知，双旋转轴阵列与单旋转轴阵列相比，其辐射强度明显增加，大约提高了 40%，由于单个阵列的体积不大且便于移动，故双旋转轴阵列方案在保证小型化的前提下可以有效提高机械天线的辐射强度，且该方案可以将旋转部分的质量与体积分散到多个旋转轴上，有效减少了转动惯量，更适用于后续的二维调制[22-24]。

表 4.9　单双旋转轴阵列的近场感应电动势

距离/m	1	2	3	4	5	6	7	8	9	10
单旋转轴 电动势幅值/mV	793	360	141	13.5	7.2	2.1	2.34	1.578	1.41	1.194
双旋转轴 电动势幅值/mV	1355	439	228	36	14.9	6.3	5.1	2.1	1.7	1.3

接下来验证双旋转轴阵列的阵元间距和两个辐射单元的初始相位角的夹角变化对其电磁性能的影响。首先分别设置阵元间距为 0.5 m 和 1 m，在距离阵元中点位置 2 m 处的一圈圆形区域间隔 15° 进行测量，得到如图 4.53 所示的方向图拟合曲线。对比可知，阵元间距的扩大确实会使其方向性得到增强，但是垂直平分线方向的辐射强度衰减剧烈，与理论模型和仿真结果基本一致。故在实际应用中，既要考虑磁场叠加效应，也要兼顾其方向性的优势，故通常采用的阵元间距为 1 m。

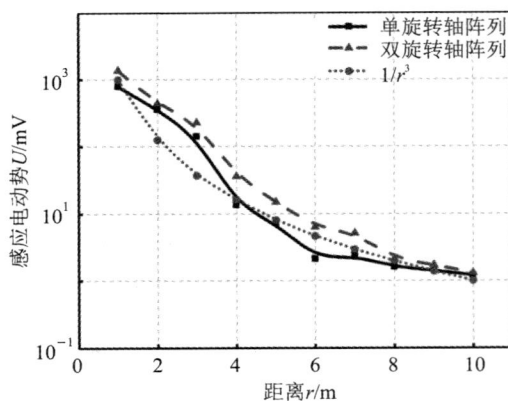

图 4.52 单双旋转轴阵列的磁场衰减对比

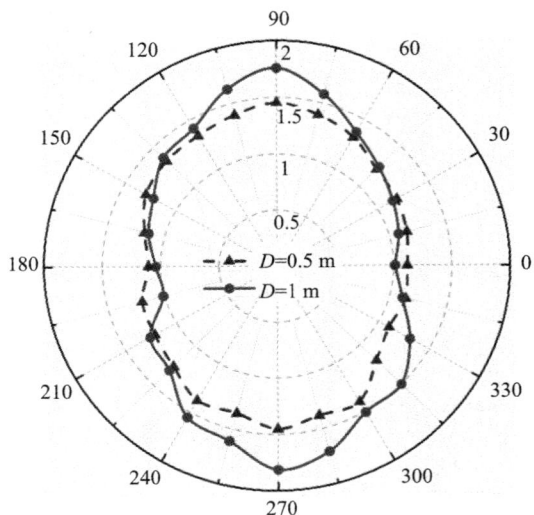

图 4.53 不同阵元间距下感应电动势的方向图测试

　　最后验证两个阵元的初始相位角变化对近场辐射方向图的影响，固定两个旋转轴阵元间距为 1 m，改变两者之间的轴线夹角，分别设置为 45°、90°和 150°，在距离信号辐射单元 2 m 处一圈测得其方向图，如图 4.54 所示。由图可知，随着旋转轴夹角即初始相位角的增大，机械天线的近场方向图方向性逐渐增加，在夹角为 180°时，出现了明显的向一侧叠加、一侧减弱的现象。因此可知，通过改变阵元间的初始相位角可以改变近场辐射方向图的方向性。

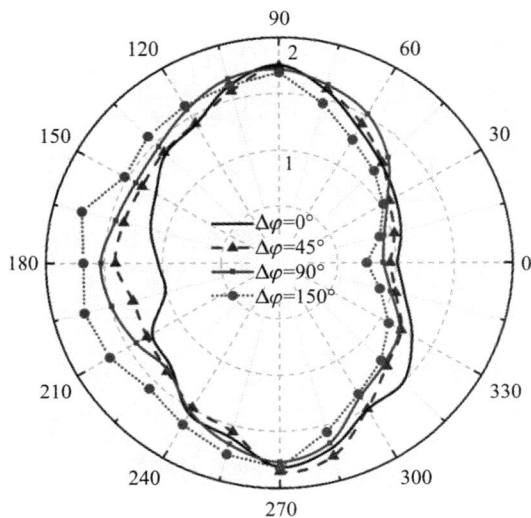

图 4.54 不同初始相位角下感应电动势的方向图测试

本 章 小 结

　　低频机械天线由于具有显著的小型化优势，有望作为未来水下通信的一种全新方案，因此具有重要的理论研究意义与工程应用价值。本文针对机械天线在跨介质通信中的基本工作原理展开介绍，基于矢量磁位与旋转磁偶极子理论推导了机械天线的辐射场，并根据相对运动原理解释了磁快门式机械天线辐射倍频信号的工作原理；为解决磁电天线的频率受电机转速影响的问题，提出了一种磁快门式机械天线的倍频方案，并通过仿真与实验对机械天线的时域、频域特性以及近场磁感应强度的分布与衰减特性进行了分析。

本章参考文献

［1］　路宏敏，赵永久，朱满座. 电磁场与电磁波基础［M］. 北京：科学出版社，2006.

［2］　丁庆东. 电磁信号跨介质无线传输系统设计与实现［D］. 哈尔滨：哈尔滨工程大学，2018.

［3］　BANNISTER P R. Simplified formulas for ELF propagation at shorter distances［J］. Radio science，1986，21(3)：529-537.

［4］　陈邦媛. 射频通信电路［M］. 3 版. 北京：科学出版社，2019.

［5］　GARRAUD N，GARRAUD A，MUNZER D，et al. Modeling and experimental analysis of rotating magnet receivers for electrodynamic wireless power transmission ［J］. Journal of physics D：applied physics，2019，52(18)：185501.

［6］　周强，施伟，刘斌，等. 旋转永磁式机械天线的研究与实现［J］. 国防科技大学学报，2020，42(3)：128-136.

［7］　WANG C，CUI Y，SONG X，et al. Model and design of a novel low-frequency magnetic signal transmitter based on rotating electret［J］. IEEE transactions on magnetics，2021，57(5)：4001107.

［8］　WU Y，YUAN H，ZHANG R J，et al. Low-frequency wireless power transfer via rotating permanent magnets［J］. IEEE transactions on industrial electronics，2022，69(10)：10656-10665.

［9］　王晓煜，张雯厚，周鑫，等. 旋转磁偶极子式超低频发射天线辐射特性［J］. 兵工学报，2020，41(10)：2055-2062.

［10］　崔勇，王琛，宋晓. 基于驻极体材料的机械天线式低频通信系统仿真研究［J］. 自动化学报，2021，47(6)：1335-1342.

［11］　BAI X H，AHMED N，LIU S Z，et al. Design of a smart relaying scheme for magneto inductive wireless sensor networks［C］. Global Oceans 2020：Singapore - U. S. Gulf Coast. 2020：1-5.

［12］　任艳，林海，田宇泽. 基于旋转磁偶极子的机械天线的研究［J］. 现代雷达，2020，42(4)：68-71，76.

［13］　王晓煜，张雯厚，孙丽慧，等. 超低频机械天线通信模型及信号接收线圈研究，电子学报，2021，49(4)：824-832.

［14］　丁春全，宋海洋. 机械天线运动电荷和磁偶极子辐射研究［J］. 舰船电子工程，2019，39(2)：166-17.

[15] CAO J，YAO H，PANG Y，et al. Dual-band piezoelectric artificial structure for very low frequency mechanical antenna[J]. Advanced composites and hybrid materials，2022，5(1)：410-418.

[16] PRASAD M，HUANG Y，WANG Y. Going beyond Chu harrington limit：ULF radiation with a spinning magnet array[C]. 2017 XXXIInd General Assembly and Scientific Symposium of the International Union of Radio Science (URSI GASS). IEEE，2017：1-3.

[17] 刘慧娟. Ansoft Maxwell 13 电机电磁场分析[M]，北京：国防工业出版社，2014.

[18] 包建强. 面向跨介质通信的磁快门式机械天线设计[D]. 西安：西安电子科技大学，2023.

[19] JIANG H，ZHANG J，LAN D，et al. A low-frequency versatile wireless power transfer technology forbiomedical implants[J]. IEEE transactions on biomedical circuits and systems，2012，7(4)：526-535.

[20] 胡伯平. 稀土永磁材料的现状与发展趋势[J]. 磁性材料及器件，2014，45(2)：66-77，80.

[21] 李春梅，张宗华，高利坤. 稀土永磁材料(NdFeB)的现状及发展趋势[J]. 云南冶金，2003(3)：12-15.

[22] 李明璐. 数字调制方式识别的研究[D]. 河北：河北科技大学，2020.

[23] 范泽国. 基于磁感应的水下无线通信技术研究[D]. 哈尔滨：哈尔滨工业大学，2021.

[24] CHU Z，SHI W，SHI H，et al. A 1D magnetoelectric sensor array for magnetic sketching[J]. Advanced materials technologies，2019，4(3)：1800484.

05

第 5 章　赋形天线

在现代航天领域，为了满足空间通信和电子侦查等应用的需求，具有波束赋形能力的星载天线因其可实现高增益和高能量利用率，成了国内外各科研机构的研究重点。本章将"单馈源＋赋形反射面"的设计方案应用到可展开网状天线上，重点论述如何解决该设计方案面临的两个关键问题：一是如何确定"三角形网格离散化"的赋形反射面形状；二是如何构建三层赋形索网结构并对其进行形态设计。这两个问题具体包括赋形网状反射面优化设计、三层赋形索网结构形态设计以及样机研制与实验等。

5.1　赋形天线工作原理

现代卫星通信尤其希望天线波束具备在轨重构功能，即天线在正常情况下生成覆盖服务区的赋形波束，一旦出现突发事件，则可以生成服务区内任何特定区域的点波束。反射面天线波束赋形设计可采用两种结构形式（如图 5.1 所示）：一是馈源阵列＋理想抛物面[1-2]；二是单馈源＋赋形反射面[3-4]。

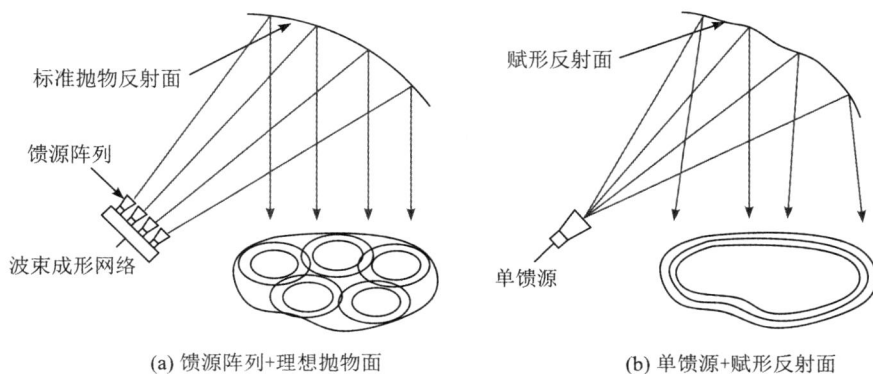

(a) 馈源阵列+理想抛物面　　　　　　(b) 单馈源+赋形反射面

图 5.1　反射面天线波束赋形设计的结构形式

第一种"馈源阵列＋理想抛物面"结构是由复杂的馈源阵列和标准的抛物面组成的。其设计重点在于优化馈源阵的激励系数（各辐射元激励的相位和振幅）和几何排列等参数，使其在期望覆盖区域内形成一组彼此相互独立、波束宽度近似相等、均匀分布的点波束[1]。这些点波束在地面叠加，可得到所期望的远场辐射方向图。几何排列确定后，馈源阵的激励调节依赖复杂的波束形成网络（BFN）。这将会带来两方面的问题[5]：一是复杂波束形成的网络及馈源阵列尺寸及质量大,对火箭的运载能力提出了较高的要求;二是波束形成网络会引起较大的射频损耗,且随着频率的升高该问题愈发严重。

第二种"单馈源+赋形反射面"结构通过改变反射面的形状来改变由单馈源发出的电磁波在口径面上的相位分布,进而将笔形波束转变为照射覆盖区域的赋形波束[4]。该类型天线的设计重点在于确定赋形反射面的形状,其相比于第一种结构形式具有成本低、质量小和系统效率高等优点。这种赋形反射面设计方法在小口径固面天线上应用较多,但是面向高增益需求时,固面天线受限于其折展原理,很难实现大口径。因此,将"单馈源+赋形反射面"赋形方法与网状天线结合是一种很好的应用途径。

结合本书作者所在的研究团队对周边桁架式网状天线的研究基础,本章将对该类型天线的波束赋形设计开展研究工作。周边桁架式网状天线的反射面是靠索网张拉成形的[6](如图 5.2 所示),通过设计索网结构中索段的长度与张力值,使索网在桁架提供的约束边界下达到平衡状态,反射面可以呈现抛物面形状。随之会面临一个关键难题,这种方式前网面节点合力 $F_{前}$ 方向向上,后网面节点合力 $F_{后}$ 方向向下,通过竖向索作用于两端节点并用 $F_{竖}$ 来平衡张力。这类反射面索网张拉形成凹曲面(如偏置或对称抛物面)较为常见。但是针对非凹曲面(具有"凹凸"特性的赋形反射面),竖向索为柔性绳索结构,无法承受压应力,故无法平衡凸节点向下的合力,导致传统两层索网结构无法实现。

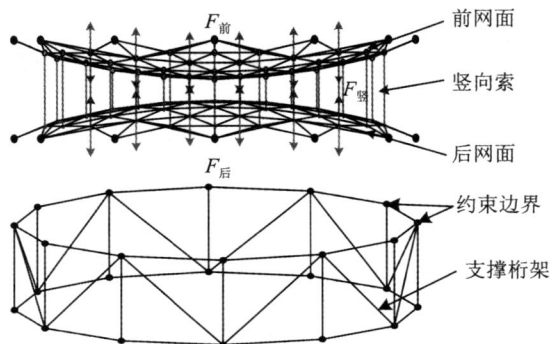

图 5.2   传统两层索网张拉结构分析

环形桁架式网状天线的赋形设计可以理解为形态设计,具体包括两方面的问题:支撑索网结构形态设计和索网-桁架组合结构形态设计。支撑索网结构是连接桁架结构和金属丝网反射面的桥梁,支撑索网的形态设计是索网-桁架组合结构形态设计的基础,并对索网-桁架整体结构的性能起着决定性作用,因此需要重点研究支撑索网结构的形态设计问题。此外,桁架结构与索网结构之间相互耦合,其变形会影响索网结构的形态,需要合理地补偿桁架变形对索网张力和反射面形面精度的影响。

根据设计思路不同,支撑索网结构形态可分为"由形找力""由力找形"和"找形找力相结合"三种设计方法。

(1)"由形找力"。平衡矩阵法即为典型的"由形找力"设计方法,其基本思路为:首先给定索网结构的理想几何构型,然后在保持几何构型不变的条件下,建立节点力平衡方程,并通过求解平衡方程得到满足条件的索网预张力分布。该类方法设计过程简单,且设计过程中索网几何构型不变,易保证反射面的形面精度,但是对于偏置抛物面索网结构,设计的张力均匀性往往较差。

（2）"由力找形"。其基本思路为：给定索网结构的拓扑形式和所有索段的预张力分布，寻求在给定张力作用下受力平衡且满足一定形状要求的索网节点平衡位置。这种方法应用于单层索网结构时效果较好，而应用于"背对背"的环形桁架式索网天线结构时，需要假定前后网面是对称的。然而，实际工程中，为了适应火箭整流罩的尺寸限制，网状天线的收拢体积越小越好；通常需要通过缩减后网面的高度来缩减整体天线的收拢体积，这将导致前后索网不对称，此时这种方法的适用性会受到限制。

（3）"找形找力相结合"。其基本思路为：仅给定索网结构的拓扑形式，在张力和几何形状的协调关系下，同时设计索网的张力分布和节点平衡位置。该方法中假定整个网面所有索段的力密度值都相等，求解过程非常简单，但由于该方法不直接设计索网张力，因而导致所得到的张力的均匀性无法保证。

5.2 赋形天线设计方法

基于赋形反射面设计原理与网状天线的结构特点，欲实现赋形网状反射面设计，其首要问题是设计网状反射面上三角形网格的形状与位置，从而满足对期望覆盖区域内的特定电性能设计要求。本章的设计思路是：首先根据网状天线的设计要求（如物理口径、焦距、有效口径等参数）进行反射面索网的网格划分，并基于力密度法进行找形设计，得到抛物面索网结构；然后，基于函数展开法，在优化过程中引入参考赋形面，使赋形节点随着参考赋形面上下调节，进而实现反射面反射特性的变化。

5.2.1 初始反射面索网的形态设计

旋转抛物面是以抛物线作为母线绕其轴线旋转形成的，如图 5.3 所示。坐标系 $oxyz$ 的原点 o 位于抛物面的顶点，焦点 F 置于 z 轴。抛物面上任一点的坐标 (x,y,z) 满足以下方程：

$$z = \frac{x^2 + y^2}{4f} \tag{5.1}$$

其中：f 为抛物面的焦距。

在图 5.3 中，全局坐标系 $OXYZ$ 的原点 O 位于抛物面的焦点 F 上，X、Y、Z 轴的方向与 x、y、z 轴方向一致。根据几何光学理论，将馈源置于抛物面的焦点 F，假设馈源发出的任一夹角 θ' 的射线 FM 对反射面的入射角为 α，反射角为 β。$\hat{n}$ 为抛物面在 M 点处的法线，γ 为入射线 FM 与切平面的夹角。根据几何关系则有 $\alpha = \pi/2 - \gamma$，且

$$\tan\gamma = \frac{r'}{\dfrac{dr'}{d\theta'}} = \frac{\dfrac{f}{\cos^2\left(\dfrac{\theta'}{2}\right)}}{f\cos^{-3}\left(\dfrac{\theta'}{2}\right)\sin\left(\dfrac{\theta'}{2}\right)}$$

$$= \cot\left(\frac{\theta'}{2}\right) = \tan\left(\frac{\pi}{2} - \frac{\theta'}{2}\right) \tag{5.2}$$

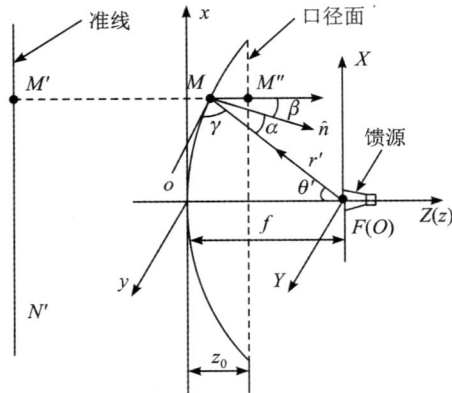

图 5.3　抛物反射面的几何光学特性示意图

由式 (5.2) 得出 $\gamma = \pi / 2 - \theta' / 2$，即 $\alpha = \theta' / 2$。又根据光学反射定律，有 $\beta = \alpha = \theta' / 2$。则 $\beta + \alpha = \theta'$，可以得出从馈源发出的球面电磁波经抛物面反射后得到与轴线 OF 平行的平面波[1]。反之，抛物面可将沿其轴向传来的平面波经抛物面汇聚到焦点上。

由抛物线的特性，可知其上任一点 M 到焦点 F 的距离与到准线 $M'N'$ 的距离相等，即 $\overline{FM} = \overline{MM'}$。则由焦点 F 发出的射线 FM 经反射后达到口径面经历的波程为

$$\overline{MF} + \overline{MM''} = \overline{MM'} + \overline{MM''} = f + z_0 \tag{5.3}$$

其中：z_0 是口径面与抛物面顶点 o 的距离。因而，位于焦点的馈源可发出任意方向的电磁波，它们到达口径面的波程为定值，即具有相同的相位。

对于星载天线而言，馈源一般置于卫星本体，反射体则由机械伸展臂确定它的空间位置。为有效避免卫星本体对反射面口径的电磁波遮挡，偏置反射面结构已成为大型星载天线的主要应用方式。取旋转抛物面的一部分作为工作抛物面，下面从抛物面的几何关系出发，推导偏置反射面方程，如图 5.4 所示。

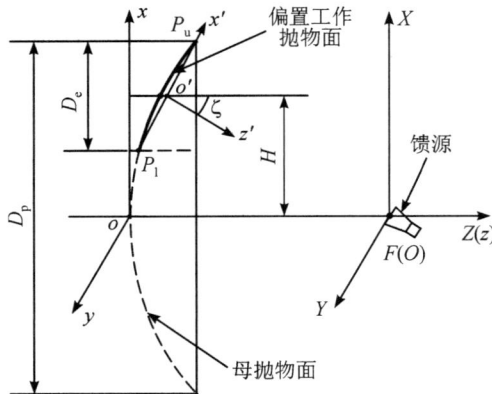

图 5.4　偏置抛物面几何关系示意图

首先定义母抛物面的口径为 D_p，焦距为 f，其所在直角坐标系与图 5.3 一致。偏置抛物面是由一个直径为 D_e、中心线与 Z 轴平行且偏置距离为 H 的圆柱面截取母抛物面得到的。图中，P_u 和 P_1 分别为圆柱与母抛物面在 XOZ 平面内的交点，其节点坐标 $P_u(X_{P_u}, 0, Z_{P_u})$

和 $P_1(X_{P_1}, 0, Z_{P_1})$ 应分别满足:

$$
\begin{cases}
X_{P_u} = H + \dfrac{D_e}{2}, \ Z_{P_u} = \dfrac{X_{P_u}^2}{4f} - f \\[3mm]
X_{P_1} = H - \dfrac{D_e}{2}, \ Z_{P_1} = \dfrac{X_{P_1}^2}{4f} - f
\end{cases}
\tag{5.4}
$$

此处需建立偏置抛物面的局部坐标系 $o'x'y'z'$, 其坐标原点 o' 位于线段 $P_u P_1$ 的中点, x' 轴以指向交点 P_u 为正方向, z' 轴垂直于线段 $P_u P_1$。局部坐标系相对于坐标系 $oxyz$ 的偏转角为 ζ, 满足以下关系:

$$
\tan\zeta = \frac{Z_{P_u} - Z_{P_1}}{X_{P_u} - X_{P_1}} = \frac{H}{2f}
\tag{5.5}
$$

线段 $P_u P_1$ 是圆柱面与母抛物面的相贯线在 XOZ 平面的投影, 即两曲面的相贯线在同一平面上。从 z' 轴正向看, 其相贯线为一标准椭圆, 且有

$$
\frac{x'^2}{a'^2} + \frac{y'^2}{b'^2} = 1
\tag{5.6}
$$

其中: $a' = \dfrac{D_e}{2\cos\zeta}$, $b' = \dfrac{D_e}{2}$。

定义 D_e 为工作抛物面的电口径, D 为物理口径。两者之间的关系为

$$
\tan\zeta = \frac{\sqrt{D^2 - D_e^2}}{D_e}
\tag{5.7}
$$

联立式(5.5)和式(5.7), 可得

$$
D = \frac{1}{2f} D_e \times \sqrt{4f^2 + H^2}
\tag{5.8}
$$

特别地, 当偏置距离 $H = 0$ 时, 该工作抛物面为对称反射面。此时, 电口径和物理口径相等, 即 $D_e = D$, 偏转角 $\zeta = 0$。在式(5.6)中, $a' = b' = D_e/2$, 即反射面的口径是半径为 $D/2$ 的圆。

5.2.2　反射面的网格划分

在全局坐标系 $OXYZ$ 中, 规定网状反射面天线的基本参数: 物理口径为 D, 焦距为 f, 有效口径为 D_e', 设计形面的均方根误差(形面精度)不大于 δ_{rms}, 索网结构的边界固定节点数为 N_{fix}。反射面采用三角形网格形式, 其分环数为 N^f。

周边桁架式网状天线的反射面是由离散三角形网格拼接成的近似拟合抛物面, 其边界节点在内接于物理口径 D 的正多边形顶点处。本章按传统命名方式将形成反射面的索网结构称为前网面。

西安电子科技大学的杨东武提出了一种抛物面索网天线反射面三角形网格划分方法。由几何逼近误差的计算公式可知, 最佳形面的索网分环数 N^f 由下式定义:

$$
N^f = \mathrm{CEIL}\left(\frac{D}{2 \times \sqrt{16\sqrt{15} \times f \times \delta_{rms}}} \right)
\tag{5.9}
$$

其中：CEIL(·)为对变量向正无穷方向取整的函数。由此可得物理口径平面内正三角形的边长为

$$L^f = \frac{D}{2N^f} \tag{5.10}$$

在前网面的物理口径平面上，按以下两个步骤对其进行网格划分：

(1) 在局部坐标系 $o'x'y'z'$ 下，生成前网面的内部节点，并采用 Delaunay 三角剖分[3]，获得网状反射面的节点拓扑连接关系。图5.5为边界节点数 $N_{fix}=12$ 的三角形网格划分示意图。在正六边形的6个顶点（黑色大节点）之间等间距增加($N_{fix}-6$)个边界节点（灰色节点），以匹配边界点数 N_{fix}，该类节点坐标确定为$(x_b'^f, y_b'^f])_{N_{fix}\times 2}$。并且通过网格划分可确定 n_v 个内部节点坐标$(x_f'^f, y_f'^f)_{n_v\times 2}$。其中，$n_v$ 为前网面内部节点数规定上标(·)^{f}表示前网面的相关参数，下标(·)$_f$和(·)$_b$分别表示与内部节点和边界节点的相关参数。

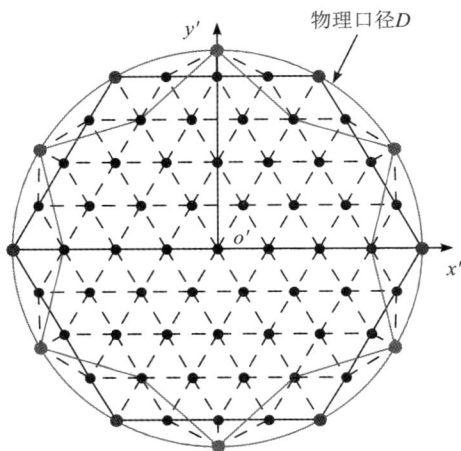

图5.5 边界节点数 $N_{fix}=12$ 的三角形网格划分示意图

(2) 在前网面的节点拓扑连接关系中，规定一端与边界节点连接的索段为边界索单元，其余为内部索单元。此外，考虑增加一些边界索单元（图5.5中灰色线所示）来分担边界索单元的张力。

网状反射面的 N_{fix} 个边界节点位于坐标平面 $x'o'y'$ 上，则三维坐标为$(x_b'^f, y_b'^f, 0)_{N_{fix}\times 3}$；内部节点坐标要满足抛物面方程，需将网格划分得到的内部节点沿 $-z'$ 轴方向投影到偏置抛物面上。为了方便计算偏置反射面的内部节点 $z_f'^f$ 坐标，将已知的$(x_f'^f, y_f'^f)$坐标通过下式转换到全局坐标系 $OXYZ$ 下：

$$\begin{Bmatrix} X_f^f \\ Y_f^f \\ Z_f^f \end{Bmatrix} = T_{y'}(\zeta) \begin{Bmatrix} x_f'^f \\ y_f'^f \\ z_f'^f \end{Bmatrix} + \begin{Bmatrix} X_{o'} \\ Y_{o'} \\ Z_{o'} \end{Bmatrix} \tag{5.11}$$

$$T_{y'}(\zeta) = \begin{bmatrix} \cos\zeta & 0 & -\sin\zeta \\ 0 & 1 & 0 \\ \sin\zeta & 0 & \cos\zeta \end{bmatrix} \tag{5.12}$$

其中：$T_{y'}(\zeta)$为绕 y' 轴旋转角度 ζ 的旋转矩阵，原点 o' 在全局坐标系下的坐标为

$$\left\{\begin{matrix} X_{o'} \\ Y_{o'} \\ Z_{o'} \end{matrix}\right\} = \left\{\begin{matrix} H \\ 0 \\ \dfrac{4d^2 + D_e^2}{16f} \end{matrix}\right\} \tag{5.13}$$

整理式(5.11)~式(5.13)得到偏置反射面内部节点$(x_f'^f, y_f'^f, z_f'^f)$在全局坐标系下满足：

$$x_f'^f \sin\zeta + z_f'^f \cos\zeta + \frac{4H^2 + D_e^2}{16f} = \frac{1}{4f}\left[(x_f'^f \cos\zeta - z_f'^f \sin\zeta + H)^2 + (y_f'^f)^2\right] - f \tag{5.14}$$

通过求解式(5.14)可求得对应的$z_f'^f$坐标，从而得到索网反射面内部节点在局部坐标系$o'x'y'z'$下的节点坐标$(x_f'^f, y_f'^f, z_f'^f)_{n_v \times 3}$。

5.2.3　前网面的找形设计

目前，现有的索网结构形态设计方法(以西安电子科技大学杨癸庚等张力形态设计方法为例)一般以索张力的均匀性为目标，最外圈内部节点位于有效口径之外为约束条件，通过优化边界索张力得到索网结构的形态设计结果。

然而，通过研究发现，在内部索单元张力相同的前提下，不同的边界索张力可直接影响最外圈内部节点的平衡位置。另一方面，最外圈内部节点的位置不仅直接决定了反射面有效口径的大小，也会极大程度地影响边界索的张力分布，进而决定天线反射面整体张力分布的均匀性。

因而本节在进行前网面找形设计时，考虑将最外圈内部节点在坐标平面XOY上的投影与有效口径D_e'的距离偏差作为目标函数，提出一种前网面找形设计方法。首先，基于力密度法推导节点的平衡方程，并对索网结构的索单元和节点进行分类；然后，通过优化边界索张力，使达到平衡状态的索网结构满足有效口径D_e'的要求，即最外圈内部节点均分布在口径D_e'附近。

本节工作是为赋形反射面设计提供初始的反射面索网结构，为了简化设计过程，只对前网面进行找形设计。将竖向索作用于内部节点的力作为前网面的平衡力，且规定平衡力沿$-z'$轴方向。前网面任一内部节点的受力如图5.6所示。

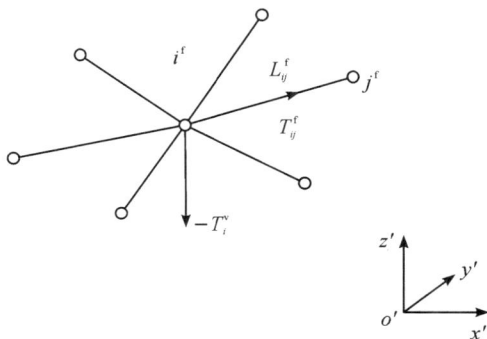

图 5.6　前网面任一内部节点的受力示意图

节点 i^f 的力平衡方程可表示为

$$\begin{cases} \sum_{j^f \in c_i^f} \dfrac{T_{ij}^f}{L_{ij}^f}(x_j'^f - x_i'^f) = 0 \\[2mm] \sum_{j^f \in c_i^f} \dfrac{T_{ij}^f}{L_{ij}^f}(y_j'^f - y_i'^f) = 0 \\[2mm] \sum_{j^f \in c_i^f} \dfrac{T_{ij}^f}{L_{ij}^f}(z_j'^f - z_i'^f) + (-T_i^v) = 0 \end{cases} \tag{5.15}$$

其中：c_i^f 为所有与节点 i^f 相连的节点集合，$i^f j^f$ 表示节点 i^f 与节点 j^f 相连的索单元，T_{ij}^f 为单元 $i^f j^f$ 的张力，L_{ij}^f 为单元 $i^f j^f$ 的长度。$(x_i'^f, y_i'^f, z_i'^f)$ 和 $(x_j'^f, y_j'^f, z_j'^f)$ 分别为节点 i^f 和 j^f 在局部坐标系下的坐标值，$-T_i^v$ 为作用在节点 i^f 处的张力（规定沿 $+z'$ 轴方向的力为正）。

定义索单元 $i^f j^f$ 的力密度参数为 $q_{ij}^f = T_{ij}^f / L_{ij}^f$，则式(5.15)可线性化表示为

$$\begin{cases} \sum_{j^f \in c_i^f} q_{ij}^f (x_j'^f - x_i'^f) = 0 \\[2mm] \sum_{j^f \in c_i^f} q_{ij}^f (y_j'^f - y_i'^f) = 0 \\[2mm] \sum_{j^f \in c_i^f} q_{ij}^f (z_j'^f - z_i'^f) = T_i^v \end{cases} \tag{5.16}$$

故前网面所有节点的平衡方程矩阵形式为

$$(\boldsymbol{C}^f)^T \boldsymbol{Q}^f \boldsymbol{C}^f \boldsymbol{R}^f = \boldsymbol{T}^f \tag{5.17}$$

其中：$\boldsymbol{Q}^f$ 为索单元力密度组成的对角矩阵，$\boldsymbol{R}^f = [x'^f \ y'^f \ z'^f]$ 为前网面节点的坐标矩阵，$\boldsymbol{T}^f = [0 \ \ 0 \ \ \boldsymbol{T}^v]$ 为节点的载荷矩阵，$\boldsymbol{C}^f$ 是前网面的"枝-点"拓扑矩阵，其元素定义如下[5]：

$$c(k, b) = \begin{cases} +1, & i^f = b \\ -1, & j^f = b \\ 0, & \text{其他} \end{cases} \tag{5.18}$$

其中：k 为索单元编号，b 为节点编号，单元 k 由节点 i^f 和节点 j^f 相连而成。

在找形设计过程中，前网面边界节点固定，即其坐标值不发生变化。可将式(5.17)分块表示为

$$\begin{bmatrix} (\boldsymbol{C}_f^f)^T \\ (\boldsymbol{C}_b^f)^T \end{bmatrix} \boldsymbol{Q}^f \begin{bmatrix} \boldsymbol{C}_f^f & \boldsymbol{C}_b^f \end{bmatrix} \begin{bmatrix} \boldsymbol{R}_f^f \\ \boldsymbol{R}_b^f \end{bmatrix} = \begin{bmatrix} \boldsymbol{T}_f^f \\ \boldsymbol{T}_b^f \end{bmatrix} \tag{5.19}$$

其中：$\boldsymbol{C}_f^f$ 和 $\boldsymbol{C}_b^f$ 分别为内部节点和边界节点的拓扑矩阵，$\boldsymbol{T}_f^f$ 和 $\boldsymbol{T}_b^f$ 分别为内部节点和边界节点的节点力矩阵，且 $\boldsymbol{R}_f^f = [\boldsymbol{x}_f'^f \ \boldsymbol{y}_f'^f \ \boldsymbol{z}_f'^f]_{n_v \times 3}$，$\boldsymbol{R}_b^f = [\boldsymbol{x}_b'^f \ \boldsymbol{y}_b'^f \ 0]_{N_{fix} \times 3}$。

给定力密度矩阵 $\boldsymbol{Q}^f$，由式(5.19)可计算出平衡状态下的节点坐标及作用于内部节点的张力：

$$\boldsymbol{R}_f^f = -[(\boldsymbol{C}_f^f)^T \boldsymbol{Q}^f \boldsymbol{C}_f^f]^{-1}(\boldsymbol{C}_f^f)^T \boldsymbol{Q}^f \boldsymbol{C}_b^f \boldsymbol{R}_b^f \tag{5.20}$$

$$\boldsymbol{T}_f^f = (\boldsymbol{C}_f^f)^T \boldsymbol{Q}^f \boldsymbol{C}_f^f \boldsymbol{R}_f^f + (\boldsymbol{C}_f^f)^T \boldsymbol{Q}^f \boldsymbol{C}_b^f \boldsymbol{R}_b^f \tag{5.21}$$

进而可推导出节点在 z' 轴方向上的竖向力为

$$\boldsymbol{T}^v = (\boldsymbol{C}_f^f)^T \boldsymbol{Q}^f \boldsymbol{C}_f^f \boldsymbol{R}_{fz'}^f + (\boldsymbol{C}_f^f)^T \boldsymbol{Q}^f \boldsymbol{C}_b^f \boldsymbol{R}_{bz'}^f \tag{5.22}$$

前网面为六边形对称结构,将其内部节点分为内部自由节点、最外圈内部节点两类,边界索单元按对称分类规则分为 p 类。如前所述,偏置反射面在局部坐标系中关于 x' 轴对称,图 5.7 表示某一偏置反射面的索网结构分类结果,共将边界索单元分为 25 类。考虑到对称反射面在局部坐标系中关于原点中心对称,因而用六分之一来表示分类结果(如图 5.8 所示)。

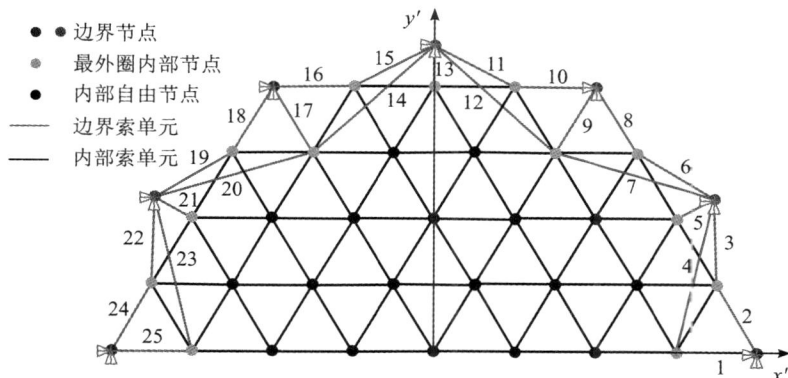

图 5.7　某一偏置反射面的索网结构分类结果

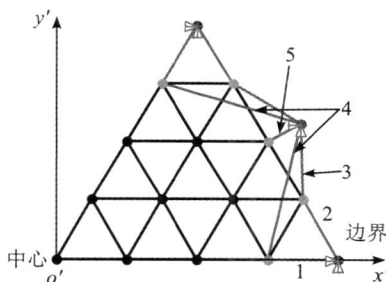

图 5.8　某一对称反射面的索网结构分类结果(六分之一)

考虑到反射面有效口径 D'_e 的约束要求,结合力密度法对以上建立的索网结构进行找形设计。其基本思想是:假定所有内部索单元的张力值均为 T_u;通过优化边界索张力相对于内部索力的增大倍数,使得最外圈内部节点的平衡位置满足约束条件。

(1) 设计变量:将各类边界索张力值相对于 T_u 的增大倍数 $\boldsymbol{\delta}$ 作为设计变量,记为

$$\boldsymbol{\delta} = [\delta_1 \, \delta_2 \, \cdots \, \delta_p]^T \tag{5.23}$$

其中:p 为边界索单元的分类数。则边界索单元张力 $\boldsymbol{T}_b$ 由下式计算:

$$\boldsymbol{T}_b = \boldsymbol{\delta} \cdot T_u \tag{5.24}$$

需要说明的是,若边界索张力值也为 T_u,反射面网格会发生"内聚"现象。为了避免此类问题的发生,应保证 $\delta_i (i = 1 \sim p)$ 不全为 1。

(2) 目标函数:考虑到有效口径 D'_e 是在坐标系 $OXYZ$ 下定义的,因而需将内部节点 $[R_{fx'}^f \, R_{fy'}^f \, R_{fz'}^f]$ 从局部坐标系 $o'x'y'z'$ 坐标转到全局坐标系 $OXYZ$ 下,即为 $[X_f^f \, Y_f^f \, Z_f^f]$。将最小化最外圈内部节点在平面 XOY 上的投影与有效口径 D'_e 的距离偏差值作为优化目标,即

$$\Gamma_1 = \sqrt{\sum_{m=1}^{b} \left(\sqrt{(X_{fm}^f)^2 + (Y_{fm}^f)^2} - \frac{D'_e}{2} \right)^2} \tag{5.25}$$

其中：m、b 分别表示最外圈内部节点的编号和总数目。

（3）约束函数：

① 索网结构处于平衡状态，需使节点坐标满足静力平衡方程：

$$(\boldsymbol{C}^{\mathrm{f}})^{\mathrm{T}}\boldsymbol{Q}^{\mathrm{f}}\boldsymbol{C}^{\mathrm{f}}\boldsymbol{R}^{\mathrm{f}}=\boldsymbol{T}^{\mathrm{f}} \tag{5.26}$$

② 为了保证反射面的形面精度，每次迭代优化必须保证内部节点落在抛物面上，有

$$R_{\mathrm{f}x'}^{\mathrm{f}}\sin\zeta + R_{\mathrm{f}z'}^{\mathrm{f}}\cos\zeta + \frac{4H^2+D_{\mathrm{e}}^2}{16f} = \frac{1}{4f}\big[(R_{\mathrm{f}y'}^{\mathrm{f}}\cos\zeta - R_{\mathrm{f}z'}^{\mathrm{f}}\sin\zeta + H)^2 + R_{\mathrm{f}y'}^{\mathrm{f}}\big] - f \tag{5.27}$$

③ 边界节点约束，即节点坐标为常数：

$$\boldsymbol{R}_{\mathrm{b}}^{\mathrm{f}}=[R_{\mathrm{b}x'}'^{\mathrm{f}}\ R_{\mathrm{b}y'}'^{\mathrm{f}}\ 0]=\mathrm{constant} \tag{5.28}$$

综上，反射面索网结构找形设计优化模型 P I 如下。

$$\begin{aligned}
&\text{Find}\quad \boldsymbol{\delta}=[\delta_1\ \delta_2\ \cdots\ \delta_p]^{\mathrm{T}}\\
&\text{Min}\quad \Gamma_1\\
&\text{s.\,t.}\quad (\boldsymbol{C}^{\mathrm{f}})^{\mathrm{T}}\boldsymbol{Q}^{\mathrm{f}}\boldsymbol{C}^{\mathrm{f}}\boldsymbol{R}^{\mathrm{f}}=\boldsymbol{T}^{\mathrm{f}}\\
&\qquad \boldsymbol{R}_{\mathrm{b}}^{\mathrm{f}}=[R_{\mathrm{b}x'}^{\mathrm{f}}\ R_{\mathrm{b}y'}^{\mathrm{f}}\ 0]=\mathrm{constant}\\
&\qquad R_{\mathrm{f}x'}^{\mathrm{f}}\sin\zeta + R_{\mathrm{f}z'}'^{\mathrm{f}}\cos\zeta + \frac{4H^2+D_{\mathrm{e}}^2}{16f}\\
&\qquad =\frac{1}{4f}\big[(R_{\mathrm{f}x'}^{\mathrm{f}}\cos\zeta - R_{\mathrm{f}z'}'^{\mathrm{f}}\sin\zeta + H)^2 + R_{\mathrm{f}y'}^{\mathrm{f}\,2}\big] - f
\end{aligned} \tag{5.29}$$

优化模型 P I 的含义即通过不断优化 $\boldsymbol{\delta}$ 的取值，迭代求解式（5.20）实现索网结构的由力找形，直至目标函数满足收敛条件为止。设计流程如图 5.9 所示，其详细步骤如下：

步骤 1： 获取前网面初始几何构型，包括初始内部节点坐标 $\boldsymbol{R}_{\mathrm{f}}^{\mathrm{f}(g=0)}$ 和边界节点坐标 $\boldsymbol{R}_{\mathrm{b}}^{\mathrm{f}}$，给定一组设计变量初始值 $\boldsymbol{\delta}^{(e)}(e=1)$ 和内部索张力要求值 T_{u}。

步骤 2： 令 $g=1$，计算索张力矩阵 $\boldsymbol{T}f(e)$ 和初始力密度矩阵 $\boldsymbol{Q}^{\mathrm{f}(g)}$。

步骤 3： 由式（5.30）求得平衡状态下内部节点的 $(x'，y')$ 坐标；

$$\begin{cases}
R_{\mathrm{f}x'}^{\mathrm{f}(g)} = -[(\boldsymbol{C}_{\mathrm{f}}^{\mathrm{f}})^{\mathrm{T}}\boldsymbol{Q}^{\mathrm{f}}\boldsymbol{C}_{\mathrm{f}}^{\mathrm{f}}]^{-1}(\boldsymbol{C}_{\mathrm{f}}^{\mathrm{f}})^{\mathrm{T}}\boldsymbol{Q}^{\mathrm{f}}\boldsymbol{C}_{\mathrm{b}}^{\mathrm{f}}R_{\mathrm{b}x'}^{\mathrm{f}}\\
R_{\mathrm{f}y'}^{\mathrm{f}(g)} = -[(\boldsymbol{C}_{\mathrm{f}}^{\mathrm{f}})^{\mathrm{T}}\boldsymbol{Q}^{\mathrm{f}}\boldsymbol{C}_{\mathrm{f}}^{\mathrm{f}}]^{-1}(\boldsymbol{C}_{\mathrm{f}}^{\mathrm{f}})^{\mathrm{T}}\boldsymbol{Q}^{\mathrm{f}}\boldsymbol{C}_{\mathrm{b}}^{\mathrm{f}}R_{\mathrm{b}y'}^{\mathrm{f}}
\end{cases} \tag{5.30}$$

步骤 4： 将节点的 $(R_{\mathrm{f}x'}^{\mathrm{f}(g)}，R_{\mathrm{f}y'}^{\mathrm{f}(g)}]$ 代入式（5.27），更新节点的 z' 坐标 $R_{\mathrm{f}z'}^{\mathrm{f}(g)}$，并计算调整前后的节点误差 $\Delta z'^{(g)}=\parallel R_{\mathrm{f}z'}^{\mathrm{f}(g)}-R_{\mathrm{f}z'}^{\mathrm{f}(g-1)}\parallel$。

步骤 5： 重新计算索网的索单元长度 $\boldsymbol{L}^{\mathrm{f}(g)}$，并由式（5.31）更新索张力值：

$$\boldsymbol{T}^{\mathrm{f}(g)}=\boldsymbol{Q}^{\mathrm{f}(g)}\boldsymbol{L}^{\mathrm{f}(g)} \tag{5.31}$$

步骤 6： 判断力密度迭代过程是否收敛，若节点误差 $\Delta z'^{(g)}\leqslant\varepsilon$（一般取 $\varepsilon=10^{-6}$ m），则进行步骤 7；否则，按下式更新力密度矩阵 $\boldsymbol{Q}^{\mathrm{f}(g+1)}$ 重复步骤 3～6，直到满足误差精度要求：

$$\boldsymbol{Q}^{\mathrm{f}(g+1)}=\mathrm{diag}\{[\mathrm{diag}\boldsymbol{L}^{\mathrm{f}(g)})]^{-1}\boldsymbol{T}^{\mathrm{f}(e)}\} \tag{5.32}$$

步骤 7： 由式（5.25）计算出最外圈内部节点在面 XOY 上的投影与有效口径 D'_{e} 的位置偏差 $\Gamma_1^{(e)}$。

步骤 8： 判断位置偏差 $\Gamma_1^{(e)}$ 是否实现了最小化。若是，则迭代结束，并输出优化设计后的前网面几何构型，包括内部节点坐标 $(x_{\mathrm{f}}'^{\mathrm{f}\text{-o}}，y_{\mathrm{f}}'^{\mathrm{f}\text{-o}}，z_{\mathrm{f}}'^{\mathrm{f}\text{-o}})=(R_{\mathrm{f}x'}^{\mathrm{f}\text{-o}}，R_{\mathrm{f}y'}^{\mathrm{f}\text{-o}}，R_{\mathrm{f}z'}^{\mathrm{f}\text{-o}}]$；否则，继续

改变 δ 重复步骤 3～8，直至满足收敛条件为止。

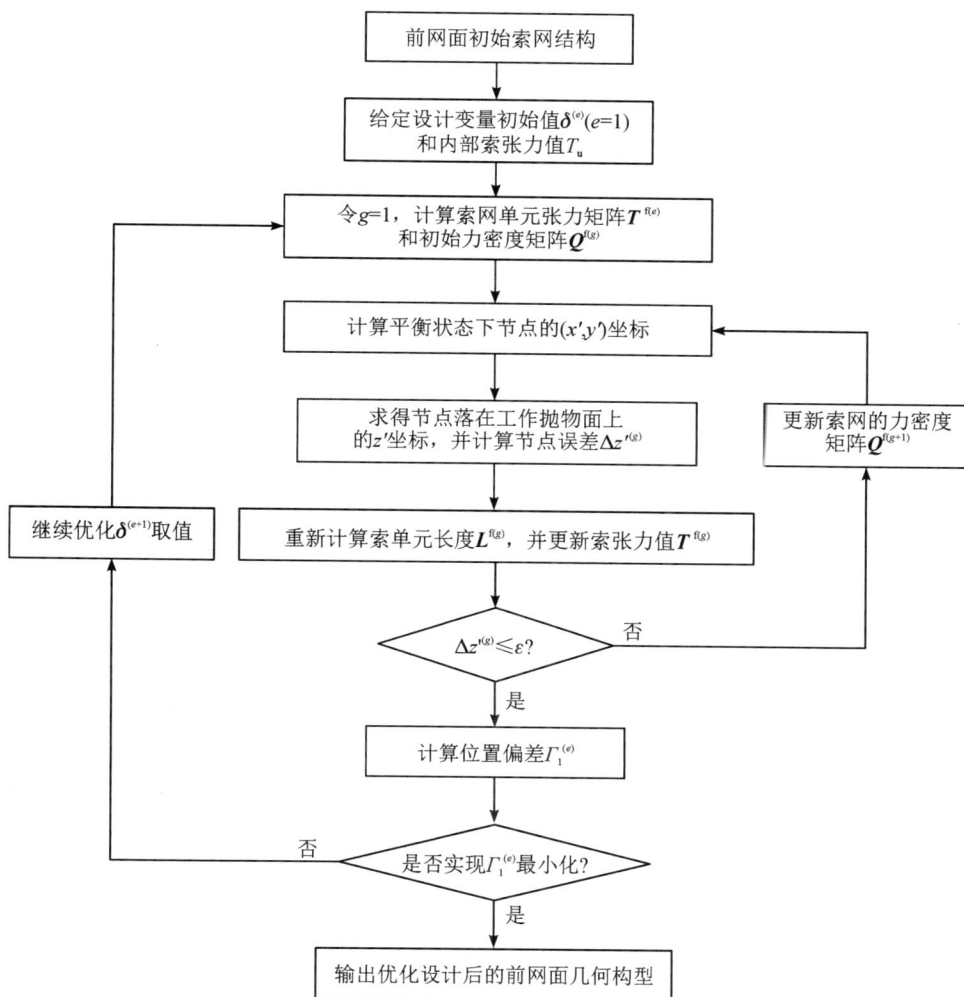

图 5.9　前网面找形设计流程图

5.2.4　赋形网状反射面的设计

针对赋形网状反射面设计问题，本节首先基于函数展开法，使用 Jacobi-Fourier 正交多项式对标准抛物面进行描述。通过优化多项式系数，调控参考赋形面相对于标准抛物面的"凹凸"形变，使赋形节点随着参考赋形面上下波动，最终获得满足电性能要求的赋形网状反射面。

1. 标准抛物面的 Jacobi-Fourier 函数表达式

任一偏置反射面如图 5.10 所示，在图 5.4 所示坐标系的基础上增加一个远场坐标系 $O'X'Y'Z'$，该坐标系是由全局坐标系 $OXYZ$ 平移至点 $(H, 0, 0)$ 得到的，图中电口径 $D_e = 2a = 2b$ 为反射面在坐标平面 $X'O'Y'$ 上的投影。

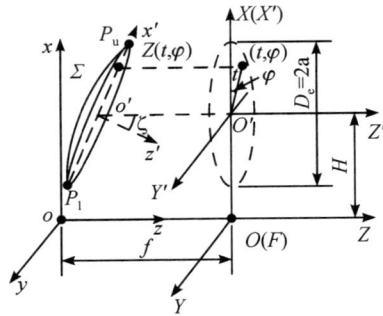

图 5.10 偏置反射面示意图

反射面的 Jacobi-Fourier 正交函数表达式[6]如下：

$$Z(t, \varphi) = \sum_{n=0}^{N} \sum_{m=0}^{M} (c_{nm} \cos n\varphi + d_{nm} \sin n\varphi) F_m^n(t) \tag{5.33}$$

$$F_m^n(t) = \sqrt{2(n+2m+1)} P_m^{(n,0)} (1-2t^2) t^n \quad (0 \leqslant t \leqslant 1, 0 \leqslant \varphi \leqslant 2\pi) \tag{5.34}$$

其中：$F_m^n(t)$ 为修正的雅克比多项式，$P_m^{(n,0)}(1-2t^2)$ 为雅克比多项式，c_{nm} 和 d_{nm} 为多项式系数，t 为平面 $X'O'Y'$ 上的圆域半径，φ 为反射面节点在平面 $X'O'Y'$ 上的极坐标角度分量，$Z(t, \varphi)$ 为反射面节点的 Z 坐标。

节点的直角坐标参量 (X_f^f, Y_f^f) 可通过下式转化为多项式参量 (t, φ)，且有

$$\begin{cases} t = \dfrac{\sqrt{(X_f^f - H)^2 + (Y_f^f)^2}}{a} \\ \varphi = \arctan\left[\dfrac{Y_f^f}{(X_f^f - H)}\right] \end{cases} \tag{5.35}$$

雅克比多项式一般由 $P_m^{(\alpha, \beta)}(x)$ 表示：

$$(1-x)^\alpha (1-x)^\beta P_m^{(\alpha, \beta)}(x) = \frac{(-1)^n}{2^n \cdot n!} \left(\frac{d}{dx}\right)^n \left[(1-x)^{n+\alpha} (1-x)^{n+\beta}\right] \tag{5.36}$$

$P_m^{(\alpha, \beta)}(x)$ 由以下递推关系计算更有效：

$$P_0^{(\alpha, \beta)}(x) = 1 \tag{5.37}$$

$$P_1^{(\alpha, \beta)}(x) = \frac{1}{2}(\alpha + \beta + 2)x + \frac{1}{2}(\alpha - \beta) \tag{5.38}$$

$$2m(m + \alpha + \beta)(2m + \alpha + \beta - 2) P_m^{(\alpha, \beta)}(x)$$
$$= (2m + \alpha + \beta - 1) \left[(2m + \alpha + \beta)(2m + \alpha + \beta - 2)x + (\alpha^2 - \beta^2)\right] P_{m-1}^{(\alpha, \beta)}(x) -$$
$$2(m + \alpha - 1)(m + \beta - 1)(2m + \alpha + \beta) P_{m-2}^{(\alpha, \beta)}(x), \quad m = 2, 3, 4, \cdots \tag{5.39}$$

反射面 $Z(t, \varphi)$ 表达式中的系数可由下式计算：

$$\begin{Bmatrix} c_{nm} \\ d_{nm} \end{Bmatrix} = \frac{\varepsilon_n}{2\pi} \int_0^{2\pi} \int_0^1 Z(t, \varphi) \begin{Bmatrix} \cos n\varphi \\ \sin n\varphi \end{Bmatrix} F_m^n(t) t \, d\varphi \, dt \tag{5.40}$$

$$\varepsilon_n = \begin{cases} 1, & n = 0 \\ 2, & n \neq 0 \end{cases} \tag{5.41}$$

设置偏置抛物面的焦距 f，偏置距离 H，物理口径 D，电口径 D_e，引入参数 a，使得

$a = D_e/2$，则偏置抛物面的参数表达式如下：

$$\begin{cases} X(t,\varphi) = H + at\cos\varphi \\ Y(t,\varphi) = at\sin\varphi \\ Z(t,\varphi) = -f + \dfrac{H^2}{4f} + \dfrac{a^2}{4f}t^2 + \dfrac{aH}{2f}t\cos\varphi \end{cases} \tag{5.42}$$

由式(5.42)可计算出式(5.40)中偏置反射面的多项式系数 c_{nm} 和 d_{nm}：

$$\begin{cases} c_{00}^{(1)} = -\dfrac{f}{\sqrt{2}} + \dfrac{1}{8\sqrt{2}}\dfrac{2H^2+a^2}{f} \\[2mm] c_{01}^{(1)} = -\dfrac{1}{8\sqrt{6}}\dfrac{a^2}{f} \\[2mm] c_{10}^{(1)} = \dfrac{aH}{4f} \end{cases} \tag{5.43}$$

其余 c_{nm} 和 d_{nm} 的计算结果均为 0。将上述推导的各函数和对应的系数值代入式(5.33)得到偏置抛物面的 Jacobi-Fourier 正交函数表达式：

$$Z^{(1)}(t,\varphi) = \left(-\frac{f}{\sqrt{2}} + \frac{1}{8\sqrt{2}}\frac{2H^2+a^2}{f}\right)\cdot\sqrt{2} + \left(-\frac{1}{8\sqrt{6}}\frac{a^2}{f}\right)\cdot\sqrt{6}\,(1-2t^2) + \frac{aH}{4f}\cdot 2t \tag{5.44}$$

对称抛物面作为偏置抛物面的一个特例（如图 5.11 所示），同样可计算得到其多项式系数 c_{nm} 和 d_{nm}：

$$\begin{cases} c_{00}^{(2)} = -\dfrac{f}{\sqrt{2}} + \dfrac{1}{8\sqrt{2}}\dfrac{a^2}{f} \\[2mm] c_{01}^{(2)} = -\dfrac{1}{8\sqrt{6}}\dfrac{a^2}{f} \end{cases} \tag{5.45}$$

其余的 c_{nm} 和 d_{nm} 的计算结果均为 0，则对称抛物面的 Jacobi-Fourier 正交函数表达式如下：

图 5.11　旋转对称反射面示意图

$$Z^{(2)}(t,\varphi) = -\frac{f}{\sqrt{2}} + \frac{1}{8\sqrt{2}}\frac{a^2}{f}\times\sqrt{2} - \frac{1}{8\sqrt{6}}\frac{a^2}{f}\times(1-2t^2) \tag{5.46}$$

2. 参考赋形面的函数表达式

通过给 Jacobi-Fourier 多项式系数 c_{nm} 和 d_{nm} 赋不同的数值，即可使参考赋形面在标准抛物面的基础上产生局部形变。并且取的系数越多（参数 M 和 N 值越大），可描述的反射面的局部起伏波动数越多。而对于某一确定的索网来说，其参考赋形面的起伏波动应与内部节点位置相对应。因而，有必要对参考赋形面的函数表达式参数 M 和 N 进行确定。

图 5.12 表示不同 m 值时修正的雅克比多项式 $F_m^n(t)$ 随圆域半径 t（$0\leqslant t\leqslant 1$）的变化曲线。从图中可以看出，当 m 确定时，随着 n 值的增加，$F_m^n(t)$ 值随 t 变化的规律基本一致，只是在圆域半径 t 的变化范围内有一定的横向拉伸。另一方面，当 n 确定时，随着 m 值的增大，$F_m^n(t)$ 的波峰波谷数相应地增加。例如，当 $m=0$ 时有一个波峰，当 $m=5$ 时有 3 个波峰 3 个波谷。简而言之，m 的作用是确定波峰/波谷数，n 的作用是确定波峰和波谷的位

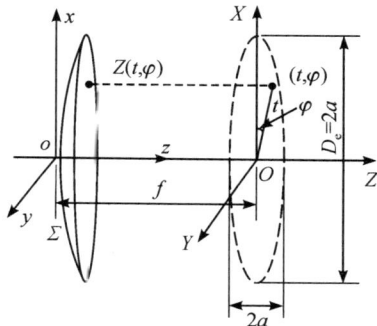

置。另外，当 $n=1$ 时所对应函数 $F_m^n(t)$ 的曲线波峰最小值 t 随 m 的增加近似呈线性关系。

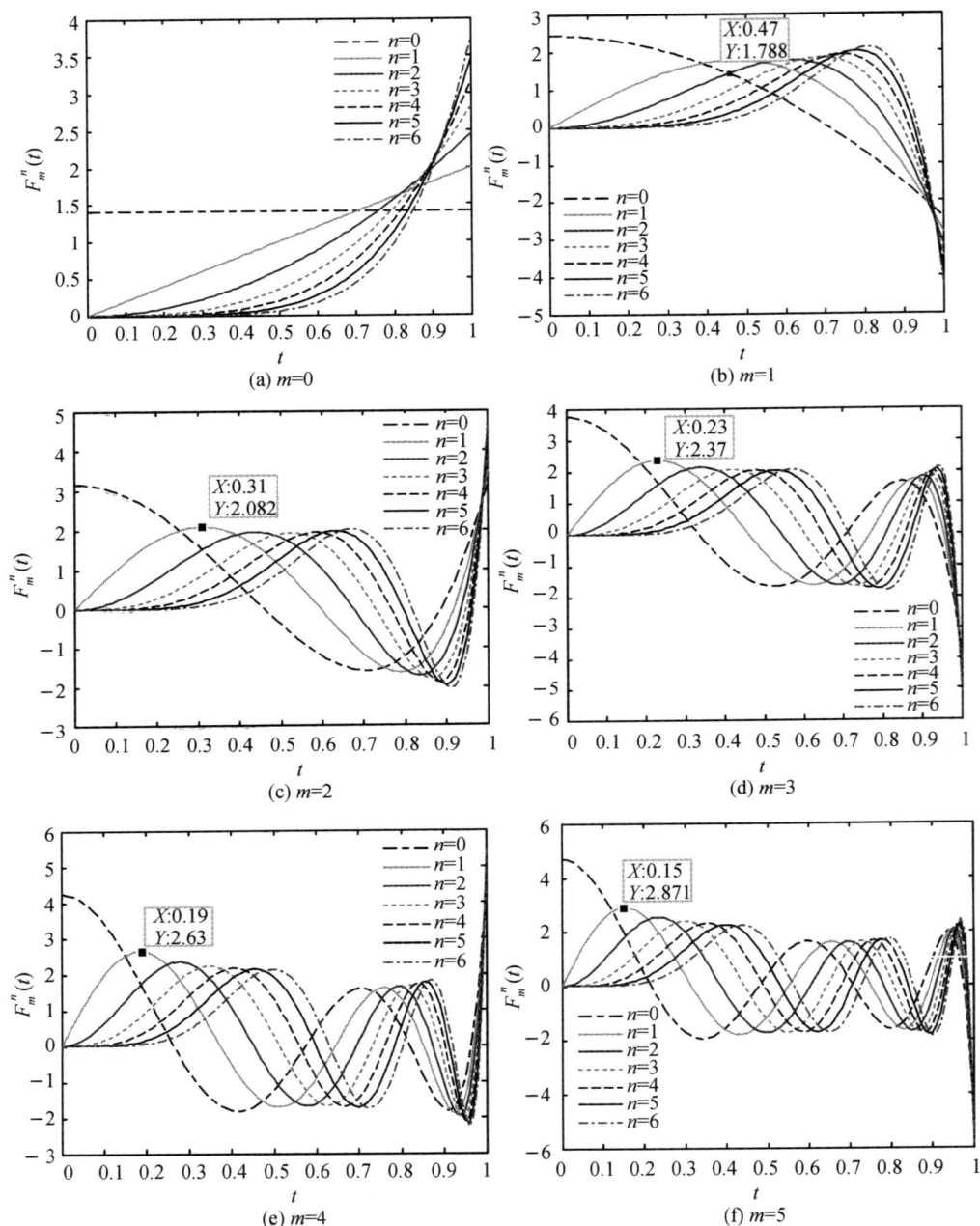

图 5.12　不同 m 值时 $F_m^n(t)$ 随圆域半径 t 的变化曲线

本节确定参考赋形面函数表达式的目的是为下一步赋形网状反射面优化设计做准备。前网面内部节点会随着参考赋形面形状的改变上下波动，为保证所有内部节点有足够的调节空间（主要保证最内圈节点），一个关键问题是需要基于前网面确定合理的参数值 M 和 N，具体如下。

（1）将参考赋形面的圆域中心设在远场坐标系的原点 O' 处，其所表示的 $t=1$ 的圆域

由反射面电口径 D_e 来确定。根据前网面的分环数 N^f 确定出最内圈节点所在位置的圆域半径 $t'=1/N^f$，利用 $n=1$ 时所对应函数 $F_m^n(t)$ 的曲线波峰最小值 t 随 m 的增加近似呈线性关系，根据分环数大致确定出 $M=N^f-1$。

（2）由找形设计完成的前网面进一步修正 M 的取值。将前网面节点投影到 $X'O'Y'$ 平面，确定出最内圈节点所在位置的圆域半径 t''。通过图示法，对比 t'' 值与当 $n=1$ 时所对应函数 $F_m^n(t)$ 的曲线波峰最小值 t，得到修正的 M 值。

以图 5.7 所示偏置反射面的索网结构为例：首先，根据其分环数 $N^f=4$ 初步确定参数 $M=3$；然后，计算出前网面索网最内圈节点所在位置的圆域半径 $t''=0.20$，通过比对图 5.12 可知，图 5.12(e)($m=4$ 的情况）的 $t=0.19$，与 t'' 最为接近，因而修正参数 $M=4$。参数 N 值是一个模糊量，我们提取出 $m=0\sim4$ 时函数 $F_m^n(t)$ 曲线的所有波峰对应的 t 值，判断出 $N=6$ 时的波峰间隔基本满足节点间隔要求。同样地，可确定出图 5.8 所示对称反射面索网结构对应的参考赋形面多项式参数 $M=3$，$N=6$。

任意给定一组多项式系数 c_{nm} 和 d_{nm}，可获得一个参考赋形面的 Jacobi-Fourier 多项式和对应的形状。在局部坐标系 $o'x'y'z'$ 中，将前网面沿 $-z'$ 轴投影至参考赋形面，即可获得赋形网状反射面的节点坐标 $[x_f'^{f\text{-}o}\quad y_f'^{f\text{-}o}\quad z_{f\text{-}update}'^{f\text{-}o}]$ 和对应的拓扑构型。

3. 反射面辐射场的计算

当确定一个赋形网状反射面时，采用物理光学法（PO 法）[7] 可计算出天线的远区辐射电场，即

$$\bar{E}(\theta,\varphi)=-\mathrm{j}\kappa\eta\frac{\mathrm{e}^{-\mathrm{j}kr}}{4\pi r}(\boldsymbol{I}-\boldsymbol{rr})\cdot\iint_\Sigma \bar{J}(\bar{r}')\,\mathrm{e}^{\mathrm{j}k\bar{r}'\cdot\hat{r}}\,\mathrm{d}\Sigma' \tag{5.47}$$

其中：$\bar{E}(\theta,\phi)$ 为角度 (θ,ϕ) 上的远场区电场强度，$\bar{J}(\bar{r}')$ 为反射面表面感应等效电流，$\mathrm{j}=\sqrt{-1}$，波常数 $\kappa=2\pi/\lambda$（λ 为工作波长），波阻抗 $\eta=120\pi$，Σ 表示在整个网状反射面区域，$\bar{r}'$ 为反射面积分点矢量，r 为远场观测点单位方向矢量，r 为场点与辐射点的距离。

偏置反射面远场计算如图 5.13 所示，在图 5.10 坐标系的基础上增加一个馈源坐标系 $o_s x_s y_s z_s$。馈源坐标系是由全局坐标系 $OXYZ$ 绕 X 轴旋转 $180°$，再绕 Y 轴旋转偏置角 θ_f 得到的。其中 θ_f 为点 P_u 和 P_l 分别与原点 O 连线产生的角 $\angle P_u O P_l$ 的角平分线与 $-Z$ 轴的夹角。

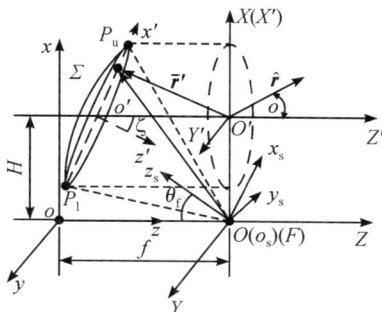

图 5.13　偏置反射面远场计算示意图

先将节点坐标 $(x_f'^{f\text{-}o}\quad y_f'^{f\text{-}o}\quad z_{f\text{-}update}'^{f\text{-}o})$ 转换为全局节点坐标 $(X_f^{f\text{-}o}\quad Y_f^{f\text{-}o}\quad Z_{f\text{-}update}^{f\text{-}o})$，再由下式转换到馈源坐标系下：

$$\begin{pmatrix} x_s \\ y_s \\ z_s \end{pmatrix} = \begin{bmatrix} \cos\theta_f & 0 & -\sin\theta_f \\ 0 & 1 & 0 \\ \sin\theta_f & 0 & \cos\theta_f \end{bmatrix} \begin{bmatrix} 1 & 0 & 0 \\ 0 & \cos\pi & -\sin\pi \\ 0 & \sin\pi & \cos\pi \end{bmatrix} \begin{pmatrix} X_f^{\text{f-o}} \\ Y_f^{\text{f-o}} \\ Z_{\text{f-update}}^{\text{f-o}} \end{pmatrix} \tag{5.48}$$

同时，可计算出对应的球坐标分量 $(r_s, \theta_s, \varphi_s)$：

$$\begin{cases} r_s = \sqrt{x_s^2 + y_s^2 + z_s^2} \\ \theta_s = \arcsin\left(\dfrac{\sqrt{x_s^2 + y_s^2}}{r_s}\right) \\ \varphi_s = \arctan\left(\dfrac{y_s}{x_s}\right) \end{cases} \tag{5.49}$$

接下来确定馈源模型。一个有确定相位中心的理想锥削式馈源的电场矢量[8]可表示如下：

$$\overline{\boldsymbol{E}}_s(\overline{\boldsymbol{r}}_s) = A_0 \begin{Bmatrix} \hat{\theta}_s C_E \cos\varphi_s - \hat{\varphi}_s C_H \sin\varphi_s \\ \hat{\theta}_s C_E \sin\varphi_s + \hat{\varphi}_s C_H \cos\varphi_s \end{Bmatrix} \frac{e^{-jkr_s}}{r_s} \tag{5.50}$$

其中：$A_0 = 1/(4\pi)$，且

$$\begin{cases} C_E(\theta_s) = (\cos\theta_s)^{q_E}, & E \text{ 面} \\ C_H(\theta_s) = (\cos\theta_s)^{q_H}, & H \text{ 面} \end{cases} \tag{5.51}$$

此处，边缘衰减（ET）是描述馈源的一个重要参数，定义为反射面边缘辐射场强与中心的分贝值之比。这个定义可直接应用于对称旋转反射面，而对于偏置反射面则需要重新定义馈源锥削[8]。

如图 5.14 所示，偏置反射面上端馈源锥削 FT_U 可定义为

$$FT_U = 20\lg\left[\frac{C(\psi_U - \psi_C)}{C(0°)}\right] \tag{5.52}$$

其中：$0°$ 表示 FU 和 FL 角平分线方向（在图 5.14 中 FI 方向），$C(\cdot)$ 由式（5.51）确定。同样地，反射面底端的 FT_L 可由角 ψ_C 和 ψ_L 确定，如图 5.14 所示，ψ_C 和 ψ_L 分别为反射面中心、上端与焦线的夹角。

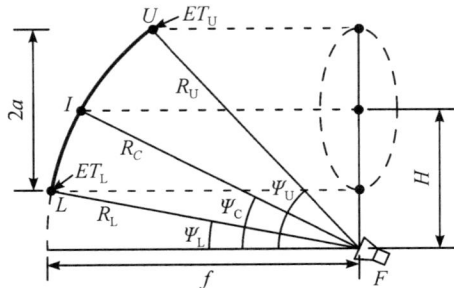

图 5.14　偏置反射面馈源参数计算几何图

上端边缘衰减 ET_U 满足：

$$ET_U = FT_U + 20\lg\left(\frac{R_C}{R_U}\right) \tag{5.53}$$

其中：R_U 和 R_C 分别为馈源到反射面上端和中心的路径长度。

馈源方向图中的指数 q 可由下式确定：

$$q = \frac{ET/20 - \lg(R_C/R_U)}{\lg[\cos(\psi_U - \psi_C)]} \tag{5.54}$$

对于对称反射面，ET 和 FT 只需定义一端。该部分计算公式主要针对 $\cos^q(\theta)$ 类型的馈源照射模型。

为方便推导，假设馈源方向图为 $\hat{Y}$ 极化，令

$$U(\theta_s, \varphi_s) = \sin\varphi_s(\cos\theta_s)^{q_E} \tag{5.55}$$

$$V(\theta_s, \varphi_s) = \cos\varphi_s(\cos\theta_s)^{q_H} \tag{5.56}$$

相应的磁场矢量由下式计算：

$$\overline{H}_s(\overline{r'}) = \frac{1}{\eta}r_s \times \overline{E}_s(\overline{r'}) = \frac{A_0}{\eta}\left\{\begin{array}{l}\boldsymbol{\varphi}_s C_E(\theta_s)\cos\varphi_s + \theta_s C_H(\theta_s)\sin\varphi_s \\ \boldsymbol{\varphi}_s C_E(\theta_s)\sin\varphi_s - \theta_s C_H(\theta_s)\cos\varphi_s\end{array}\right\}\frac{e^{-jkr_s}}{r_s} \tag{5.57}$$

网状反射面等效面电流由下式计算：

$$J(\overline{r'}) = 2\boldsymbol{n} \times \overline{H}_s(\overline{r'}) \tag{5.58}$$

其中：$\hat{n}$ 为反射面法相单位矢量。

网状反射面由若干个三角形面片拼接组成，可由节点坐标和三角形单元连接关系计算出每个三角形面片所在平面的法向单位矢量 $\hat{n}$。假设任一三角形面片对应的三个节点坐标分别为 $m_1'(x_1, y_1, z_1)$、$m_2'(x_2, y_2, z_2)$、$m_3'(x_3, y_3, z_3)$，下面由三点式推导该三角形面片所在的平面方程，设过点 m_1' 的平面方程为

$$A(x - x_1) + B(y - y_1) + C(z - z_1) = 0 \tag{5.59}$$

点 m_2'，m_3' 均在此平面上，因此其坐标满足方程(5.59)，将它们的坐标代入得

$$A(x_2 - x_1) + B(y_2 - y_1) + C(z_2 - z_1) = 0 \tag{5.60}$$

$$A(x_3 - x_1) + B(y_3 - y_1) + C(z_3 - z_1) = 0 \tag{5.61}$$

式(5.59)～式(5.61)均为关于 A、B、C 的线性方程组，该方程组有非零解的充分必要条件是关于系数 A、B、C 的行列式 $\Delta = 0$，即

$$\begin{vmatrix} x - x_1 & y - y_1 & z - z_1 \\ x_2 - x_1 & y_2 - y_1 & z_2 - z_1 \\ x_3 - x_1 & y_3 - y_1 & z_3 - z_1 \end{vmatrix} = 0 \tag{5.62}$$

求解式(5.62)，可得平面方程为

$$A(x - x_1) + B(y - y_1) + C(z - z_1) = 0 \tag{5.63}$$

其中：$\begin{cases} A = (y_2 - y_1)(z_3 - z_1) - (z_2 - z_1)(y_3 - y_1) \\ B = (z_2 - z_1)(x_3 - x_1) - (z_3 - z_1)(x_2 - x_1) \\ C = (x_2 - x_1)(y_3 - y_1) - (x_3 - x_1)(y_2 - y_1) \end{cases}$。

将上述方程整理为 $z = ax + by + c$ 形式，有

$$z = -\frac{A}{C}x - \frac{B}{C}y + z_1 + \frac{1}{C}(Ax_1 + By_1) \tag{5.64}$$

因此，该平面方程的法向矢量 $\overline{n}$ 可由下式计算：

$$\overline{n} = [-a, -b, 1] = \left[\frac{A}{C}, \frac{B}{C}, 1\right] \tag{5.65}$$

其法向单位矢量 $\hat{n}$ 为

$$\hat{n} = \frac{\bar{n}}{|\bar{n}|} \tag{5.66}$$

其中：$|\bar{n}| = \sqrt{\left(\dfrac{A}{C}\right)^2 + \left(\dfrac{B}{C}\right)^2 + 1}$。

通过以上计算，可获得赋形网状反射面天线的远场区电场强 $\bar{E}(\theta, \phi)$。对于赋形天线来说，选取远场方向性系数作为设计指标[9]，有

$$D(\theta, \phi) = \frac{|\bar{E}(\theta, \phi)|^2}{P_{rs}/(4\pi r_s^2)} = \frac{2(2q_E + 1)(2q_H + 1)}{A_0^2(q_E + q_H + 1)} |\bar{E}(\theta, \phi)|^2 \tag{5.67}$$

其中：P_{rs} 为馈源辐射总功率，r_s 为辐射点与馈源的距离。

4. 优化模型

波束赋形设计的要求是赋形网状反射面天线产生的主波束形状必须与覆盖区域相匹配，且区域内的远场方向性系数不低于 D_{obj}（dBi）。因此，欲获得一个满足设计要求的赋形网状反射面，需通过不断优化多项式系数来更新参考赋形面的形状，具体步骤如下。

（1）设计变量：根据 Jacobi-Fourier 函数中的参数 M 和 N，共得到 $(N+1) \times (M+1)$ 个展开式系数 c_{nm} 和 d_{nm}。优化过程中，并非所有的系数都作为设计变量，其中 c_{00} 控制参考赋形面的主要形状，其值不发生改变。将其余系数按照一定的顺序排列作为设计变量：

$$\chi = [d_{00} \ c_{01} \ d_{01} \ c_{11} \ d_{11} \cdots c_{nm} \ d_{nm}]^T \tag{5.68}$$

（2）目标函数：根据远场方向性系数设计目标值 D_{obj}（dBi），选择合理的 D_{dv} 值作为优化的设计参考值，且 $D_{dv} \geqslant D_{obj}$。可考虑将覆盖区域内采样点的远场实际方向性系数与设计参考值的加权均方根值作为优化模型的目标函数，表示如下：

$$\Gamma_2 = \left(\frac{1}{N_{far}} \sum_{i=1}^{N_{far}} w_i \cdot |D_i - D_{dv}|^2\right)^{1/2} \tag{5.69}$$

其中：N_{far} 表示覆盖区域内采样点的数目；D_i 表示各采样点的实际方向性系数；w_i 为各采样点方向性系数的权值，由下式确定：

$$w_i = \begin{cases} 1, & D_i < D_{dv} \\ 0, & D_i > D_{dv} \end{cases} \tag{5.70}$$

（3）约束函数：根据 Jacobi-Fourier 函数多项式的系数初始值来确定设计变量的取值范围：

$$\underline{\chi} \leqslant \chi_i \leqslant \bar{\chi}, \ i = 1 \sim n', \ n' \leqslant 2(N+1) \times (M+1) - 1 \tag{5.71}$$

其中：$\bar{\chi}$ 和 $\underline{\chi}$ 分别为设计变量的上、下限。

综上所述，赋形网状反射面设计优化模型 PⅡ 如下：

$$\begin{aligned} &\text{Find} \quad \chi = [\chi_1 \ \chi_2 \cdots \chi_{n'}]^T = [d_{00} \ c_{01} \ d_{01} \ c_{11} \ d_{11} \cdots c_{nm} \ d_{nm}]^T \\ &\text{Min} \quad \Gamma = \Gamma_2 \\ &\text{s.t.} \quad \underline{\chi} \leqslant \chi_i \leqslant \bar{\chi}, \ i = 1 \sim n', \ n' \leqslant 2(N+1) \times (M+1) - 1 \end{aligned} \tag{5.72}$$

5. 粒子群优化算法

1995 年，Eberhart 博士和 Kennedy 博士提出了一种基于群体协作的随机搜索算法——粒子群优化算法（PSO）[10]。其基本思想是：在搜索空间内随机生成若干组设计变量的值作为初始种群，每一组值被称为一个粒子，每个粒子都具有两个属性：位置 $x_i = (x_{i1}\ x_{i2}\cdots\ x_{iG})$ 和速度 $v_i = (v_{i1}\ v_{i2}\cdots\ v_{iG})$，其中 $i = 1\sim Q$，Q 表示种群的粒子个数，G 表示设计变量的个数。速度代表粒子移动的快慢和方向，位置代表每次迭代的当前值，可根据当前值计算出该位置的目标函数值。在随机第 k 次搜索过程中，需要记录每个粒子的历史最优解 $Q_{\text{best}i}^{(k)}$，并找到整个种群粒子中的最优解 $G_{\text{best}}^{(k)}$。接着每个粒子根据个体最优解 $Q_{\text{best}i}^{(k)}$ 和种群最优解 $G_{\text{best}}^{(k)}$，由下式确定第 $k+1$ 次搜索粒子的速度和位置值：

$$v_i^{(k+1)} = v_i^{(k)} + c_1 \times \text{rand}() \times [Q\text{best}_i^{(k)} - x_i^{(k)}] + c_2 \times \text{rand}() \times [G_{\text{best}}^{(k)} - x_i^{(k)}] \tag{5-73}$$

$$x_i^{(k+1)} = x_i^{(k)} + v_i^{(k+1)} \tag{5-74}$$

其中：rand(•) 表示产生介于 (0,1) 之间的随机数，c_1 和 c_2 为自我认知率和种群影响率，通常取 $c_1 = c_2 = 1.49$。v_i 在迭代过程中的最大值为 $V_{\max}$，若 $v_i > V_{\max}$，则令 $v_i = V_{\max}$。

以式 (5.73) 和式 (5.74) 为基础，可构造出 PSO 算法的标准形式。为了在粒子搜索过程中主动调整全局和局部的搜索能力，获得更优的设计结果，对式 (5.73) 引入惯性因子 l'：

$$v_i^{(k+1)} = l' \times v_i^{(k)} + c_1 \times \text{rand}() \times [Q_{\text{best}i}^{(k)} - x_i^{(k)}] + c_2 \times \text{rand}() \times [G_{\text{best}}^{(k)} - x_i^{(k)}] \tag{5.75}$$

惯性因子 l' 越大，全局搜索能力越强，局部搜索能力越弱；反之亦然。因此，可以考虑在搜索前期给惯性因子设置较大的值以提高算法的全局寻优能力，在后期为了得到更好的局部解，给惯性因子设置较小的值。

目前，采用较多的是线性递减权值法，即

$$l'^{(k)} = (l'_{\max} - l'_{\min})(G_{\text{num}} - k)/G_{\text{num}} + l'_{\min} \tag{5.76}$$

其中：G_{num} 为迭代总次数；$l'_{\max}$ 和 $l'_{\min}$ 分别为惯性系数的最大值和最小值，一般取 $l'_{\max} = 0.9$，$l'_{\min} = 0.4$。

5.3　赋形天线仿真分析

为验证赋形网状反射面设计方法的有效性，分别设计偏置反射面和对称反射面，使其在覆盖区域内的远场方向性系数满足设计要求。

5.3.1　偏置赋形反射面的仿真分析

1. 覆盖要求

为了与已公开文献中的赋形反射面设计结果进行对比，下面采用文献[11]中所提供的美国覆盖区域的相关参数和采样点信息。远场坐标系 $O'X'Y'Z'$ 下的美国覆盖区域如图 5.15 所示，在此覆盖范围内和边界上，共确定 $N_{\text{far}} = 73$ 个采样点坐标。

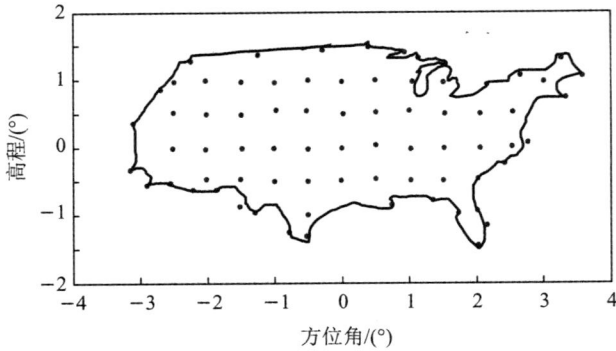

图 5.15 远场坐标系下的美国覆盖区域

2. 天线参数

（1）电参数。

天线工作频率为 3 GHz，工作波长 $\lambda = 100$ mm，馈源模型参数 $q_{E1} = q_{H1} = 11.25$（边缘衰减 $ET_1 = -10.45$ dB）。

（2）结构参数。

偏置反射面的电口径 $D_{e1} = 2500$ mm，焦距 $f_1 = 2500$ mm，偏置距离 $H = 1550$ mm，设计形面的均方根误差不大于 $\delta_{rms}^{(1)} = 0.7$ mm。采用三角形网格形式，边界固定节点数 $N_{fix} = 12$。

3. 初始偏置反射面索网

根据上述数据，计算并确定索网结构的物理口径 $D_1 = 2620$ mm 和分环数 $N^f = 4$。采用三角形网格划分方法对物理口径面进行划分，在正六边形的 6 个顶点之间等间距增加 6 个边界节点共同构成 12 个边界节点，且均位于直径为 D_1 的口径圆上。同时，将生成的节点沿 $-z'$ 轴方向投影到工作抛物面上，完成偏置反射面的网格划分，如图 5.16 所示。

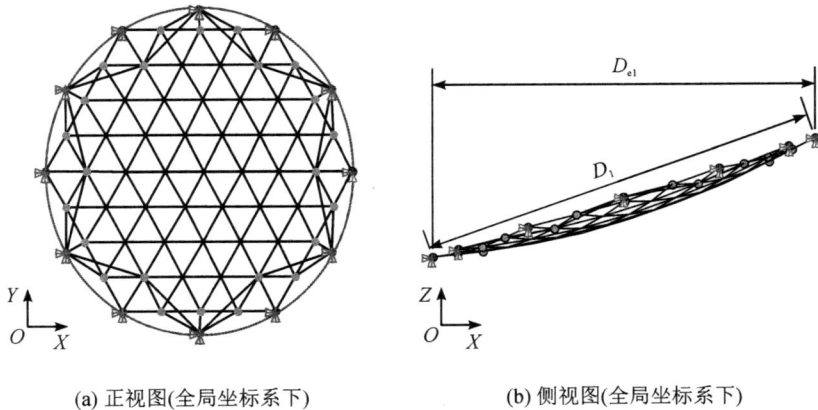

(a) 正视图(全局坐标系下)　　　　(b) 侧视图(全局坐标系下)

图 5.16 完成网格划分的偏置反射面

依照图 5.16 所示的偏置索网结构分类结果，可知边界索分类结果 $p = 25$ 类。采用 5.2.3 节所述的方法，设定所有内部索单元等张力设计值 $T_u = 10$ N，有效口径 $D_{e1}' = 2000$ mm。将边

界索张力相对于 T_u 的增大倍数 $\boldsymbol{\delta}$ 作为设计变量，最外圈内部节点的投影与有效口径 D_e' 的距离偏差 Γ_1 最小为目标函数建立优化模型 P I-1。共经过 240 次迭代，目标函数满足收敛条件 $\varepsilon=0.5$ 并退出循环。图 5.17 所示为完成找形设计的偏置前网面，该索网结构内部节点均位于工作抛物面上，且最外圈内部节点在 XOY 平面上的投影均分布在有效口径 D_{e1}' 的附近。

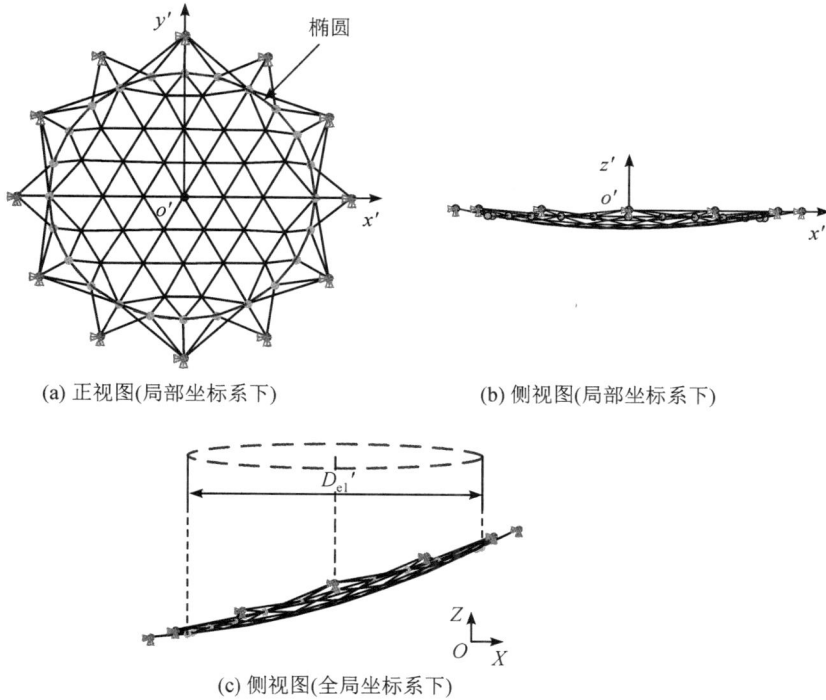

(a) 正视图(局部坐标系下)　　　　　　(b) 侧视图(局部坐标系下)

(c) 侧视图(全局坐标系下)

图 5.17　初始偏置反射面索网

4. 偏置赋形反射面设计

由 5.2.4 节计算可知，偏置抛物面的 Jacobi-Fourier 多项式系数初始值分别为：$c_{00}^{(1)}=-1.5426$，$c_{01}^{(1)}=-0.032$，$c_{10}^{(1)}=0.194$，选取多项式参数 $M=4$，$N=6$。

建立优化模型 P II-1：

(1) 设计变量：多项式系数 $c_{00}^{(1)}=-1.5426$ 为定值，选择表 5.1 中的 41 个系数，并按一定的顺序排列作为优化模型 P II-1 的设计变量 $\chi^{(1)}$。

(2) 目标函数：按照国际算例，要求覆盖区域内的远场方向性系数大于 $D_{obj}=28$ dBi[12]。因此，目标函数的设计参考值设置为 $D_{dv}=28.5$ dBi。

(3) 约束函数：根据多项式系数初始值设置设计变量的搜索空间 $\underline{\chi}^{(1)}=-0.1$，$\bar{\chi}^{(1)}=0.1$，特别地 $0.05\leqslant\chi_1^{(1)}=c_{10}^{(1)}\leqslant0.25$。

粒子群算法参数取值：种群粒子数 $Q=10$，迭代总次数 $G_{num}=200$，惯性因子 $l_{max}'=0.9$，$l_{min}'=0.4$，学习因子 $c_1=c_2=1.49$。在采用粒子群随机搜索算法求解优化模型 P II-1 的过程中，目标函数 Γ_2 的迭代曲线如图 5.18 所示。最优解对应的设计变量（多项式系数）取值见表 5.2 和表 5.3，偏置赋形反射面设计结果如图 5.19 所示。

表 5.1　偏置反射面赋形优化模型 PⅡ-1 的设计变量列表

m	n						
	0	1	2	3	4	5	6
0		c_{10}	c_{20}	c_{30}	c_{40}	c_{50}	c_{60}
1	c_{01}	c_{11}	c_{21}	c_{31}	c_{41}	c_{51}	d_{40}
2	c_{02}	c_{12}	c_{22}	c_{32}	c_{42}	d_{31}	d_{30}
3	c_{03}	c_{13}	c_{23}	d_{23}	d_{22}	d_{21}	d_{20}
4	c_{04}	d_{51}	d_{41}	d_{31}	d_{21}	d_{11}	d_{01}
	d_{60}	d_{50}	d_{40}	d_{30}	d_{20}	d_{10}	d_{00}

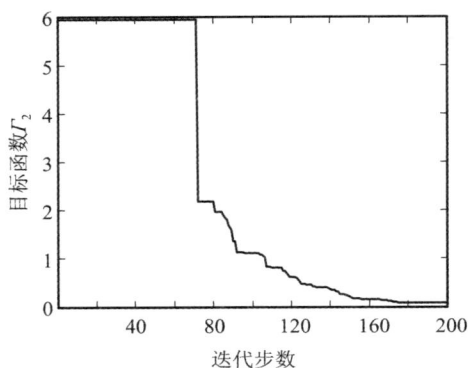

图 5.18　目标函数 Γ_2 迭代曲线

表 5.2　偏置参考赋形面的参数 c_{nm} 设计结果

m	n						
	0	1	2	3	4	5	6
0	-1.5426	0.1938	$6.258\mathrm{e}{-4}$	$3.657\mathrm{e}{-4}$	$-5.703\mathrm{e}{-3}$	$-3.313\mathrm{e}{-4}$	$-4.211\mathrm{e}{-4}$
1	$-3.591\mathrm{e}{-2}$	$7.695\mathrm{e}{-4}$	$7.915\mathrm{e}{-3}$	$-4.516\mathrm{e}{-4}$	$4.192\mathrm{e}{-3}$	$1.688\mathrm{e}{-3}$	0
2	$-1.241\mathrm{e}{-4}$	$-4.403\mathrm{e}{-5}$	$-1.093\mathrm{e}{-3}$	$7.332\mathrm{e}{-4}$	$-5.195\mathrm{e}{-4}$	0	0
3	$-4.969\mathrm{e}{-4}$	$-2.042\mathrm{e}{-3}$	$-3.223\mathrm{e}{-3}$	0	0	0	0
4	$2.037\mathrm{e}{-3}$	0	0	0	0	0	0

表 5.3　偏置参考赋形面的参数 d_{nm} 设计结果

m	n						
	0	1	2	3	4	5	6
0	$4.915\mathrm{e}{-4}$	$-1.854\mathrm{e}{-4}$	$-1.946\mathrm{e}{-3}$	$2.110\mathrm{e}{-3}$	$9.604\mathrm{e}{-5}$	$2.128\mathrm{e}{-4}$	$4.781\mathrm{e}{-3}$
1	$5.056\mathrm{e}{-3}$	$-9.597\mathrm{e}{-5}$	$6.226\mathrm{e}{-4}$	$-8.798\mathrm{e}{-4}$	$-1.039\mathrm{e}{-3}$	$-9.267\mathrm{e}{-4}$	0
2	$-1.1\mathrm{e}{-3}$	$3.552\mathrm{e}{-4}$	$1.302\mathrm{e}{-3}$	$7.078\mathrm{e}{-4}$	0	0	0
3	$5.884\mathrm{e}{-3}$	$4.940\mathrm{e}{-4}$	0	0	0	0	0
4	$2.382\mathrm{e}{-4}$	0	0	0	0	0	0

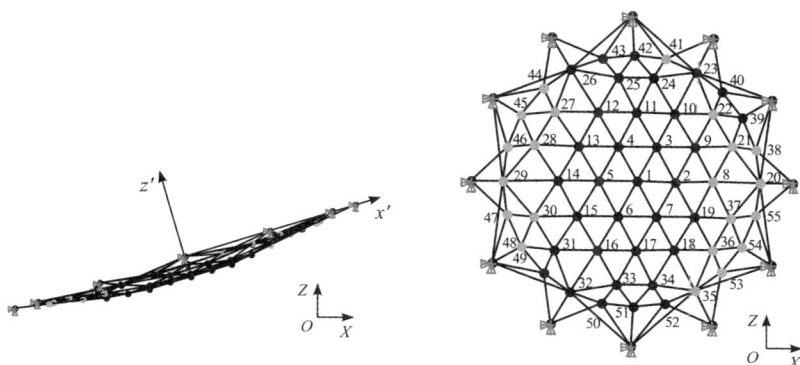

注：图中灰色节点表示 z' 轴相对偏移量为正，黑色节点表示相对偏移量为负，下同。

图 5.19　偏置赋形反射面设计结果

为了衡量实现该赋形反射面的难易程度，可考察该赋形反射面相对于初始反射面索网结构的变化情况。计算赋形节点与初始内部节点坐标在局部坐标系下的 z' 轴相对偏差 $\Delta z_{\mathrm{f}}^{\prime (1)}$：

$$\Delta z_{\mathrm{f}\text{-}j}^{\prime} = z_{\mathrm{f}\text{-}j}^{\prime} - z_{\mathrm{f}\text{-}j}^{\prime \mathrm{f}\text{-}o} \tag{5.77}$$

其中：$z_{\mathrm{f}\text{-}j}^{\prime \mathrm{f}\text{-}o}$ 为前网面内部节点 j 的 z' 轴坐标，$z_{\mathrm{f}\text{-}j}^{\prime}$ 为赋形索网节点 j 的 z' 轴坐标。

图 5.20 所示为偏置反射面赋形节点与初始节点 z' 轴坐标的相对偏差，其变化范围为 $-0.2\lambda \sim 0.215\lambda$。

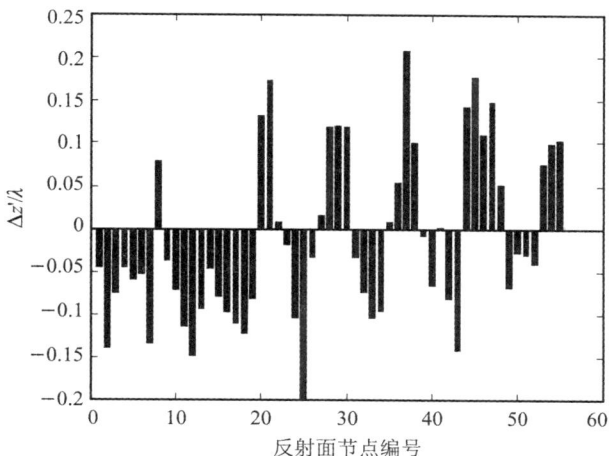

图 5.20　偏置反射面赋形节点与初始节点 z' 轴坐标的相对偏差

图 5.21 表示偏置反射面在覆盖区域内天线辐射波束对比。赋形波束相比于初始笔形波束发生了较大的变化，其远场方向性系数等值线图与覆盖区域形状相匹配。初始波束在覆盖区域内观测点的远场方向性系数分布为 $6.048 \sim 36.786$ dBi，赋形波束的远场方向性系数变化范围为 $28.016 \sim 33.207$ dBi，满足波束赋形的设计要求。

(a) 初始偏置反射面远场方向性系数等值线图

(b) 赋形后的远场方向性系数等值线图

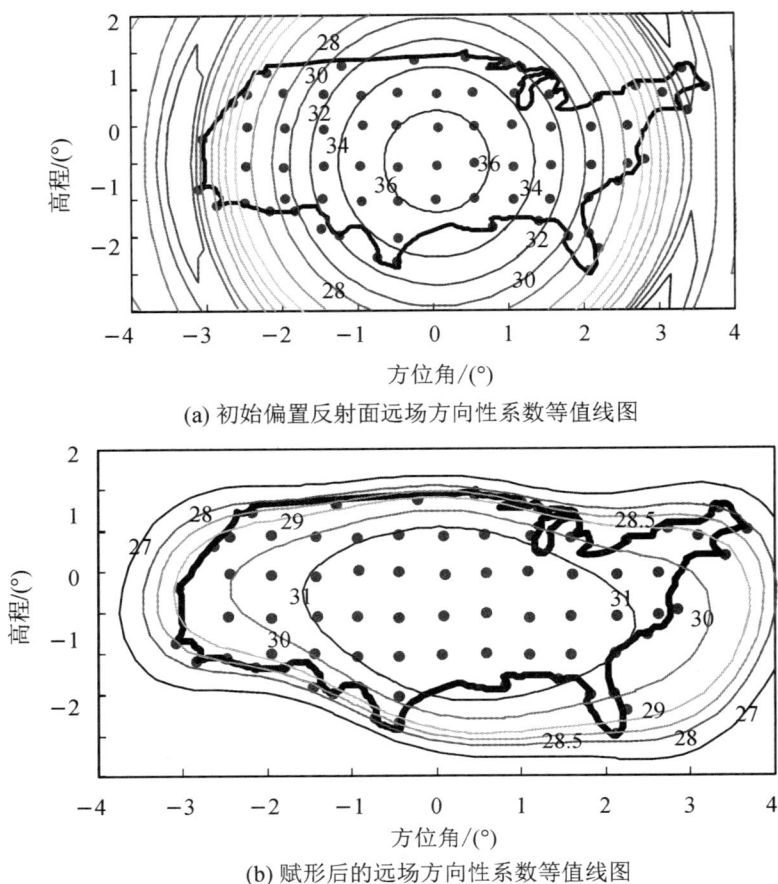

注：图中黑色点表示覆盖区域的采样点，等高线数值表示方向性系数值，下同。

图 5.21   偏置反射面在覆盖区域内天线辐射波束对比

5.3.2   对称赋形反射面的仿真分析

针对与 5.3.1 节相同的覆盖电性能要求，同样可以基于对称反射面进行赋形优化设计。需要特别说明的是，为了匹配对称反射面，其对应馈源模型取 $q_{E2}=q_{H2}=11.25$（边缘衰减 $ET_2=-14$ dB）。

1. 初始对称反射面索网

为使对称反射面和偏置反射面索网具有相同的物理口径，设定其反射面的结构参数为：物理口径 $D_2=2620$ mm，焦距 $f_2=2500$ mm，索网反射面的均方根误差不大于 $\delta_{rms}^{(2)}=0.7$ mm。同样地，通过计算得到索网的分环数 $N^f=4$，并对其物理口径面进行三角形网格划分和节点沿 $-z'$ 轴投影，获得完成网格划分的对称反射面，如图 5.22 所示。

按照图 5.8 所示的对称反射面索网结构分类结果，可知边界索单元分类结果 $p=5$ 类。设定所有内部索单元等张力设计值 $T_u=10$ N，有效口径 $D_{e2}'=2000$ mm，迭代优化收敛条件 $\varepsilon=0.5$。建立并求解优化模型 PI-2，最终获得初始对称反射面索网（见图 5.23）。

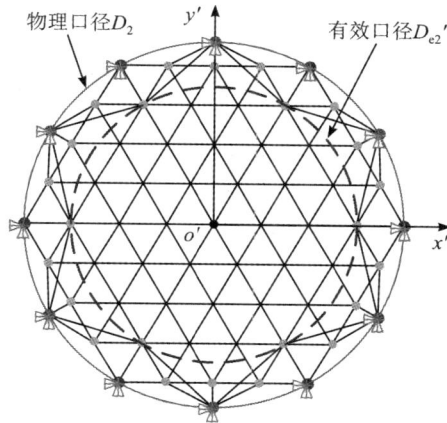

图 5.22　完成网格划分的对称反射面

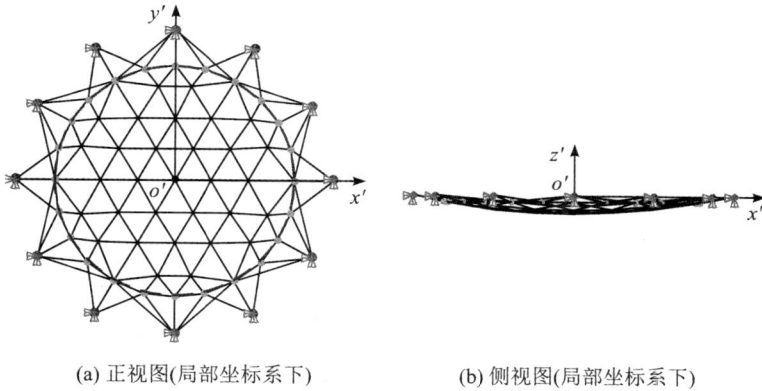

(a) 正视图(局部坐标系下)　　　　(b) 侧视图(局部坐标系下)

图 5.23　初始对称反射面索网

2. 对称赋形反射面设计(覆盖美国)

由 5.2.4 节计算可知，对称抛物面的 Jacobi-Fourier 多项式的初始系数值分别为：$c_{00}^{(2)}=-1.707$，$c_{01}^{(2)}=-0.035$，选取多项式参数为 $M=3$，$N=6$。建立优化模型 PⅡ-2，多项式系数中 $c_{00}^{(2)}=-1.707$ 为定值，则在剩余的 c_{nm} 和 d_{nm} 中选择 27 个作为设计变量[6]，如表 5.4 所示。目标函数及约束函数与偏置算例一致。

表 5.4　对称反射面赋形优化模型 PⅡ-2 的设计变量列表

m	n						
	0	1	2	3	4	5	6
0		c_{10}	c_{20}	c_{30}	c_{40}	c_{50}	c_{60}
1	c_{01}	c_{11}	c_{21}	c_{31}	c_{41}	d_{22}	d_{12}
2	c_{02}	c_{12}	c_{22}	d_{41}	d_{31}	d_{21}	d_{11}
3	c_{03}	d_{60}	d_{50}	d_{40}	d_{30}	d_{20}	d_{10}

粒子群算法参数取值：种群粒子数 $Q=100$，迭代总次数 $G_{num}=500$，惯性因子 $l'_{max}=0.9$，$l'_{min}=0.4$，学习因子 $c_1=c_2=1.49$。在采用粒子群随机搜索算法求解优化模型 PⅡ-2 的过程中，目标函数 Γ_2 的迭代曲线如图 5.24 所示。最优解对应的设计变量（多项式系数）取值见表 5.5 和表 5.6，对称赋形网状反射面设计结果（覆盖美国）如图 5.25 所示。

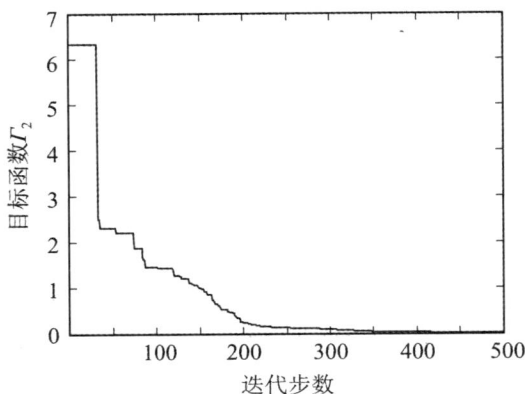

图 5.24　目标函数 Γ_2 迭代曲线

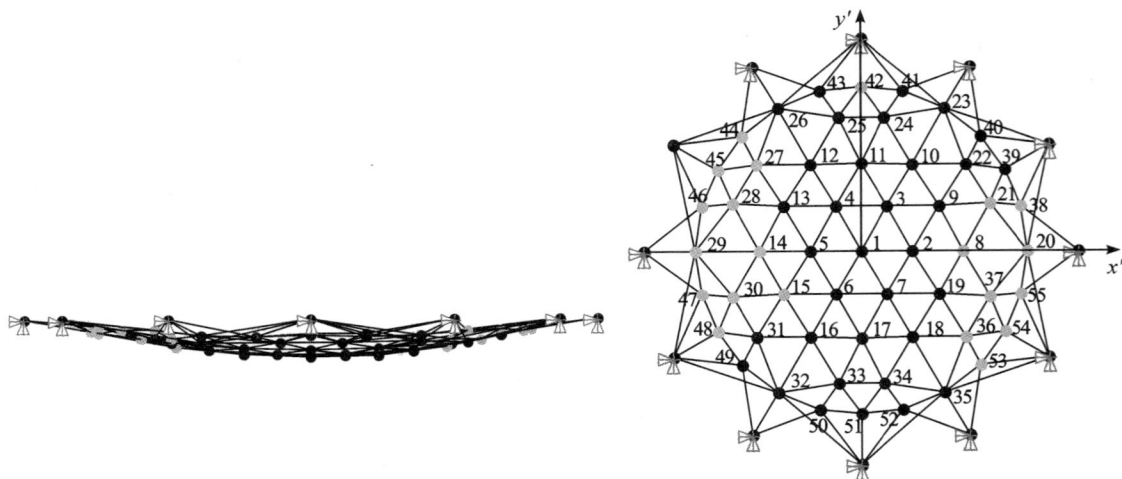

图 5.25　对称赋形网状反射面设计结果（覆盖美国）

表 5.5　对称参考赋形面的参数 c_{nm} 设计结果（覆盖美国）

m	n						
	0	1	2	3	4	5	6
0	−1.707	−2.499e−3	4.640e−3	−8.544e−4	4.536e−3	5.052e−3	−1.160e−2
1	−3.694e−2	−3.891e−4	5.716e−3	4.927e−4	1.637e−3	0	0
2	−5.332e−4	−7.376e−7	−3.750e−3	0	0	0	0
3	−8.753e−5	0	0	0	0	0	0

表 5.6　对称参考赋形面的参数 d_{nm} 设计结果(覆盖美国)

m	n						
	0	1	2	3	4	5	6
0	0	$-1.560e-3$	$-1.102e-3$	$-9.093e-3$	$6.162e-3$	$-2.173e-3$	$1.559e-2$
1	0	$1.011e-3$	$-5.332e-3$	$4.021e-3$	$-1.712e-3$	0	0
2	0	$-6.550e-4$	$4.653e-3$	0	0	0	0
3	0	0	0	0	0	0	0

图 5.26 所示为对称反射面赋形节点与初始节点 z' 轴坐标的相对偏差(覆盖美国),其变化范围:$-0.4\lambda \sim 0.38\lambda$。

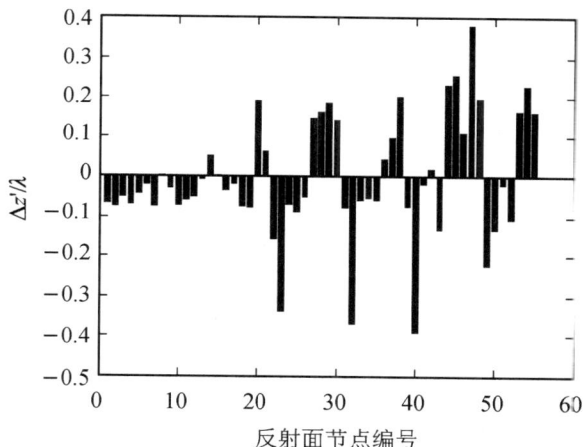

图 5.26　对称反射面赋形节点与初始节点 z' 轴坐标的相对偏差(覆盖美国)

图 5.27 所示为对称反射面在美国覆盖区域内的天线辐射波束对比。由图中可以看出,赋形波束的远场方向性系数等值线图与美国地图形状相匹配,且方向性系数变化范围为 $28.39 \sim 31.85$ dBi,满足波束赋形的设计要求。

3. 对称赋形反射面设计(覆盖中国)

为验证赋形优化设计方法对不同目标覆盖区域的适用性,我们基于初始对称反射面索网(如图 5.23 所示),针对中国覆盖区域进行赋形设计。

(1)覆盖区域计算过程。首先,在中国边境线上取若干个点,并获得相对应的经纬度海拔坐标值;然后,规定卫星位于地球同步轨道 E 108.96°,星载天线的覆盖中心点 P(E 103.73°,N 36.03,H 1520),覆盖区域边界在远场坐标系 $O'X'Y'Z'$ 下的俯仰方位坐标 (u,v) 值;最后,取覆盖区域内的采样点方位俯仰间隔 $\Delta u = \Delta v = 0.2\lambda / D'_{e2}$,在区域内和边界上共确定 83 个采样点信息。远场坐标系下的中国覆盖区域如图 5.28 所示,图中黑色点表示采样点,黑色轮廓线表示中国边境线。

(a) 初始对称网状反射面远场方向系数等值线图

(b) 赋形后的远场方向系数等值线图

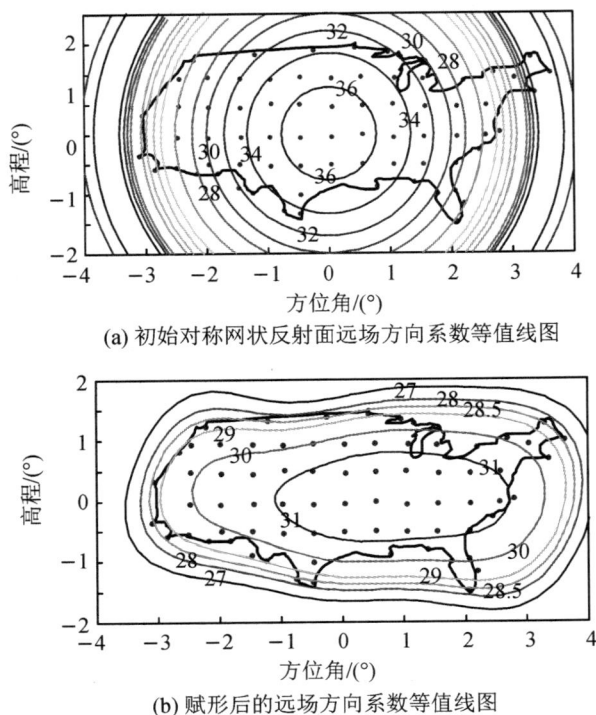

图 5.27　对称反射面在美国覆盖区域内的天线辐射波束对比

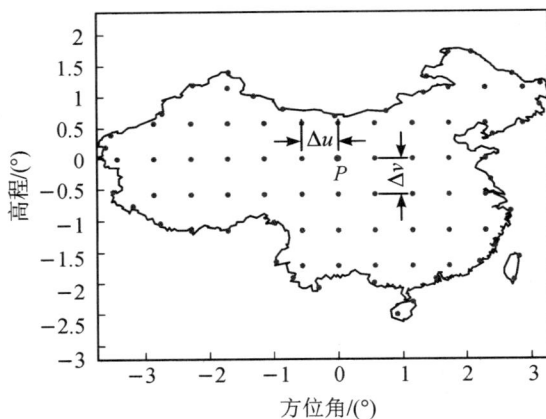

图 5.28　远场坐标系下的中国覆盖区域

　　(2) 赋形设计。由于中国覆盖区域和美国覆盖区域大小相差不多，因此要求中国覆盖区域内的远场方向性系数大于 $D_{obj}=28$ dBi。其余的参数与"对称赋形反射面设计（覆盖美国）"保持一致，仅对粒子群算法参数取值做了修改：种群粒子数 $Q=100$，迭代总次数 $G_{num}=600$。

　　通过优化求解得到覆盖中国的对称赋形网状反射面（如图 5.29 所示）和对应参考赋形面的 Jacobi-Fourier 函数多项式，各系数值如表 5.7 和表 5.8 所示。

表 5.7　对称参考赋形面的参数 c_{nm} 设计结果（覆盖中国）

m	n						
	0	1	2	3	4	5	6
0	-1.707	$-2.210\mathrm{e}{-3}$	$1.094\mathrm{e}{-2}$	$9.259\mathrm{e}{-3}$	$-2.622\mathrm{e}{-3}$	$-4.556\mathrm{e}{-3}$	$4.411\mathrm{e}{-4}$
1	$-1.536\mathrm{e}{-2}$	$-2.129\mathrm{e}{-4}$	$-1.124\mathrm{e}{-2}$	$-3.933\mathrm{e}{-3}$	$1.118\mathrm{e}{-3}$	0	0
2	$-8.539\mathrm{e}{-3}$	$2.333\mathrm{e}{-4}$	$3.432\mathrm{e}{-3}$	0	0	0	0
3	$1.525\mathrm{e}{-3}$	0	0	0	0	0	0

表 5.8　对称参考赋形面的参数 d_{nm} 设计结果（覆盖中国）

m	n						
	0	1	2	3	4	5	6
0	0	$1.566\mathrm{e}{-3}$	$1.980\mathrm{e}{-3}$	$-6.819\mathrm{e}{-3}$	$7.478\mathrm{e}{-4}$	$1.490\mathrm{e}{-3}$	$2.2\mathrm{e}{-4}$
1	0	$6.277\mathrm{e}{-4}$	$-9.924\mathrm{e}{-4}$	$2.604\mathrm{e}{-3}$	$-1.036\mathrm{e}{-3}$	0	0
2	0	$-4.640\mathrm{e}{-4}$	$7.215\mathrm{e}{-4}$	0	0	0	0
3	0	0	0	0	0	0	0

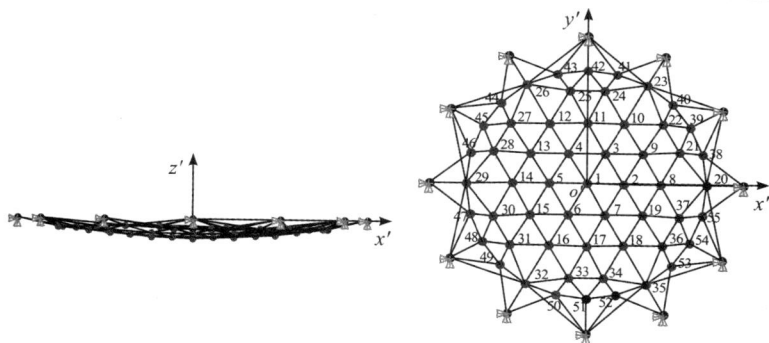

图 5.29　对称赋形网状反射面设计结果（覆盖中国）

图 5.30 所示为对称反射面赋形节点与初始节点 z' 轴坐标的相对偏差（覆盖中国），其变化范围：$-0.1\lambda \sim 0.31\lambda$。

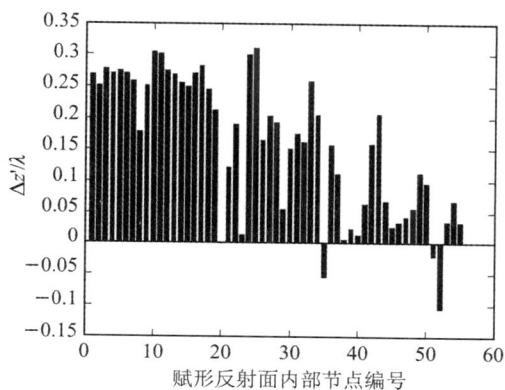

图 5.30　对称反射面赋形节点与初始节点 z' 轴坐标的相对偏差（覆盖中国）

对称反射面在中国覆盖区域内的天线辐射波束对比如图 5.31 所示。从图中可知，赋形波束远场方向性系数等值线图与中国地图形状相匹配，且其方向性系数变化范围为 28.195～30.313 dBi，满足波束赋形的设计要求。

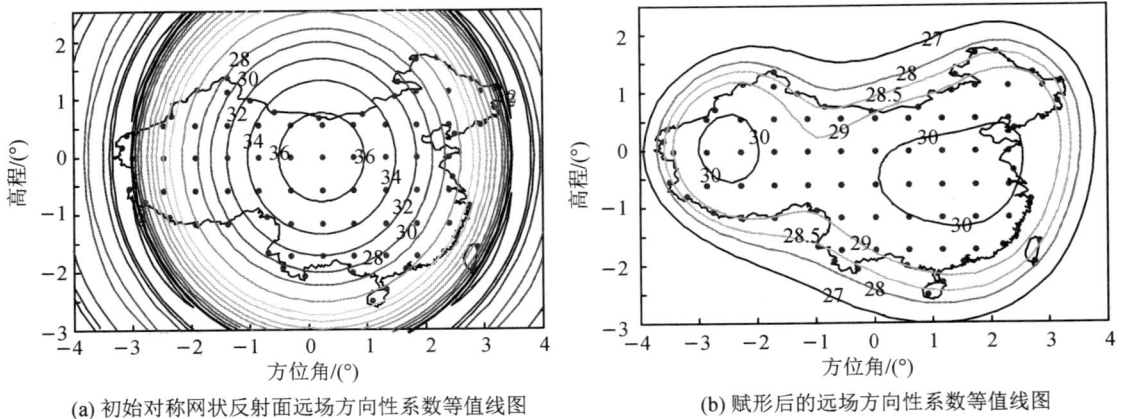

(a) 初始对称网状反射面远场方向性系数等值线图   (b) 赋形后的远场方向性系数等值线图

图 5.31　对称反射面在中国覆盖区域内的天线辐射波束对比

5.4　赋形天线加工与测试

5.4.1　可展开桁架机构的加工制备

可展开桁架机构有两方面基本需求：一是能够实现天线的收拢与展开；二是为三层赋形索网提供所需边界节点固定位置。另外，在可展开机构的详细设计中，还提出了三方面要求：一是尽可能减小收拢尺寸；二是简化接头的索边界固定结构；三是增加机构展开到位后的卡止装置。

可展开桁架机构是在 AstroMesh 可展开机构的基础上发展而来的，其模型如图 5.32所示，包括五向接头组件、中间接头组件、三向接头组件、卡止机构组件、万向轮组件、竖杆、横杆、粗斜杆、细斜杆和驱动绳索等零部件。

机构的基本组成原理为：由若干个平行四边形桁架单元拼接装配组成封闭环状多边形可展开机构。驱动绳索的起始和终止两端缠绕在电机的输出轴上，通过电机输出轴的转动使绳索收缩，进而驱动对角线伸缩杆收缩。相邻的桁架单元共用一个三向接头组件、五向接头组件和竖杆，接头起到传递运动和同步的作用。为了实现三层索网的边界固定连接，在竖杆上增加中间接头，它与竖杆两端的三向接头和五向接头一起构成了具有上、中、下三层固定位置的天线桁架。卡止机构组件与粗斜杆固定连接，同细斜杆共同作用实现可展开桁架机构的展开到位卡止。万向轮组件的主要作用是在天线展开过程中对部分竖杆起到支撑作用，同时减小天线与地面之间的摩擦力对展开过程的影响。

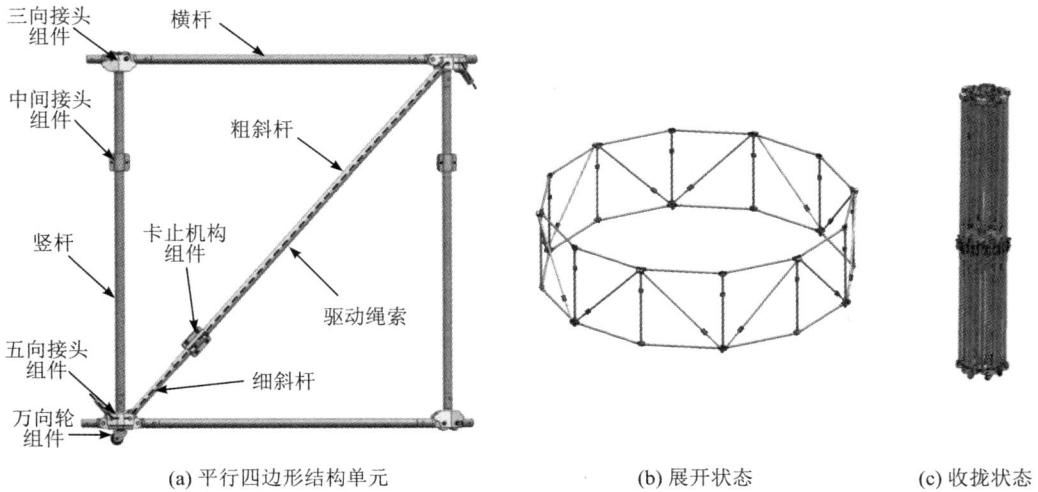

(a) 平行四边形结构单元　　　　　(b) 展开状态　　　(c) 收拢状态

图 5.32　可展开桁架机构模型

其中需要特别说明如下：

（1）Astromesh 天线的收拢高度由横杆和竖杆的长度决定（其中横杆长度由天线口径和边界固定节点数决定，竖杆长度由反射面索网结构决定），因而可设计性很小。为减小收拢尺寸，可从收拢直径方面入手，而桁架的收拢直径主要取决于接头尺寸。我们借鉴"展开机构分层"的思路，讨论通过改进五向接头来减小收拢直径的可行性。如图 5.33(a)所示，在传统的可展开桁架单元中，五向接头的设计使横杆、竖杆和对角线斜杆（粗、细斜杆组成的滑动副）在同一个平面上，当桁架收拢后横杆 1、横杆 2 和对角线斜杆均呈竖直状态，并且最紧凑的设计（收拢直径达到最小）是保证三者满足间隙要求即可。通过改进五向接头（见图 5.33(b)），将对角线斜杆移至外层，横杆 1 可移至原对角线斜杆的位置。

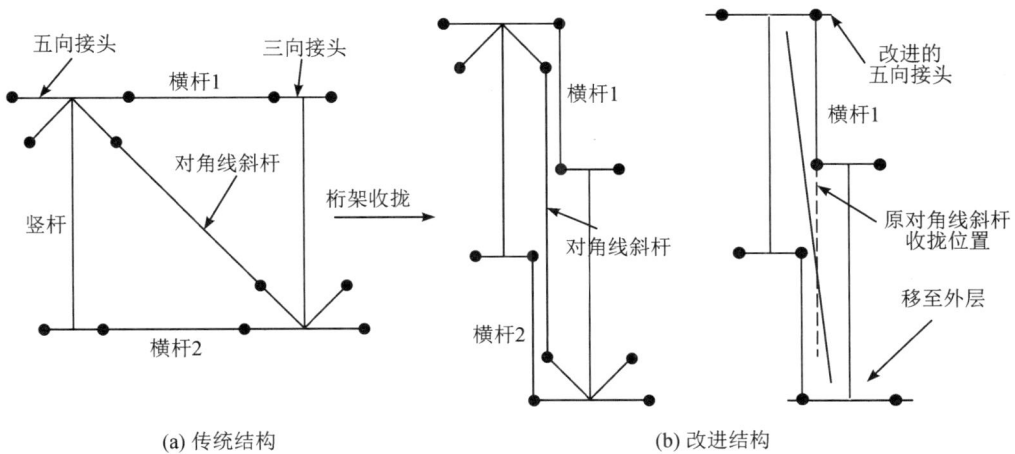

(a) 传统结构　　　　　　　　　(b) 改进结构

图 5.33　平行四边形折展机构改进对比示意图

此处，我们假设桁架有 N_{fix} 个平行四边形单元（即桁架为正 N_{fix} 边形），且对角线斜杆杆径设为 d_1。传统结构方案收拢后单个平行四边形的收拢尺寸为 L，该桁架的收拢直径 D_c

可近似为该收拢多边形的外接圆直径，如下：

$$D_c = \frac{L}{\sin[360°/(2 \cdot N_{fix})]} \tag{5.78}$$

对于改进的结构，单个平行四边形的收拢尺寸为 $L-d_1$，改进桁架的收拢直径 D_p 为

$$D_p = \frac{L-d_1}{\sin[360°/(2 \cdot N_{fix})]} + 2d_1 \tag{5.79}$$

两者的收拢直径差 ΔD_{pc} 为

$$\Delta D_{pc} = D_p - D_c = -\frac{d_1}{\sin[360°/(2 \cdot N_{fix})]} + 2d_1 \tag{5.80}$$

从式(5.79)可以看出，桁架参数 L 和 d_1 为确定值，当 $N_{fix}=6$ 时，收拢直径差 $\Delta D_{pc}=0$。若 $N_{fix}>6$，则可保证改进结构的收拢直径减小。

因而，本部分对五向接头外壳结构进行了重设计，通过将平行四边形桁架单元中的对角线斜杆外移，实现了横、竖杆与对角线斜杆的分层，减小了桁架收拢状态的周向尺寸。

（2）在三向、五向、中间接头上各设计挂索结构，简化边界索单元的固定方式，并精确定位，以保证在后期原理样机研制时减小装配误差。接头组件 3D 模型如图 5.34 所示。

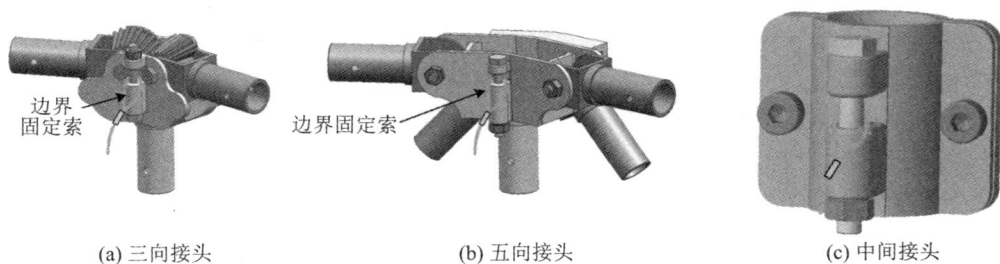

(a) 三向接头　　(b) 五向接头　　(c) 中间接头

图 5.34　接头组件 3D 模型

（3）针对可展开桁架展开到位后的定位卡止要求，在粗、细斜杆组成的对角线斜杆结构上设计卡止机构。卡止机构基于"顶珠—定位孔组合"原理，包括固定端、卡止固定件、弹簧板、顶珠、卸载螺丝、杆套、固定销等，如图 5.35 所示。天线展开前，左旋卸载螺钉，与顶珠共同对弹簧板施加初始变形；展开到位后，粗、细斜杆定位孔同心，弹簧板释放形变，将顶珠压入定位孔中，实现对角线斜杆的轴向固定，进而保证平行四边形桁架结构整体卡止。当天线需要收拢时，通过右旋卸载螺钉，使弹簧板不对顶珠产生作用力，对角线斜杆释放卡止。

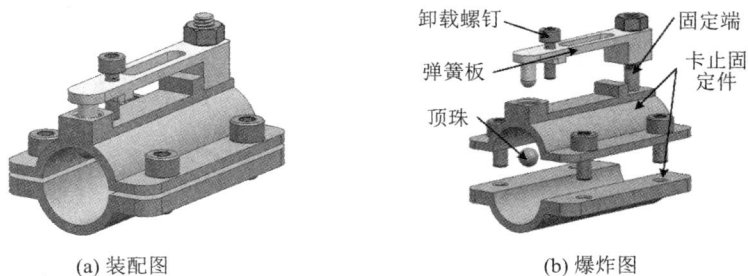

(a) 装配图　　(b) 爆炸图

图 5.35　卡止机构组件

使用 NX 10.0 三维建模软件绘制桁架机构各零部件的装配工程图和零件工程图，并交付工厂进行加工。各组件实物如图 5.36 所示。将预先设计并裁切的特定管径和长度的碳纤维杆与接头各组件通过胶装和固定螺栓连接，可实现可展开桁架机构的整体装配。选择碳纤维杆的尺寸分别为：竖杆（长 650 mm，内/外径 Φ16/18 mm）、横杆（长 610.5 mm，内/外径 Φ16/18 mm）、粗斜杆（长 780 mm，内/外径 Φ14/16 mm）和细斜杆（长 680 mm，内/外径 Φ11/13 mm）。可展开桁架机构的整体尺寸：收拢直径、高度分别为 258 mm 和 1355 mm；展开直径、高度分别为 2620 mm 和 700 mm。原理样机的展开过程如图 5.37 所示。

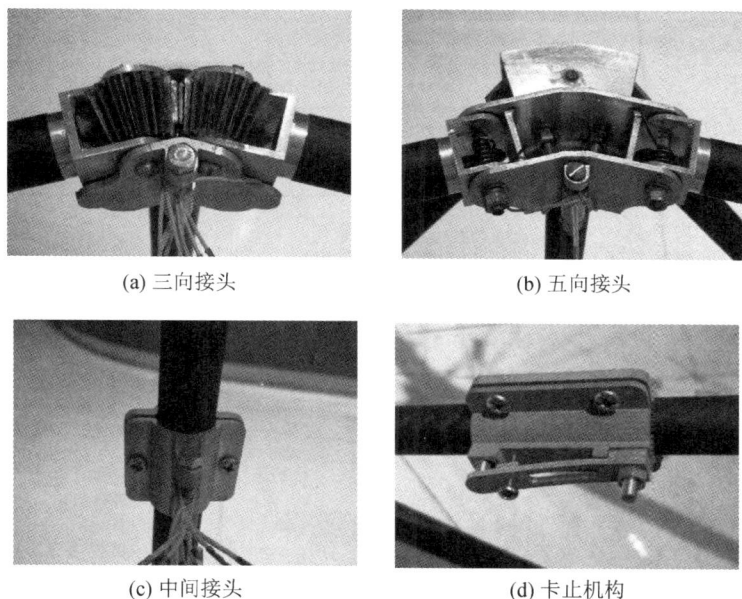

(a) 三向接头　　　　(b) 五向接头

(c) 中间接头　　　　(d) 卡止机构

图 5.36　各组件实物图

(a) 收拢态　　(b) 展开过程中间态　　(c) 展开态

图 5.37　原理样机的展开过程

5.4.2　三层赋形索网结构的加工制备

以对称三层赋形反射面天线作为案例，制作三层索网分为索段裁剪和索网装配两个步骤。

1. 索段裁剪

基于模型 PⅢ-2-2 得到的三层赋形索网结构形态设计结果，整理部分索段裁剪信息，包括索段长度和对应张力值，如表 5.9 所示。

表 5.9　部分索段裁剪信息

编号	节点1	节点2	索长	索张力	编号	节点1	节点2	索长	索张力
1	1	22	339.1	5.00	7	4	46	340.5	5.00
2	1	25	337.8	5.00	8	5	24	353.3	6.44
3	2	28	344.8	5.77	9	6	35	150.1	5.00
4	2	56	342.2	5.00	10	7	26	354.9	5.00
5	3	29	153.6	5.00	11	7	36	344.3	5.75
6	4	30	346.2	5.00	⋮	⋮	⋮	⋮	⋮

注：索长单位为 mm，索张力单位为 N。

利用实验室研制的索段裁剪机[13]可裁剪出定长、定张力的索段。索段裁剪机如图 5.38 所示，包括控制界面、伺服驱动器、伺服电机、滚动丝杠、导轨、索安装滑动台、限位传感器、手柄等。其裁索长度范围为 15～2000 mm，最大张力为 80 N。样机所需裁剪的索段长度范围为 15～838.5 mm，最大张力为 52.74 N，符合索段裁剪机的适用范围。

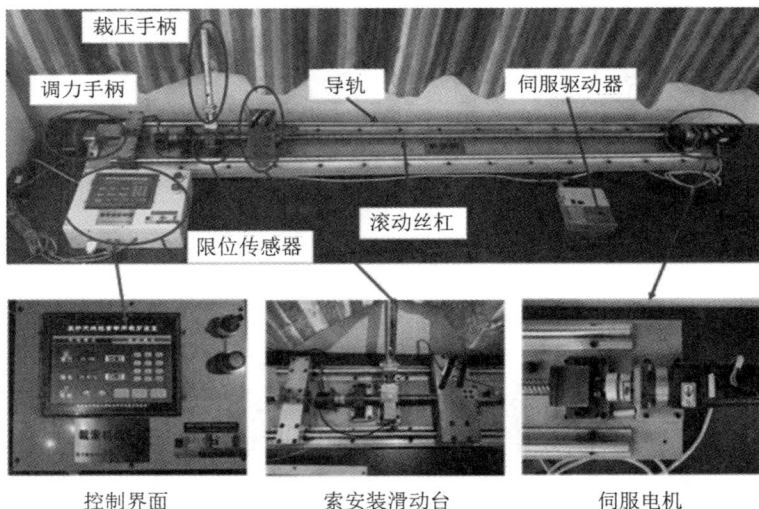

图 5.38　索段裁剪机

索段裁剪过程为：首先，在伺服驱动器中输入当前待裁索段的长度，滚动丝杠在伺服电机的带动下驱动索安装滑动台移动到设定的位置，保证索长；然后，通过调力手柄对索段施加张力，根据限位传感器实时观察索张力值的反馈信息，保证索张力；最后，当索长和索张力均满足要求时，压下裁压手柄，完成索段裁剪。

2. 索网装配

裁剪完成的索段需根据索网拓扑关系进行组装，组装方式分为如下两类。

（1）顶层网、赋形反射面网和后网面的组装。

图 5.39 所示为顶层网、赋形反射面网和后网面的拓扑连接关系。将裁剪完成的索段由特制纽扣连接，且每个纽扣最多与 6 根索段连接，如图 5.40(a)所示。同时，确定边界索单元对应的边界节点，图 5.40(b)所示为组装完成的赋形反射面网。

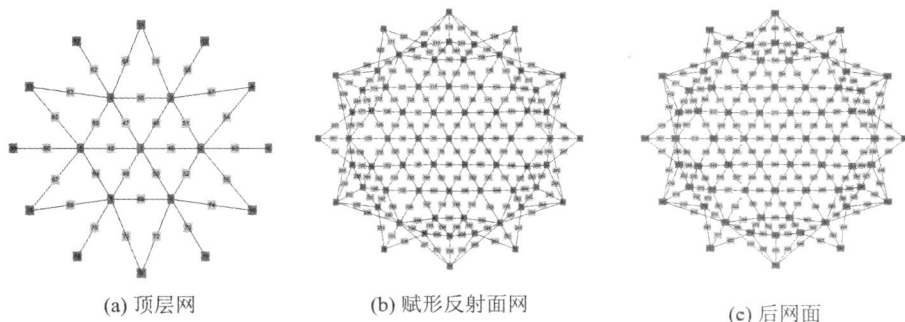

(a) 顶层网　　　　　(b) 赋形反射面网　　　　　(c) 后网面

图 5.39　各部分索网的拓扑连接关系

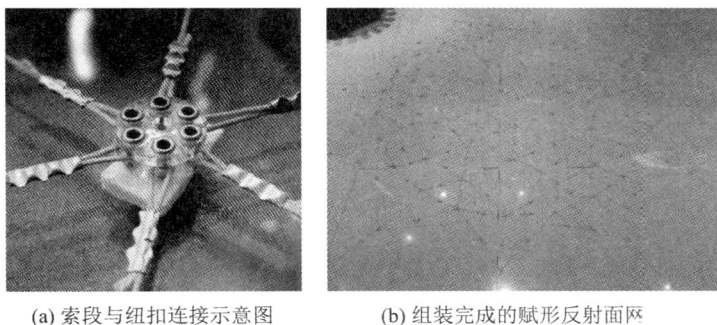

(a) 索段与纽扣连接示意图　　　　　(b) 组装完成的赋形反射面网

图 5.40　索网结构的组装

（2）竖向索和拉索的组装。

拉索和竖向索分别连接赋形反射面的上下两侧，可为赋形反射面网的"凹凸"形状提供平衡力。特制纽扣中设计了固定竖向索的位置，竖向索一端由连接销固定于赋形反射面网的纽扣上，另一端由螺母螺栓固定于后网面的纽扣上，其中螺母螺栓用于形面精度的后续调整。拉索的两端通过连接销分别与相应的顶层网纽扣和赋形反射面网纽扣相连。

5.4.3　赋形反射面的实验流程

在天线的设计阶段以及制造和装配过程中，误差是不可避免的，它将导致样机的赋形面精度不能满足设计要求，影响天线的工作性能。为了尽量降低或者消除这些误差，提高天线的形面精度，对其进行形面调整是有必要的。其过程主要分为：赋形反射面几何形貌测量、赋形面精度定义和赋形面调整三个部分。

1. 赋形反射面几何形貌测量

网状反射面为柔性张拉结构，传统的接触式测量会导致反射面形面发生变化，影响测量精度。因而目前行业内多采用摄影测量方法，其中美国 GSI 公司研制的工业数字近景摄影系统 V-STARS（见图 5.41）是公认的高精度测量系统，其绝对测量精度可达±5 μm/m，测量范围可以达到几十米量级。该系统由测量型数码相机、基准尺、反光标志点、编码点和便携式电脑(含图像数据处理软件)组成。通过在多个位置拍摄被测物体,获取被测点在不同视角下的图像,基于三角测量原理计算图像像素间的位置偏差来获取被测点的三维坐标[14]。

图 5.41　V-STARS 摄影测量系统组成

2. 赋形面精度定义

传统的理想抛物面天线以最佳吻合抛物面为基准,通过计算实测 z'_m 坐标与抛物面对应 (x'_m, y'_m) 的 z' 轴坐标之间的差值,即可获得节点偏差量。然而,赋形反射面不同于标准抛物面,是"凹凸不平"的,不存在最佳吻合抛物面的概念,不能直接使用传统天线均方根误差 RMS 的定义方式。另外,直接将赋形节点的测量数据与设计结果进行对比,又受限于与 (x', y') 坐标不匹配,无法直接比较 z' 轴坐标。

因而,本文将由 5.2.4 节所得到的参考赋形面作为精度计算以及调整的目标。首先,将由摄影测量获得的实际赋形节点(坐标为 (x'_m, y'_m, z'_m)),沿 z' 轴投影至参考赋形面,得到对应的 z' 轴目标坐标值 $\widetilde{z}'_m$。然后,基于实际赋形节点 z' 轴坐标与目标坐标值 $\widetilde{z}'_m$ 的均方根偏差来定义样机赋形面的形面精度:

$$\delta_{z'_m} = \sqrt{\sum_{i=1}^{n_v} \frac{(z'_{m,i} - \widetilde{z}'_{m,i})^2}{n_v}} \tag{5.81}$$

其中: n_v 为赋形节点数。

3. 赋形面调整

赋形面调整是在局部坐标系 $o'x'y'z'$ 中完成的。受实物样机索段连接形式的限制,只能通过改变螺母螺栓的旋合长度来改变竖向索的长度,进而调整节点的 z' 轴坐标。然而,索网节点位置相互影响,表现为结构非线性和强耦合关系[15]。任一根竖向索长度的调整都将会引起整个反射面节点位置的变化,一个已经调整在正确位置上的节点会由于随后其他索长的调整而偏离原来正确的位置。这种柔性变形上的耦合是网状天线赋形面调整的一个难点。

本文采用团队前期提出的基于最小二乘的网面调整方法进行样机赋形面调整[16-17],其原理不再赘述。最终经过 8 次调整(赋形面精度变化情况如图 5.42 所示),最终样机赋形反射面的形面精度 $\delta_{z'_m}$ 从初始的 3.52 mm 降至 0.796 mm。样机各赋形节点坐标与参考赋形面的 z' 轴偏差如图 5.43 所示。

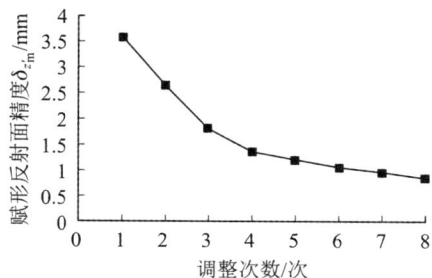

图 5.42 样机赋形面调整过程中赋形面精
度变化情况

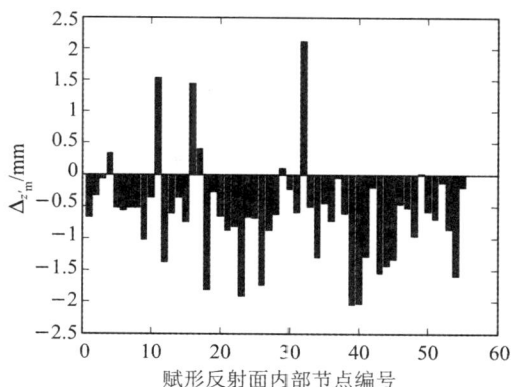

图 5.43 样机各赋形节点坐标与参考赋形面
的 z' 轴偏差

进一步，为了校核调整后的样机赋形面是否满足覆盖区域内方向性系数的要求，提取赋形节点信息进行远场电性能校核计算。实际赋形面与设计赋形面的远场 28 dBi 覆盖范围对比[18-23] 如图 5.44 所示。从图中可知，实际赋形反射面的远场电性能水平相比于设计值有所降低，但基本满足了整个美国地图区域内方向性系数大于 28 dBi 的要求。

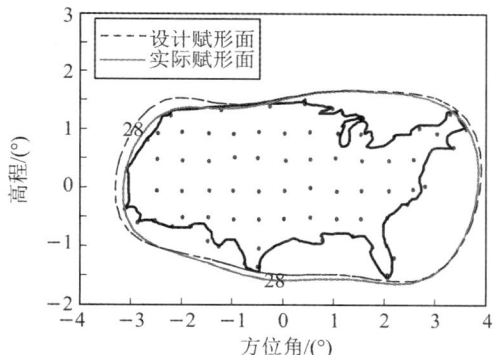

图 5.44 实际赋形面与设计赋形面的远场 28 dBi 覆盖范围对比

本 章 小 结

本章将"单馈源＋赋形反射面"赋形设计方法应用于可展开网状天线上，充分发挥两项技术各自的优势，设计了满足特殊方向图形状要求的赋形网状反射面天线。首先，从抛物反射面的几何关系出发，构建了反射面索网结构的初始模型与索网结构找形设计的优化模型，基于函数展开法提出了一种赋形网状反射面设计方法。针对国际算例的覆盖区域——美国地图，进行了偏置反射面和对称反射面两种结构形式的赋形优化设计，验证了所提方法的有效性，设计出了满足中国覆盖区域电性能指标的赋形网状反射面形状。在Astromesh 展开机构基础上，提出了一个可展开周边桁架设计方案，完成了原理样机的研制。本章虽在赋形网状反射面设计和三层赋形索网结构形态设计两方面分别提出了相应的改进方案，但目前所设计的赋形网状反射面天线只是针对某一个确定的覆盖区域，如何在目前的三层赋形索网结构的基础上，针对另一目标区域通过优化其拓扑结构和索单元张力分布来实现在轨调整还需在后续工作中继续研究。

本章参考文献

[1]　RAHMAT-SAMII Y，LEE S W. Directivity of planar array feeds for satellite reflector applications[J]. IEEE transactions on anntenas and propagation，1983，31（3）：463-470.

[2]　SUDHAKAR RAO K，MORIN G A，TANG M Q，et al. Development of a 45 GHz multiple-beam antenna for military satellite communications[J]. IEEE Transactions on anntenas and propagation，1995，43(10)：1036-1047.

[3]　THOMSON M. AstroMesh deployable reflectors for ku and ka band commercial satellites[C]. 20th AIAA International Communication Satellite Systems Conference and Exhibit. AIAA：2002.

[4]　GUPTA R C，SAGI S K，RAJA K P，et al. Shaped prime-focus reflector antenna for satellite communication[J]. IEEE anntenas and wireless propagation letters，2017，16：1945-1948.

[5]　CHERRETTE A R，LEE S W，ACOSTA R J. A method for producing a shaped contour radiation pattern using a single shaped reflector and a single feed[J]. IEEE transactions on anntenas and propagation，1989，37(6)：698-706.

[6]　THOMSON M W. The AstroMesh deployable reflector[C]. IEEE Antennas and Propagation Society International Symposium. 1999 Digest. Held in Conjunction With：USNC/URSI National Radio Science Meeting. 1999：1516-1519.

[7]　钟顺时. 天线理论与技术[M]. 北京：电子工业出版社：2011：380-382.

[8]　YANG D W，ZHANG S X，LI T J，et al. Preliminary design of paraboloidal reflectors with flat facets[J]. Acta astronautica，2013，89：14-20.

[9]　周佳文，薛之昕，万施. 三角剖分综述[J]. 计算机与现代化 2010（7）：75-78.

[10]　EBERHART R，KENNEDY J. A new optimizer using particle swarm theory[C]. MHS'95. Proceedings of the Sixth International Symposium on Micro Machine and Human Science. 1995：39-43.

[11]　高振宇. 力密度法在索膜结构分析中的应用[D]. 广州：华南理工大学，2004.

[12]　DUAN D W，RAHMAT-SAMII Y. A generalized diffraction synthesis technique for high performance reflector antennas[J]. IEEE transactions on anntenas and propagation，1995，43(1)：27-40.

[13]　RAHMAT-SAMII Y. A comparison between GO/aperture-field and physical-optics methods of offset reflectors[J]. IEEE transactions on anntenas and propagation，

1984，32(3)：301-306.

[14]　SAMII Y. Antenna engineering handbook (4th edition) [M]. 4th edition. Nev York：The McGraw-Hill Companies，2007.

[15]　杨癸庚. 星载网状反射面天线反射面赋形设计研究[D]. 西安：西安电子科技大学，2017.

[16]　刘波. 粒子群优化算法及其工程应用[M]. 北京：电子工业出版社，2010.

[17]　YANG G，ZHANG Y，TANG A. ，et al. A Design Approach for AstroMesh-Type Contoured-Beam Reflector Antennas [J]. IEEE antennas and wireless propagation letters，2018，6(17)：951-955.

[18]　CHERRETTE A，LEE S，and ACOSTA R. A method for producing a shaped contour radiation pattern using a single shaped reflector and a single feed [J]. IEEE transactions on antennas and propagation，1989，37(6)：698-706.

[19]　杨东武，宁雪琪，曹佳君，等. 一种索网天线裁线机：中国，201410563241. 7[P]. 2014 - 10 - 20.

[20]　李东明. V-STARS 摄影测量系统的原理与应用[J]. 水利电力机械，2006(10)：26-27.

[21]　狄杰建，段宝岩，仇原鹰，等. 周边式桁架可展开天线的形面调整[J]. 宇航学报，2004，25(5)：583-586.

[22]　DU J，ZONG Y，BAO H. Shape adjustment of cable mesh antennas using sequential quadratic programming [J]. Aerospace science and technology，2013，30(1)：26-32.

[23]　DU J，BAO H，CUI C. Shape adjustment of cable mesh reflector antennas considering modeling uncertainties[J]. Acta astronautica，2014，97(2)：164-171.

06

第 6 章　天文天线

随着射电天文学科技的迅速发展，人们对弱信号捕捉能力的要求日益提高，天文天线也向着高频段、大口径的方向不断发展。同时，天文天线大多建造于特殊的地形环境，服役环境非常复杂。因此，天文天线在设计与运行过程中，会面临诸多问题，如天线自重载荷、服役过程中的强风和昼夜大温差环境，以及超大反射面的面板制造和安装误差等，均会导致反射面的外形与位置改变，远离最初设计的理想曲面，进而引起增益降低、副瓣电平提高等性能衰退。针对上述问题，本文建立考虑上述结构因素影响的大型射电天文望远镜天线机电耦合理论模型；利用南山测控站的 25 m 射电望远镜，验证所建理论模型的准确性；基于模型，开展面向电性能的天文天线结构优化设计方法研究，最后形成面向电性能的天文天线形面协同调整方法。

6.1　天文天线工作原理

百米口径全向可动射电天文望远镜主要由天线支座、俯仰转台、主反射面背架、主馈源、副反射面背架、副反射面支架及调整结构（图中为俯仰转台）以及副馈源等部分组成，其结构如图 6.1 所示[1]。

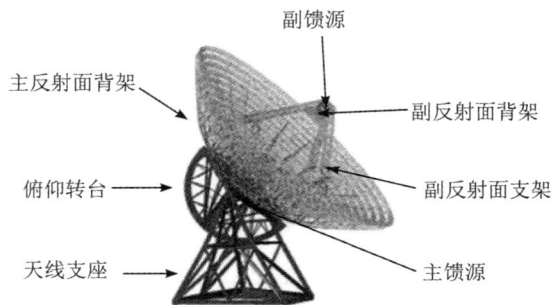

图 6.1　百米口径全向可动射电天文望远镜结构图

关于大型反射面天线的结构设计问题，国内外众多学者在天线结构保型、反射面误差影响分析、主动反射面与副反射面补偿以及阵列馈源补偿等方面开展了研究[2-5]。减少反射面变形对天线性能带来的影响，一般可通过两个阶段进行：在天线的设计阶段，可以通过对天线结构进行优化，设计出更为合理的结构形式，抵抗一部分由于加工和装配带来的变形；而在实际工作阶段，对于反射面位姿可动或面板下安装有促动器结构的天线，可以在天线加工安装完成后，通过调整面板来减少由自重和环境引起的变形[1-3]。

　　为了保证反射面天线的远场电性能，研究者们专注于研究如何减少反射面变形，以及如何提高面板表面加工及安装精度。但在实践中发现，对于这种大型高精度天线，单纯的结构优化已经不能满足其超高的面型精度要求，所以研究者们又开始探寻结构与电性能之间的关系。随着研究的不断深入，研究者们发现反射面天线的电磁场和位移场是存在相互关系的，天线的远场特性随着反射面的表面变形而变化。以此为基础，本团队经过长年的研究提出了反射面天线的机电耦合理论模型。利用该机电耦合理论模型，可以建立反射面表面变形量与远场电性能的直接关系，这是反射面天线电性能研究的基础[4-10]。

6.1.1　天文天线结构参数

　　一般反射面天线由馈源、反射面及其支撑结构组成，其几何结构简图如图 6.2 所示[6-7]。天线反射面是由抛物线旋转对称而成的抛物面，设焦距为 f，抛物面方程如下：

直角坐标系（以 o 为原点）中为

$$x^2 + y^2 = 4fz \tag{6.1}$$

柱坐标系（以 o 为原点）中为

$$\rho^2 = 4fz \tag{6.2}$$

球坐标系（以 F 为原点）中为

$$r_1 = \frac{2f}{1 + \cos\theta_1} \tag{6.3}$$

　　由抛物面的几何特性可知，从焦点 F 发出的射线经过抛物面反射后必定平行出射，且从焦点发出的任意射线反射到口径面所经过的路程均相等。利用这一特性，将馈源的相位中心设置于 F 点，则可以在反射面的口径面上得到一个平行等相的平面波。

　　将馈源放置于旋转椭球面的左焦点，而旋转椭球面的右焦点与抛物线的焦点重合构成格里高利式结构，其主副反射面的几何结构简图如图 6.3 所示。

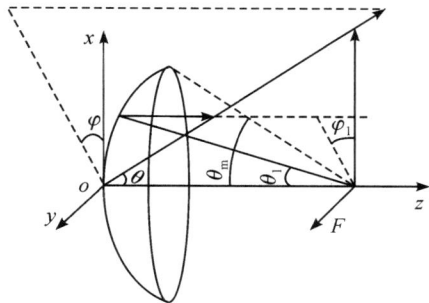

图 6.2　一般反射面几何结构简图　　　　图 6.3　格里高利反射天线几何结构简图

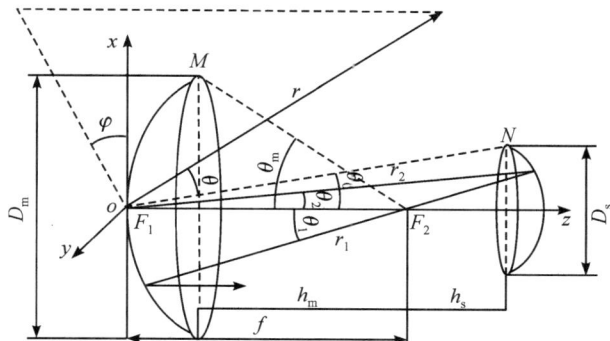

　　以 a 为椭球面半长轴，c 为椭球面半焦距，b 为椭球面半短轴，以 o 为原点的旋转椭球面的方程式为

$$\frac{x^2}{b^2} + \frac{y^2}{b^2} + \frac{[z-(f-c)]^2}{a^2} = 1 \qquad (6.4)$$

将式(6.4)转化为以 F_1 为原点的球坐标方程:

$$r_2 = \frac{a(1-e^2)}{1-e\cos q_2} \qquad (6.5)$$

根据椭球面的几何特性,从其中一个焦点出发的射线,经过椭球面反射后必定会经过另一焦点。根据这个原理设计的格里高利双反射面天线,将馈源设置在图 6.3 中副反射面的左焦点,经过副反射面反射后集中在右焦点,可看作右焦点上有一球面波,将主抛物面的焦点与椭球面的右焦点重合,则同基础反射面天线一样,主面上会形成一个平行等相的平面波。

6.1.2 天文天线副面散射场计算

基于上述结构,可以利用物理光学法(PO)导出旋转椭球面上的感应电流。先计算从馈源出发的电磁波在副面上产生的散射信息,利用面电流法进行计算。在满足反射面直径及焦距远大于入射波波长的条件下,反射面任一微元内的入射波可等价于平面波入射到无限大平面,入射表面的边界条件为

$$\bar{J}_s = n \times \bar{H} = 2n \times \bar{H}_i \qquad (6.6)$$

馈源辐射场的极化为 x 轴线极化时,场信息可以表示为

$$\begin{cases} \bar{E}_i = [\boldsymbol{\theta}_2 f_E(\theta_2)\cos\varphi_2 - \boldsymbol{\varphi}_2 f_H(\theta_2)\sin\varphi_2]\dfrac{e^{-jkr_2}}{r_2} \\ \bar{H}_i = \dfrac{1}{\eta}r_2 \times \bar{E}_i \end{cases} \qquad (6.7)$$

其中:$\boldsymbol{\theta}_2$,$\boldsymbol{\varphi}_2$,r_2 是球坐标表示的单位向量;$f_E(\theta_2)$、$f_H(\theta_2)$ 分别为馈源在 $\varphi_2=0°$,$\varphi_2=90°$ 时的远场方向图;$\bar{H}_i$ 是馈源的入射磁场;η 是介质的波阻抗,空气中取 $\eta=120\pi$。

根据椭球面表达式计算椭球面法向单位向量为

$$n = \frac{1}{m(\theta_2)}[-r_2(1-e\cos\theta_2) + \boldsymbol{\theta}_2\sin\theta_2] \qquad (6.8)$$

其中:$m(\theta_2) = \sqrt{(1-e\cos\theta_2)^2 + \sin^2\theta_2}$,$e$ 为椭球面离心率。

将式(6.7)、式(6.8)代入式(6.6),可求得

$$\bar{J}_s = A[ef_E(\theta_2)\sin\theta_2\cos\varphi_2 r_2 + f_E(\theta_2)\cos\varphi_2(1-e\cos\theta_2)\boldsymbol{\theta}_2 - f_H(\theta_2)\sin\varphi_2(1-e\cos\theta_2)\boldsymbol{\varphi}_2] \qquad (6.9)$$

其中:$A = \dfrac{2e^{-jkr_2}}{\eta m(\theta_2)r_2}$。

根据远场公式可得

$$\begin{cases} E_\theta = \dfrac{jk\eta e^{-jkr}}{4\pi r}\displaystyle\int_s (\bar{J}_s \cdot \hat{\boldsymbol{\theta}})e^{jkr\cdot r}\,ds \\ E_\varphi = \dfrac{jk\eta e^{-jkr}}{4\pi r}\displaystyle\int_s (\bar{J}_s \cdot \hat{\boldsymbol{\varphi}})e^{jkr\cdot r}\,ds \end{cases} \qquad (6.10)$$

根据直角坐标与球坐标的转换关系,式(6.10)的被积函数为

$$
\begin{cases}
\bar{J}_s \cdot \boldsymbol{\theta} = \dfrac{1}{2}\cos\theta_1\cos\varphi_1 \{ f_E(\theta_2)[\cos\theta_2 - e\cos(2\theta_2)] + f_H(\theta_2)(1 - e\cos\theta_2)\} + \\
\qquad \cos\theta_1\cos(2\varphi_2 + \varphi_1)\{f_E(\theta_2)[\cos\theta_2 - e\cos(2\theta_2)] - f_H(\theta_2)(1 - e\cos\theta_2)\} + \\
\qquad \sin\theta_1 f_E(\theta_2)\cos\theta_2\cos\varphi_2(2e\cos\theta_2 - 1) \\
\bar{J}_s \cdot \hat{\boldsymbol{\varphi}} = -\dfrac{1}{2}\sin\varphi_1 \{ f_E(\theta_2)[\cos\theta_2 - e\cos(2\theta_2)] + f_H(\theta_2)(1 - e\cos\theta_2)\} + \\
\qquad \dfrac{1}{2}\sin(2\varphi_2 + \varphi_1)\{f_E(\theta_2)[\cos\theta_2 - e\cos(2\theta_2)] - f_H(\theta_2)(1 - e\cos\theta_2)\}
\end{cases}
\tag{6.11}
$$

式(6.10)中的积分面元为

$$
\mathrm{d}s = \frac{m(\theta_2)}{1 - e\cos\theta_2} r_2^2 \sin\theta_2 \mathrm{d}\theta_2 \mathrm{d}\varphi_2
\tag{6.12}
$$

将式(6.11)、式(6.12)代入式(6.10)中,求得椭球面散射远场为

$$
\begin{cases}
E_\theta = \dfrac{jk\,\mathrm{e}^{-jkr_1}}{4\pi r_1} \displaystyle\int_0^{\theta n}\int_0^{2\pi} \{\cos\theta_1[a_1 f_E(\theta_2) + f_H(\theta_2)] + \cos\theta_1\cos(2\varphi_2)[a_1 f_E(\theta_2) - f_H(\theta_2)] + \\
\qquad 2a_2 f_E(\theta_2)\sin\theta_1\sin\theta_2\cos\varphi_2\} \mathrm{e}^{ju\cos(\varphi_2 - \varphi_1) + j\nu} r_2\sin\theta_2 \mathrm{d}\theta_2 \mathrm{d}\varphi_2 \\
E_\varphi = \dfrac{jk\,\mathrm{e}^{-jkr_1}}{4\pi r_1} \displaystyle\int_0^{\theta n}\int_0^{2\pi} -\{[a_1 f_E(\theta_2) + f_H(\theta_2)] + \cos(2\varphi_2)[a_1 f_E(\theta_2) - f_H(\theta_2)]\} \\
\qquad \mathrm{e}^{ju\cos(\varphi' - \varphi) + j\nu} r_2\sin\theta_2 \mathrm{d}\theta_2 \mathrm{d}\varphi_2
\end{cases}
$$

$$
\tag{6.13}
$$

其中:

$$
\begin{cases}
u = 2kf\tan\dfrac{\theta_2}{2}\sin\theta_1 \\[2mm]
\nu = -2kf\,\dfrac{(1 + \cos\theta_2\cos\theta_1)}{1 + \cos\theta_2} \\[2mm]
a_1 = \dfrac{\cos\theta_2 - e\cos(2\theta_2)}{1 - e\cos\theta_2} \\[2mm]
a_2 = \dfrac{2e\cos\theta_2 - 1}{1 - e\cos\theta_2}
\end{cases}
\tag{6.14}
$$

6.1.3   天文天线主面辐射场计算

从副面辐射出去的电磁波经过右焦点辐射到主面上,所以副面远场可以看作从右焦点发射出去的次级馈源,经主面反射后辐射。因此,主面远场的辐射信息可以利用口径场法进行计算。口径场法是利用几何光学法近似求出反射面天线口径场。根据反射面面板边界条件可知

$$
\boldsymbol{n} \times \bar{\boldsymbol{E}}_r = -\boldsymbol{n} \times \bar{\boldsymbol{E}}_i
\tag{6.15}
$$

整理后得

$$
\bar{\boldsymbol{E}}_r = \boldsymbol{n}(\boldsymbol{n} \cdot \bar{\boldsymbol{E}}_i) \cdot 2 - \bar{\boldsymbol{E}}_i
\tag{6.16}
$$

其中:$\boldsymbol{n}$ 为抛物面的法向单位向量,$\bar{\boldsymbol{E}}_i$ 为馈源到达反射面时的电场,$\bar{\boldsymbol{E}}_r$ 为入射波经反射面反射后形成的电场。

分解抛物面法向单位矢量 $\boldsymbol{n}$，由几何关系可得

$$\boldsymbol{n} = -\bar{\boldsymbol{r}}'_{\theta'} \times \bar{\boldsymbol{r}}'_{\varphi'} / |\bar{\boldsymbol{r}}'_{\theta'} \times \bar{\boldsymbol{r}}'_{\varphi'}| \tag{6.17}$$

$\bar{\boldsymbol{r}}'_{\theta'}$ 和 $\bar{\boldsymbol{r}}'_{\varphi'}$ 分别为 $\bar{\boldsymbol{r}}'$ 对 θ' 和 φ' 的微分，且有

$$\begin{aligned}
\boldsymbol{r}' &= \boldsymbol{x}' r' \sin\theta'\cos\varphi' + \boldsymbol{y}' r'\sin\theta'\sin\varphi' + \boldsymbol{z}' r'\cos\theta' \\
&= 2f\left[\boldsymbol{x}'\tan\frac{\theta'}{2}\cos\varphi' + \boldsymbol{y}'\tan\frac{\theta'}{2}\sin\varphi' + \boldsymbol{z}'\left(1 - \frac{1}{2}\sec^2\frac{\theta'}{2}\right)\right]
\end{aligned}$$

$$\bar{\boldsymbol{r}}'_{\theta'} = f\left[\boldsymbol{x}'\sec^2\frac{\theta'}{2}\cos\varphi' + \boldsymbol{y}'\sec^2\frac{\theta'}{2}\sin\varphi' - \boldsymbol{z}'\sec^2\frac{\theta'}{2}\tan\frac{\theta'}{2}\right] \tag{6.18}$$

$$\boldsymbol{r}'_{\varphi'} = 2f\left[-\boldsymbol{x}'\tan\frac{\theta'}{2}\sin\varphi' + \boldsymbol{y}'\tan\frac{\theta'}{2}\cos\varphi'\right)$$

故

$$|\boldsymbol{r}'_{\theta'} \times \boldsymbol{r}'_{\varphi'}| = 2f^2\sec^3\frac{\theta'}{2}\tan\frac{\theta'}{2}$$

利用直角坐标系和球坐标系的关系，可得

$$\begin{aligned}
\boldsymbol{n} &= -\left(\boldsymbol{x}'\sin\frac{\theta'}{2}\cos\varphi' + \boldsymbol{y}'\sin\frac{\theta'}{2}\sin\varphi' + \boldsymbol{z}'\cos\frac{\theta'}{2}\right) \\
&= -\boldsymbol{r}'\cos\frac{\theta'}{2} + \boldsymbol{\theta}'\sin\frac{\theta'}{2}
\end{aligned} \tag{6.19}$$

设电磁波经过的波程为 h，将式(6.7)代入式(6.16)中，求得的反射面口径场为

$$\bar{\boldsymbol{E}}_r = -\left[\boldsymbol{r}_1 f_E(\theta_1)\sin\theta_1\cos\varphi_1 + \boldsymbol{\theta}_1 f_E(\theta_1)\cos\theta_1\cos\varphi_1 - \boldsymbol{\varphi}_1 f_H(\theta_1)\sin\varphi_1\right]\frac{e^{-jkh}}{r_1} \tag{6.20}$$

将式(6.20)的球坐标转换为直角坐标得

$$\begin{cases}
\bar{\boldsymbol{E}}_a = \boldsymbol{x}_1 E_x + \boldsymbol{y}_1 E_y \\
E_x = -\dfrac{e^{-jkh}}{2r_1}\{[f_E(\theta_1) + f_H(\theta_1)] + [f_E(\theta_1) - f_H(\theta_1)]\cos(2\varphi_1)\} \\
E_y = \dfrac{e^{-jkh}}{2r_1}[f_E(\theta_1) - f_H(\theta_1)]\sin(2\varphi_1)
\end{cases} \tag{6.21}$$

设平面口径场为 s，远场某点的球坐标为 (θ, φ, r)，则其远场的计算公式为

$$\bar{\boldsymbol{E}} = \boldsymbol{\theta}_1 E_\theta + \boldsymbol{\varphi}_1 E_\varphi \tag{6.22}$$

$$\begin{cases}
E_\theta = \dfrac{jk\,e^{-jkh}}{4\pi r}(1+\cos\theta)\displaystyle\int_s (E_x\cos\varphi + E_y\sin\varphi)e^{jk\boldsymbol{\rho}\cdot\hat{r}}\,ds \\
E_\varphi = \dfrac{jk\,e^{-jkh}}{4\pi r}(1+\cos\theta)\displaystyle\int_s (-E_x\sin\varphi + E_y\cos\varphi)e^{jk\boldsymbol{\rho}\cdot\hat{r}}\,ds
\end{cases} \tag{6.23}$$

其中：

$$\boldsymbol{\rho}\cdot\hat{r} = 2f\tan\frac{\theta_1}{2}\sin\theta\cos(\varphi+\varphi_1) \tag{6.24}$$

$$ds = 2f^2\tan\frac{\theta_1}{2}\sec^2\frac{\theta_1}{2}\,d\theta_1\,d\varphi_1 \tag{6.25}$$

设馈源最大入射角为 $\theta_{\max}$，将副面的辐射信息作为次级馈源参与主反射面的口径场计算，将式(6.21)、式(6.24)、式(6.25)代入式(6.23)中，可得到天线的远场公式为

$$
\begin{cases}
E_\theta = \dfrac{-\mathrm{j}fk\,\mathrm{e}^{-jk(h+r)}}{4\pi r}(1+\cos\theta)\displaystyle\int_0^{\theta_\mathrm{m}}\int_0^{2\pi}\big\{\big[(E_{\theta1}+E_{\varphi1})+(E_{\theta1}-E_{\varphi1})\cos(2\varphi_1)\big]\cos\varphi+ \\[2mm]
\qquad (E_{\theta1}-E_{\varphi1})\sin(2\varphi_1)\sin\varphi\big\}\,\mathrm{e}^{\mathrm{j}2kf\tan\frac{\theta_1}{2}\sin\theta\cos(\varphi+\varphi_1)}\tan\dfrac{\theta_1}{2}\mathrm{d}\theta_1\mathrm{d}\varphi_1 \\[4mm]
E_\varphi = \dfrac{-\mathrm{j}fk\,\mathrm{e}^{-jk(h+r)}}{4\pi r}(1+\cos\theta)\displaystyle\int_0^{\theta_\mathrm{m}}\int_0^{2\pi}\big\{\big[-(E_{\theta1}+E_{\varphi1})+(E_{\theta1}-E_{\varphi1})\cos(2\varphi_1)\big]\sin\varphi+ \\[2mm]
\qquad (E_{\theta1}-E_{\varphi1})\sin(2\varphi_1)\cos\varphi\big\}\,\mathrm{e}^{\mathrm{j}2kf\tan\frac{\theta_1}{2}\sin\theta\cos(\varphi+\varphi_1)}\tan\dfrac{\theta_1}{2}\mathrm{d}\theta_1\mathrm{d}\varphi_1
\end{cases}
$$

$$(6.26)$$

将格里高利天线的结构数据代入,同时选取合适的初级馈源,在 MATLAB 软件中进行运算,得到副面散射场的远场方向图及归一化的主面远场方向图,分别如图 6.4 和图 6.5 所示。

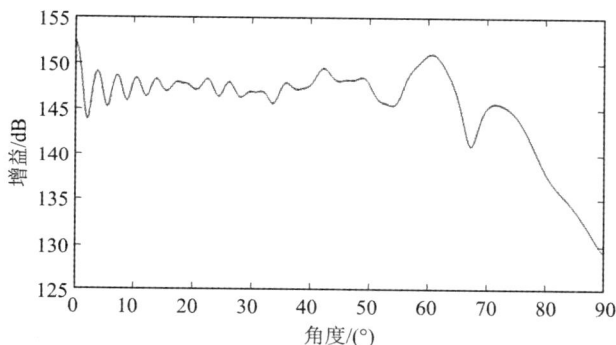

图 6.4 格里高利天线副面散射场的远场方向图

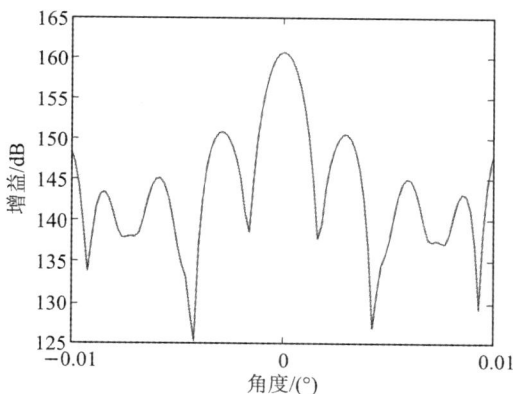

图 6.5 格里高利天线归一化的主面远场方向图

6.1.4 天文天线变形分析

1. 主面的变形分析

计算天线主反射面变形量的目的是计算相位误差,而计算相位误差首先要计算表面变形带来的光程差[8-11]。一般假设变形前后电磁波的出入射角度不变，可以利用反射面上的误差 Δz，求出光程差 $\Delta\delta$：

$$\Delta\delta = \Delta z(1+\cos\theta_1) \tag{6.27}$$

但是这种计算方法在实际操作中并不方便，改进的方法如图 6.6 所示的几何关系。

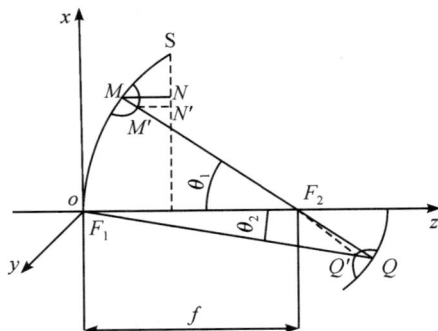

图 6.6　反射面表面误差示意图

设点 M 与点 M' 的距离为 d_1，则变形前后电磁波走过的光程差 $\Delta\delta_1$ 为

$$\Delta\delta_1 = d_1\left(1+\frac{1}{\cos\theta_1}\right) \tag{6.28}$$

设主反射面变形后点 M' 的坐标为 $(M_{x'}, M_{y'}, M_{z'})$，其对应的理想反射面上点 M 的坐标为 (M_x, M_y, M_z)，由于焦点 F_2 与点 M、M' 共线，所以 M、M' 的坐标关系可由如下公式表示：

$$\begin{cases} \dfrac{M_z-f}{M_{z'}-f}=\dfrac{M_x}{M_{x'}}=\dfrac{M_y}{M_{y'}} \\ M_x^2+M_y^2=4fM_z \end{cases} \tag{6.29}$$

根据式(6.28)计算出理想点和变形后点的距离 d_1，将得到的结果代入式(6.27)可得由变形产生的光程差，由此计算出变形产生的相位差为

$$\Delta\varphi_1 = \frac{2\pi\Delta\delta_1}{\lambda} \tag{6.30}$$

2. 副面的变形分析

副反射面的变形对于格里高利天线的影响与主反射面类似，设点 Q 与点 Q' 的距离为 d_2，则变形前后电磁波走过的光程差 $\Delta\delta_2$ 为

$$\Delta\delta_2 = d_2\left[1+\frac{1}{\cos(\theta_1-\theta_2)}\right] \tag{6.31}$$

设主反射面变形后的点 Q' 的坐标为 $(Q_{x'}, Q_{y'}, Q_{z'})$，其对应的理想反射面上点 Q 的坐标为 (Q_x, Q_y, Q_z)，由于焦点 F_1 与点 Q、Q' 共线，所以 Q、Q' 的坐标关系可由如下公式表示：

$$\begin{cases} \dfrac{Q_z}{Q_{z'}}=\dfrac{Q_x}{Q_{x'}}=\dfrac{Q_y}{Q_{y'}} \\ \dfrac{Q_x^2}{b}+\dfrac{Q_y^2}{b}+\dfrac{Q_z^2}{a}=1 \end{cases} \tag{6.32}$$

同理，根据式(6.32)计算出理想点和变形后点的距离 d_2，将得到的结果代入式(6.28)可得到变形产生的光程差，由此计算出变形产生的相位差 $\Delta\varphi_2$。

3. 馈源的误差分析

馈源的相位中心会受到外界的因素影响而发生变化，反射面馈源位置误差如图 6.7 所示。此相位误差同样会使得电磁波的光程差发生改变，从而影响远场电性能。但是由于馈源的误差一般较小，其产生的影响只作用于远场相位，因此其对幅度的影响可以忽略不计。

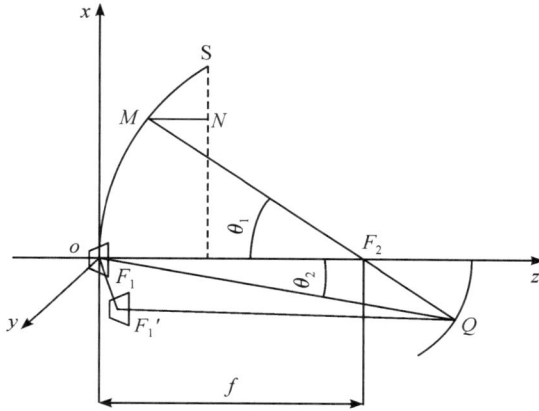

图 6.7　反射面馈源位置误差示意图

图 6.7 中变化前馈源相位中心在 F_1，变化后在 F_1'，设点 F_1' 的坐标为 (F_x, F_y, F_z)，则由馈源误差造成的光程差为

$$\Delta\delta_3 = \sqrt{Q_x^2 + Q_y^2 + Q_z^2} - \sqrt{(Q_x - F_1'x)^2 + (Q_y - F_1'y)^2 + (Q_z - F_1'z)^2} \quad (6.33)$$

则由此产生的相位误差计算公式为

$$\Delta\varphi_3 = \frac{2\pi\Delta\delta_3}{\lambda} \quad (6.34)$$

6.2　天文天线设计方法

6.2.1　面向天文天线电性能的结构优化设计

基于天线电性能的结构优化设计主要分为两个部分：首先根据天线的基础结构，建立合理的有限元模型，利用有限元分析软件，仿真分析自重及外界等的影响，通过静力学分析，得到主副反射面的变形数据，输出保存结果后等待下一步结构优化处理；然后基于天线的机电耦合模型，构建合理的结构优化模型，通过优化程序的运行分析，得到最佳的天线结构参数[12-14]。将天线整体结构分为主反射面、副反射面、转台与支座四个部分，分别利用命令流参数化建模，采用 ANSYS-APDL 与 MATLAB 协同仿真技术。反射面天线的表面由多块面板拼接而成，面板由铝合金支架作为结构支撑，对于主反射面

的参数化建模，只将面板重量分布在反射面的表面质点上，进行近似分析。反射面由背架梁支撑，背架梁又由中心体、辐射梁和环向拉杆组成，其基础材料为钢，具体材料属性为：性模量为 2×10^{11} N·m^{-2}；泊松比为 0.3；密度为 7.85 g/cm^3。A 型辐射梁节点结构如图 6.8 所示。

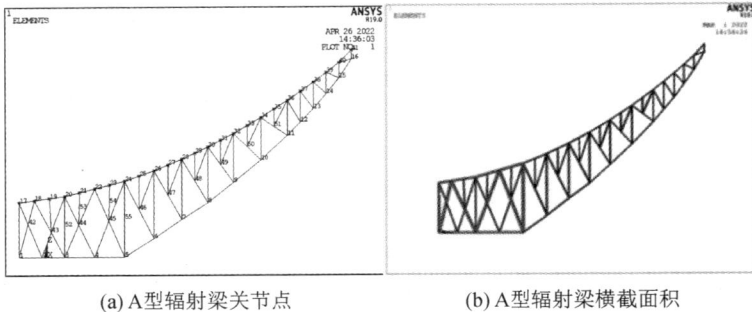

(a) A型辐射梁关节点　　　　　　　(b) A型辐射梁横截面积

图 6.8　A 型辐射梁节点结构

图 6.8 中辐射梁标号为 1～16 号的点是反射面的下旋节点，17～41 号的点为上旋节点，由上旋节点组成的轮廓曲线需要满足设计的抛物线形状。上下旋节点之间利用支撑梁连接，支撑梁之间为空间网状桁架结构。这种结构有较大的刚度和重量比，梁的横截面积从旋转中心向两边逐步递减。为了减小背架的整体重量，在近旋转中心部分取消了部分支撑梁和空间网状结构，这两种辐射梁的有限元结构对比如图 6.9 所示。

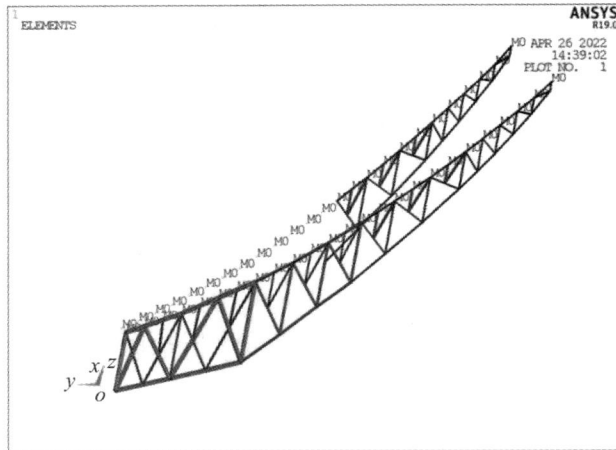

图 6.9　两种辐射梁有限元结构对比图

由于第二种辐射梁的结构在远离旋转中心的位置处质点分布较为稀疏，为了方便之后对面板的简化，需要人工增加质点。质点增加完后，还需要在环向增加环向拉杆来增大整体刚度，环向拉杆之间同样分布着环向加固梁结构，整体结构如图 6.10 所示，同辐射梁一样，环向拉杆也是越远离旋转对称中心横截面积越小。

将一对辐射梁及其之间的拉杆结构看作一组，围绕中心点旋转，复制 24 组后反射面的主面背架就构建完成了，整体结构如图 6.11 所示。

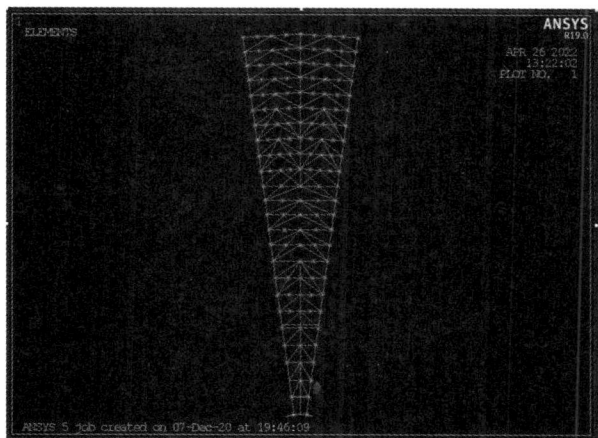

图 6.10　环向拉杆整体结构示意图

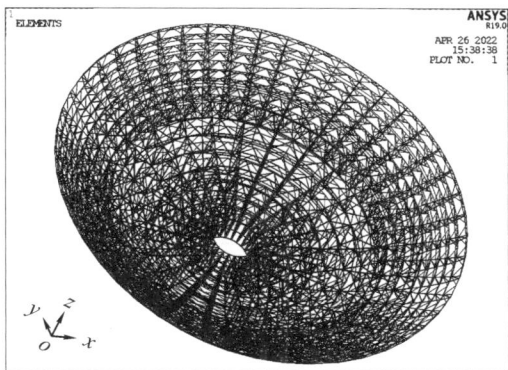

图 6.11　主面背架整体结构

　　副反射面的背架结构与主反射面相似。同主面一样，副面的背架结构也由辐射梁旋转而成。围绕辐射梁的中心，对称复制 24 组，组成基础背架结构，再用环向拉杆将单个支撑梁连接起来，组成最终的背架结构，副面有限元模型如图 6.12 所示。

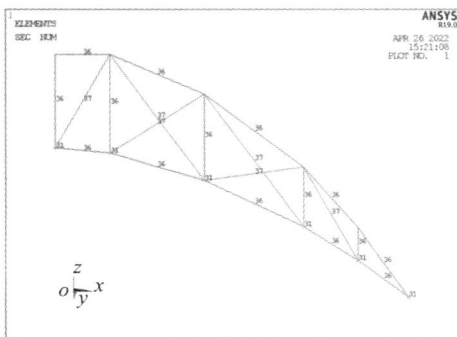

(a) 副面辐射梁结构

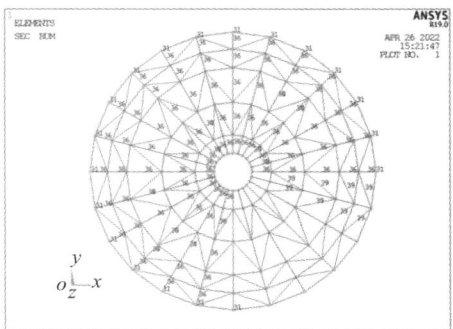

(b) 副面背架结构

图 6.12　副面有限元模型

副面背架与副面支架的连接结构是一个五自由度的调整器，它同时也是控制副面位置与姿态变化的控制结构，其结构如图 6.13 所示，副面背架与调整器结构连接后示意图如图 6.14 所示。

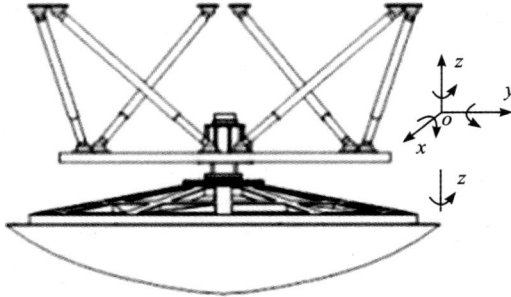

图 6.13　五自由度调整器

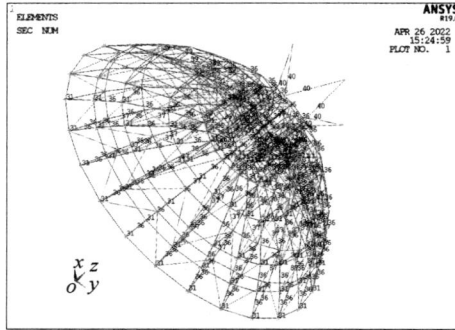

图 6.14　副面背架与调整器结构连接后示意图

基于电性能的结构以远场的电性能为目标进行优化，将所构建的结构优化模型通过调整面板结构参数将主副瓣之间的反射面远场功率方向图向理想情况下的方向图逼近，不仅可以做到优化天线的整体远场，还可以尽量解决远场指向偏移问题。

优化模型如下：

Find：D，Z，T

Min：$\sum \alpha \Delta E(\theta, \varphi) = \sum \alpha \{[0.25E_1(\theta, \varphi) + 0.5E_2(\theta, \varphi) + 0.25E_3(\theta, \varphi)] - E_0(\theta, \varphi)\}$

s. t.：$D_{\min} \leqslant D \leqslant D_{\max}$

　　　$Z_{\min} \leqslant Z \leqslant Z_{\max}$

　　　$W \leqslant W_0$

　　　$\sigma_{\max} \leqslant [\sigma]$

$$T = \begin{cases} 0, & D \leqslant \varepsilon \\ 1, & D > \varepsilon \end{cases}$$ 　　　　　(6.35)

其中：D 为反射面背架梁单元结构的横截面直径；Z 为反射面背架结构下弦节点的纵坐标；T 为拓扑变量；$D_{\min}$ 和 $D_{\max}$ 分别为梁结构横截面的最大值与最小值；$Z_{\min}$ 和 $Z_{\max}$ 分别为反射面下旋节点的上下限；W 为天线总重量；W_0 为天线许用重量；$\sigma_{\max}$ 为天线所受最大应力；$[\sigma]$ 为天线材料的许用应力值。

该优化模型的物理意义是从变形反射面出发,通过优化反射面的主要结构参数,减少由于主副反射面匹配不佳造成的增益损失。

在此基础上,对不同的性能参数给予不同的加权,以进一步提高优化目标的精确程度,提升优化效率。根据天线的实际工况,加权参数不仅要能够突出增益、副瓣电平和波瓣宽度等重要电性能,还要能够降低非重要指标,使得优化结果不容易陷入局部最优解。为了突出远场的关键信息,天线理想情况下的远场方向图可以作为优化模型加权参数的评价指标,其表达式如下:

$$\alpha(\theta, \varphi) = \left| \frac{E(\theta, \varphi)}{E_{\max}} \right| \tag{6.36}$$

其中:$E(\theta, \varphi)$ 为天线理想情况下的远区电场,$E_{\max}$ 为天线理想情况下的远场增益。

利用式(6.36)进行优化的关键值和非关键值之间的差别并不非常明显,所以需要增加一个权数扩大因数来增大差别,同时增大优化前远场与理想远场之间的差值,间接提升优化程序的优化精度。研究发现,引入权数扩大因数可以解决上述问题,但过大的权数扩大因数也会导致优化模型的求解时间延长,图 6.15 展示了权数扩大因数与结果精度的关系。

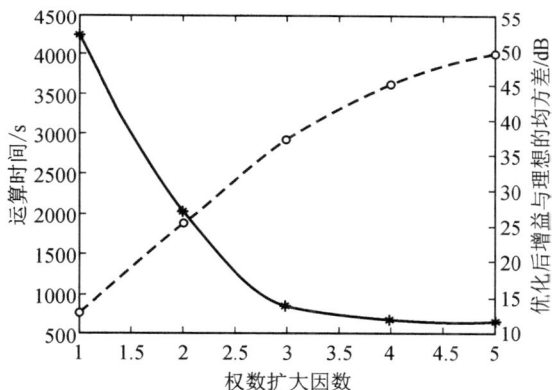

图 6.15 权数扩大因数与结果精度的关系

综上可得加权因数:

$$\alpha(\theta, \varphi) = \frac{\left| \dfrac{E(\theta, \varphi)}{E_{\max}} \right|^{\beta}}{\sum \left| \dfrac{E(\theta, \varphi)}{E_{\max}} \right|^{\beta}} \tag{6.37}$$

其中:β 为权数扩大因数。

为了求解式(6.35)~式(6.37)所述的优化模型,需要利用 ANSYS 与 MATLAB 两软件之间的数据交互功能,其具体的交互流程如图 6.16 所示。

利用 ANSYS 软件分析反射面天线在仰天、38°、指平及整体四种工况下的变形量,将变形结果输出并通过数据交互至 MATLAB 中,利用机电耦合模型计算得到天线远场信息,如图 6.17 所示。

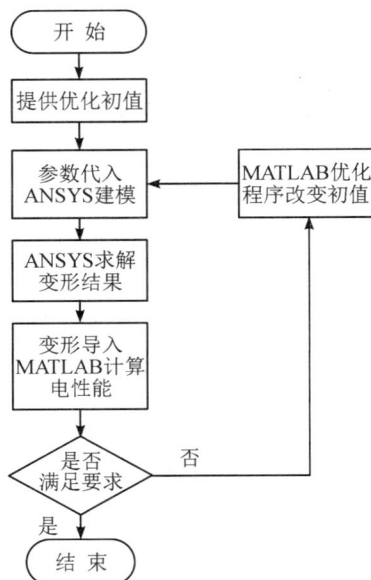

图 6.16　数据交互流程图

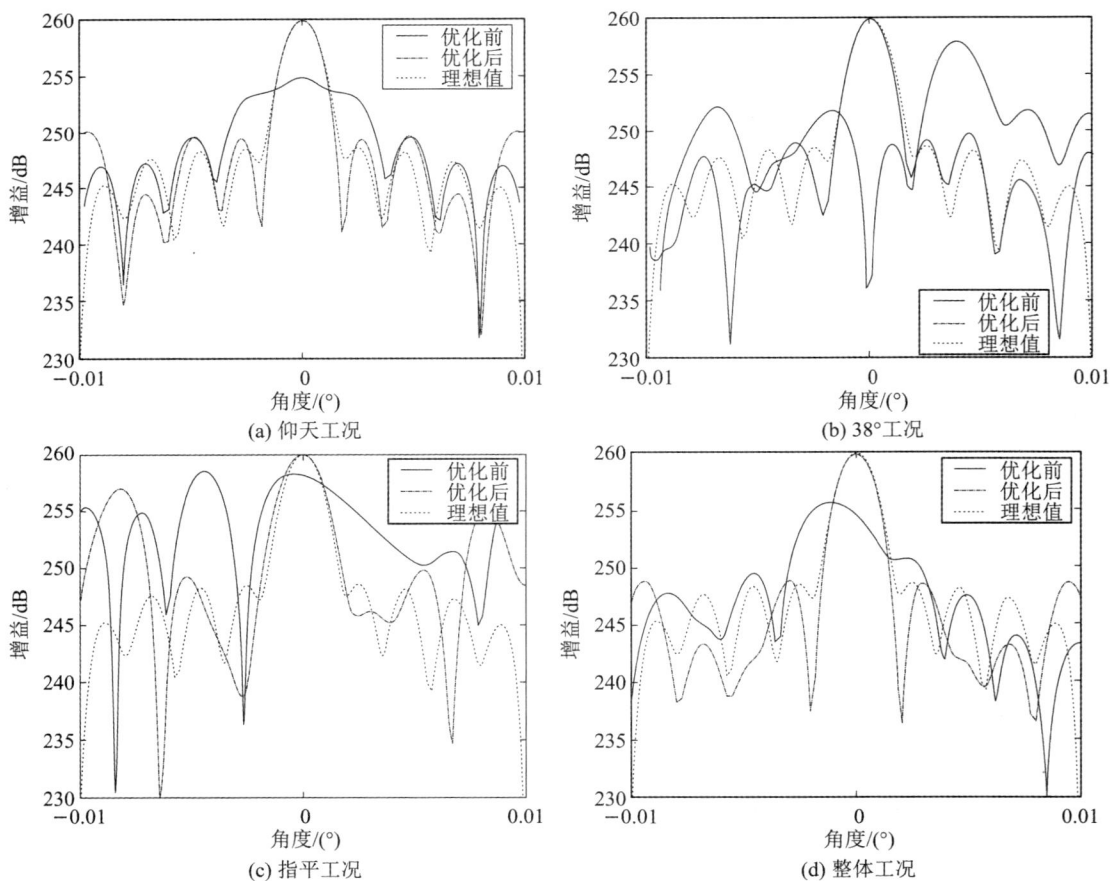

(a) 仰天工况

(b) 38°工况

(c) 指平工况

(d) 整体工况

图 6.17　结构优化前后对比图

从图中可见，优化后的天线增益误差全部在 0.1 dB 以下，副瓣电平误差在 2 dB 以下，指向偏差为 0°。

6.2.2 面向天文天线电性能的协同优化设计

反射面天线的结构设计完成之后，因其结构巨大，在运行过程中，由于自重及环境载荷等因素影响仍可能出现结构精度下降的情况，需要适时进行调整。下面建立主副面的协同调整模型，以电性能最优为目标，优化主副面协同调整量，最后通过调整主副面促动器来补偿外界载荷误差给远场带来的影响[15]。面板协同调整优化模型与前文中结构优化模型类似，都基于机电耦合理论，所构建的优化模型可用如下数学模型表示：

$$
\begin{cases}
\text{Find：} a, b, \Delta X, \Delta Y \ \Delta Z, \Delta \theta, \Delta \varphi \\
\text{Min：} \sum \alpha \Delta E(\theta, \varphi) = \sum \alpha \left[E(\theta, \varphi) - E'(\theta, \varphi) \right] \\
\text{s.t.：} a_{\min} \leqslant a \leqslant a_{\max} \\
\qquad b_{\min} \leqslant b \leqslant b_{\max}
\end{cases}
\tag{6.38}
$$

其中：a 为主反射面上促动器的调整量；b 为副反射面上促动器的调整量；$(\Delta X, \Delta Y, \Delta Z)$ 为反射面的位置移动量；$(\Delta \theta, \Delta \varphi)$ 为副反射面的位姿变化量；α 为远场加权参数；E 为待优化的远场，E' 为存在装调等误差时的远场，该结果是通过实际实验测试后得到的结果，ΔE 为两者的差值；$a_{\min}$ 和 $a_{\max}$ 分别为主反射面促动器调整量的上下限；$b_{\min}$ 和 $b_{\max}$ 分别为副反射面促动器调整量的上下限。

反射面天线的表面是由若干面板构成的，在面板的四角装有促动器，相邻四个面板的四个角共用一个促动器，如图 6.18 所示，通过控制促动器，能够实现面板四角的位移，从而使得面板上的其他位置能够按要求进行移动。

图 6.18 促动器布局图

要通过控制促动器来控制面板上各点的位移，首先需要研究促动器的位移与面板内各点位移之间的关系。该问题可以简化为某面板上四边自由、已知四角点位移求面板各点位移的弹性力学问题[16-18]。在实际工程中，反射面面板的变形量很小，所以可以利用面板弹性力学中的小挠度原理进行分析。根据小挠度板壳原理可知挠度 $w(x, y)$ 满足如下平衡微分方程：

$$\frac{\partial^4 w}{\partial x^4} + \frac{\partial^4 w}{\partial x^2 \partial y^2} + \frac{\partial^4 w}{\partial y^4} = \frac{q}{D} \tag{6.39}$$

其中：q 为面板表面的均布载荷，与外界条件有关；$D = \dfrac{Gt^3}{12(1-\mu^2)}$ 为面板的抗弯刚度，其中 G、μ 分别为面板的弹性模量及泊松比，t 为面板厚度。

由于反射面单块面板的固定方式可以看作四角点固定支撑，而四条边是自由的，因此四条边的内力 V 和弯矩 M 满足

$$M_y \mid_{y=0,\,b} = -D\left(\frac{\partial^2 w}{\partial x^2} + \mu \frac{\partial^2 w}{\partial y^2}\right) = 0 \tag{6.40}$$

$$M_x \mid_{x=0,\,a} = -D\left(\frac{\partial^2 w}{\partial x^2} + \mu \frac{\partial^2 w}{\partial y^2}\right) = 0 \tag{6.41}$$

$$V_y \mid_{y=0,\,b} = -D\left[\frac{\partial^3 w}{\partial x^3} + (2-\mu) \frac{\partial^3 w}{\partial x \partial y^2}\right] = 0 \tag{6.42}$$

$$V_x \mid_{x=0,\,a} = -D\left[\frac{\partial^3 w}{\partial x^3} + (2-\mu) \frac{\partial^3 w}{\partial x \partial y^2}\right] = 0 \tag{6.43}$$

其中：M_x、M_y 分别为沿 x、y 方向上的弯矩；V_x、V_y 分别为沿 x、y 方向上的内力；a、b 分别为面板在 x、y 方向上的长度。

设四角的点位移量分别为 m_1、m_2、m_3、m_4，即挠度 $w(x,y)$ 满足

$$w \mid_{y=0} = m_1,\ w \mid_{y=b} = m_2,\ w \mid_{\substack{x=a \\ y=0}} = m_3,\ w \mid_{\substack{x=a \\ y=b}} = m_4 \tag{6.44}$$

式（6.44）属于非线性偏微分方程，所以其通解可以看作此方程的齐次解的通解与方程特解的叠加，方程的通解可以利用莱维法与叠加法求解。式（6.44）的齐次解 w_0 为

$$w_0(x,y) = \sum_{m=1}^{\infty} [A_m \mathrm{sh}(\alpha y) + B_m \mathrm{ch}(\alpha y) + C_m \alpha y \mathrm{sh}(\alpha y) + D_m \alpha y \mathrm{ch}(\alpha y)]\sin\alpha x +$$

$$\sum_{n=1}^{\infty} [E_n \mathrm{sh}(\beta x) + F_n \mathrm{ch}(\beta x) + G_n \beta x \mathrm{sh}(\beta x) + H_n \beta x \mathrm{ch}(\beta x)]\sin\beta y \tag{6.45}$$

其中：$\alpha = \dfrac{m\pi}{2a}$；$\beta = \dfrac{n\pi}{2b}$；$A_m$、$B_m$、$C_m$、$D_m$、$E_n$、$F_n$、$G_n$、$H_n$ 为 8 个待定系数。

将四角点条件代入，得到在本文所述条件下的非线性偏微分方程的通解为

$$w_1(x,y) = w_0 + m_1 - \frac{\left(\sum\limits_{n=1}^{\infty} F_n \sin\frac{n\pi}{2} - m_1 + m_2\right) y}{b} -$$

$$\frac{\left(\sum\limits_{m=1}^{\infty} B_m \sin\frac{m\pi}{2} - m_1 + m_3\right) x}{a} +$$

$$\frac{\left(\sum\limits_{n=1}^{\infty} F_n \sin\frac{n\pi}{2} + \sum\limits_{m=1}^{\infty} B_m \sin\frac{m\pi}{2} + m_1 - m_2 - m_3 + m_4\right) xy}{ab} \tag{6.46}$$

特解 w_2 只要能满足方程即可，选取 w_2 为

$$w_2(x, y) = (x^3 - 3ax^2 + 2a^2x) + (y^3 - 3by^2 + 2b^2y) \tag{6.47}$$

将式(6.47)进行傅里叶级数展开后得

$$w_2(x, y) = \sum_{m=1}^{\infty} \frac{2a^4}{(m\pi)^3} \sin(\alpha x) + \sum_{n=1}^{\infty} \frac{2b^4}{(n\pi)^3} \sin(\beta y) \tag{6.48}$$

将式(6.48)和式(6.46)代入式(6.45)即可求得平衡微分方程的通解，将边界条件代入可求解 A_m、B_m、C_m、D_m、E_n、F_n、G_n、H_n，即可得到平衡微分方程的确定解。

由于挠度关系式 $w(x, y)$ 较为复杂且进行了多次求导，方程组计算繁杂且结果冗长，因此可以通过人工对公式进行整理来简化计算。首先对方程组内的未知量进行确认，对于莱维法来说，m、n 取 1 即可得到较为精确的结果，代入后将大幅度降低公式的烦琐程度；其次，对于天线来说，面板材料通常为铝，泊松比 μ 取 0.33 即可。将挠度关系式代入 $V_y|_{y=0} = 0$、$M_y|_{y=0} = 0$ 两个边界条件后，可得到关于未知数 B_m、C_m 的方程组：

$$\begin{cases} V_y\,|_{y=0} = 1.67\alpha\cos(\alpha x)(B_m\alpha^2 + 2C_m\alpha^2) - \alpha^3\cos(\alpha x)\left(B + \dfrac{2}{\pi^3}\right) \\ M_y\,|_{y=0} = 0.33\sin(\alpha x)(B_m\alpha^2 + 2C_m\alpha^2) - \alpha^2\sin(\alpha x)\left(B + \dfrac{2}{\pi^3}\right) \end{cases} \tag{6.49}$$

求解得到

$$\begin{cases} B_m = -\dfrac{2}{\pi^3} \\ C_m = \dfrac{1}{\pi^3} \end{cases} \tag{6.50}$$

将式(6.50)代入式(6.45)后，可将待定系数及公式个数降为 6 个，将方程组整理后写成线性矩阵为

$$\boldsymbol{Ax} = \boldsymbol{b} \tag{6.51}$$

则向量 $\boldsymbol{x}$ 计算如下：

$$\boldsymbol{x} = \boldsymbol{A}^{-1}\boldsymbol{b} \tag{6.52}$$

其中

$$\boldsymbol{A} = \begin{bmatrix} \boldsymbol{A}_1 & \boldsymbol{A}_2 \end{bmatrix} \tag{6.53}$$

$$\boldsymbol{A}_1 = \begin{bmatrix} 0 & 0 & 0 \\ 0.67\alpha^3\,\mathrm{sh}(\alpha y) & 0.67\alpha y\,\mathrm{ch}(\alpha y) + 3.34\alpha^3\,\mathrm{sh}(\alpha y) & -0.67\beta^2\sin(\beta y) \\ -0.67\alpha^2\sin(\alpha x)\,\mathrm{sh}(\alpha b) & \{\alpha^2\sin(\alpha x)[0.66\,\mathrm{sh}(\alpha b) - 0.67\alpha b\,\mathrm{ch}(\alpha b)]\} & 0.67\beta^2\sin(\beta b)\,\mathrm{sh}(\beta x) \\ 0.67\alpha^2\cos(\alpha x)\,\mathrm{sh}(\alpha b) & \{\alpha^4\cos(\alpha x)[0.67\alpha b\,\mathrm{ch}(\alpha b) + 3.34\,\mathrm{sh}(\alpha b)]\} & -0.67\beta^3\sin(\beta b)\,\mathrm{ch}(\beta x) \\ -0.67\alpha^2\sin(\alpha a)\,\mathrm{sh}(\alpha y) & \{\alpha^2\sin(\alpha a)[0.66\,\mathrm{sh}(\alpha y) - 0.67\alpha y\,\mathrm{ch}(\alpha y)]\} & 0.67\beta^2\sin(\beta y)\,\mathrm{sh}(\beta a) \\ 0.67\alpha^3\cos(\alpha a)\,\mathrm{sh}(\alpha y) & \{\alpha^3\cos(\alpha a)[0.67\alpha y\,\mathrm{ch}(\alpha y) + 3.34\,\mathrm{sh}(\alpha y)]\} & 0.67\beta^3\sin(\beta y)\,\mathrm{ch}(\beta a) \end{bmatrix} \tag{6.54}$$

$$\boldsymbol{A}_2 = \begin{bmatrix} 0.67\beta^2\sin(\beta y) & 2\beta^2\sin(\beta y) & 0 \\ 0 & 0 & 1.33\beta^2\sin(\beta y) \\ \begin{aligned}&0.67\beta^2\sin(\beta b)\mathrm{ch}(\beta x)\\&[2\mathrm{sh}(\beta x)+0.67\beta x\mathrm{ch}(\beta x)]\end{aligned} & \begin{aligned}&\{\beta^2\sin(\beta x)[2\mathrm{ch}(\beta x)+\\&0.67\beta x\mathrm{sh}(\beta x)]\}\end{aligned} & \beta^2\sin(\beta b) \\ \begin{aligned}&-0.67\beta^3\sin(\beta b)\mathrm{sh}(\beta x)\\&[0.67\beta x\mathrm{sh}(\beta x)+1.33\mathrm{ch}(\beta x)]\end{aligned} & \begin{aligned}&\{\beta^3\sin(\beta b)[0.67x\beta\,\mathrm{ch}(\beta x)+\\&1.33\mathrm{sh}(\beta x)]\}\end{aligned} & \beta^3\sin(\beta b) \\ \begin{aligned}&0.67\beta^2\sin(\beta y)\mathrm{ch}(\beta a)\\&[2\mathrm{sh}(\beta a)+0.67\beta a\mathrm{ch}(\beta a)]\end{aligned} & \begin{aligned}&\{\beta^2\sin(\beta y)[2\mathrm{ch}(\beta a)+\\&0.67a\beta\,\mathrm{ch}(\beta a)]\}\end{aligned} & \beta^2\sin(\beta y) \\ \begin{aligned}&0.67\beta^2\sin(\beta b)\mathrm{ch}(\beta x)\\&[2.33\mathrm{ch}(\beta a)-0.67\beta a\mathrm{sh}(\beta a)]\end{aligned} & \begin{aligned}&\{\beta^3\sin(\beta y)[2.33\mathrm{sh}(\beta a)-\\&0.67\beta a\mathrm{ch}(\beta a)]\}\end{aligned} & \beta^3\sin(\beta y) \end{bmatrix} \tag{6.55}$$

$$\boldsymbol{x} = \begin{pmatrix} A_m \\ D_m \\ E_n \\ F_n \\ G_n \\ H_n \end{pmatrix} \tag{6.56}$$

$$\boldsymbol{b} = \begin{bmatrix} -0.02\beta^2\sin(\beta y) \\ \dfrac{\alpha^3}{\pi^3}[0.67\alpha y\mathrm{sh}(\alpha y)-2\mathrm{ch}(\alpha y)-2] \\ -\dfrac{0.67}{\pi^3}\alpha^3 b\sin(\alpha x)\mathrm{sh}(\alpha b)-0.02\beta^2\sin(\beta b)-\dfrac{2\alpha^3}{\pi^3}\sin(\alpha x)[\mathrm{ch}(\alpha b)+1] \\ -\dfrac{2\alpha^3}{\pi^3}\cos(\alpha x)[\mathrm{ch}(\alpha b)+1]+0.02\alpha^4 b\cos(\alpha x)\mathrm{sh}(\alpha b) \\ -0.02\alpha^3 y\sin(a\alpha)\mathrm{sh}(\alpha y)-\dfrac{2\alpha^2}{\pi^3}\sin(a\alpha)[\mathrm{ch}(\alpha y)+1]-\dfrac{0.66}{\pi^3}\beta^2\sin(\beta y) \\ -\dfrac{2\alpha^3}{\pi^3}\cos(a\alpha)[\mathrm{ch}(\alpha y)+1]+\dfrac{0.67\alpha^4}{\pi^3}y\cos(a\alpha)\mathrm{sh}(\alpha y) \end{bmatrix} \tag{6.57}$$

将上面的矩阵和向量输入 MATLAB 数值分析软件，计算式(6.53)即可得到其余 6 个待定系数结果，将总共 8 个待定系数代入 $w(x,y)$ 就可以得到最终的挠度关系式，即可建立面板四角点位移与面板中各点位移的关系，用于实施调整优化模型。

上述弹性力学公式法能够通过具体公式表示面板角点与内点位移之间的关系，但在实际工程中，为了能够进行计算，弹性力学公式本身已经是经过简化和等效的结果，相比于简化的公式计算，力学分析软件的结果更为精确。软件利用多项式函数拟合变形函数来表征整个面板的位移，具体过程如下：

同弹性原理分析类似，因为反射面面板的变形量很小，所以可以利用卡氏第二定理对不同点的位移进行线性叠加。当四角点都在法向产生位移时，可以看作其中一个角点不动、其他三个角点移动了与这个角点位置之差的量，这样问题就可以退化成一个角点不动、其他三个角点位移叠加的状态。按照 x、y、z 三个方向分量提取位移场，对这三个基础模型进行多项式拟合，得到九个分量位移场的拟合模型。

对上述情况进行插值计算，并列出三维线性代数方程组：

$$\begin{Bmatrix} u_{11} & u_{21} & u_{31} \\ u_{12} & u_{22} & u_{32} \\ u_{13} & u_{23} & u_{33} \end{Bmatrix} \begin{Bmatrix} \omega_1 \\ \omega_2 \\ \omega_3 \end{Bmatrix} = \begin{Bmatrix} x \\ y \\ z \end{Bmatrix} \tag{6.58}$$

其中：u_{11} 表示 1 号角点加载之后在 1 点产生的法向位移，即为单位 1；u_{12} 表示 2 号角点加载在 1 点产生的法向位移，其他同理。注意这里的 u 均为归一化后的位移。x、y、z 分别表示在 1、2、3 号角点施加法向位移的模长。

求解线性方程组得到加权系数 ω_i 后，代入下式求得位移场分量：

$$\begin{Bmatrix} u_x \\ u_y \\ u_z \end{Bmatrix} = \begin{Bmatrix} u_{1x} & u_{2x} & u_{3x} \\ u_{1y} & u_{2y} & u_{3y} \\ u_{1z} & u_{2z} & u_{3z} \end{Bmatrix} \begin{Bmatrix} \omega_1 \\ \omega_2 \\ \omega_3 \end{Bmatrix} \tag{6.59}$$

其中：u_{1x} 代表 1 号角点因为施加法向位移，x 方向位移场的拟合，其他同理。但需注意这里 u_{1x} 对应的 1 号角点的位移模长为单位 1，具体结果如图 6.19 所示，图 6.20 所示为面板拟合位移场。

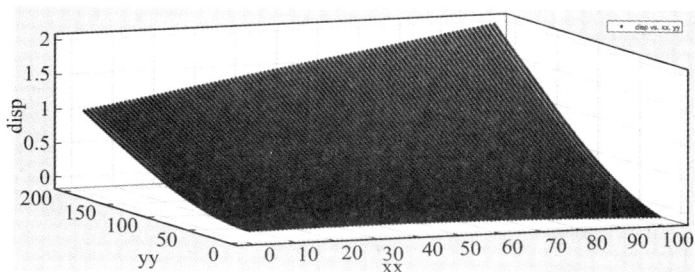

图 6.19　面板真实位移场

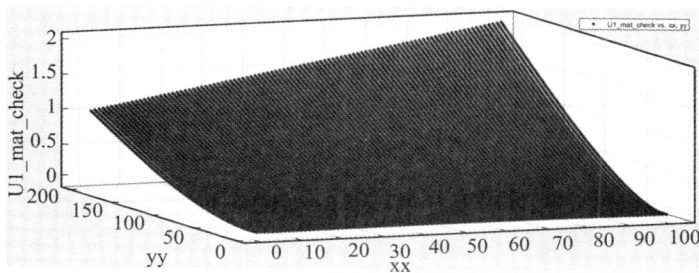

图 6.20　面板拟合位移场

由上述两种方法得到不同的面板位移场，将单个变形板集成为总体刚度矩阵，得到促动器的位移与面板位移之间的关系，进而建立起机电耦合模型，通过口径法计算变形面板位移促动器作用后产生的远场方向图，拟合结果与真实结果的误差如图 6.21 所示。

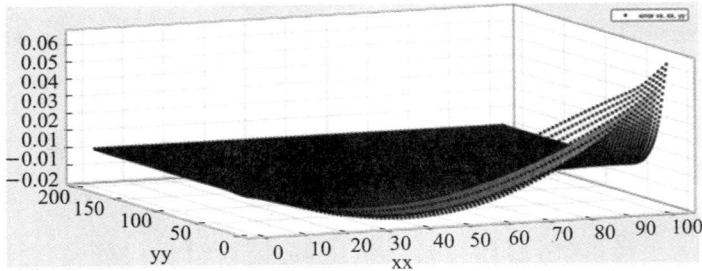

图 6.21　拟合与真实位移场之间的误差

利用 MATLAB 完成协同调整优化后，需要对模型的计算能力进行验证。随机生成 3 组表面变形数据，进行 3 次优化仿真，得出 3 组对比图，每组数据既包括理想远场方向图，又包含考虑误差影响的远场方向图和优化后的远场方向图，其对比结果如图 6.22所示。

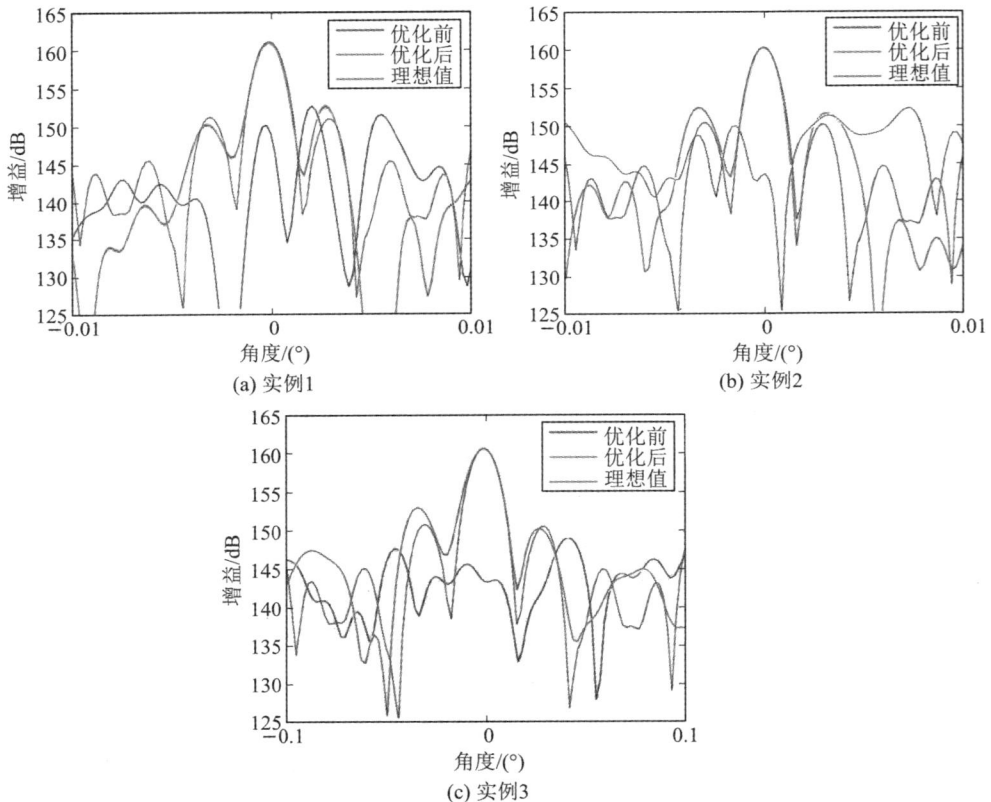

(a) 实例1

(b) 实例2

(c) 实例3

图 6.22　形面协同调整优化前后对比图

分析以上三组图表的数据能够发现，优化后的天线增益误差基本在 0.2 dB 以下，副瓣电平误差在 3 dB 以下，优化结果对指向偏差的修正效果也非常明显，基本能将指向偏差修正回 0°。

6.3　天文天线加工与测试

6.3.1　实验数据的获取

按照实验设计流程，需要提前获得两部分数据：一是反射面变形后的远场方向图，二是反射面表面的实际变形量。要测得这些数据，首先要给反射面施加人为变形。由于在实际工作中，反射面本来就会由于重力等外界载荷产生变形，因此可以直接运用此变形将实际工程中测得的反射面数据作为变形后的反射面数据，并将其与理想情况下的反射面进行对比，实际操作步骤如下。

1．获取反射面变形量

一般情况下，反射面变形量可由设置在反射面表面各点的位移传感器测得，通过比对变形前后位移传感器的坐标，可得到反射面上某点的位移量。南山射电望远镜（Nanshan Radio Telescope，NSRT）采用相位相干全息测量系统，通过设置一个参考天线，分析参考天线与 NSRT 对同一卫星接收信号的相位差，推导出 NSRT 反射面的变形信息。有学者利用数字摄影或激光三维扫描等检测技术进行反射面变形量的获取。考虑到 NSRT 实际检测条件，数字摄影和激光三维扫描等检测技术并不适用，相位相干全息测量法则是机电耦合理论的逆运用，在实验测试过程中也会产生较大误差。NSRT 的副面采用 Stewart 并联机构实现 5 个自由度运动调整，通过 6 个电动缸的伸缩控制副反射面的位姿变化，具有定位精度高、刚度大、稳定性好和承载能力强等优点。其结构控制精度可以做到副面在 x、y 方向上 ±50 mm 的平移量，z 方向上 ±80 mm 的平移量，绕 x、y 轴旋转 ±5°。NSRT 的前端接收机可以覆盖 1.3～92 cm 总共 6 种波长，其噪声温度和工作频率范围等详细参数如表 6.1 所示。

表 6.1　NSRT 各波段接收机参数

接收机波长/cm	92	18		13	6	3.6	1.3
		A	B				
频率范围/GHz	0.31～0.34	1.38～1.70		2.15～2.45	4.75～5.15	3.18～8.67	22～24
接收机噪声温度/K	28	50	65	75	<12	<15	50
系统噪声温度/K	125	86	95	116	34	<45	175
本振频率/GHz	无	1.3	1.3	2.02	4.62	8.08	22

在主反射面表面布置位移传感器，沿着环向半径由里向外设置 14 组不同半径的环，编号分别为 A～N，不同半径环上的传感器分布不同，其中 A、B 环每圈布置 48 个传感器，C～E 环每圈布置 96 个传感器，F～N 环每圈布置 128 个传感器，传感器的具体布局位置如图 6.23 所示。

布置好传感器后，调整 NSRT 结构，使其俯仰角度达到最佳预设（35°），测量其反射面变形前后的传感器坐标，在直角坐标系中节选部分结果，如表 6.2 所示。

图 6.23　传感器布局位置示意图

表 6.2　NSRT 在最佳预设角度 35°前后传感器坐标

编号	X_1/mm	Y_1/mm	Z_1/mm	X_2/mm	Y_2/mm	Z_2/mm
A1	2770.32	397.57	−1616.15	2770.33	397.57	−1616.21
⋮	⋮	⋮	⋮	⋮	⋮	⋮
A48	2739.95	571.37	−1616.11	2739.97	571.38	−1616.24
B1	3886.59	595.14	−1361.02	3886.65	595.15	−1361.25
⋮	⋮	⋮	⋮	⋮	⋮	⋮
B48	3856.22	761.42	−1361.34	3856.42	761.46	−1362.13
⋮	⋮	⋮	⋮	⋮	⋮	⋮
N1	12 733.15	2161.23	3651.20	12 733.73	2161.33	3650.52
⋮	⋮	⋮	⋮	⋮	⋮	⋮
N128	12 713.67	2313.23	3657.31	12 714.04	2313.30	3656.86

2. 获取远场方向图

对于反射面天线来说，常用的远场方向图测试方法有星源法、射电天文法以及信标塔法。其中信标塔法由于 NSRT 口径大、工作频率高，导致信号塔架设困难，因此很难满足测试条件。而射电天文法由于无法控制天线极化，且信号较弱，会产生较大误差。综合 NSRT 所具备的实验条件，本文选择更为简单且易操作的星源法进行远场信息测试。

星源法是将已发射的某同步卫星作为信号源，其具体方位和频率等信息都是可知的，把待测天线作为接收天线。由于信号源是轨道上的同步卫星，因此完全能满足远场测试条件，且信号相对较强。但因为同步卫星的位置和频率是固定的，所以需要选取合适位置与频率的同步卫星开展测试。本文实验选取了 Skynet-5A、AsiaSat-7、Inmarsat-5 等同步卫星，分别在 S、C、X、K 波段进行测试，测试结果如图 6.24 所示。

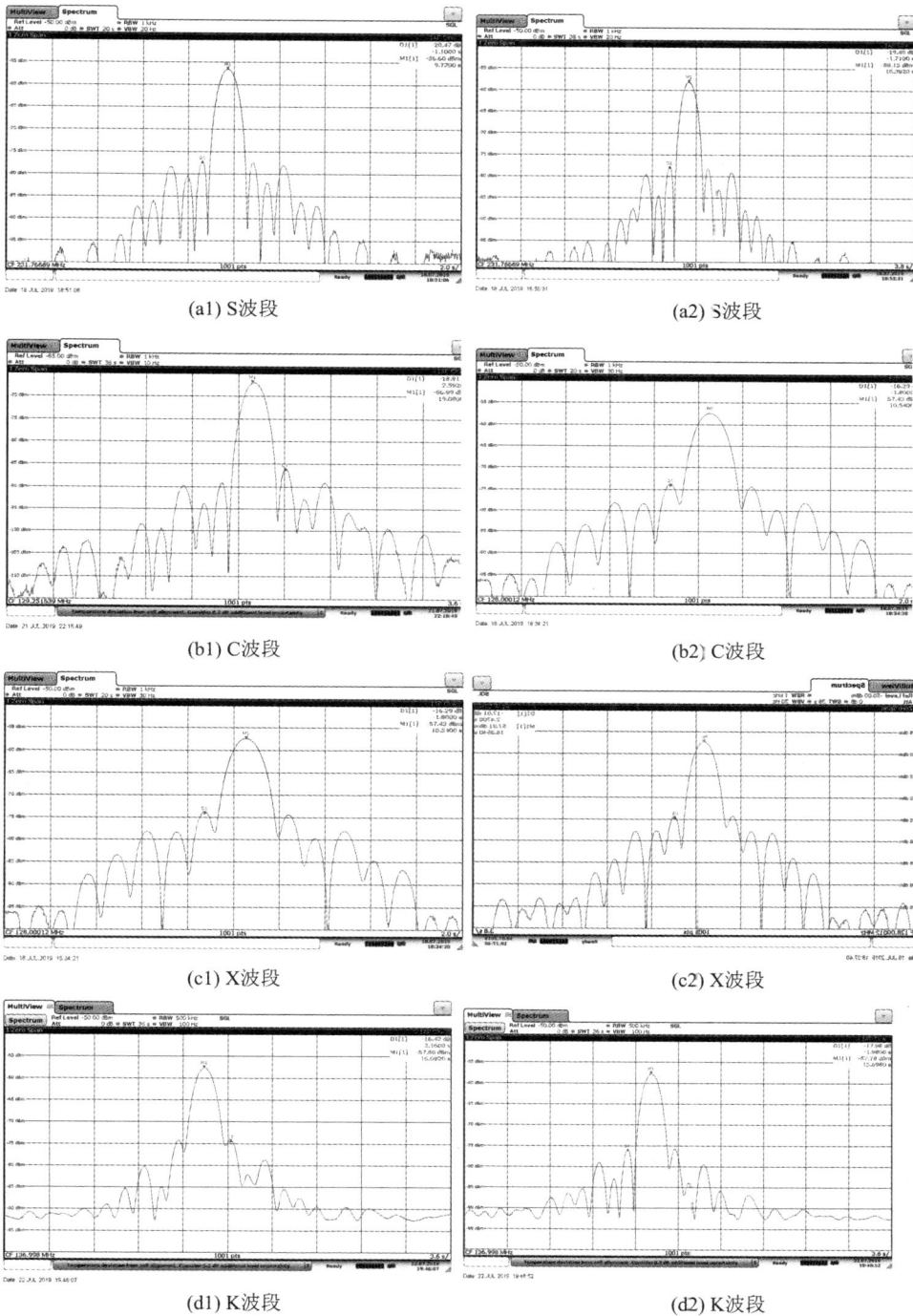

(a1) S波段　　(a2) S波段

(b1) C波段　　(b2) C波段

(c1) X波段　　(c2) X波段

(d1) K波段　　(d2) K波段

图 6.24　各波段方位扫描和俯仰扫描方向图

6.3.2 实验数据的处理

1. 表面误差的结果处理

通过实验得到表面误差数据之后，还要对实验数据进行后续分析和处理，即去除掉由系统误差产生的偏差较大的数据，确保每个点的数据都是真实可靠的，再将数据处理成适用于机电耦合模型输入的形式，以方便后续进行机电耦合模型求解。

首先要排除由系统误差产生的偏差较大的结果，将表 6.2 中的原始数据输入数据处理软件中，分别计算各个传感器在 x，y，z 方向上的位移量和总位移量。为了使得图中数据更为直观，将 x、y、z 方向的误差 $\mathrm{d}x$、$\mathrm{d}y$、$\mathrm{d}z$，以及总误差 ΔD 的最大值（Max）、最小值（Min）、平均值（Average）、均方差（RMS）等误差信息进行整合，整合后的数据如表 6.3 所示。

表 6.3　NSRT 在最佳预设角度 35°前后传感器坐标（整合后）

	$\mathrm{d}x/\mathrm{mm}$	$\mathrm{d}y/\mathrm{mm}$	$\mathrm{d}z/\mathrm{mm}$	$\Delta D/\mathrm{mm}$
Min	-0.92	-0.83	-1.18	-1.49
Max	0.87	0.7	1.15	1.45
Average	0	0	0	0
RMS	0.13	0.12	0.26	0.32
Tol Range				±0.76
In Tol				99.6%
Out Tol				0.3%

如表 6.3 所示，Tol Range 代表 NSRT 反射面表面的公差范围，In Tol 表示传感器位移在公差范围内的比例，Out Tol 表示传感器位移在公差范围外的比例。本测试数据共1500 个，有 5 个位移数据在公差范围之外，属于理论外数据，考虑是由于测试方式等问题产生的误差较大数据，为了保证计算结果的准确性，将这几个数据取其周边数据的平均值。

2. 远场方向图的结果处理

基于天线远场方向图的测试原理，在一定时间内让反射面匀速摆过规定角度，再由频谱仪记录下这段时间的远场数据，即可得到远场方向图。在频谱仪记录的直接数据中，横坐标往往没有明确标注当前天线角度，需要通过转动角度的时间及速度来推断天线角度。以图 6.24(a1)为例，图中记录结果显示扫描时间（SWT）为 20 s，到达增益 M1 点时是第9.72 s，副瓣电平 D1 点是第 8.62 s，又知道在测试时反射面俯仰运动的速度，所以将图中结果改为以增益最大处为横坐标的零点，如图 6.25 所示。

前文所建立的机电耦合模型为通用性的，如要将其应用于 NSRT，还需做一些修正工作。即将修正过的公式编写在 MATLAB 程序中，将处理后的反射面变形数据代入，得到远场的计算结果，再改变天线工作频率，分别在四种工作频率下进行计算，得到四种远场结果。

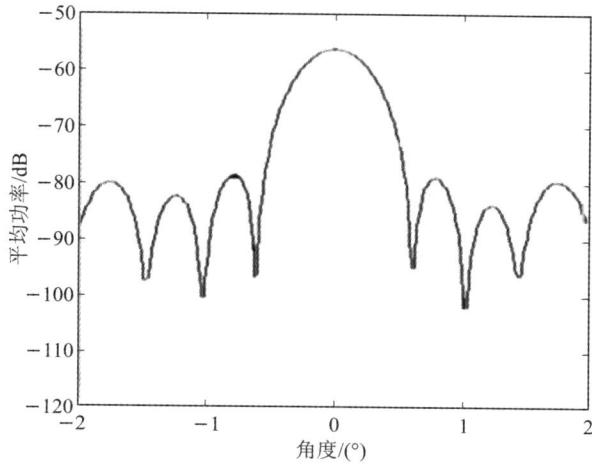

图 6.25　远场方向图处理结果

需要注意的是，上面排除系统误差后的原数据不能直接代入机电耦合模型进行运算，一是因为位移传感器的坐标系与机电耦合模型中设定的理想抛物面的坐标系不一致，需要进行坐标系转换；二是因为位移传感器设置的间隙不均匀且数量较少，无法直接运用到机电耦合模型中，所以需要均匀化传感器的布局且增加位移点数目。具体的操作步骤如下。

（1）转换坐标系。

在建立适用于 NSRT 的机电耦合模型时，首先要建立其坐标系，并基于该坐标系建立位移传感器的坐标系。将传感器坐标位置导入 MATLAB 中得到 1500 个传感器的具体位置（其三维图如图 6.26 所示），通过优化程序对离散的传感器坐标进行拟合，得到抛物面方程为

$$x^2 + y^2 = -4f(z - 5652.9) \tag{6.60}$$

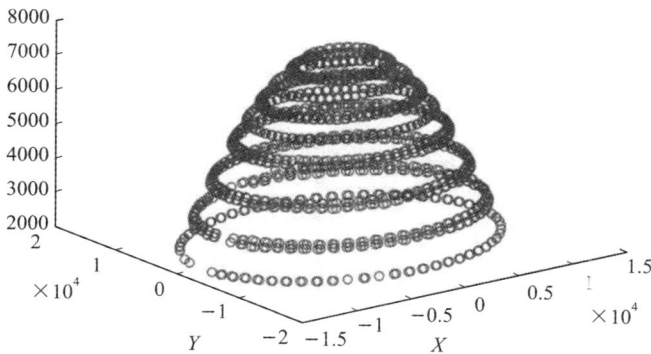

图 6.26　传感器坐标位置三维图

传感器位置与拟合抛物面对比如图 6.27 所示，得到的拟合抛物面就是利用机电耦合模型计算时需要的理想 NSRT 抛物面。

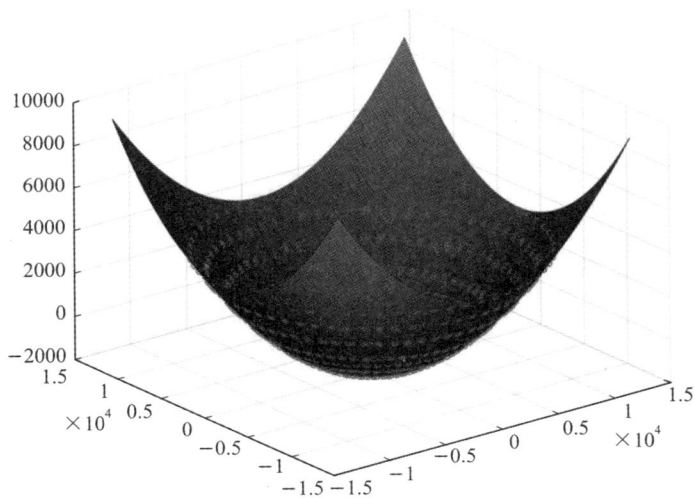

图 6.27　传感器位置与拟合抛物面对比图

（2）插补位移数据。

　　由于实际布置的位移传感器位置不均匀且数量较少，将导致机电耦合计算数据不足而使计算准确率下降，因此在实际应用时需要对已有数据进行插补，使各点均匀分布的同时增加离散点数目，增加后的离散点由原来的 1500 个变为现在的 100×100 的阵列，如图 6.28 所示。

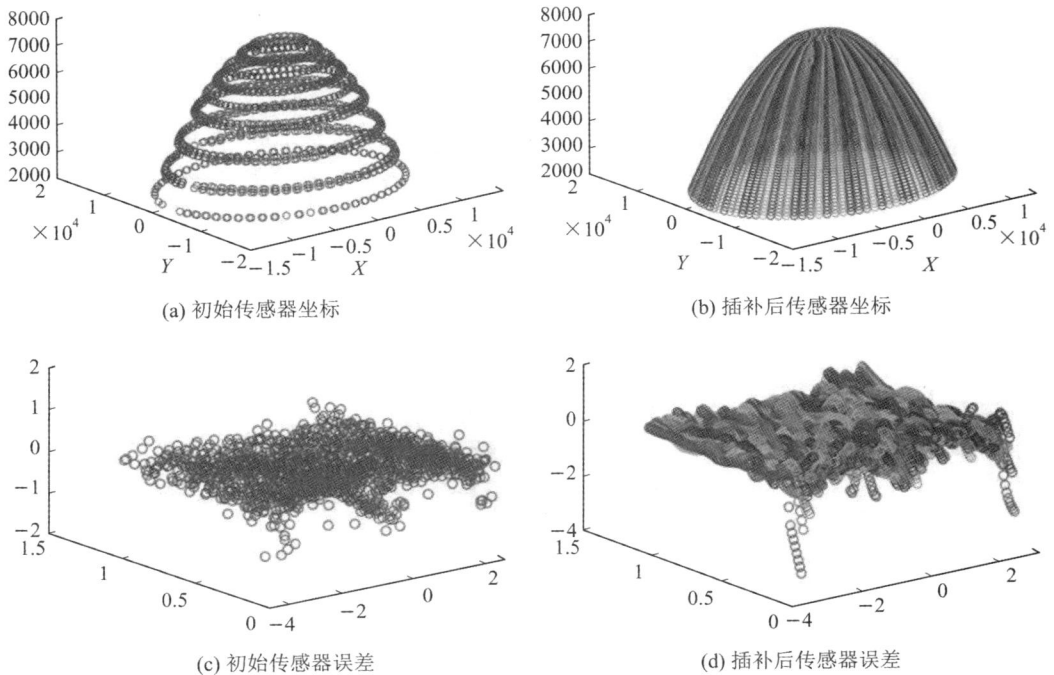

(a) 初始传感器坐标

(b) 插补后传感器坐标

(c) 初始传感器误差

(d) 插补后传感器误差

图 6.28　传感器插补示意图

　　在实际计算中，由于表面误差是一组离散数据，而非连续的方程，因此需要将前文推导的远场公式进行离散矩阵化处理,从而得到离散形式的机电耦合模型。

假设得到的副面误差矩阵为 $\Delta\boldsymbol{\varphi}_{2n\times m}$,主面误差矩阵为 $\Delta\boldsymbol{\varphi}_{1k\times g}$。其中,$n=1,2,\cdots,$ a_1;$m=1,2,\cdots,a_2$;$k=1,2,\cdots,a_3$;$g=1,2,\cdots,a_4$。a_1 为馈源俯仰角 θ_n 的取样点个数;a_2 为馈源方向角 φ_m 的取样点个数;a_3 为散射场俯仰角 θ_k 的取样点个数;a_4 为散射场俯仰角 φ_g 的取样点个数。得到机电耦合离散表达式为

$$
\begin{cases}
E_{\theta q} = \dfrac{-\mathrm{j}fk\,\mathrm{e}^{-\mathrm{j}k(h+r_q)}}{4\pi r_q}(1+\cos\theta_q)\sum\sum\{[(E_{\theta k}+E_{\varphi g})+(E_{\theta k}-E_{\varphi g})\cos(2\varphi_g)]\cos\varphi_p + \\
\qquad (E_{\theta k}-E_{\varphi g})\sin(2\varphi_g)\sin\varphi_p\}\,\mathrm{e}^{\mathrm{j}2kf\tan\frac{\theta_k}{2}\sin\theta_q\cos(\varphi_p+\varphi_g)}\tan\dfrac{\theta_k}{2}\mathrm{e}^{\mathrm{j}\Delta\boldsymbol{\varphi}_1} \\[2mm]
E_{\varphi p} = \dfrac{-\mathrm{j}fk\,\mathrm{e}^{-\mathrm{j}k(h+r_q)}}{4\pi r_q}(1+\cos\theta_q)\sum\sum\{[-(E_{\theta k}+E_{\varphi g})+(E_{\theta k}-E_{\varphi g})\cos(2\varphi_g)]\sin\varphi_p + \\
\qquad (E_{\theta k}-E_{\varphi g})\sin(2\varphi_g)\sin\varphi_p\}\,\mathrm{e}^{\mathrm{j}2kf\tan\frac{\theta_k}{2}\sin\theta_q\cos(\varphi_p+\varphi_g)}\tan\dfrac{\theta_k}{2}\mathrm{e}^{\mathrm{j}\Delta\boldsymbol{\varphi}_1}
\end{cases}
$$

$$(6.61)$$

其中:$q=1,2,\cdots,a_5$;$p=1,2,\cdots,a_6$;a_5 为 QTT 远场俯仰角 θ_q 的取样点个数;a_6 为远场方向角 φ_p 的取样点个数;$E_{\theta k}$、$E_{\varphi g}$ 为副反射面离散后的 E、H 面散射场,其表达式为

$$
\begin{cases}
E_{\theta k} = \dfrac{\mathrm{j}k\,\mathrm{e}^{-\mathrm{j}kr_k}}{4\pi r_k}\sum\sum\{\cos\theta_k[a_1 f_E(\theta_n)+f_H(\theta_n)]+\cos\theta_k\cos(2\varphi_m)[a_1 f_E(\theta_n)-f_H(\theta_n)]+ \\
\qquad 2a_2 f_E(\theta_n)\sin\theta_k\sin\theta_n\cos\varphi_m\}\,\mathrm{e}^{\mathrm{j}u\cos(\varphi_m-\varphi_g)+\mathrm{j}v}r_n\sin\theta_n\,\mathrm{e}^{\mathrm{j}\Delta\boldsymbol{\varphi}_2} \\[2mm]
E_{\varphi g} = \dfrac{\mathrm{j}k\,\mathrm{e}^{-\mathrm{j}kr_k}}{4\pi r_k}\sum\sum -\{[a_1 f_E(\theta_n)+f_H(\theta_n)]+\cos(2\varphi_m)[a_1 f_E(\vartheta_n)-f_H(\theta_n)]\}\cdot \\
\qquad \mathrm{e}^{\mathrm{j}u\cos(\varphi_m-\varphi_g)+\mathrm{j}v}r_n\sin\theta_n\,\mathrm{e}^{\mathrm{j}\Delta\boldsymbol{\varphi}_2}
\end{cases}
$$

$$(6.62)$$

6.3.3 实验结果及分析

将远场方向图的计算值与实验值进行对比,如图 6.29 所示。

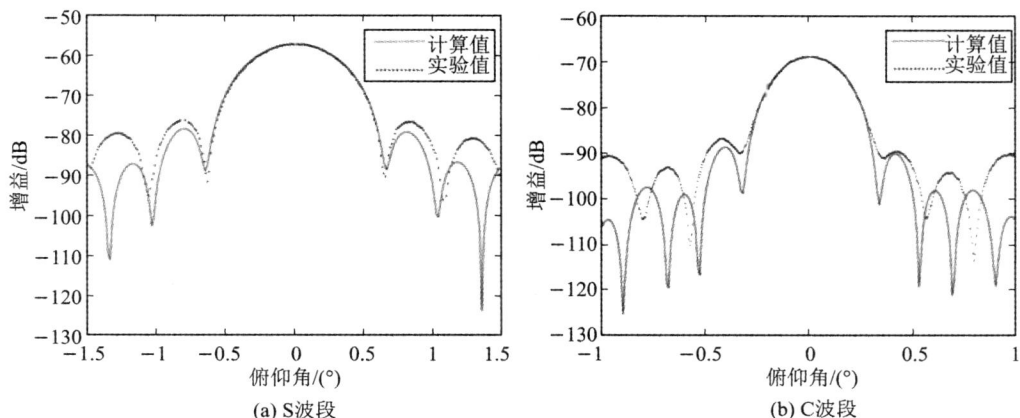

(a) S波段   (b) C波段

(c) X波段

(d) K波段

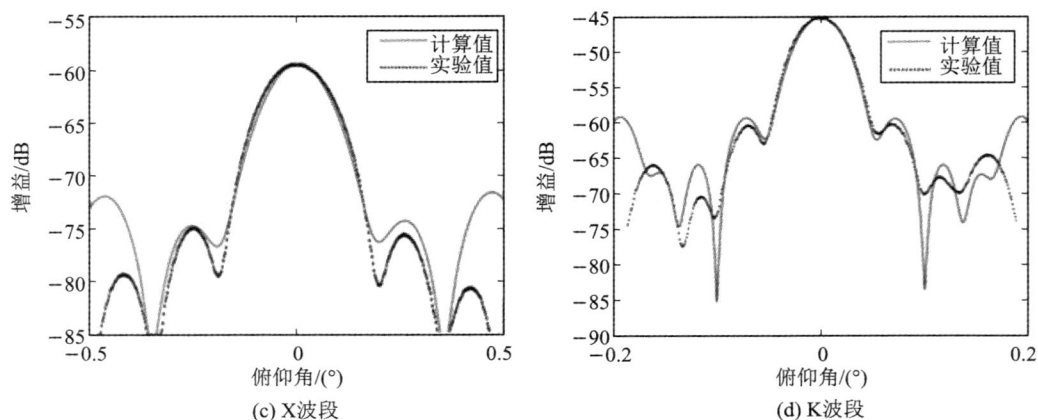

图 6.29 远场方向图计算值与实验值对比图

S\C\X\K 波段远场信息的计算值与实验值的差值如表 6.4 所示。

表 6.4   S\C\X\K 波段远场信息的计算值与实验值的差值   单位：dB

	S	C	X	K
ΔG	0.126	0.238	0.566	0.729
ΔSLL_r	1.233	1.798	3.299	3.891
ΔSLL_l	0.366	0.210	2.131	1.369
RAM	3.254	5.589	7.356	12.344

注：表中 ΔG 表示增益变化量，ΔSLL_r、ΔSLL_l 分别代表右、左的第一副瓣电平变化量，RAM 表示方向图之差的均方根。

从表 6.4 中可以看出，用本文方法构建的机电耦合模型与实验结果基本符合，但相比于实验结果，计算结果的增益更高、副瓣电平更低、半功率波瓣宽度更窄，表现出来就是能量更加集中。

本 章 小 结

用于射电天文望远镜的天文天线具有大口径、高频段等显著特征，现有的反射面天线结构优化与调整方法已不能完全适用。本文为解决天文天线由于自身重力、温度风载、加工装配误差等原因造成的主副反射面形位失配，从而导致的天线指向偏差和效率下降的问题，开展了天文天线面向电性能的结构优化设计与形面协同调整设计方法论述。以 QTT 为典型案例，建立了天文天线的机电耦合理论模型并加以验证，提出了天文天线面向电性能的结构优化设计方法，在此基础上，进行了面向电性能的天文天线形面协同调整方法研究。

本章参考文献

[1] WANG H L, MA H F, CHEN M, et al. A reconfigurable multifunctional metasurface for full-space control of electromagnetic waves[J]. Adv Funct Mater, 2021, 31(25): 2100275.

[2] 刘峻峰, 刘硕, 傅晓建, 等. 太赫兹信息超材料与超表面[J]. 雷达学报, 2018, 7(1): 46-55.

[3] 陈天航, 何磊明, 袁宏皓, 等. 电磁超材料及智能超材料隐身技术发展现状及趋势[J]. 空军工程大学学报, 2023, 24(3): 26-33.

[4] CUI T J. Microwave metamaterials: from passive to digital and programmable controls of electromagnetic waves[J]. Journal of optics, 2017, 19(8): 084004.

[5] GLYBOVSKI S B, TRETYAKOV S A, BELOV P A, et al. Metasurfaces: from microwaves to visible[J]. Physics reports, 2016, 634: 1-72.

[6] 黎海涛, 黄嘉伟, 张帅, 等. 基于深度强化学习的 UAV 联盟网络通算联合设计[J]. 中国电子科学研究院学报, 2023, 18(4): 350-358.

[7] CALOZ C, DECK-LÉGER Z L. Spacetime metamaterials: part I: general concepts [J]. IEEE transactions on anntenas and propagation, 2020, 68(3): 1569-1582.

[8] CALOZ C, DECK-LÉGER Z L. Spacetime metamaterials: part II: theory and applications[J]. IEEE transactions on anntenas and propagation, 2020, 68(3): 1583-1598.

[9] 田宇泽, 金晶, 杨河林, 等. 微波电磁超材料设计与应用研究进展[J]. 中国科学: 物理学 力学 天文学, 2023, 53(9): 197-207.

[10] 李松, 张春华, 孙煜飞, 等. 美军无人系统跨域协同作战能力发展研究[J]. 中国电子科学研究院学报, 2023, 18(3): 284-288.

[11] ZHANG J F, CHENG Y J, DING Y R, et al. A dual-band shared-aperture antenna with large frequency ratio, high aperture reuse efficiency, and high channel isolation [J]. IEEE transactions on anntenas and propagation, 2019, 67(2): 853-860.

[12] ZHAO J, YANG X, DAI J Y, et al. Programmable time-domain digital-coding metasurface for non-linear harmonic manipulation and new wireless communication systems[J]. National science review, 2019, 6(2): 231-238.

[13] ZHANG L, CHEN X Q, LIU S, et al. Space-time-coding digital metasurfaces[J]. Nature communication, 2018, 9: 4334.

[14] ZHANG L, DAI J Y, MOCCIA M, et al. Recent advances and perspectives on space-time coding digital metasurfaces[J]. EPJ applied metamaterials, 2020, 7: 7.

[15] ZHANG L, WANG Z X, SHAO R W, et al. Dynamically realizing arbitrary multi-bit programmable phases using a 2-bit time-domain coding metasurface[J]. IEEE transactions on anntenas and propagation, 2020, 68(4): 2984-2992.

［16］ ZHANG L，CHEN X，SHAO R W. et al. Breaking reciprocity with space-time-coding digital metasurfaces[J]. Advanced materials，2019，31(4)：1904069.

［17］ DAI J，YANG J，TANG W. ，et al. Arbitrary manipulations of dual harmonics and their wave behaviors based on space-time-coding digital metasurface[J]. Applied physics reviews，2020，7(4)：041408.

［18］ CASTALDI G，ZHANG L，MOCCIA M，et al. Joint multi-frequency beam shaping and steering via space-time-coding digital metasurfaces［J］. Advanced functional materials，2020，31(6)：2007620.

07

第 7 章 极端尺寸天线设计展望

天线作为电磁波的收发装置,在电磁空间系统中起到了至关重要的作用。目前较为主流与前沿的天线形式主要包括:毫米波终端天线、大规模多输入多输出(Multiple-Input Multiple-Output,MIMO)基站天线、相控阵天线、毫米波天线阵、太赫兹天线、龙伯透镜天线、智能反射面天线、轨道角动量天线阵、液体天线等[1-5]。与此同时,极端尺寸天线的设计理论也开始不断朝向阵列的可调控化与多功能一体化的方向发展。天线的工作频段也朝着更低频段的电小天线、超宽带天线和更高频段(毫米波乃至太赫兹)发展。而传统的极端尺寸天线理论与加工工艺结合则朝着异质异构集成的集成封装天线(Antenna in Package,AiP)以及微系统的方向发展,柔性材料、共形天线、3D(3 Dimensions)打印介质天线等新材料和新技术的快速发展推动着新型电磁材料结合的创新发展,其与实际需求相结合,促进了一系列新型天线的技术发展[6-10]。

7.1 极端尺寸天线的最新设计技术

极端尺寸天线技术的发展趋势主要表现如下[11-18]:一是天线与载体平台的一体化共口径设计,主要用于有限载体平台约束下的天线设计场景;二是移动通信系统理论体系和天线基础理论体系的融合发展;三是天线向小型化、场景化发展;四是天线向有源智能化、平台化方向发展;五是天线的工作频率朝着更高频方向发展;六是波束形成方式从模拟波束形成向数字波束形成技术发展;七是波束覆盖方式从固定波束覆盖向跳波束覆盖转变;八是相控阵天线朝着收发共口径、稀疏化方向发展。

1. 可重构智能表面技术

智能超表面是一种多学科融合技术,在智能超表面诞生之前,以超材料理论和界面电磁理论为代表的相关基础理论已发展了半个多世纪,为智能超表面理论体系的建立打下了坚实的基础。可重构智能表面(Reconfigurable Intelligent Surface,RIS)是一种新型的人工电磁表面,它可以通过灵活地调控其表面单元的反射系数实现对电磁环境的高精度重构,有望为未来的移动通信架构提供新的设计自由度,并成为提升通信速率、增强通信覆盖、降低系统能耗的关键解决方案。可重构智能表面技术最初源于对传统电磁表面的改进,可在表面上集成微小的可控单元(如 PIN 二极管、MEMS 开关等),这些单元可以根据需要改变自身的反射或透射特性。这些表面可以被设计成平面或曲面形式,并且可以通过外部控制信号进行调整。

可重构智能表面技术的关键特点主要在于如下几个方面：

（1）可重构性。RIS 能够根据不同的应用场景和通信需求，通过软件控制改变其表面单元的状态，从而改变电磁波的行为。

（2）智能控制。RIS 可以通过智能算法进行优化控制，以实现最佳的信号传输效果。

（3）低功耗。由于 RIS 不需要产生任何信号发射功率，而是被动调制已有的信号，因此它们具有较低的功耗。

（4）低成本。相比于传统的主动无线设备，RIS 的制造成本相对较低，因为它们不需要复杂的信号处理单元。

可重构智能表面技术的应用场景主要包括如下几个方面。

（1）6G 通信。RIS 被视为 6G 通信的关键技术之一，可以帮助解决城市环境中的信号盲区问题，并提高无线网络的覆盖范围和容量。

（2）无线信道优化。RIS 能够改善无线信道的质量，减轻多径效应和阴影衰落，从而提高通信质量。

（3）安全通信。通过动态调整表面单元的状态，RIS 可以创建安全的无线通信通道，提高通信的安全性。

（4）能源效率。RIS 可以减少无线通信系统中的能量消耗，这对于延长电池寿命和实现绿色通信至关重要。

可重构智能表面技术是一个非常活跃的研究领域，它为未来的无线通信系统提供了一种新颖的方法来改善信号传播环境，从而提高了系统的性能和效率。随着技术的成熟和成本的下降，RIS 有望成为下一代无线通信基础设施中的关键技术之一。同时，可重构智能表面技术具有与毫米波/太赫兹高频通信、通感一体、全双工等多个前沿技术领域相结合的可能。

2. 共口径天线技术

共口径天线技术是一种将多种不同频带或不同功能的天线集成在同一口径的技术。这种技术旨在通过在一个有限的空间内组合多个天线单元来提高天线系统的集成度，节约空间资源并降低系统成本。目前国内外对异频共口径阵列的研究大多数集中在频率间隔较大的情况，缺少邻近频段组合的异频天线阵列研究。另外，采取嵌套布局或叠层布局虽然能在一定程度上减轻低频天线对高频天线的遮挡问题，但是整体设计更为复杂，不同频段天线组阵的自由度低。若采取组阵自由度更高的交叉布局，则会面临异频天线间的遮挡问题。因此，根据不同频率间隔大小深入地研究不同多频共口径组阵方式，提高阵列集成度的同时保持各频段天线的原有性能，具有十分重要的价值和意义。针对大频比共口径天线，采用的技术主要有重叠法、镂空法、嵌套法、交错法；对于小频比应用，大频比共口径天线多采用多频技术。整体上，共口径天线技术将会向着频率覆盖更广、异频隔离更高、天线结构更加紧凑的方向发展。

共口径天线技术的关键特点主要在于如下几个方面。

（1）集成度。共口径天线技术可以将多个天线集成在一个共同的孔径内，这样可以在有限的空间内实现多种通信功能，比如支持多个频段或同时执行收发操作。

（2）节省空间。通过共享相同的物理空间，共口径天线可以显著减少天线系统占用的空间，这对于空间受限的应用非常重要。

（3）成本效益。由于减少了天线的数量和相应的支撑结构，共口径天线有助于降低系统的总体成本。

（4）电磁兼容性。共口径天线需要解决不同天线单元之间的电磁兼容性问题，包括同频和异频的电磁耦合问题。

共口径天线技术挑战主要在于如下几个方面。

（1）去耦合技术。为了减少不同天线单元之间的干扰，需要有效的去耦合技术来隔离各个单元。

（2）多频段设计。一个共口径天线系统需要支持多个频段，这就要求天线设计者在有限的物理空间内实现宽带或多频段的操作，以适应多种通信标准的需求。

（3）多功能集成。共口径天线可能需要同时支持多种功能，比如在一个共口径天线中集成通信、导航、雷达等。

（4）方向图一致性。在共口径天线中，所有天线单元的方向图应该尽可能一致，以确保整个系统的性能。

共口径天线技术的应用场景主要包括如下几个方面。

（1）卫星通信。在卫星通信系统中，共口径天线可以集成多种通信功能，以提高系统的灵活性和效率。

（2）基站天线。在移动通信基站中，共口径天线可以集成多个频段和多种通信标准，以减小基站的占地面积。

（3）雷达系统。在雷达系统中，共口径天线可以集成雷达和通信功能，以提高系统的集成度和效能。

（4）航空电子。在航空电子系统中，共口径天线可以集成多种导航和通信功能，以减轻航空设备的重量并提高性能。

3. 紧耦合天线技术

传统的相控阵天线设计思路多为先设计天线单元，为了实现宽角扫描，再引入去耦结构，但是去耦结构通常无法做到超宽带，因此使得传统相控阵天线的宽带性能与宽角扫描性能相冲突。而紧耦合天线技术就很好地解决了这两项性能指标的冲突问题。然而常规的紧耦合阵列的馈电网络设计难度大，尤其体现在巴伦上，设计成本大，并且外置电路多难集成。2022 年，孙建旭设计了一款超宽带、低剖面、低雷达散射截面（Radar Cross-Section，RCS）及可共形的紧耦合阵列，主要利用超表面代替宽角匹配介质层，最后实现了 2～18 GHz 的工作带宽。2023 年，杨仕文团队设计了一款超宽带且共口径的紧耦合阵列，在高频的紧耦合阵列中加入了低频的紧耦合单元，最后实现了低频 0.24～0.93 GHz、高频 0.9～5.1 GHz 的工作带宽。

有限大紧耦合天线阵相较普通阵列拥有更加强烈的边缘反射波与阵面上更广的传播范围。为尽量缓解这种边缘截断效应，Volakis 团队进一步提出：通过分析阵列互阻抗矩阵的特征模，对单元激励进行优化，可保持中间单元的均匀激励。上述方法适用于二维阵列，对于一维阵列，上述操作会引起口径效率和辐射效率的下降。因此 H. Lee 给出一种在线阵两侧加载导电栅栏和铁氧体的方法，这种方法虽然使得天线口径更加紧凑，但阵列的阻抗带宽仅为 2.2∶1（有源驻波比系数小于 2.3），最大扫描角也只有 30°。目前，紧耦合一维阵列超宽带性能的有效实现仍需要更好的设计方案。总的来说，紧耦合阵列适用于超宽带且宽角扫描的应用，但是也存在着辐射效率低、阵列增益小的缺点，设计难点主要在于馈电结构设计，以及边缘截断天线单元的工作环境的设置。整体上，紧耦合天线阵列正向着宽带化、模块化、小型化的方向发展。

4. 面向 5G 通信的大规模 MIMO 天线技术

5G 网络的部署加快推动了天线技术的创新。传统的天线结构通常是固定的，但 5G 天线需要更高的灵活性和多频段操作能力。因此，研究人员一直在努力开发多种新体制 5G 天线技术，包括 MIMO 技术和波束赋形（Beamforming）技术，以提高信号的传输速度和容量。随着数据传输速率和连接密度的提高，6G 通信系统需要更高的频谱效率和更低的延时，因此开发出面向 5G/6G 通信的大规模 MIMO 天线技术，在发射端和接收端设计多天线阵列，通过空间分集和波束赋形来提高通信质量和容量，最终提高无线通信系统的性能。

大规模 MIMO 天线技术的关键特点主要在于如下几个方面。

（1）波束赋形。通过精确控制天线阵列的相位和幅度，可以形成窄波束，提高信号的集中度，减少干扰。

（2）空间复用。在大规模 MIMO 系统中，可以同时服务多个用户，通过空间复用来提高系统的总吞吐量。

（3）信道估计。在动态环境中准确估计信道状态对于实现高性能的大规模 MIMO 系统至关重要。

（4）预编码技术。预编码是大规模 MIMO 中的重要技术，它可以优化发射信号以抵消多径效应和干扰。

（5）硬件效率。降低大规模 MIMO 系统中的功耗和成本，通常通过简化 RF 链路和使用数字预失真等技术来实现。

（6）多用户检测。在大规模 MIMO 系统中，多用户检测技术可以有效分离不同用户的信号，提高系统的鲁棒性。

大规模 MIMO 技术挑战主要在于如下几个方面。

（1）信道状态信息（CSI）。获取准确的 CSI 是大规模 MIMO 的关键，但在高频段和移动环境中获得 CSI 非常具有挑战性。

（2）硬件限制。大规模 MIMO 系统中的天线数量庞大，需要解决功耗、成本和复杂性等问题。

（3）算法优化。高效的信号处理算法对于提高系统的性能和降低计算复杂度至关重要。

（4）干扰管理。在密集的多用户环境中，有效地管理干扰对于保证服务质量（QoS）非常重要。

（5）频谱效率。通过波束赋形和空间复用技术提高频谱效率，以应对频谱资源的稀缺性。

大规模 MIMO 技术的研究方向主要在于如下几个方面。

（1）深度学习应用。利用深度学习技术可优化大规模 MIMO 系统的信道估计、预编码和解码等环节。

（2）毫米波 MIMO。在毫米波频段上应用大规模 MIMO 技术，可利用更宽的频谱带宽来实现更高的数据传输速率。

（3）非正交多址（NOMA）。结合大规模 MIMO 与 NOMA 技术，可以进一步提高系统的容量和频谱效率。

（4）可重构智能表面（RIS）。将 RIS 技术与大规模 MIMO 结合，可以智能地控制无线传播环境，改善信号质量。

5. 毫米波太赫兹天线技术

随着无线通信技术的发展，频谱资源日益紧缺，而毫米波及太赫兹频段频谱资源相当丰富，整个毫米波及太赫兹频段带宽约为 10 THz，是厘米波总带宽的 1000 倍，因此，有关毫米波及太赫兹的研究越来越广泛。毫米波及太赫兹天线作为通信系统的重要组成部分，也获得了较快发展。按照国际频谱划分规定，微波频段为 300 MHz～26.5 GHz，毫米波频段为 26.5～300 GHz，而太赫兹频段为 300～10 000 GHz（10 THz）。

毫米波太赫兹天线技术的关键特点在于，波长较短，允许设计成小型化的天线和射频组件；提供了巨大的未被充分利用的带宽资源；有利于高速数据传输；由于波长更短，可以实现更高分辨率的成像和更精确的传感；信号传播容易受到障碍物的影响，尤其在自由空间中传播时衰减较快；技术难度较高，包括天线设计、信号处理以及材料选择等。

常用天线形式包括如下几种。

（1）喇叭天线，具有定向波束特性，天线增益高，得到了广泛的研究和应用。由于在太赫兹频段，天线尺寸非常小，对加工精度要求极高，目前英国卢瑟福实验室制作的圆锥喇叭天线已可工作到 2.5 THz。

（2）反射面天线，具有高增益、低旁瓣、窄波束等优点，也是一种太赫兹技术中经常采用的天线形式，包括单反射面天线和双反射面天线，一般广泛应用于射电天文望远镜。

（3）透镜天线，采用介质透镜，具有高增益、低副瓣等特性。由于集成度较高且可形成透镜阵列，它对太赫兹成像技术的发展起到了重要的推动作用。

（4）平面天线，结构简单，容易与其他电路集成，且加工较容易，成本较低，是一种比较受欢迎的结构形式。

（5）光电导天线，作为一种产生宽带太赫兹波的主要方法，在太赫兹领域得到了广泛的研究。它的作用是有效地产生大功率、高能量、高效率的太赫兹波。其发展趋势是继续提高产生太赫兹波的功率和效率。

毫米波太赫兹天线技术的应用场景主要在于如下几个方面。

（1）5G 和未来 6G 通信，毫米波和太赫兹频段对于实现高速无线通信至关重要。

（2）工业互联网，用于工厂自动化、远程监控等应用场景。

（3）自动驾驶，用于车辆之间的通信以及环境感知。

（4）物联网，实现大量连接设备之间的高效通信。

（5）成像和传感，主要利用毫米波和太赫兹波的穿透能力和高分辨率特性。

6. 天线阵列机电耦合理论

天线阵列是由多个天线组成的系统，可以实现多波束传输和接收。我国的天线阵列研究起步较早，目前已经取得了不错的进展。本书作者团队从机电耦合和系统思维的角度，揭示电子装备设计、制造、服役过程中的机械结构、电磁、传热等多场、多域、多尺度的影响机理，建立耦合理论模型，为突破电子装备研制的关键技术问题奠定理论与技术基础；研究多工况、多因素下机械结构因素对电性能的影响机理，如材料参数、结构因素（结构参数、制造精度)、服役环境对电性能的影响机理等,具体包括如下几个方面。

(1)电子装备多场与场路耦合。需要研究电磁场、结构位移场、温度场等多物理场之间的耦合关系,分析多场之间的相互作用机理,探索微波电路与温度场和位移场的耦合机制,进而建立电子装备多场与场路耦合理论模型。

(2)面向全过程与全性能的跨尺度建模。面向电子装备设计、制造和服役过程,从微观、介观和宏观跨尺度建模的角度分析微波电路与辐射电磁场、结构微观形貌与微波传输特性、服役环境与有源电路动态响应的关系,结合前述多场与场路耦合模型,建立电子装备全性能分析模型,为机电耦合的先进设计奠定基础。

(3)结构与材料双重因素对电子装备电性能的影响机理。需要深入分析电子信息功能材料参数(介电常数、电导率、磁导率、介质损耗等)与装备结构物性参数(弹性模量、泊松比、热传导率等)对电子装备电性能的影响,揭示结构参数和制造装配精度对装备电性能的影响机理,探索服役环境条件下材料特性的变化规律。

(4)机电耦合设计方法。针对高性能电子装备研制周期长、成本高等问题,在现有机电耦合技术基础上,研究电子装备先进设计理论与方法,一方面提高装备设计的稳健性,另一方面,降低对工艺的要求。其方法具体包括:基于耦合理论的多学科优化方法,面向恶劣服役环境的装备稳健设计方法,考虑服役全过程的容差设计方法。

7. 电磁控制技术

我国在天线控制理论和技术方面已经取得了不错的进展,但与国际先进水平相比,仍存在一定的差距,需要进一步加强技术创新和人才培养,提高核心技术和关键装备水平。针对雷达天线、微波武器等电子装备快响应与高指向精度的特点和要求,需重点研究机械结构与控制系统之间的相互作用关系,挖掘结构与控制的耦合机理,深入开展结构与控制集成设计和研究。天线结构和性能研究是天线领域中的重要内容,在毫米波和太赫兹波段的天线研究方面,南京邮电大学的研究团队提出了一种新型的毫米波阵列天线,能够实现高效率、高增益的信号传输。此外,我国科学院和我国电子科技集团等单位也在天线结构与性能研究方面做出了很多有意义的尝试。这些工作不仅为天线应用的实际需求提供了支持,也为相关领域的科学研究提供了有力支撑,这些研究主要包括以下几个方面。

(1)雷达伺服系统结构与控制的耦合机理。针对雷达天线、微波武器的伺服系统精度高、响应快及工作环境恶劣的特点,研究与伺服跟踪性能密切相关的机械结构因素,如质(惯)量分布和摩擦、间隙等,以及冲击、振动等服役环境对控制系统的影响机理。建立系统的、层次化的分析和求解模型,为高性能伺服控制系统的机电集成设计奠定基础。

(2)基于耦合机理的天线与激光武器等伺服系统耦合设计方法。将天线与激光武器等伺服系统的结构因素和控制参数集成到一起进行综合设计,以达到最优的总体性能。在设计控制系统时考虑其结构特性,开展基于自抗扰控制和自适应补偿机制以消除或减小结构误差因素对系统性能不利影响的研究;探究结构因素和控制参数对伺服系统性能指标的影响关系,探索结构和控制统一建模和求解的策略与方法。

(3)柔性机(结)构的机电耦合设计方法。研究柔性机(结)构轻质化,考虑大柔性和非线性问题,进行动力学建模与分析,结合柔性机构力学特性与控制特点,解析运动指标、工作空间及控制策略间的关联影响,将机械结构和控制系统进行集成设计,提高系统整体性能。

（4）天线测量技术。天线测量技术是评价天线性能的重要手段，我国在天线测量技术方面也取得了不错的进展。例如，西安电子科技大学的研究人员提出了一种基于 SAGE 算法的天线测向方法，可以实现高精度的天线测向。此外，天线测量技术在电磁兼容和电磁环境方面的应用也越来越广泛，对于保障国家安全和社会稳定具有重要的意义。

7.2 极端尺寸天线设计的关键技术

1. 极端尺寸天线的概念界定与基本设计

极端尺寸天线的概念界定：从几何、物理、工程等多个维度进行该概念的准确界定，考虑跨尺度多物理场的相互作用机理，以及能量在异质跨尺度结构中传递与转化的规律。

极端尺寸天线的物理层设计：在物理层面上对极端尺寸天线进行材料与结构设计，包括选择合适的材料和表面单元结构形式，确定合适的组阵方式以及空间上的布局原理。

2. 极端尺寸天线的信息调制与信号处理

极端尺寸天线相关的信息调制：通过极端尺寸天线来对所传输的信息进行调制，例如利用相位变化进行数据传输，利用相位延迟形成的相位差来进行测向与定位等。

极端尺寸天线相关的信号处理：开发用于极端尺寸天线的信号处理算法，如信道估计、波束赋形等，通过这种特殊的天线形式和体制来实现对波束的灵活调控等。

3. 极端尺寸天线的无线中继与覆盖增强

极端尺寸天线相关的无线中继：利用极端尺寸天线作为智能中继来增强信号传输能力，特别是在城市多径环境下，充分利用多基站的协同效应。

极端尺寸天线相关的覆盖增强：利用极端尺寸天线来扩大无线通信系统的覆盖范围，利用空降基站实现拒止环境中的临时应急通信等。

4. 极端尺寸天线的轨迹优化与功率分配

极端尺寸天线相关的无人机轨迹优化：利用算法规划从起点到终点的大致路线，以雷达天线等传感器提供的数据作为依据，实时调整路径以实现障碍规避，实现最佳通信性能。

极端尺寸天线相关的功率分配策略：在极端尺寸天线和发射机之间最优地分配功率资源，在进行路径规划时考虑天线指向的变化，以维持最佳的通信链接。

5. 极端尺寸天线的无线携能通信（SWIPT）

能量传输：巨型天线可以用于覆盖较大地域范围内的能量传输与能量聚焦，通过波束成形技术集中能量传输，提高能量传输效率，提供广泛的覆盖区域，能量传输更加均匀。

信息和能量协同：微型天线可以同时支持能量接收和数据通信，例如通过一根天线实现无线供电和 NFC 通信，在信息传输的同时进行能量传输，提高系统的整体效率。

6. 极端尺寸天线的无线供电通信（WPC）

无线充电：在利用极端尺寸天线进行高效的无线充电时，对于极端小尺寸天线来说，如何在小尺寸下保持高效的能量转换是一个挑战，而极端大尺寸天线需要解决如何在长距离传输中保持能量的集中和传输效率问题。

通信与供电协同：利用极端尺寸天线在通信过程中同时实现无线供电。

7. 信道估计与波束赋形

信道估计技术：开发适用于极端尺寸天线的信道估计方法，以提高通信质量，由于极端大尺寸天线可以使用压缩感知技术来降低信道估计的复杂度，因此研究时可将天线阵列划分为多个子集进行分组信道估计，以减少所需的训练资源。

被动波束赋形：极端大尺寸天线阵列需要精确控制每个天线单元的相位和幅度，以形成精确的波束，极端小尺寸天线在形成窄波束时可能会受到物理尺寸限制的影响。

8. 标准化工作

标准化研究：参与天线领域的国际标准化组织的工作，积极推进极端尺寸天线相关技术的标准制定，填补极端尺寸天线相关领域的标准空白。

标准化实施：将极端尺寸天线技术纳入现有的基于传统天线的通信标准体系。

9. 实验验证与应用示范

实验平台搭建：传统天线的结构与电磁性能测试平台已经不再适用于极端尺寸天线的性能测试，需要研究如何构建适用的实验平台来验证极端尺寸天线的实际性能。极端小尺寸天线需要精确地测量其近场分布，测试天线与电路板的集成性能，使用小型暗室或屏蔽箱来减少外部干扰。

应用案例研究：研究极端尺寸天线在实际应用场景中的性能表现，真实服役环境中的高保真模拟，半物理仿真实验演示验证系统的设计，如在复杂城市环境中的测向与定位，5G/6G 多用户通信系统中的应用等。

10. 其他相关领域对极端尺寸天线设计的赋能机制

材料科学赋能极端尺寸天线设计：探索新型材料和制造技术，以提高极端尺寸天线的性能。利用具有高介电常数的材料可以减小天线的尺寸而不牺牲其性能，如铁电陶瓷、铁氧体等。超材料具有特殊的电磁特性，可以用于设计尺寸更小、性能更好的天线。轻质高强度材料如碳纤维增强塑料（CFRP）、铝合金等，可以减轻极端大尺寸天线的质量，同时保持结构的稳定性。

人工智能赋能极端尺寸天线设计：利用 AI 和机器学习技术可优化极端尺寸天线的设计和操作。使用机器学习算法来优化天线的几何参数，如尺寸、形状等，利用深度学习技术生成天线的最优拓扑结构，使用机器学习模型来预测天线性能，可减少传统的仿真次数，从而加快设计流程。利用生成对抗网络（GANs）等技术可自动生成天线设计，探索新的设计空间。

本 章 小 结

极端尺寸天线远不止本书所介绍的五种类型，本章对极端尺寸天线的设计工作进行了展望。首先针对当前天线设计领域与极端尺寸天线密切相关的最新设计技术进行了总结与归纳，从关键技术特点、主要技术挑战以及具体应用场景几个方面进行了论述。在此基础上，对极端尺寸天线的基本原理、核心技术、关键应用、标准提出、实验测试以及相关领域的赋能机制等几个方面对极端尺寸天线的关键技术进行了介绍，旨在抛砖引玉，为后续本领域的相关研究提供一些新的研究思路。

本章参考文献

[1] WANG H，MA H，CHEN M，et al. A reconfigurable multifunctional metasurface for full-space controls of electromagnetic waves[J]. Advanced functional materials，2021，31(25)：2100275.

[2] 刘峻峰，刘硕，傅晓建，等. 太赫兹信息超材料与超表面[J]. 雷达学报，2018，7(1)：46-55.

[3] 陈天航，何磊明，袁宏皓，等. 电磁超材料及智能超材料隐身技术发展现状及趋势[J]. 空军工程大学学报，2023，24(3)：26-33.

[4] CUI T. Microwave metamaterials from passive to digital and programmable controls of electromagnetic waves[J]. Journal of optics，2017，19(8)：084004.

[5] GLYBOVSKI S，TRETYAKOV S，BELOV P.，et al. Metasurfaces：from microwaves to visible[J]. Physics Reports，2016，634：1-72.

[6] 黎海涛，黄嘉伟，张帅，等. 基于深度强化学习的 UAV 联盟网络通算联合设计[J]. 中国电子科学研究院学报，2023，18(4)：350-358.

[7] CALOZ C，DECK-LEGER Z. Space time metamaterials，part I：General concepts [J]. IEEE transactions on antennas and propagation，2020，68(3)：1569-1582.

[8] CALOZ C，DECK-LEGER Z. Space time metamaterials，part II：theory and applications［J］. IEEE transactions on antennas and propagation，2020，68(3)：1583-1598.

[9] 田宇泽，金晶，杨河林，等. 微波电磁超材料设计与应用研究进展[J]. 中国科学：物理学 力学 天文学，2023，53(9)：197-207.

[10] 李松，张春华，孙煜飞，等. 美军无人系统跨域协同作战能力发展研究[J]. 中国电子科学研究院学报，2023，18(3)：284-288.

[11] ZHANG J，DING Y. A dual-band shared-aperture antenna with large frequency ratio，high aperture reuse efficiency，and high channel isolation［J］. IEEE transactions on antennas and propagation，2018，67(2)：853-860.

[12] ZHAO J，YANG X，DAI J，et al. Programmable time-domain digital-coding metasurface for non-linear harmonic manipulation and new wireless communication systems[J]. National science review，2018，6(2)：231-238.

[13] ZHANG L，CHEN X，LIU S，et al. Space-time-coding digital metasurfaces[J]. Nature communications，2018，9(1)：4334.

[14] ZHANG L，DAI J，MOCCIA M，et al. Recent advances and perspectives on space-time coding digital metasurfaces［J］. EPJ applied metamaterials，2020，7(7)：2020007.

[15] ZHANG L，WANG Z，SHAO R，et. al. Dynamically realizing arbitrary multi-Bit programmable phase susinga 2-Bit time-domain coding metasurface［J］. IEEE transactions on antennas and propagation，2020，68(4)：2984-2992.

[16] ZHANG L，CHEN X，SHAO R.，et al. Breaking reciprocity with space-time-coding digital metasurfaces[J]. Advanced materials，2019，31(4)：1904069.

[17] DAI J，YANG J，TANG W，et al. Arbitrary manipulations of dual harmonics and their wave behaviors based on space-time-coding digital metasurface［J］. Applied physics reviews，2020，7(4)：041408.

[18] CASTALDI G，ZHANG L，MOCCIA M，et al. Joint multi-frequency beam shaping and steering via space-time-coding digital metasurfaces［J］. Advanced functional materials，2020，31(6)：2007620.

附　　录

表 1　磁电天线符号对照表

符　　号	符　号　名　称	符　　号	符　号　名　称
λ	波长	T_0	应力振幅
E	电场强度	n	应力比例常数
D	电通量密度	λ_{ac}	体声波波长
T_E	压电材料的应力场张量	A	天线横截面积
T_H	磁致伸缩材料的应力场张量	d	天线总厚度
S_E	压电材料的应变场张量	ε_r	相对介电常数
S_H	磁致伸缩材料的应变场张量	ρ	密度
H	磁场强度	c_{33}	弹性常数
B	磁通量密度	f	频率
ε_T	无应力介电常数	v_{eq}	等效纵波声速
μ_T	无应力磁导率	ρ_{eq}	等效密度
s_E	压电材料的柔度系数	n_p	压电层所占体积分数
s_H	磁致伸缩材料的柔度系数	n_m	磁致伸缩层所占体积分数
d_E	压电应变常数	k_t^2	机电耦合系数
d_H	压磁应变常数	v_a	纵波声速
s_D	恒定电通量下的机械柔度系数	ε_{zz}^S	夹持介电常数
s_B	恒定磁通量密度下的机械柔度系数	α	衰减系数
W_P	压电层的势能	h_1	体声波磁电天线压电层厚度
W_M	磁致伸缩层的势能	h_2	体声波磁电天线磁层厚度
W_T	天线总势能	h_3	体声波磁电天线电极层厚度
P_{rad}	辐射功率	$\tan\delta$	介电损耗角正切值
η_0	自由空间波阻抗	w	凸起电极框架宽度
ω	角频率	f_T	横波谐振频率
C_0	静态电容	Z_p	压电层特征声阻抗
Z_t	压电层上表面向上的特征声阻抗	θ	相位移
Z_b	压电层下表面向下的特征声阻抗	n^2	变压器
k_H^2	机磁耦合系数	Z_0	特征声阻抗

符　号	符　号　名　称	符　号	符　号　名　称
β	传输系数	R	电阻
l	声学层的厚度	c_T	横波波速
C_m	动态电容	W	谐振结构的宽度
L_m	动态电感	N	大于 0 的正整数
R_m	动态电阻	f_L	纵波谐振频率
R_s	电极和引线损耗	t_0	谐振结构的厚度
R_0	压电材料的机械振动损耗	$\boldsymbol{J}_s$	等效电流密度
f_s	串联谐振频率	$\boldsymbol{M}_s$	等效磁流密度
f_p	并联谐振频率	P_{in}	输入功率
Q_s	串联谐振点处的品质因数	G_{real}	天线实际增益
Q_p	并联谐振点处的品质因数	U	辐射强度
Z	阻抗		

表 2　磁电天线缩略语

缩略语	英文全称	中文对照
VLF	Very Low Frequency	甚低频
VHF	Vltra High Frequency	甚高频
UHF	Ultra High Frequency	超高频
FDTD	Fnite Dfference Time Domain	时域有限差分法
NPR	Nanoplate Resonator	纳米平板谐振器
FBAR	Film Bulk Acoustic Resonator	薄膜体声波谐振器
RF	Radio Frequency	射频
MBVD	Modified Butterworth-Van Dyke	改良巴特沃斯-范戴克
SMR	Solidly Mounted Resonator	固态装配型谐振器
PCB	Printed Circuit Board	印刷电路板
IDT	Interdigital	叉指
PML	Perfectly Matched Layer	完美匹配层
DF	IDT finger width/pitch	叉指电极占空比
BAW	Bulk Acoustic Wave	体声波

表 3　纳米天线符号对照表

符　　号	符　号　名　称
Z_{in}	纳米天线的输入阻抗
δ_m	电磁场穿透金属的深度
δ_d	电磁场穿透介质的深度
$D(\varphi,\theta)$	天线的方向性
η_{rad}	纳米天线的辐射效率
P_{rad}	纳米天线的总辐射功率
P_{in}	纳米天线馈电口的输入功率
P_{loss}	纳米天线的损耗功率
J	纳米天线的表面电流
Q_{rl}	电损耗
Q_{ml}	磁损耗

表 4　纳米天线缩略语

缩略语	英文全称	中文对照
MIM	Metal-Insulator-Metal	金属-绝缘层-金属
MVM	Metal-Vacuum-Metal	金属-真空-金属
ALD	Atomic Layer Deposition	原子层沉积
FDTD	Fnite Dfference Time Domain	时域有限差分法
MWCNT	Multi-walled carbon nanotube	多壁碳纳米管
MIIM	Metal-Insulator-Insulator-Metal	金属-双绝缘层-金属
SPPs	Surface Plasmon Polaritons	表面等离激元
LSPs	Localized Surface Plasmons	局域表面等离激元
LSPR	Localized Surface Plasmon Resonance	局域表面等离激元共振
PMLs	Perfect Matched Layers	完美匹配层
SWCNT	Single-Walled Carbon Nanotubes	单壁碳纳米管
ALD	Atomic Layer Deposition	原子层沉积法
CCVD	CatalystEnhanced Chemical Vapour Deposition	化学气相沉淀法
SEM	Scanning Electron Microscope	扫描电子显微镜
TEM	Transmission Electron Microscope	透射电子显微镜
AFM	Atomic Force Microscope	原子力显微镜

表5　机械天线符号对照表

符　　号	符 号 名 称	符　　号	符 号 名 称
b/s	比特率	$\boldsymbol{A}(\boldsymbol{r})$	矢量磁位
r/m	转每分钟	$\boldsymbol{R}$	距离矢量
r/s	转每秒	$\boldsymbol{H}$	磁场强度
nT	纳特斯拉	$\boldsymbol{B}$	磁感应强度
θ_i	入射角	$\boldsymbol{E}$	电场强度
θ_t	折射角	$\boldsymbol{J}$	磁化电流
n_{sea}	海水中的折射率	PL_{SW}	海水中的全部损耗
n_a	空气中的折射率	PL_0	空气中的路径损耗
ε_a	空气中的介电常数	PL_α	涡流损耗
ε_s	海水中的介电常数	PL_β	波长缩短导致的损耗
μ_a	空气中的磁导率	r	传播距离
μ_s	海水中的磁导率	θ	空间俯仰角
μ	相对磁导率	φ	空间方位角
μ_0	真空磁导率	B_0	剩余磁化强度
γ	传播常数	n	电机转速
α	衰减常数	B_x	x 方向磁场分量
β	相移常数	B_y	y 方向磁场分量
σ	海水中的电导率	B_z	z 方向磁场分量
f	电磁波的频率	H_{cj}	矫顽力
λ	电磁波的波长	BH_{max}	最大磁能积
v_p	电磁波的相速度	U	感应电动势
ω	角频率	N_1	环形接收天线的匝数
δ	趋肤深度	S_1	环形接收线圈围成的面积
$\boldsymbol{m}$	磁偶极矩	θ_1	信号入射方向与接收线圈轴线之间夹角
m_0	静态磁偶极子的磁偶极矩	φ_0	初始相位
$\boldsymbol{S}$	电流环回路的有向面积	a_n	信号幅值

表 6　机械天线缩略语

缩略语	英文全称	中文对照
ELF	Extremely-Low Frequency	极低频
SLF	Super-Low Frequency	超低频
ULF	Ultra-Low frequency	特低频
VLF	Very-Low Frequency	甚低频
AMEBA	A MEchanically Based Antenna	机械天线
FSK	Frequency Shift Keying	移频键控
MCU	Microcontroller Unit	单片机
FFT	Fast Fourier transform	快速傅里叶变换
ASK	Amplitude Shift Keying	振幅键控

表 7　赋形天线符号对照表

符号	符 号 名 称
$F_{前}$	前网面节点合力
$F_{后}$	后网面节点合力
$F_{竖}$	竖向索张力
f	抛物面的焦距
D_p	母抛物面的口径
H	偏置距离
ζ	局部坐标系 $o'x'y'z'$ 相对于坐标系 $oxyz$ 的偏转角
D	抛物面的物理口径
D_e	抛物面的电口径
D_e'	网状反射面的有效口径
δ_{rms}	设计形面的均方根误差(形面精度)
N_{fix}	索网结构的边界固定节点数
N^f	索网分环数
n_v	前网面内部节点数
$\boldsymbol{C}^f$	前网面的"枝-点"拓扑阵
$\boldsymbol{Q}^f$	前网面索单元力密度组成的对角阵
$\boldsymbol{T}^f$	前网面节点的载荷矩阵

符号	符 号 名 称
p	前网面边界索单元的分类数
T_u	前网面内部索单元的张力值
$\boldsymbol{\delta}$	各类边界索张力值相对于 T_u 的增大倍数
$\boldsymbol{T}_b$	边界索单元张力
$F_m^n(t)$	修正的 Jacobi 多项式
t	圆域半径
c_{nm}, d_{nm}	Jacobi-Fourier 多项式系数
$\bar{E}(\theta, \phi)$	角度(θ, ϕ)上的远场区电场强度
$\bar{J}(\bar{r}')$	反射面表面感应等效电流
κ	波常数
η	波阻抗
λ	天线的工作波长
q_E, q_H	馈源方向图中的指数
$\hat{\boldsymbol{n}}$	反射面法向单位矢量
$D(\theta, \phi)$	角度(θ, ϕ)上的远场方向性系数
D_{obj}	远场方向性系数设计目标值
D_{dv}	远场方向性系数设计参考值
$\Delta z_f'$	赋形节点与初始内部节点坐标在局部坐标系下的 z' 向相对偏差
$\delta_{z'm}$	实际赋形节点 z' 坐标与目标值的均方根偏差
Δu, Δv	采样点的方位俯仰间隔

表 8　赋形天线缩略语

缩略语	英文全称	中文对照
EIPR	Effective Isotropic Radiated Power	有效全向辐射功率
BFN	Beam Forming Network	波束形成网络
RMS	Root Mean Square	均方根
PO	Physics optics method	物理光学法
SVD	Singular Value Decomposition	奇异值分解法
V-STARS	Video-Simultaneous Triangulation and Resection System	工业数字近景摄影系统
GEO	The geostationary orbit	地球静止同步轨道

表 9　天文天线符号对照表

符　号	符　号　名　称	符　号	符　号　名　称
G	天线增益	$\bar{E}_i$	能源到达反射面时的电场
λ	波长	$\Delta\delta$	光程差
ε	表面随机误差	G	弹性模量
E	天线远场	$[\sigma]$	天线材料的许用应力值
$\Delta\varphi$	相位误差	α	远场加权参数
f	焦距	a	主反射面上促动器调整量
e	椭球面离心率	b	副反射面上促动器调整量
a	椭球面半长轴	q	面板表面的均布载荷
c	椭球面半焦距	D	抗弯刚度
b	椭球面半短轴	μ	泊松比
$\boldsymbol{n}$	法向单位向量	t	面板厚度
$\bar{H}_i$	入射磁场	V	内力
η	波阻抗	M	弯矩
$\bar{E}_r$	入射波经反射面反射后形成的电场		

表 10　天文天线缩略语

缩略语	英文全称	中文对照
QTT	Qi Tai Telescope	奇台射电望远镜
GBT	Green Bank Telescope	绿湾射电望远镜
NSRT	Nanshan Radio Telescope	南山射电望远镜
VLBI	Very Long Baseline Interferometry	甚长基线射点干涉

致　谢

确切地说，本人从 2015 年开始真正从事极端尺寸天线的研究工作，到此书出版，正好十年。当时并未意识到这些天线属于极端尺寸天线，更未意识到这些天线大多属于新体制天线。本人从 2005 年开始在段宝岩院士的指导下从事高端电子装备的机电耦合基础理论研究，随着研究的不断深入，我越来越频繁地追问自己一个问题，那就是机电耦合基础理论到底能够做什么事情？仅仅是把天线设计得更好吗？这个问题我曾经问过我的师公叶尚辉先生，他给我的回答是，把天线设计得更好，这是发展机电耦合基础理论的起点。我问那终点又是什么呢？师公说，这个答案需要你们来给出。后来我又带着这个问题，问我们国家的预警机设计总师陈竹梅研究员，彼时是 2018 年前后，我已经开始了纳米天线、磁电天线与机械天线的研究工作，她说这个问题你自己已经给出了答案啊，你设计的这些新体制天线不就是机电耦合基础理论指导的成果吗？十年种树，又十年结果，二十年如白驹过隙，年过四十的我仍像一个稚童，懵懵懂懂地站在天线设计工作殿堂的大门口，诚惶诚恐又心向往之。极端尺寸天线设计工作还有漫长的道路需要我个人以及同行的共同努力，借此书抛砖引玉，希望有更多同行能够关注到这项工作的意义和价值。

成书之际，感谢我的师公叶尚辉老先生，他把天线结构设计这个小学科从幕后带到了前台；感谢我的导师段宝岩院士，他几十年如一日，为本学科开疆拓土指引方向，带领我进入机电耦合基础理论研究殿堂的大门；感谢陈竹梅研究员，她从工程角度出发教给我系统思维，数年来一直在为我的极端尺寸天线寻找合适的应用场景；感谢我的师兄王从思、王伟、李鹏、宋立伟，他们在前方为我引路，榜样在前，使得我不敢懈怠；感谢我的好朋友张逸群、刁玖胜，科研路上他们与我相扶相伴，为我解惑亦为我解忧；感谢中电 29 所的刘国博士、中国科学院纳米所的林文魁博士、有色金属研究总院的门阔博士，我天马行空的设计方案，多是靠这三位老师丰富的工程经验，才能变成实物；感谢我的学生，黄海波、刘鹏、张进、孙振远、弋秋平、高格婷、张璐璐、田云歌、王钊、田艳伟、王岩、包建强、单玉玉、赵驰、张静柯、饶鑫、徐博楠、郑彬、李向阳、赵鹏超、刘凯、夏亮、王光远、余川东、蒋成明、吴柯皓、焦泽硕、曲世豪、高崇申，本书的呈现离不开上述同学在读期间工作的支撑；还要感谢尚未入学的闵思洁、唐若萱、姜晓飞、李林和贾博洋同学，他们在书稿排版方面提供了很大的帮助。

最后，感谢 20 年科研路上给我提供过众多帮助的良师益友，以及为此书出版做出大量工作的编辑老师们，篇幅有限，挂一漏万，一并感谢。